智慧的疆界

从图灵机到人工智能

THE BOUNDARIES OF INTELLIGENCE

FROM TURING MACHINE TO ARTIFICIAL INTELLIGENCE

周志明◎著

机械工业出版社
CHINA MACHINE PRESS

图书在版编目（CIP）数据

智慧的疆界：从图灵机到人工智能 / 周志明著．—北京：机械工业出版社，2018.10（2025.3 重印）

ISBN 978-7-111-61049-6

I. 智… II. 周… III. 人工智能 IV. TP18

中国版本图书馆 CIP 数据核字（2018）第 222524 号

智慧的疆界：从图灵机到人工智能

出版发行：机械工业出版社（北京市西城区百万庄大街 22 号 邮政编码：100037）

责任编辑：李 艳　　责任校对：李秋荣

印 刷：北京铭成印刷有限公司　　版 次：2025 年 3 月第 1 版第 12 次印刷

开 本：170mm×230mm 1/16　　印 张：26.75

书 号：ISBN 978-7-111-61049-6　　定 价：69.00 元

客服电话：（010）88361066 68326294

· *Preface* ·

前言

你也许已经感受到了，人工智能这个概念被越来越频繁地提及，网上、书中五花八门的关于人工智能的音频、视频、文字是当前最容易抓住眼球的热点，人工智能从一个阳春白雪、深藏于专业实验室的学术名词，迅速转变为产品经理和市场营销人员的口头禅，还成为普通大众茶余饭后的谈资。现在，在大家的眼里，有了“人工智能”，掌握了“机器学习”或者“神经网络”的电子系统，仿佛就有了自己学习进化、独立思考解决问题的可能性，甚至有了超越人类的无限智慧与魔力。而大家提起拥有智能的机器，往往还怀有一种科幻小说式的神秘与敬畏，一边忍不住对未知的憧憬，想要从钥匙孔中窥探潘多拉盒子里面藏着怎样的秘密，一边又担心打开了这个盒子，会放出人类无法掌控的可怕力量。

你也许还没有注意到，人工智能带来的变化已在我们身边悄然出现。当你打开新闻，上面给你展示哪些文章，是由人工智能为你定制的，甚至就连文章的内容，也可能是由机器根据当前的搜索引擎、自媒体、网站的热点自动编写而成的。当你上网购物，打开首页看到的是你最有可能感兴趣、最有可能购买的商品，这是机器根据你最近上网的行为自动推荐的。当你打开邮箱时，系统已经为你过滤掉你不关心的广告和垃圾邮件，这些也是人工智能在背后工作的结果。今天这些智能化的成果已经深深融入人们的工作和生活之中，这些细节变化背后的技术进步，一点都不比机器能在棋盘上战胜人类冠军来得稍小。

无论你是否注意到了人工智能对我们生活潜移默化的改变，无论你对人工智能持有何种看法，是保守谨慎还是激进乐观，在说出你对人工智能的看法前，都不妨先花上几个小时时间，全面客观地观察一下这个学科，弄懂“人工智能是什么？”“人工智能有什么？”这类最基础的问题，再去讨论和评价它的应用、预测它的未来发展走向。而向广大读者——尤其是这方面没有专业基础的读者解释清楚这些问题，便是本书写作的目的和意义所在。人工智能这门学科具体涉及内容，它的背景渊源、来龙去脉，在它六十余年发展历程中出现过的著名人物、重要历史事件，它的理论学说、走过的弯路、所取得的成果等，都是本书要一一讨论到的话题。

读者可以从讨论的过程中，体会到人工智能的缔造者和开拓者们是如何追寻“智能”的，以及相关理论、方法是如何运作的。希望无论是与人工智能产业相关的业内人员，还是这个领域的专业研究者，或是信息科学和计算机科学的爱好者们，都能从本书中得到一些启发。

智慧的疆界

之所以将本书定名为“智慧的疆界”，是因为这是全书的主旨。“智慧的疆界”是指何物？依笔者想来，应是以下三点。

1）智慧的疆界应是指人类探寻智能奥秘过程中，“已知”与“未知”之间的界线。以代表计算能力的图灵机为起点，以掌握了意识和思维奥秘的终极智能为终点，在这条路上人类摸索前行，现在还不知道距离终点有多远，只是走得越久，知道得越多，看见的未知风景越多。这段探索奥秘的历程，当然值得我们去记录、学习。

2）智慧的疆界应是指人工智能诞生与发展过程中，贡献毕生精力和智慧的开拓者们。从图灵、香农、冯·诺依曼、维纳，到纽厄尔、司马贺、麦卡锡、明斯基、皮茨、麦卡洛克，再到辛顿、燕乐存、奥本希、乔丹、尼尔森等，一位位天才学者不懈奋斗，为人类掌握“智能”这个科学的最终领域拓土开疆。这些学者的传奇故事，当然值得我们去记录、学习。

3）智慧的疆界应是指“人类智能”与“人工智能”中间，那条迄今看来仍无法逾越的鸿沟。模仿、学习并最终掌握人类得以拥有智能的本质原理，跨越这条鸿沟，得以用智慧制造出智慧是人工智能的最终目标，经过六十余年，甚至可以说是两三百年的探索，终于找到了一些可能可行的路径，总结了一些也许是正确的方法，做出了一点阶段性但足以改变世界的成果，也遇到过不少令人望而生畏的巨大困难和挫折。这些跨越这条鸿沟，实现人工智能终极目标的方法、理论、成功与失败，当然值得我们去记录、学习。

本书面向的读者

笔者希望最后写成的是一本人工智能领域的“入门”书。“入门”，不等同于简单，更不能等同于粗陋。对于人工智能这种涉及数学、信息、生物、心理和大量其他专业知识的交叉学科，要做到技艺精深必然是极难的，仅入门这一步，就面临着非常高的门槛，阻隔了许多慕名而来的兴趣爱好者，这是一件多么令人遗憾的事啊。如何把本书写得可供没有专业背景的读者作为入门读物，笔者在下笔之前确实深思良久，感到压力山大。

除了能够让读者易于“入门”，笔者希望能写出一本有温度的人工智能专业书籍。所谓“温度”，是相对于专业技术领域中一贯精密和严谨的形象而言的。任何一门技术的出现，都有它的背景，有它要解决的问题、未来要探索的未知方向和目标。我们学习专业技术时不应过于“势利”，不能只去学习技术和方法，而忽视了这些技术、方法是如何被发现的，在发现过程中前人有过怎样的思考和争议，犯过哪些错，走过哪些弯路。“势利”的学习方式，会使学习者所收获的理解不完整。研究人工智能同样如此，我们应该站在巨人的肩膀上看世界，如果连“智能”这样基础的概念都没有了解，不明白前人是如何思考、定义和判别的，一开始就从“深度学习”等当前最热门的几个人工智能分支入手，会很容易陷入管中窥豹的境地。

人工智能已是个热点话题，这个领域的书籍也已汗牛充栋。市场上发行的人工智能书籍基本上可以归结为两类：一类是回顾人工智能的历史，对人工智能的应用和发展做出商业、社会、经济等方面的分析与预测；另一类是对人工智能中某一个子领域的算法、工具，尤其是机器学习方面的算法和工具进行解析。本书没有落在这两类之中，前面说过，本书是想讲清楚“人工智能这个学科具体有些什么”，这是一个很“入门”级，但又非常有必要认真探讨的话题。笔者希望本书能够作为人工智能学习的一个“大纲”，让读者了解这个学科的概貌，形成一个全面完整的印象，在学习工作中遇到人工智能某个分支的问题时，知道这是什么，然后再去找更进一步的参考资料。只要能够实现“让普通人只通读一本书便能全面客观地理解人工智能”这个目标，便是笔者最大的成功。

本书可能不适合的读者

对于写书，笔者落笔总是抱有敬畏之心，不希望读者在付出了数十元钱的同时，还浪费几个小时乃至更多的阅读时间才发现书中的内容并不适合自己。所以在这里笔者要介绍一下本书不适用的人群，后面会介绍主要的读者对象，以供读者购买时参考。

本书可能无法满足基于以下两类目的阅读的读者。

1）阅读的目的是学习人工智能具体某一个分支的技术细节、工具使用、代码解析等的读者，如学习 Caffe、TensorFlow、Torch 等框架、工具的应用。本书会全面介绍人工智能的理论、技术和应用，力求说清楚它们“是什么”“解决哪些问题”“为什么要这样解决”。但是涉及“具体如何解决”的内容并不多，不足以令没有这方面基础的读者阅读之后直接应用于生产实践。这类读者可以根据自己感兴趣的技术和产品，从教科书或工具书入手学习和实践。

2）阅读的目的是探讨人工智能领域前沿模型、算法、技术的读者。如果你已是一位在本领域有丰富经验的学者或从业人员，想要了解人工智能最新成果，笔者认为阅读本书，乃至“读书”都不是一个合适的方式。作为一位前沿的研究人员，读论文以及直接与人交流是更有效率的选择，囿于书籍出版的时滞性，读书更适合作为系统学习的途径而不是了解最前沿成果的途径。

本书的主要读者对象

1. 人工智能领域的产品经理、管理人员

本书可以作为整个人工智能领域的“大纲”，供产品经理或技术管理人员了解人工智能可以解决什么问题，解决这些问题需要用到什么技术，哪些问题现在解决是靠谱的，哪些是不靠谱的，以前在这些问题上碰过哪些钉子……

2. 需要使用智能软、硬件的研发人员

本书的初衷是向研发人员——有大量工程实践经验却缺乏足够数学知识去深入理解人工智能的人员，提供一种通过历史和前人的探索思路，而不是完全依赖专业知识去了解人工智能的途径。通过本书，研发人员可以用较为轻松的方式，达到对自己使用的人工智能工具、算法和技术知其然亦知其所以然的目的。

3. 信息科学和计算机科学爱好者

本书是一部讲述近代科技的历史书，也是一部科普书，还是一部讲述人工智能思想和技术的教科书。通过本书可以了解到前辈们在探索人工智能道路上所做出的努力和思考，理解他们不同的观点和思路，有助于开拓自己的思维和视野。

4. 人工智能相关专业的研究人员

人工智能经过六十多年的发展，已细分出了很多个研究方向，研究人员在关注自己领域的同时，可以通过本书对整个人工智能科学的发展历程、要解决的问题和前人思考有一个全盘了解，这对读者在自己研究的分支上进行深入探索也很有好处。

如何阅读本书

本书一共分为四个部分：以智慧创造智慧、学派争鸣、第三波高潮、人机共生。各个部分之间有时间上的先后顺序，前面章节是后续章节的基础，所以建议读者首次翻看本书时按照章节顺序阅读。各部分和章节的概要如下。

第一部分（第 1、2 章） 以智慧创造智慧

第一部分阐述了在人工智能这个学科正式创立之前的萌芽时期，图灵、香农等先驱们对智能是什么、机器能否拥有智能这些问题的探索和思考；并介绍了人工智能起源标志——达特茅斯会议的过程、成果以及日后被称为一代传奇学者的与会者们。

第 1 章 以“人工智能之父”图灵的生平事迹为主线，介绍了计算的基础图灵机，图灵测试，图灵对智能的思考、理解和定义。

第 2 章 以达特茅斯会议为主线，通过对该会议的召集、过程、成果、参与人物以及该会议的后续影响的介绍，阐述了人工智能这个学科诞生的历史背景，并讨论了该学科研究的目标和要解决的问题。

第二部分（第 3～5 章） 学派争鸣

目前，学术界研究人工智能的方法主要有三个学派，分别是符号主义、连接主义和行为主义，这三个学派分别从逻辑、仿生和行为三个角度来研究智能，既有自顶向下从智能的本质出发，从一般到特殊，通过逻辑运算推导智能行为；也有从行为出发，自底向上把智能当作黑箱看待，从行为推导智能的本质。这些学派在不同时期都曾是人工智能的主流，并各自取得了许多成果。

第 3 章 以纽厄尔、司马贺的研究工作为主线，介绍了符号主义的逻辑理论基础，解析符号主义学说的核心观点——物理符号系统和启发式搜索假说，并介绍了这个学派在知识表示、知识工程和知识系统上所取得的成就。

第 4 章 以“神经网络缔造者”皮茨和“感知机之父”罗森布拉特两位学者悲剧式的人生经历为主线，介绍了连接主义学派的核心思想，并介绍了神经网络的初期形式，为后续讲解深度学习和深度神经网络打下基础。

第 5 章 以“控制论之父”维纳的工作经历为主线，介绍了控制论创建的过程，以此介绍了行为主义研究的基本方法和观点，以及机械因果论等思想。

第三部分（第 6、7 章） 第三波高潮

人工智能迄今为止经历了三次高潮和两个大的低谷，目前处于第三次高潮的顶峰，这次高潮是由机器学习，尤其是深度学习、深度神经网络引领的。

第 6 章 本章是机器学习的导论，介绍了机器学习处理问题的一般方法。本章尽可能用最小的篇幅去说清楚“机器学习是什么”“它解决哪些问题”“它

通过哪些步骤来解决”，以及“如何验证评估它的解决的效果”这四个问题。

第 7 章　以“深度学习教父”辛顿的人生经历为主线，介绍了神经网络从低谷复兴的过程，以及深度学习的提出和技术突破；并介绍了几种典型的深度神经网络，以及这些新技术给学术界、工业界带来的变化。

第四部分（第 8 章） 人机共生

几十年来，人工智能无时无刻不伴随着争论和分歧，人工智能这个人类最复杂精密的创造物与人类本身的关系确实必须仔细思考、慎重对待，这部分我们将探讨人类和机器在追寻智能过程中得到的一些成果和产生的一些争论。

第 8 章　用十多个人工智能方面的实际案例来尝试回答几个问题：经过六十多年的发展，当下的人工智能到底发展到什么程度了？现在距离我们设想的目标还有多远？人工智能会对我们有什么影响？现在以及未来应该如何与人工智能相处？

联系作者

在本书交稿的时候，笔者并没有想象中那样兴奋或放松，写作之时那种“战战兢兢、如履薄冰”的感觉依然萦绕在心头。在每一章、每一节落笔之时，笔者都在考虑如何才能把各个知识点更有条理地讲述出来，都在担心会不会由于自己理解有偏差而误导了大家。囿于笔者的写作水平和写作时间，书中难免存在不妥之处，所以特地开辟了一个读者邮箱（understandingjvm@gmail.com），也可以通过新浪微博找到（https://weibo.com/icyfenix），大家如有任何意见或建议都欢迎与笔者联系。相信写书与做学问、写程序一样，每个作品一定都是不完美的，正因为不完美，我们才有不断追求完美的动力。

• *Acknowledgements* •

致谢

首先要感谢家人，是他们在本书写作期间对笔者的悉心照顾，才让笔者能够全身心地投入到写作之中，而无后顾之忧。

同时要感谢笔者的工作单位远光软件，公司为笔者提供了宝贵的工作、学习和实践的环境，本书中的许多知识点都来自于工作之中；也感谢与笔者一起工作的同事们，非常荣幸能与你们一起在这个富有激情的团队中共同奋斗。

还要感谢澳门科技大学的梁勇教授和张渡院长，在本书写作过程中给予的诸多指导及宝贵意见。

最后，感谢机械工业出版社的编辑，本书能够顺利出版，离不开他们的敬业精神和一丝不苟的工作态度。

周志明

·Contents·

目录

· *Part 1* ·

第一部分

以智慧创造智慧

· *Chapter* ·

第 1 章

洪荒年代

We can only see a short distance ahead, but we can see plenty there that needs to be done.

目光所及之处，只是不远的前方，即使如此，依然可以看到那里有许多值得去完成的工作在等待我们。

——阿兰·图灵（Alan Turing），《计算机器和智能》，1950 年

1.1 概述

“人工智能”作为一个专业名词，是在 1956 年首次出现的，但是人类对人造机械智能的想象与思考却是源远流长。在古代的神话传说中，技艺高超的工匠可以制作人造人，并赋予其智能或意识，如希腊神话中出现了赫淮斯托斯的黄金机器人和皮格马利翁的伽拉忒亚这样的机械人和人造人；根据列子辑注的《列子·汤问》记载，中国西周时期也已经出现了偃师造人的故事。

人类对人工智能的凭空幻想阶段一直持续到了 20 世纪 40 年代。由于第二次世界大战交战各国对计算能力、通信能力在军事应用上迫切的需求，使得这些领域的研究成为人类科学的主要发展方向。信息科学的出现

和电子计算机的发明，让一批学者得以真正开始严肃地探讨构造人造机械智能的可能性。

1.2　引言：信息革命

在二战发生的 6 年时间里（1939 年～1945 年），美国的国民生产总值（GDP）就增长了一倍，这是人类经济历史有 GDP 记录以来的最高增速，并且这种惊人的速度还发生在一个基础规模已经极为庞大的经济体上，更是连最疯狂的经济学家都不敢设想的奇迹。

美国作为二战中唯一本土不被战火直接波及的世界性大国，通过军事援助与战争贷款将各国的经济命脉与自身相连，从而迅速取代欧洲和亚洲，成为世界“经济的心脏”。稳定的社会环境、经济飞跃式的发展为军事、科技的发展注入了强大的驱动力，战争中大量受到纳粹迫害的各种领域顶尖的人才多以美国为避风港，天然地促使美国汇聚了全球最顶尖的人才与技术，令美国也成为了“世界的大脑”。在这种单一国家内几乎集中了全球经济资源和智慧力量的时代背景下，在二战这场几乎波及全人类的庞大战争压力推动下，以美、英两国学术界为首的人类精英学者们展现出了无与伦比的智慧和创造力。新军事技术对计算与通信的需求，更具体表现为当时新出现的导弹、精确火炮等远程武器对计算速度、精确性和系统控制能力的要求，以及雷达、电话电报网络等侦查、通信系统对信息传输安全和效率的要求，直接催生了信息科学和信息技术产业的生根发芽。

二战结束之后仅一年（1946 年）时间，世界第一台通用计算机，电子数值积分计算机“埃尼阿克”（Electronic Numerical Integrator And Computer，ENIAC）在美国宾夕法尼亚大学诞生，并实际应用于陆军火炮弹道和火力计算工作，这个事件标志了通用可编程的计算机技术不仅是理论已成熟，而且已经有了初步的工业化成果。

在两年之后（1948 年），诺伯特·维纳（Norbert Wiener，1896—1964）和克劳德·香农（Claude Shannon，1916—2001）分别发表了两部极具开

创性的著作，创立了“控制论[一]”和“信息论[二]”，再结合之前路德维希·冯·贝塔朗菲（Ludwig Von Bertalanffy，1901—1972）在1945年发表的对“系统论[三]”的总结性著作，整个信息科学仿佛被上帝的手推动着，后世称之为“信息学三论”的三门支柱性理论几乎于同一时刻问世，短短几年时间内就完成了过去需要几十年才可能完成的发展突破。信息科学的研究，不论是理论上还是工程上，都从之前各个学者、机构零散研究摸索的状态一下子变得系统有序起来。

信息科学这门学科在20世纪40年代诞生以后，很快取得了一系列令人瞩目的成就，这让从政府官员、科学家等精英到社会普通群众都受到鼓舞，大家似乎已乐观地预见到了蒸汽机械代替人类体力劳作的工业革命后，下一场由智能机械代替人类做脑力劳作的信息革命的到来。从大半个世纪后的今天回望当初，我们确实在蒸汽动力革命、电力革命之后，见证了信息革命的来临，不过，即使有互联网这样超出了所有前人想象的技术出现，但在当时大家看见的目标蓝图里，信息革命的最重要成果还不仅是大家现在能接触的电脑和网络，今天计算机可以根据人类预设的指令和程序，快速地传递、计算和处理人类无法想象的天量数据，而当时人们所期望的信息时代的新型机械，不仅能够完成计算和信息传输，甚至还将是一种能够和人类一样可看、可听、可写、可说、可动、可思考、可复制自身甚至可以有意识的机械。笔者所描绘的这个场景，不是来自于随意凭空想象的科幻小说，而是引述了当年刊登在《纽约时报》[四]上，美国海军对“感知机Mark-1”（这台机器可以说是连接主义在工程实践上的开端，在后面章节中还会提到它）的期望和评价：

> “The embryo of an electronic computer that (the Navy) expects will be able to walk, talk, see, write, reproduce itself and be conscious of its existence.”

[一] 《Cybernetics》，维纳，1948年。

[二] 《A Mathematical Theory of Communication》，香农，1948年。

[三] 《General System Theory》，贝塔朗菲，1945年。

[四] 原文为《Electronic 'Brain' Teaches Itself》，1958年。

这段六十多年前的报道，现在听起来是不是都还有一点莫名的熟悉感和科幻感？在互联网上大家对人工智能的期盼、想象，甚至恐惧的观点都与此类似，我们今天在电影和小说中见到的各种机器人，与那时候人们对信息革命所设想的目标，也并没有太大差别。

信息科学在20世纪40年代的开场可以说是一个完美的开局，接下来的数十年内，信息科学和信息技术产业一帆风顺，迅速发展，在计算机、通信、互联网等方面取得了丰硕的成果。但在人工智能这个领域，发展过程却几经波折，三起两落。虽然现在有了诸如Siri、Cortana、IBMWatson等各类人工智能产品，也有像DeepBlue、AlphaGo人机大战等人工智能的新闻和事件不时出现，但相比电脑、网络、智能手机这类直接革命性地改变人们工作生活方式的科技成果而言，在人工智能领域所取得的成绩还远远不够，没有达到最初的设想。为何信息学在人工智能领域的进展上会不如预期，甚至在几段特定的时间里完全陷入了“泥潭”？让机器拥有智能这个事情到底有多难？人类精英们做了怎样的努力和探索尝试？目前人工智能领域到底发展到了什么阶段？这些都是笔者希望与大家在本书中一同探讨的问题。

1.3 图灵机，计算的基石

英国数学和密码学家阿兰·图灵（Alan Turing，1912—1954，人工智能之父），今天被一些英国的学者和媒体评价为“未开一枪，却胜百万雄兵”“在二战中间接拯救了上千万人生命”的传奇学者。他做出的重要贡献之一是在二战期间与布莱切利园的同事们（Bletchley Park）共同研制了名为“炸弹（Bombe）[⊖]”的密码破译机器，成功破解了从1920年起开始商用，德国人直到战败都认为绝不可能被破解的加解密方法“迷”（Enigma），使

⊖ Bombe：这个名字是因为图灵的工作是基于原波兰密码破解机“Bomba”基础改进而来的，Bomba可以破解简化情况（当时德军已经不再使用）下Enigma加密信息。另外，笔者特别说明一下，整个对Enigma的破译工作都是一个团队而不仅仅是图灵一个人的工作成果，这段描述中使用图灵作主语仅是行文需要。

德军的军事部署在盟军面前再无秘密可言。图灵的成果直接加快了盟军获得战争胜利的速度[⊖]，因军事指挥通信被 Bombe 破译，引发了当时位列世界第一的德国战列舰俾斯麦号在丹麦海峡被英军伏击并围歼击沉，以及后来山本五十六的座机航线被盟军获知，进而遭拦截并击落等直接影响战争进程的事件。在二战期间，图灵的工作成果虽然没有对公众公开，但已经在盟军的密码学圈子内部声名远扬，俨然已是一颗耀眼明星了。

破解德军 Enigma 密码的 Bombe

1942 年末，图灵被英国政府秘密派到美国，和美国海军交流破译德国的北大西洋潜艇舰队密码的研究成果。结束在华盛顿的交流后，图灵又来到了贝尔实验室，参与这里的安全语音通信设备的研发工作。这样，当时正在贝尔实验室数学组供职的香农就获得了一个和图灵合作的机会。图灵在当时是破译了包括希特勒通话在内的多项德军秘密通信的密码学破译专家，而香农当时的工作是通过数学方法证明“X 系统”——这是美国总统罗斯福与英国首相丘吉尔之间的加密通信系统，是不可能被他人所破译的，他们两位经过在密码学上“矛和盾”的攻防探讨，很快让图灵和香农成为了惺惺相惜的好友。

⊖ Jack Copeland（坎特伯雷大学教授，AlanTuring.net 的创建者）的评估是图灵的工作令盟军提早两到三年获胜，相当于拯救了 1400 万到 2100 万人的生命。原文为：“ If U-boat Enigma had not been broken, and the war had continued for another two to three years, a further 14 to 21 million people might have been killed.”

虽说图灵是去美国做交流的，但是军事上的事情，尤其是密码的加密和破解这种事情，只要不在军方明确允许的范围内，平常时间是不允许交流各自进展情况的，所以关于密码学的话题，在工作之余他们是无法随意讨论的。所幸香农和图灵在计算机科学、信息科学上的兴趣和研究范围都极为广泛，经常饭堂闲聊就拉到其他各种前沿领域上。一次，他们在自助餐厅见面时，图灵给香农看了他还在剑桥大学念硕士时（1936年）写的一篇论文⊖《论可计算数及其在判定性⊜问题上的应用》（On Computable Numbers, with an Application to the Entscheidungsproblem），这篇文章是可计算性领域的里程碑式作品。

关于可计算理论可以追溯到1900年，当时著名的大数学家大卫·希尔伯特（David Hilbert，1862—1943）在世纪之交的数学家大会上向国际数学界提出了著名的"23个数学问题"。其中第10个问题是这样的：

> "存不存在一种有限的、机械的步骤能够判断"丢番图方程"（Diophantine Equation）是否存在解？"

这里提出了有限的、机械的证明步骤的问题，用今天的话说就是"算法"。但在当时，通用计算机还要半个世纪之后才会出现，人们还不知道"算法"是什么。不过，当时数学领域中已经有很多问题都是跟"算法"密切相关了，对"算法"，即"如何计算求解问题的步骤"的定义和是否可被算法计算的判定呼之欲出。

⊖ 提到硕士论文，香农自己的硕士论文《A Symbolic Analysis of Relay and Switching Circuits》也是绝对的神作，这篇文章是布尔理论在电路应用中开辟性的著作，香农把一个世纪之前出现的布尔代数和电路中的继电器这两个风马牛不相及的事物结合在一起，提出在电路中，一个继电器向另一个继电器所传递的不是电，而是一种信息。从此开辟了逻辑电路和二进制计算的天地。他与图灵的这两篇论文，可谓是整个20世纪最重要的硕士论文。

⊜ "可判定性"是指一个询问"真"或者"假"的问题是否可被回答。若不论一个问题答案为真或为假时均能得出该答案，则称这个问题或解决该问题时所用的算法为**可判定的**；若只能在答案为真时得出但在答案为假时不能做出判断，那么称为**半可判定的**；若根本不能得出为真或为假的结论，那么称为**不可判定的**。

图灵这篇论文中提出的解决可计算性如何定义和度量的问题，其中的关键是引出了今天被称为“图灵机（Turing Machine）[一]”的概念模型。“图灵机”与“冯·诺依曼架构”并称现代通用计算机的“灵魂”与“躯体”，它对可计算性理论、计算机科学、人工智能都影响深远，可以说是一项改变了人类近代科学史的伟大发明。

“图灵机”这种虚拟的计算机器实际上是一种理想中的计算模型，它的基本思想是用机械操作来模拟人们用纸笔进行数学运算的过程。通俗地讲[二]，图灵把“计算”这一件日常的行为抽象概括出来，看作是下列两种简单动作的不断重复。

1）在纸上写上或擦除某个符号。

2）把注意力从纸的一个位置移动到另一个位置。

在每个动作完成后，人要决定下一步的动作是什么，这个决定依赖于此人当前所关注的纸上某个位置的符号和此人当前思维的状态。为了模拟人的这种运算过程，图灵构造出一台假想的机器，该机器由以下几个部分组成。

- 一条无限长的纸带 TAPE。纸带被划分为一个接一个的小格子，每个格子上包含一个来自有限字母表的符号，字母表中有一个特殊的符号“_”表示空白。纸带上的格子从左到右依次编号为 0，1，2，…，纸带的右端可以无限伸展。
- 一个读写头 HEAD。该读写头可以在纸带上左右移动，它能读出当前所指的格子上的符号，并能改变当前格子上的符号。
- 一套控制规则 TABLE。它根据当前机器所处的状态以及当前读写头所指的格子上的符号来确定读写头下一步的动作，并改变状态寄存器的值，令机器进入一个新的状态。
- 一个状态寄存器。它用来保存图灵机当前所处的状态。因为寄存器数量是有限的，所以图灵机的所有可能状态的数目是有限的，并且规定有一个特殊的状态，称为停机状态，代表计算完成。

[一] 图灵的论文的查阅地址为 http://onlinelibrary.wiley.com/doi/10.1112/plms/s2-42.1.230/abstract。

[二] 此处关于图灵机计算思想的通俗描述，来自维基百科（https://zh.wikipedia.org/wiki/图灵机）。

这种机器的每一部分都是有限的，但它有一个潜在的无限长的纸带，因此这种机器只是一个理想的设备，不会被真正地制造出来。图灵的论文证明了这台机器能模拟人类所能进行的任何计算过程。

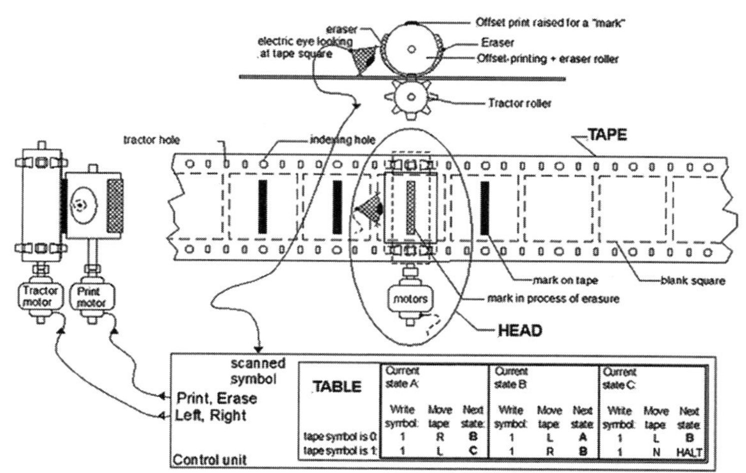

A fanciful mechanical Turing machine's TAPE and HEAD. The TABLE instructions might be on another "read only" tape, or perhaps on punch-cards. Usually a "finite state machine" is the model for the TABLE.

图灵机的图形表示[⊖]

图灵机思想的价值所在是因为它虽然结构简单，但却可以描述任何人类能够完成的逻辑推理和计算过程，换句话说，图灵机的计算能力是人类能够完成的所有计算的全集，只要一个问题是可判定的，它的计算过程可以被符号和算法所表达出来，它就可以使用图灵机来完成计算。当时很多学者都无法想象这么一台听起来跟打字机差不多的东西，会是一个能够承载人类所有可以完成的逻辑和运算的计算模型，此前，“计算”能力是被视为与“思考”相类似的人类抽象能力，大家一时间很难接受“计算”可以被如此简单的模型所概括。

了解过“可计算性理论”（Computability Theory）这个学术分支历史的读者会知道，在图灵机被提出之前其实就已经有能模拟人类所能进行的全部计算过程的模型被设计出来。例如图灵在硕士阶段的导师，普林斯顿大

⊖ 图片来源：http://finance.jrj.com.cn/2015/06/02105919297096.shtml。

学的阿隆佐·邱奇（Alonzo Church，1903—1995）教授于1928年提出的“Lambda演算”就是其中之一。但相比起其他计算模型，图灵机的优势在于它极为直观、易于理解，而且很容易通过机械或者电子技术来实现。因此，图灵机的价值被人们发现后，迅速成为计算机解决“如何计算”问题的基础，在计算理论上也成为了可计算性的对标物。当一个新的计算模型出现时，人们会判定它是否能解决所有在算法上可计算的问题，如果是，它就被称为是图灵等价或者图灵完备的。今天，我们称某种程序设计语言是图灵完备的，意思也是所有可计算的算法都能够用这种语言来实现（如今天常见的C、C++、Java、JavaScript等都是图灵完备的，而HTML/CSS这些语言则不是图灵完备的[⊖]）。由于笔者是个程序员，所以这里就再多写一句题外话，由于图灵机的结构简单性，不考虑编码效率和可读性的话，只需寥寥几个操作指令就能照着图灵机的定义实现一款图灵完备的语言，制造出脑洞大开的效果，大家有兴趣的话可以搜索一下“BrainFuck”和“Whitespace”这两门语言看看。

1.4 人工智能的萌芽

在和图灵的交流中，香农很快就理解并接受了图灵机的概念，并对此非常感兴趣。因为他与图灵都看到了一个令人激动的前景，既然图灵机这样一个并不复杂的计算模型就可以抽象人类逻辑和计算能力，而逻辑和计算又是人类最具代表性的智能表现之一，那“思考”能力，也就是“智能”是否也可以被一个模型所承载抽象，并且被机器所实现呢？图灵机是否也可以扩展为概括所有智能活动的模型？如果图灵机不足以成为这种模型的话，是否有其他抽象模型可以代替，成为人造智能的基石呢？

有必要再强调一下，当时是1943年，处于信息科学的萌芽期，连正经的通用电子计算机都还不曾出现的时代，并没有实际的图灵机和编程，

⊖ 在StackOverflow上找到一篇通过CSS3的伪类定义来实现Rule 110（一种元细胞自动机，被证明是图灵等价的）方法的文章，作者简直就要把HTML/CSS给玩坏了。这里大家通过两类语言的差异对比有个直观感受就好，其他就不用纠结了。文章地址为https://stackoverflow.com/questions/2497146/is-css-turing-complete。

图灵和香农所讨论的一切对智能的构想都停留在数学和哲学层面，而两位人工智能的先驱所讨论的这几个基础理论问题，在今天仍然是人工智能学界未能解决的问题，他们当时讨论的内容对计算机和人工智能的研究仍有很大启发意义。

当时他们的讨论主要是围绕图灵机能否作为智能的基础模型、如何令机械拥有智能展开的，要解决这些问题，首先要解决的就是定义什么是“智能”。香农提出考虑机器智能问题时，应当把艺术、情感、音乐等方面的能力一并考虑进去，这很接近今天多元智能理论中对智能的理解。而图灵则不认可，他认为智能既然是由物质（指人类大脑）所承载的，就应该可以由物理公式去推导，可以用数学的方式去描述，不应该把这些文化方面的内容包含进去。据《图灵传》(Alan Turing: The Enigma）的记载[⊖]，一次他们两个在讨论智能的定义时发生了争论，图灵反驳香农时是这么说的：“不！我对如何建造一颗无所不能的大脑完全不感兴趣，我只要一颗并不太聪明的大脑，和美国电报电话公司董事长的脑袋那样差不多就行了！”如果这位躺枪的董事长先生（贝尔实验室是AT&T下辖的研究机构，董事长即他们两位的老板）在场的话，大概不会同意图灵给智能所作的定义。

图灵（左）和香农（右）

⊖ 该记载来自Andrew Hodges编写的《Alan Turing: The Enigma》，英文版251页。该书于1992年出版，2012年引入中国，中文名字叫《艾伦·图灵传：如谜的解谜者》，该书还被改编成一部电影，名为《模仿游戏》。

对于机器如何实现智能这个问题，图灵提出了两条可能的发展路线[⊖]：一种是基于建设“基础能力”的方法，通过编写越来越庞大、完善的程序，使机器具备越来越多的能力，譬如可以与人下棋、可以分析股票、可以识别图形等这样的能力，图灵认为这是完全可以做到的。但他更感兴趣的是基于“思维状态”来建造大脑。这种方法的指导信念是，人类大脑一定存在着某种内在机制来产生智能，因为并没有什么更高等的神秘力量在为人脑编程，所以一定存在某种方法，可以使机器自动地学习，就像人类大脑一样。图灵进一步解释到：新生儿的大脑是不具备智能的，因此，找到人类大脑获得智能的途径，然后应用于机器上，使机器可以自己学习成长，成为机器掌握任何领域技能的一揽子解决方案。

在美国交流期间，图灵和香农并未能解决“如何定义智能”“图灵机能否作为智能的承载模型”等问题，但是他们在贝尔实验室一系列关于智能的讨论，代表这个时期学者对“机器和智能”思考的萌芽，是人工智能从“科幻”走向“科学”踏出的第一步。图灵回到英国之后，他与香农仍然保持着联系，香农还在战后到英国回访过图灵，他们仍然为解决这几个问题而不懈努力。在本章中，笔者将继续以图灵的工作为主线进行讲解，而香农的研究工作也间接导致了人工智能史上另一个重要里程碑事件的发生，而这就是下一章的内容了。

1.5 图灵测试：何谓智能？

在1945年到1947年期间，图灵从美国回到英国之后居住在伦敦的汉普顿区。这段时间内他在为“英国国家物理实验室”（National Physical Laboratory, NPL）工作，工作的具体内容是设计一款名为“自动计算引擎”（Automatic Computing Engine，ACE）的通用电子计算机。1946年2月，图灵发表了世界上详细论述带程序存储功能（Stored-Program）的计算机

⊖ 这段记载同样来自于《Alan Turing: The Enigma》，没有历史资料记载图灵直接说过这样的话，这是《Alan Turing: The Enigma》作者根据图灵工作和论文的观点总结的。

体系架构的最早论文之一[一]。但是由于政府决策者的短视，ACE 完成理论设计后，反而陷入了一连串研发电子计算机的工作是否值得现在就去投入的争论中，并未能立刻进入建造阶段。图灵因此感到心灰意冷，离开 NPL 回到大学校园（剑桥大学和曼切斯顿大学），专心研究机械与智能去了。

ACE 电子计算机[二]

关于 ACE 的历史，其实很值得详细书写一番，如果 ACE 当时立即启动建造，将很有可能和冯·诺依曼的“离散变量自动电子计算机”（Electronic Discrete Variable Automatic Computer，EDVAC）[三]竞争“现代计算机的鼻祖”的头衔（ACE 建造工作重新启动之后，在 1950 年竣工，而 EDVAC 则在 1949 年完成，两者完成时间仅差不到 1 年），也许今天学校的计算机课本讲到体系架构时就不再是冯·诺依曼架构了[四]。图灵和冯·诺依曼（Von Neumann，1903—1957）都是数学和计算机科学领域的天才，他们虽然没有直接的合作，分别在两个国家独立研究，但对计算机体系架

[一] 世界上最早的关于带程序存储架构的论文是冯·诺依曼发表的著名的关于 EDVAC 的论文《First Draft of a Report on the EDVAC》，其实也就比图灵要略早半年，但是详细程度不如图灵的论文。

[二] 图片来源：https://www.express.co.uk/news/uk/450892/Gay-rights-campaigner-calls-for-investigation-into-Alan-Turing-s-death。

[三] EDVAC：离散变量自动电子计算机，是第一台冯·诺依曼架构的计算机。

[四] 对于第一台计算机，很多人可能有所误解，1946 年建成的 ENIAC 是第一台“通用电子计算机”，但是它并非冯·诺依曼架构的（无法储存程序，必须通过连接线缆来重新编程），我们现在被广泛使用的计算机，从血缘关系上讲更贴近于 EDVAC 的后代。

构的观点却出奇一致[1]，只是运气上冯·诺依曼要比图灵幸运得多。图灵关于 ACE 的工作和人工智能关系有限，我们就不再花费笔墨在这上面了。

由于英国政府的保密要求，回到剑桥后，图灵所做的关于机械智能的研究在当时并未公开发表（图灵的论文《智能机器》（Intelligent Machinery）写于 1948 年，直至 1992 年才在《阿兰·图灵选集》中发表）。直到 1950 年，图灵在《心灵》（“Mind”）杂志上发表了另一篇划时代的论文：《计算机器和智能》（Computing Machinery and Intelligence）[2]，笔者相信大部分读者都没有听说过这篇文章，但也敢肯定有很多人听说过“图灵测试（Turing Test）[3]”，正是这篇文章提出了著名的“图灵测试”。可以说，也正是因为这篇论文对图灵研究工作的总结，使得后来图灵被世人冠以人工智能之父的荣耀。

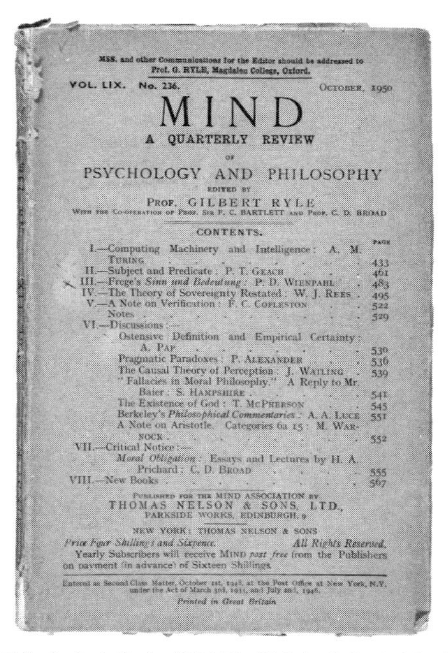
MSS. and other Communications for the Editor should be addressed to
Prof. G. RYLE, Magdalen College, Oxford.

VOL. LIX. No. 236. OCTOBER, 1950

MIND

A QUARTERLY REVIEW

OF

PSYCHOLOGY AND PHILOSOPHY

EDITED BY

PROF. GILBERT RYLE

WITH THE CO-OPERATION OF PROF. SIR F. C. BARTLETT AND PROF. C. D. BROAD

CONTENTS.

PUBLISHED FOR THE MIND ASSOCIATION BY
THOMAS NELSON & SONS, LTD.,
PARKSIDE WORKS, EDINBURGH, 9

NEW YORK: THOMAS NELSON & SONS

Price Four Shillings and Sixpence.

Yearly Subscribers will receive MIND *post free* from the Publishers on payment (in advance) of Sixteen Shillings.

Entered as Second Class Matter, October 1st, 1948, at the Post Office at New York, N.Y., under the Act of March 3rd, 1933, and July 2nd, 1946.

Printed in Great Britain

1950 年图灵在《心灵》杂志中发表《计算机器和智能》，图为《心灵》杂志的目录

[1] EDVAC 报告中最核心的概念是“存储程序（Stored Program）”，冯·诺依曼把这个概念的原创权公正无私地给予图灵。正像图灵专家、新西兰哲学家杰克·寇普兰（Jack Copeland）考证的，冯·诺依曼生前向他的同事多次强调：计算机中那些没有被巴贝奇预见到的概念都应该归功于图灵。所谓存储程序就是通用图灵机。

[2] 《Computing Machinery and Intelligence》，论文地址为 www.loebner.net/Prizef/TuringArticle.html。

[3] https://zh.wikipedia.org/wiki/ 图灵测试。

我们先来介绍图灵测试，与当年和香农争论“智能该如何定义”这个问题时的思路不同，经过几年时间的探索，图灵已经意识到在当时的学术积累下强行定义智能将是适得其反的。因此，图灵在《计算机器和智能》的开篇就直接说明了他不会正面地明确定义何谓“智能”，而是先假定智能可以被机器所模拟，然后对机器是否拥有智能给出了一个侧面的判定途径：

> “如果人类由于无法分辨一台机器是否具备与人类相似的智能，导致无法分辨与之对话的到底是人类还是机器，那即可认定机器存在智能。”

这个简单的机器对人类的“模仿游戏[1]”便是现今举世闻名的图灵测试。图灵在提出图灵测试的时候，并未想到会对后世带来如此深远的影响。大约从1998年互联网兴起开始，每隔一段时间就有企业或机构出来声称自己研制的机器人通过了图灵测试，其实这几乎都是商业操作和宣传的噱头，无一例外都是特定条件下，如“在5分钟或者20句的对话中，成功令若干个受测者认为与他对话的机器是个13岁的孩子”这一类型的“通过测试”。而图灵所定义的图灵测试，更接近于一个思想实验，并未规定参加测试的机器要和人对话多长时间，要骗过受测者中多少人，参加测试的人类智力、年龄等应该在什么样的水平，机器应该模仿一个年龄多大的人类等[2]（论文中倒是列举了很多可能提的问题和计算机回答的场景来进行论述，但并未对测试加以任何判定的条件限制）。图灵测试中所指的人类，也更多是一个泛称，而非特定的某类人或某个人类个体。

迄今为止，没有任何机器能够通过真正意义上的图灵测试。有趣的是，因为机器在图灵测试上一次又一次的失败，人类基于机器通过这种测试的困难度，反而创造出图灵测试最广泛的应用场景，这种应用在

[1] 图灵的论文中对该测试的命名就是“模仿游戏”，而“图灵测试”是后人纪念图灵而定的名字。

[2] 图灵只是在论文中做了一个预测：“大概50年以后（即2000年），一台拥有1GB内存（预测挺准确的啊）的计算机，可以在5分钟左右的询问后，让70%的人无法判断它是否为一台机器。”

网络上随处可见——图形验证码。验证码的英文单词“Captchac”其实就是“通过图灵测试来完全自动地分辨出计算机和人类”这句话的首字母缩写（Completely Automated Public Turing test to tell Computers and Humans Apart）

1.6 智能与人类的界限

今天主流的人工智能研究中，直接以创造出能通过图灵测试的人造智能机械为目标的研究项目其实极为罕见，这一方面是因为图灵测试的难度实在太高，难以出成果；另一方面是因为图灵测试所提出的目标，其实已经超过了人类自身的需要，好比人类要不断制造更好飞机的目的肯定是为了更快、更舒适地旅行，而不是为了让它飞得更像鸽子以至于能欺骗其他鸟类。

通过一个简单的集合关系，可以令我们以更严谨的方式来理解“人类所需的智能”和“能够模仿人类通过图灵测试的智能”这两个问题的差别。如图所示，我们定义了两个集合：“全部智能行为”和“全部人类行为”，以及两者的交集“属于人类需要范畴的智能行为”，并以此举例。

- **属于全部智能行为可以回答的问题：**“围棋规则中执黑需要贴目多少才能确保公平？”
- **属于全部人类行为可以回答的问题：**“周志明和周杰伦谁唱歌比较好听？”
- **属于人类范畴的智能行为可以回答的问题：**“菠菜 3 元一斤买 3 斤需要多少钱？”

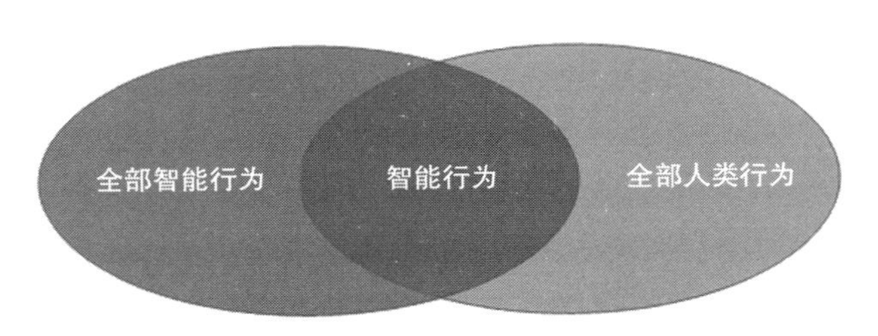

人类行为与智能行为的范围

显而易见，图灵测试所判定的“智能”是能够模拟全部人类行为的智能，但是全部人类行为的范围内并非都是“属于人类需要范畴的智能行为”，也并非所有人类行为都有让计算机代替人类去完成的必要，如你没必要让计算机替你分辨出“榴莲到底是不是一种好吃的水果”，觉得榴莲是否好吃这种问题也不会用来衡量回答者有没有智能或者作为判断智商的高低的依据，对吧？

今天学术界对人工智能研究的主流是机器从事人类范畴的智能行为（当然，机器天生就可以完成一部分人类之外的智能行为，譬如速算，所以要研究的问题是机器还完成不了的人类范畴的智能行为）这部分内容，而笔者相信现在绝大部分人都很容易接受人工智能的研究定位在人类范畴的智能行为是合理的。但是当时的主流学者并不都这么认为，在 1950 年以及之后的一二十年里，人们对机械实现智能的难度估计普遍都表现出极为乐观的态度，很多的投入是花费在“意识”（Consciousness）、“心智”（Mind）、“自我”（Self）这一类今天划归于强人工智能范畴的研究之中，以至于在 20 世纪 80 年代大家终于接受快速实现人工智能的愿望已不切实际这个现实后，出现了一系列关于人工智能前途的大讨论，如“技术奇异点[1]”的讨论、“中文房间”实验[2]、强弱人工智能之分等都是这个时期提出的。

1.7 机器能思考吗？

图灵测试仅是论文的一部分，定义完图灵测试之后，图灵开始论证该文中提出的最重要观点，即论文开篇第一句就提出的问题：“机器能思考吗？（Can machines think?）”

这里首先要消除“思考（Think）”一词的歧义性，哲学观点认为思考是一种人类独有的活动，即使机器能充满智能地行动，将思维属性赋予机

[1] 1982 年，弗诺·文奇在卡内基梅隆大学召开的美国人工智能协会年会上首次提出“技术奇异点”这一概念。

[2] 该实验出自约翰·希尔勒的论文《心灵、大脑和程序》（Minds, Brains, and Programs）中，发表于 1980 年的《行为与脑科学》。

器其实也是没有意义的。结合前文介绍过的图灵与香农对智能定义的争论，以及论文本身所论证的内容可以明确，此处图灵所指的“思考”，是一种可在外部观察到的行为，是指机器通过学习而获得某项技能，并能够将这项技能表现出来的能力。所以在论文中，图灵重点论证的建造“学习机器”（Learning Machines）[㊀]的可行性，更具体地说，是论证机器依靠学习进化而最终通过图灵测试的可能性。

图灵首先反驳了“机器可以具有智能”的一系列对立观点，这些观点在今天仍然是很多人认为人工智能不可能实现的主要论据。图灵给出的解释虽然并没有说服持反对观点的一方，甚至在后来有人还出版了《计算机不能做什么：人工智能的局限》[㊁]这样专门批判人工智能可能性的书籍，但起码说明了对于许多现代还在提及的反对人工智能的观点，图灵都是系统性地认真考虑过的。图灵反驳的大部分观点与“科学”的距离较远，笔者不准备一一细说，仅列举如下。

- **神学的反对意见**：“思考来自人类灵魂，而灵魂是上帝赋予的”。
- **“鸵鸟”式的反对意见**：“机器有思维的后果太令人恐惧了”。
- **能力受限论的反对意见**：“机器可以完成任何你刚才提到的事情，但机器永远不可能有某某行为”。
- **差错论的反对意见**：“机器永远不可能出错，而思维的关键则来自于出错的不确定性”。
- **规则论的反对意见**：“机器永远按照预设的规则来工作，而人类总能碰到未知的情况”。

上面这些都是涉及哲学甚至神学的问题，而另外一类——主要是两个

㊀ 这是该论文最后一章的标题，和现在的“机器学习”（Machine Learning）并不是一回事，读者请勿混淆。

㊁ 这本书出版于 1972 年，作者是加利福尼亚大学伯克利分校哲学教授休伯特·德雷福斯。这本书还处在论文阶段的时候名字是《炼金术与人工智能》（这名字够埋汰人的吧），正式出版时变成了文中这个名字，在 1986 年翻译引进中国。在最近第三次再版时名字听起来更温和了（怂了）一些，改成了《计算机仍然不能做什么——人工智能理性批判》。

观点，对于不研究哲学的人也有比较宽松的探讨空间，笔者想介绍一下图灵对这两个问题的看法。

一个是来自数学的观点，机器拥有智能的反对意见主要来自于哥德尔不完备定理，该定理证明了一个反科学直觉的结论：

> “如果一个形式系统是不含矛盾的，那就不可能在该系统内部证明系统的不矛盾性。”

哥德尔不完备定理对机械智能的限制是：它决定了无论人类造出多么精致、复杂的机器，只要它还是机器，就将对应一个**形式系统**[一]，就能找到一个在该系统内不可证的公式而使之受到哥德尔不完备定理的打击，机器不能把这个公式作为定理推导出来，但是人心却能看出公式是真的。因此这台机器不可能是承载思维的一个恰当模型[二]。也就是说，如果可以通过图灵测试的智能是基于某种能够承载该形式系统的运算器（譬如基于图灵机）来实现的话，那在进行图灵测试时，就一定能找到一个问题，是这个机器必定回答不了的，这就成悖论了。

图灵对这个问题的看法是：尽管哥德尔不完备定理可以证明任何一台特定机器的能力都是有极限的，但是并没有证据说明人类智能就没有这种局限性。这句话的隐含意思是，没有证据证明人类智能不是被某个特定形式系统（如图灵机或者其他系统模型）所抽象概括的，就这样，图灵把“不能解决所有问题”的锅从机器甩回给了人类。

提出哥德尔不完备性定理的库尔特·哥德尔（Kurt Godel，1906—1978）本人，曾经于1951年在布朗大学的演讲中也谈及了这个问题[三]，他认为以下结论是无可避免的：

[一] 形式系统（Formal System）是数理逻辑中的概念，是指包含字母、字的集合及由关系组成的有限集合。典型的如编程语言就是一种形式系统，甚至佛教理论在一定程度上也是一种形式系统。

[二] 此观点来自于美国哲学家卢卡斯于1961年发表的文章《心、机器、哥德尔》，此时图灵已经逝世，但他在1950年的论文中就已经预见性地反驳了这个观点。

[三] 以下论文记录了哥德尔演讲的部分内容：https://math.stanford.edu/~feferman/papers/dichotomy.pdf。

> “要么无论机器多么复杂，人类的思维都将在理论上无限地超越任何机器；要么对人类而言，也一定存在着一个人类绝对无法解决的问题。”

但与图灵不同的是，他倾向于接受这个结论前半句的可能性，而否定后半句。关于哥德尔不完备定理对机械智能的限制，其实最终回到了问题的原点，即图灵与香农最初探讨的问题：人类的智能是否能够被某种模型所抽象？如果是，那必将存在着人类智能绝对无法解决的问题，如果不是，那人类就很难制造出能够拥有人类思维的机械智能，这个问题在科学界、哲学界的讨论经久不衰，但至今仍没有找到答案。

另一个反对观点是思维来自于情感和意识。至今，人们都普遍认为机器在情感和意识上明显是无能为力的。图灵论文中摘录了一段斐逊教授在1949年的演讲的内容，如下：

> “若要我们承认机器与大脑一样，除非机器能够因为感受到了思想和感情，而不是符号推理去写出十四行诗[⊖]或者协奏曲来。也就是说它不仅仅写了，而且必须意识到自己确实这样做了。任何机器都感觉不到成功与喜悦，也不会因困难而沮丧，因奉承而沾沾自喜……”

图灵对这个问题干脆利落地回应到：这是典型的“唯心主义”思维（原文是Representational Theory of Mind）。他认为如果要去肯定一台机器是否拥有思维，必须要能感受到那台机器的思维活动的话，那人类同样也属于“没有思维”的范畴。因为你要了解一个人的思维状况，不可能把你自己变为那个人来感受[⊜]，必然是根据那个人的外在表现，譬如他的表情、动作、所说出的话语来得知。如果是这样，问题就绕回到图灵测试上来

⊖ 十四行诗是一种文体，和中国古诗的五言绝句、七言律诗性质一样。

⊜ 这个在哲学知识论中称为“他心猜想”（Problem of Other Minds），是一个讨论了上千年的老梗了，中国战国时期也有类似的“濠梁之辩”，就是那个“子非鱼，安知鱼之乐”的故事。

了，一个通过图灵测试的机器，将意味着可以在所有的外在表现上跟人类行为一致。

对意识理解的局限性，是今天很多人理解人工智能的一个思想误区，总觉得机器必须实现和人类那样自我意识的思考才是真正的人工智能。在2015年3月，语言和认知学家诺姆·乔姆斯基（Avram Chomsky，1928—）和物理学家克劳斯有过一场对话，乔姆斯基再次被问到了“机器能思考吗?”这个问题，他反问道：“潜艇能够游泳吗? ⊖如果机器实现了意识的外现的结果，但是意识的内涵（原文使用的是潜意识“Preconsciousness”这个词）和人类的不一样，那机器可以被认为是有意识的吗?”如果非要让机器具备人类思维所定义的意识，乔姆斯基直接引用图灵对这个问题所说的话来反驳：“这没有讨论的意义”(Too Meaningless to Deserve Discussion)。关于机器与意识之间的关系，从图灵的论文开始，到1980年约翰·希尔勒的中文房间思想实验引发的大讨论之后，学界才算有了比较统一的主流结论。

1.8 机器拟人心

反驳了诸多与机器可以具有思维相对立的观点的同时，图灵也正面给出机器获得思维的一种可能途径。在20世纪，人们已经对脑科学有了初步的了解，知道了人类大脑的思维是由脑皮层中大量神经元互相连接实现的。虽然从神经元具体产生智能和思维的过程尚且不明确，但如果把思维和脑科学的研究比喻成剥洋葱的话，当人们发现一些脑部的机制可以通过物理方式解释时，就把它像洋葱皮一样剥除掉，这时候又会发现一层新的秘密在里面需要剥除。一直这样下去，我们会看见一个人类科学所无法解释的“灵魂”存在? 还是会发现洋葱皮最后一层里面什么都没有了，所有大脑创造智能的过程都能够用物理和化学现象来解释? 世界上大至宇宙星系，小至分子、原子都遵从物理定律，这是现代科学界普遍接

⊖ “潜艇能游泳吗”这句话是乔姆斯基对荷兰计算机科学家艾兹赫尔·迪杰斯特拉（Edsger Dijkstra）的著名引述，迪杰斯特拉的原话是：“关于一台机器能否思考的问题，与关于一艘潜艇是否会游泳的问题几乎同样有趣。”

受的信仰，很难让人唯心地相信在人类大脑这里就会有无法使用物理定律解释的神秘现象出现[⊖]，认同这点的人，也应该能认同思维的存在也必将是被物理定律所约束的。如果确实有一个或多个能够解释思维的定律或理论存在的话，就非常有可能找到能承载智慧的抽象模型，然后通过机械来实现它。

必须承认，直接设计一个对等于成年人思维的机械智能无疑是困难而复杂的，因为一个成年人的大脑，除了出生时初始的生物状态之外，他所接受的教育以及那些经历的不能称为教育的事情，都会导致他大脑中各种细节发生变化。那能否将问题简化，先尝试设计一个等同于初生婴儿大脑的机械智能呢？这个机械智能可以没有任何预置的知识，对世界的认知可以如同白纸一般，它只需要具有学习进化的能力即可。如果将这个智能定义为“学习机器（Learning Machine）”，那创造人工智能的过程就可以分解为建造一部学习机器以及对这部机器的教育过程两个部分。

1950 年人工智能尚未形成一门真正的科学，碍于那时的历史局限性，图灵不可能在当时就给出一部拥有自主进化能力的学习机器的详细设计，因为其中涉及细节问题，几乎每一项都成为日后人工智能中的一门学术分支，解决这些问题所要付出的努力是当时根本无法想象的，其中部分列举如下。

- **接受外界信息的能力**，如机器视觉、语音识别、语义理解等。
- **存储和使用知识的能力**，如知识表示、知识工程、自动推理等。
- **改进自身的能力**，如基于统计、概率、符号、连接的各类机器学习模型等。
- **反馈外界的能力**，如自然语言处理、语音合成技术、运动平衡技术等。
- ……

⊖ 现代科学中，有一种理论认为这里应该引入量子力学的不确定性原理，以提供随机和概率方面的考量。

退一步说，即使有人声称已经做出来了一台学习机器，如何保证对机器的正确教育和评估也是一个很大的问题。这台机器肯定不可能像人类的方式那样靠生活、上学这样的经历来成长进化，人们也无法在短时间内就评估出不同学习机器的效果优劣来。

对于如何教育学习机器的问题，我们可以尝试通过计算机模拟，使用遗传算法[1]（Genetic Algorithm）来解决，把学习机器的进化和生物进化论中物竞天择的思想联系起来。将学习机器假设为一种生物，当机器有符合人类行为的正确响应时给予奖励，在发生不恰当行为时给予惩罚。获得更多奖励的机器，将会有更好的生存环境，能存活更久，更容易产生后代。每一代都在遗传上一代特征基因的基础上随机进化，在若干代进化之后所得到的族群，肯定是更符合我们所设定目标的学习机器。笔者这里通过一个简单的实验来模拟这种思想：假设有一种“生物”是由250个不同颜色、不同透明度的三角形组成，这种生物以“是否长得像蒙娜丽莎”为优胜劣汰的判定标准（逐个像素比较相似度），如果更像蒙娜丽莎的话就可以存活更久，产生更多后代（后代会继承前一代的基因基础）。从实验结果可以看到，第100万代时这种生物的样子已经进化到几乎和蒙娜丽莎的样子没有什么区别，这个甚至有可能是只能用250个透明三角形来模拟蒙娜丽莎的最优解了[2]。

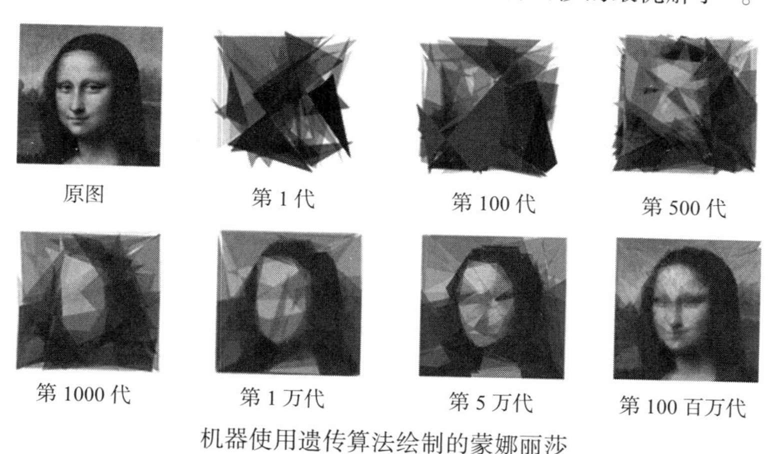

机器使用遗传算法绘制的蒙娜丽莎

---

[1] https://zh.wikipedia.org/zh-hans/遗传算法。

[2] 读者有兴趣的话，可以自己在这个遗传算法的介绍网站上在线完成该例子：http://alteredqualia.com/visualization/evolve/。

图灵这篇论文中关于学习机器的描述是最早出现的计算机遗传算法思想的文献记录，使用计算机来模拟学习机器的进化在1950年肯定只能是个假想，完全不具备实践可行性的实验。但谁也没有预料到几十年后会有互联网这样的黑科技出现，从此人类在数十亿网民的共同积累下，制造出了一个无比庞大的，几乎包含了所有人类行为的知识库。学习机器是完全有可能通过这个知识库去判断哪些行为是人类行为中概率更高的。有了判定标准，学习机器也就有了学习进化的方向，这种方案的实践可能性正在慢慢变大。关于机器通过互联网学习知识从而进化出智能和意识的故事情节，近年来多次出现在科幻小说和电影之中[⊖]，许多精英学者，如天体物理学家史蒂芬·霍金（Stephen Hawking，1942—2018）、人工智能学家斯图尔特·拉塞尔（Stuart Russell，1962—）也都向公众预警过存在这种可能性，虽然他们同样无法给出严谨的证据来证明或者证伪。机器进化获得智能的可能性是否会变成现实，答案恐怕只能留待时间来回答，留待未来去见证了。

1.9 机器拟人脑

学习机器（Learning Machine）的概念被图灵提出后，很快成为人工智能学者研究的热门领域。1955年，在美国洛杉矶举行了一个“学习机器讨论会”（Session on Learning Machine），神经元模型的发明者、数理逻辑学家沃尔特·皮茨（Walter Pitts，1923—1969）在做会议总结时说道：

> “在我们面前有两条通向智能的路径，一条是模拟人脑的结构，一条是模拟人类心智，但我相信这两条路最终是殊途同归的。”

从历史发展上看，皮茨的总结非常有预见性，至今六十多年来，人工智能的探索历程就是“结构派”和“心智派”[⊜]交替提出新理论和新发现，交替占据主流地位的发展史。

⊖ 如电影《超能查派》（2015年）中的Chappie。

⊜ “结构派”和“心智派”便是后来人工智能三大经典学派中的“符号主义学派”和“连接主义学派”。

以皮茨的划分方式，图灵本人应该算是“心智派”的代表人物，他寻找能实现智能的抽象模型这项工作，直至逝世都没有成功，其他科学家们也尝试着另外的途径去寻找人工智能。从实践角度，“结构派”的思路似乎更为可行，至少可以模仿生物结构，道路更为“有迹可循”一些。与许多来自于仿生学灵感启发的发明一样，人们直接想到了从模拟人类大脑功能结构出发来寻找智能。这里简要地列举一些这个过程中的里程碑事件，而涉及的具体理论和知识，在后面关于神经网络和机器学习的章节里，将会再详细介绍。

- 1904年，西班牙病理学家拉蒙·卡哈尔（Ramon Cajal，1852—1934）提出了人类大脑包含大量彼此独立而又互相联系的神经细胞的神经元学说。
- 1943年，心理学家沃伦·麦卡洛克（Warren McCulloch，1898—1969）和皮茨在《数学生物物理学通报》上发表论文《神经活动中内在思想的逻辑演算》(A Logical Calculus of The Ideas Immanent in Nervous Activity)，文中讨论了理想化、极简化的人工神经元网络，以及它们如何形成简单的逻辑功能，首次提到了人工神经元网络的概念及数学模型，从而开创了通过人工神经网络模拟人类大脑研究的时代。后来人们将这种最基础的神经元模型命名为“M-P神经元模型”。
- 1949年，心理学家唐纳德·赫布（Donald Hebb，1904—1985）在《行为组织学》(The Organization of Behavior）这部著作中提出了基于神经元构建学习模型的法则。他认为神经网络的学习过程最终是发生在神经元之间的突触部位，突触的联结强度随着突触前后神经元的活动而变化，变化的量与两个神经元的活性之和成正比。该方法称为“Hebb学习规则”(Hebb's Law)。
- 1952年，IBM的程序员阿瑟·塞缪尔（Arthur Samuel，1901—1990）在IBM 700系列计算机上开发了一款西洋跳棋的程序。该程序并不是开发人员将下棋的方法通过算法编程的方式直接赋予计算机，而是通过算法赋予计算机一定的学习能力，使之能够观察位置并学习一个隐式模型以在后一步棋中获得更好的策略。塞缪尔用该程序下了许多盘棋，并发现经过训练的程序最后能比人下得更好。这款西洋跳棋程序有力地反驳了当时认为机器不能超越人类所写的代码并学习人类的策略模式这种观点。到 1959 年，这款程序打败了塞缪尔本人，在 3 年之后，甚至可以打败州跳棋冠军，这是塞缪尔本人所无法做到的。塞缪尔还创造了“机器学习”这一概念，并将其定义为：“在没有明确指令的情况下赋予计算机能力的一个研究领域”。

- 1957 年，心理学家弗兰克·罗森布拉特（Frank Rosenblatt，1928—1971）第一个将 Hebb 学习理论用于模拟人类感知能力，并提出了“感知机”（Perceptron）的概念模型，希望这个模型能够作为承载智能的基础模型。罗森布拉特在康奈尔大学航空实验室的 IBM 704 计算机上完成了感知机的仿真后，成功申请到了美国海军的资助，于两年后成功制造了一台能够识别英文字母的基于感知机的神经计算机——Mark-1，并在 1960 年 6 月 23 日向美国公众展示。本章开头引言部分所引用《纽约时报》的那段海军高度评价的主角就是 Mark-1。

感知机 Mark-1 识别字母

感知机之后，结构派还有很多值得记录的里程碑事件，大多和机器学习有关，笔者不打算在第 1 章里继续列举了。从今天我们还没有真正走进智能化时代这个现实结果可以得知，结构派的尝试同样也还没有成功，但与心智派所处的困境不同，结构派所面临的许多困难是由于训练数据不足、计算能力不足所导致的，更多是工程可行性上的困难。不考虑工程可行性，单纯从理论可行性上说，很多实验和机器都是可以实际建造和验证的（这里的“建造”，既包括真实的感知机和芯片，也包括在今天的计算机上通过算法逻辑搭建）。所以说结构派没有成功却也没有失败，只是当时计算能力无法得出可实用化的结果罢了。随着今天计算能力（尤其是GPU这种多核强并行计算的硬件出现，正适合模拟神经元的激发过程）的发展，基于机器学习的方法确实完成了很多以前代表人类智能的工作，如下棋、对话、视觉识别、辅助决策等。

不过，鉴于人类大脑是地球上最复杂的系统工程，我们对大脑进行的反向工程还暂处于“盲人摸象”的状态。欧盟脑计划和美国脑计划这类项目建立了开放式的合作机制来收集海量全面的大脑数据，但缺乏对等的合作机制来探究统一基本的大脑理论。今天计算机硬件也已经出现了一些模仿人类大脑的神经形态芯片项目，譬如IBM的TrueNorth，还有高通的Zeroth，虽然都声称已经成功开发出了非冯·诺依曼的新型计算机架构，然而就背后对应的非图灵机的新型计算模型而言，仍是毫无头绪。

图灵已经找到了计算能力的基石，但寻找智慧的基石这项工作，仍然没有见到成功的曙光，世界在等待着下一个“图灵”的出现。

1.10 机器拟人身

关于寻找智能的途径，除了“心智派”和“结构派”之外，还有一种主流的观点，认为智能应该是由具体行为表现出来的智能，智能、认知都与具体的身体、环境密切相关，它们之间存在内在的和本质的关联，智能和认知两者必须以一个在特定环境中具体的身体结构和身体活动为基础。智能是基于身体和涉及身体的，智能始终是具体身体的智能，而不能仅仅存在于脑海之中。

图灵也考虑过这种智能的形式，他在 1948 年的论文《智能机器》（Intelligent Machinery）中，把研究智能的方向划分为“具身智能”（Embodied Intelligence）和“非具身智能”（Disembodied Intelligence）两大类。图灵和香农的研究主要走的是非具身智能这条路，而具身智能，则是以提出《控制论》的维纳为代表，著有《自复制自动机理论》（Theory of Self-Reproducing Automata）的冯·诺依曼也是这方面探索的先驱者之一。

对于非具身智能的研究，无论是“心智派”还是“结构派”，都是从人类大脑和心智开始的，而对具身智能的研究，并没有把目光聚焦在具有高级智能的人类身上，而是首先关注比人类低级得多的生物，譬如昆虫。即使是简单的昆虫也能够展现出机器无法企及的智能行为，哪怕是灵活摆动身体、快速而稳定地行走、聪明地避开障碍物、躲避捕食者的攻击这些行为，尽管对于人类或者绝大部分动物来说都是刻在骨子里头的本能的反应，但是对于机器而言，要表现出类似的行为，也存在着极大的困难，这里涉及的控制技巧和能力非常复杂，将这些在人类看来再普通不过的行为视作机械智能行为的一种毫不为过。对于这一条探索智能的道路，我们不妨称为“行动派”。

如果说心智派在研究模拟智能的软件，结构派在研究模拟智能的硬件，那行动派就是在模拟智能生物的身体了。与心智派、结构派互相竞争不同，这一派的学者和经典人工智能学术圈总是保持着若即若离的关系，后续发展出来的成果，也大多体现在控制科学、机器人学这些来自人工生命的领域之中，反而不喜欢烙上“人工智能”的标签。

在人工智能真正成为一门学科之后，我们所说的心智派、结构派和行动派，也有了自己严谨的理论和学说，分别发展成人工智能中的三大经典学派：符号主义学派、连接主义学派和行为主义学派。在本书的第二部分，笔者将会用三章的篇幅，深入讲解这三个学派的学说理论和发展成果。

1.11 本章小结

本章以 1956 年为界，介绍了达特茅斯会议之前人工智能还处于洪荒混沌时期的关键事件和理论学说。关于历史的介绍会贯穿全书，笔者希望除了纪念图灵等人工智能先驱们所作的探索和努力外，还能普及一些基础概念、理论、模型和算法产生的背景、用途，以及历史上对这些新事物有过怎样的思考和争论。我们研究人工智能，必须站在巨人的肩膀上看世界，如果不了解“智能”这样基础的概念，不了解前人是如何思考、定义和判别的，一开始就从“深度学习”等当前最热门几个细分人工智能分支入手的话，会很容易陷入管中窥豹的困境。

本章时间线到 20 世纪 50 年代初期为止，还有一个关键的原因是“主角”图灵因同性恋问题在 1952 年受到惨无人道的迫害。因军事保密等原因，图灵的贡献和成就并没有为他提供应有的庇护，他被判处执行长达一年多的化学阉割。1954 年，图灵不堪折磨，选择吞食涂有氰化物的苹果结束了他传奇的一生[⊖]。直至二战结束 30 多年后，图灵的贡献才逐渐向公众公开。在无数人的抗议和争取下，英国政府受到了极大的压力，2013 年 12 月 24 日英国女王伊丽莎白二世破例（首次对逝者赦免）宣布赦免已逝世将近 50 年的图灵。2017 年 1 月 31 日，《图灵法案》生效，历史上与图灵有类似经历的约 49000 位因同性恋定罪者都被赦免。

1966 年，美国计算机协会（Association for Computing Machinery，ACM）以图灵的名字设立了“图灵奖”（A.M. Turing Award），用于纪念图灵对计算机科学所做的卓越贡献。图灵奖现在已成为像自然和人文科学界的诺贝尔奖、数学界的菲尔兹和沃尔夫奖一样的计算机科学、信息科学和人工智能科学界的最高荣誉和奖项。

⊖ 有传闻说图灵是乔布斯一生的偶像，苹果公司选择被咬了一口的苹果作为 LOGO 是为了纪念图灵。但是苹果公司并没有承认这一点。

· *Chapter* ·

第 2 章

迈向人工智能

Our purpose is not to guess about what the future may bring; It is only to try to describe and explain what seem now to be our first steps toward the construction of Artificial Intelligence.

我们的目的并不是去猜测未来会出现什么，而仅仅是尝试去描述并解释清楚我们应该如何迈出通向人工智能的第一步。

——马文·明斯基（Marvin Minsky），《迈向人工智能》，1961 年

2.1 概述

现在一说起人工智能的起源，公认是 1956 年的达特茅斯会议，原本学术圈之外听说过这个会议的人并不多，但随着人工智能在近几年再次成为科技界乃至全社会的焦点，达特茅斯会议也逐渐为公众所了解。由于人工智能一词天生的神秘色彩，这个会议似乎也附带上了一道朦胧而神秘的光环。通过本章，我们将了解这个会议的诸多细节，了解人工智能这个学科诞生的历史背景，还会了解人工智能这个学科建立后与之相

关的一系列学者、学说的竞争。

新生学科的诞生通常都意味着打破一些旧的观念和枷锁，所以新学科的出现，需要有旧学科无法解决的问题被提出，需要有开创者去思考和动手解决，需要有与旧理论旧观念斗争的勇气和力量，也许还需要有一点机缘巧合的运气，这个过程中必将出现很多传奇的人物和故事，也必将会产生很多令人惊叹的成果。

2.2 引言：不经意间改变世界

1953 年夏天，一位普林斯顿大学数学系博士研究生决定把他博士生涯的最后一个暑假用在和他的师兄一起去贝尔实验室勤工俭学上。尽管以学生标准而言，这两位年轻人都已算是出类拔萃的优等生了，但按一个计算机学者的标准来说，他们还只是两个初出茅庐、籍籍无名的学术界新人。在他们进入贝尔实验室的时候，连他们自己都不可能想过人工智能这门新兴科学甚至整个信息科学和计算机科学，都将会由于那时他们不经意间的一次勤工俭学而发生改变。这名即将毕业的博士生的名字叫马文·明斯基（Marvin Minsky，1927—2016），和他一起去贝尔实验室当“临时工”的师兄[⊖]叫约翰·麦卡锡（John McCarthy，1927—2011）。

年轻时的明斯基（左，1952 年摄）和麦卡锡（右，1948 年摄）

⊖ 麦卡锡和明斯基同岁，因为在加州理工学院读本科时跳了两级，所以他的博士学位比明斯基提早两年多获得。

第1章里，笔者讲述了1943年香农和图灵在贝尔实验室的自助餐厅中围绕“机器与智能”的一系列讨论，当时预留了一个伏笔：图灵和香农分开后，各自的研究工作都引发了一系列人工智能史上极为重要事件的发生。图灵的研究工作我们已经介绍过了，本章我们就从香农的研究说起。

距离和图灵讨论“机器与智能”问题已经过去了十年时间，香农仍然没有解答当时讨论的焦点问题——图灵机能否作为智能的抽象模型，但他也并没有放弃对这个问题的思考，当香农看到那两个新进贝尔实验室的年轻人简历上的研究方向[一]时，立即就决定要把他们安排到自己身边工作。此时的香农在贝尔实验室已经不是当年那位数学组的小研究员了，在1948年《信息论》公开发表后，世界逐渐意识到香农这部著作的巨大价值，谈论信息论甚至成为当时科学界（是整个科学界，而不仅是信息科学）的一种潮流。香农的学术地位也越来越高，他被誉为信息学的奠基人之一，在星光璀璨的贝尔实验室也是一位绝对的领头人物，找两位年轻实习生参与自己的研究是轻而易举的事情。

对于香农研究的问题，麦卡锡给出一个非学术的建议：“老大，这个问题恐怕仅靠咱几个搞不定啊，三个臭皮匠赛过一个诸葛亮，不如我们来发起汇编一部关于机器模拟智能的文集，让全世界做智能研究的学者们都来投稿，贡献一下智慧吧。”香农稍作考虑之后同意了麦卡锡的这个提议[二]，但是他一贯低调，不喜欢使用“机器模拟智能”这类过于吸引眼球的名字，决定将这部文集定名为《自动机研究》(Automata Studies)。

这部文集的汇编工作很快开始，但进展并不顺利，以至于不足300页的文集耗费了三年时间才公开出版发行。不顺利的原因并不是没有学者愿意投稿，以当时香农在学术界的吸引力不太需要担心这一点，实际上投来

㊀ 关于研究方向，明斯基的博士论文题目是《神经网络和脑模型问题》(Neural Nets and The Brain Model Problem)，是较早的神经网络研究之一，麦卡锡的博士论文也是关于机器模拟智能的。

㊁ 有说法是汇编这部文集的想法是由普林斯顿大学另一名研究生杰里·雷纳（Jerry Rayna）提议的，麦卡锡只是向香农转达了这个想法。文中麦卡锡说的话肯定是笔者杜撰的，原话怎么说的不重要，大家意会即可。

的稿件的确不少，而且入选的几乎都是大师的文章，除了香农自己提供的两篇关于通用图灵机研究的文章外，如马丁·戴维斯（Martin Davis，1928—，与图灵一样是邱奇的学生，《可计算性与不可解性》《逻辑的引擎》的作者）、斯蒂芬·克莱尼（Stephen Kleene，1909—1994，也是邱奇的学生，《元数学导论》的作者）、冯·诺依曼（这位大拿就不必多加注解了）、威廉·艾什比（William Ashby，1903—1972，《设计大脑》的作者，控制论学派的代表人物之一）等人都有文章收录，当然明斯基和麦卡锡也有文章被收录进去。这部文集出版之所以不顺利，主要问题在于它拟定的主题如同它的名字“Automata Studies”一样，太过于泛化笼统，以至于投稿来的大量文章与图灵机和机械智能都没有什么关系，这就偏离了发起人当时决定汇编这部文集的初衷[⊖]。

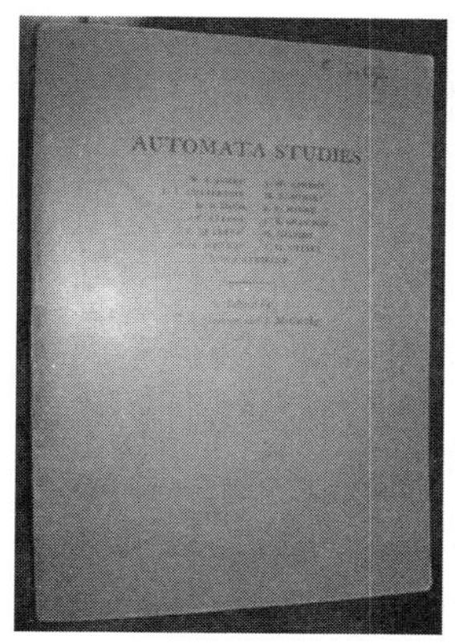

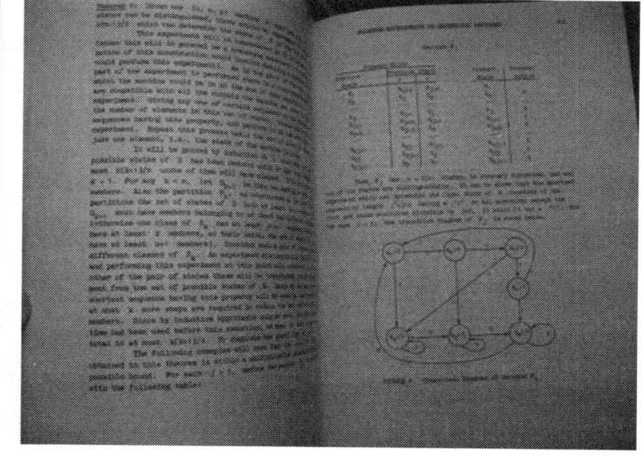

《自动机研究》原稿

1955 年夏天，麦卡锡又到了 IBM 公司去打临时工，虽然在一年前（1954 年）他就已经受聘为达特茅斯学院（Dartmouth College）数学系的助理教授了，但是美国教授和中国的不一样，暑假是不发工资的，因此即便已经不是学生了，麦卡锡还是逃不掉“勤工俭学”的日子。

⊖ 根据麦卡锡的自述是：“香农不喜欢华而不实的术语堆砌。他整理的卷宗为《自动机研究》。但其中收集到的文章让我很失望，有关智能的内容并不多。所以在 1955 年开始筹备达特茅斯计划时，我希望开门见山，使用了‘人工智能’这一术语，目的是让参与者们弄清楚我们是在干什么。”

这次麦卡锡“勤工俭学”的老板是纳撒尼尔·罗切斯特（Nathaniel Rochester，1919—2001），他是IBM公司信息中心的主任，也是第一代通用的商用计算机“IBM 701”的主设计师。在IBM做700系列商用计算机的那群研发人员中很多都对机械智能感兴趣，譬如前文提到的，写过有自学习能力西洋跳棋的那位IBM第一代程序员塞缪尔。罗切斯特自己也是对机械智能研究极感兴趣的人。当麦卡锡和他谈到这个话题时，两人便一拍即合，决定共同发起一场与机器和智能领域有关的活动，并且给这个活动设定了下列七个明确的讨论范围和希望解决的问题。

1）自动计算机：所谓“自动”指的是可编程的计算。

2）编程语言：这里并不同于今天的Java、C、C++等编程语言，而是“如何为计算机编程使其能够使用人类语言”的意思。

3）神经网络。

4）计算规模理论（Theory of Size of a Calculation）：这个议题说的是如何衡量计算设备和计算方法的复杂性。

5）自我改进：这个议题就是说机器学习。

6）抽象概念：令计算机可以理解和存储那些人类可以轻易判别，但是难以精确定义的概念。

7）随机性和创造性。

当时麦卡锡和罗切斯特的计划是通过这次会议，召集一群计算机、通信、心理学、数学等领域的学者，用两个月左右的时间交流讨论，至少解决这些问题中的一个甚至几个，进而逐步解决如何令机器拥有智能这个大问题。

从这个目标我们就可以看出当时计算机科学家们的想法，更多的是把人工智能，或者说如何令机器拥有智能当作一个新兴的学术问题去研究，而不是一开始作为一门新兴学科来看待的。只是在研究的过程中，大家很快就发现这个问题是个“无底天坑”，牵扯到的新旧知识和理论越来越多，不同理论学说之间还常常争论摩擦，进而形成新的理论，就这样，人工智能逐渐由一个学术问题发展为一门学科。

2.3　达特茅斯会议

吸取了策划《自动机研究》的教训，麦卡锡在深思熟虑之后，给这个活动起了个别出心裁的名字："人工智能夏季研讨会"（Summer Research Project on Artificial Intelligence），然后他拉上当时已经毕业，在哈佛大学做助理研究员的明斯基一起，给洛克菲勒基金会写了一份项目计划书[⊖]。麦卡锡的项目计划书考虑得还十分周全：为了方便吸引和他们类似情况的大学教师和研究员参加，活动时间定在了明年（1956 年）的夏天，麦卡锡向洛克菲勒基金会申请了 13500 美元的资助（后来实际批了 7500 美元），以便支付参会者两个月的薪水，就相当于为自己解决明年暑假的"勤工俭学"了；为了组织方便和节省经费，地点就定在麦卡锡执教的达特茅斯学院；为了活动的号召力和权威性，他又说服香农成为会议的组织发起者之一。实际上香农并没有参与这次会议的任何具体工作，最多就只是做了一些"点赞和转发"（是指让麦卡锡以他的名义寄送一些会议邀请）之类的事情，但项目计划书中所列的"第一发起者"（Originators of This Proposal）就是香农的名字，说明麦卡锡也是充分意识到申请科研基金时拉大旗做虎皮的必要性。

会议地点：达特茅斯学院

⊖ 计划书原文：http://www-formal.stanford.edu/jmc/history/dartmouth/dartmouth.html。

麦卡锡在活动策划这类动笔动脑的工作方面做得很出色，但笔者整理这个会议的历史资料后，实在忍不住要抱怨一句，到了活动组织这类动手的行政工作时，他就真是搞得一塌糊涂。达特茅斯会议这个“人工智能”一词首次正式出现的历史性会议，标志着人工智能开始成为一个学科的开创性会议，以“解决机器与智能之间一个或多个关键问题”为目标的严肃的学术会议，在会议组织工作上竟然出现了不止一次不靠谱到令人瞠目结舌的意外状况。

首先是麦卡锡在会后遗失了参会人员签到表，导致今天已经无法考证确切有多少人参加——计划书上列举了计划邀请的47人，邀请函发出后其中的11人回信应邀，但实际参会人数麦卡锡、所罗门诺夫等参会者给出的数字却不尽相同，从10人至20多人的版本都有。其中有原本应邀的人爽约没到，也有后来临时加入进来的，甚至还有不在邀请名单中，只是跟着朋友一起来听一听的。各参会人的参会和退场时间也都不尽相同，譬如参会时间最短的如纽厄尔、司马贺这两位，就只待了一周左右；除了麦卡锡和明斯基外，其他两位会议发起人香农和罗切斯特也只参加了一半会议议程就提前退出了。说到这里就必须强调一下，这个看起来“来去自由”的会议，在原本的计划书上的会议形式是被定义为持续两月的“闭门”会议。

接着就是完整的日程表和会议记录也不见了，所以笔者只能从摩尔、所罗门诺夫等人数十年后提供的笔记草稿[㊀]和邀请函来窥探当时会议的日程、主题和讨论的情况，一个六十几年前的学术会议今天居然弄得跟历史考古似的，也是令人不得不服气。

也许是会议中还采用了分组讨论之类的形式，各个参会者给出的讨论记录内容并不完全一致，甚至连不同资料上实际的开始、结束时间也有冲突，有资料上的日期写的是六周时间[㊁]，但根据最先到场并参与全程的所罗门诺夫的记录，应该持续了八周左右。

㊀ 所罗门诺夫的参会资料，扫描了电子版放在他的网站上：http://raysolomonoff.com/dartmouth/。

㊁ 达特茅斯 WorkShop 和剑桥出版的《 The Quest for Artificial Intelligence 》，记录会议时间为六周。

DARTMOUTH COLLEGE
Department of Mathematics & Astronomy
HANOVER · NEW HAMPSHIRE

March,
1956

Mr. Ray Solomonoff
Technical Research Group
17 Union Square West
New York, New York

Dear Ray:

You are one of the people we should like to invite to the "Summer Research Project on Artificial Intelligence."

Terms: $1,200 - $900 of which will probably count as a fellowship and be tax free, plus traveling expenses.

Dates: June 18 to Aug. 17

Place: Hanover, N. H. (a cool place).

Can we count on you?

Best regards,

John

John McCarthy

JMcC:MA

所罗门诺夫所保存的会议邀请函，记录了会议时间是6月18日至8月17日

最后是会议的结论，这个倒是有定论的，笔者作为一个后辈，实在不好直接评价，就直接引用麦卡锡自己的话来说明一下吧：

> “我为这次会议设定的目标完全不切实际，本以为经过一个夏天的讨论就能搞定整个项目。我之前从未参与过这种模式的会议，只是略有耳闻。实际上，它和那种以研究国防为名义办的军事夏令营没什么区别。”⊖

⊖ 摘录于《Out of their Minds: The Lives and Discoveries of 15 Great Computer Scientists》（2012），中文译本为《奇思妙想：15位计算机天才及其重大发现》。

显然，达特茅斯会议的重要性，并不在于它获得了什么了不起的成果——也许最大的成果就是提出了“人工智能”这个名词，而是这个会议汇聚了一群日后将对人工智能做出重要贡献的学者，由于这些参会者的努力，使人工智能获得了科学界的承认，成为一个独立的、充满活力而且最终得以影响人类发展进程的新兴科学领域，也正是因为这群参会者，才令达特茅斯会议被誉为人工智能的开端，而并不是该会议本身有多少值得纪念的开创性。以下是笔者整理的有明确记录的参会人员以及他们在会议上分享的内容，其中大部分人都成为了人工智能学科中某一个分支的开创者，他们还会在后文中被反复提起。

- **克劳德·香农**（Claude Shannon, 1916—2001）：会议发起者之一，当时的参会人大多都比较年轻，香农是其中最有学术声望的人物，不过在会议中未记录香农有任何特别的分享和贡献。
- **纳撒尼尔·罗切斯特**（Nathaniel Rochester，1919—2001）：会议的发起者之一，IBM 公司信息中心主任，在会议上打了个酱油，扮演了吃瓜群众的角色（调侃无贬义）。
- **马文·明斯基**（Marvin Minsky，1927—2016）：会议发起者之一，在会上分享了他读本科时建造的 SNARC（Stochastic Neural Analog Reinforcement Calculator），如果不嫌简陋的话，这可以算是世界上第一台神经网络计算机，使用了 3000 个真空管和 B-24 轰炸机上一个多余的自动指示装置来模拟 40 个神经元组成的网络。
- **约翰·麦卡锡**（John McCarthy，1927—2011）：会议发起者之一，在会上分享了“α－β 剪枝”搜索算法，这个算法在后来的计算机下棋软件中应用得十分普遍。在 40 多年后（1997 年），超级计算机 IBM 深蓝就是使用“α－β 剪枝”搜索打败了世界冠军卡斯帕罗夫。
- **司马贺**（Herbert Simon，1916—2001）：司马贺不是音译，而是他本人给自己取的中文名字。如果读者在其他人工智能的文档上看到“赫伯特·西蒙”，那说的是同一个人。当时他是卡内基理工学院（卡内基梅隆大学的前身）工业管理系的年轻系主任，他和纽厄尔有师生之名（纽厄尔就是在司马贺手上获得的卡内基梅隆大学的博士学位），但其实是平等的合作伙伴，并且他们的合作关系持续了一生时间，这个在如同江湖一般的学术界颇为罕见。司马贺即使放到这群天才中间，也可以算是一位顶尖的聪明人物，在多个领域都有很高的成就，颇有点像金庸小说中“东邪黄药师”的感觉，是一位真正的通才和学术大家。

- **艾伦·纽厄尔**（Allen Newell，1927—1992）：和司马贺是长期的合作伙伴，前面一并介绍过他。他和司马贺在会议上拿出的“逻辑理论家”（Logic Theorist）这个可以自动证明罗素的《数学原理》第 2 章 52 条定理中的 38 条的人工智能程序，可以说是会议上最有料的干货。
- **奥利弗·塞弗里奇**（Oliver Selfridge，1926—2008）：麻省理工学院的硕士（博士肄业），他是维纳的得意门生，《控制论》最早的读者。当时的他在学术圈还没有太大名气，但其实已经是最早从事模式识别方面研究的学者之一，后来成为了模式识别的奠基人。根据纽厄尔自己的回忆，“逻辑理论家”是受到了塞弗里奇的启发而设计的（达特茅斯会议之前，他们就在兰德公司中互相认识）。在会议上他分享了使用计算机识别文字的方法。
- **阿瑟·塞缪尔**（Arthur Samuel，1901—1990）：世界上第一批码农，当时是 IBM 700 系列计算机的程序员，1952 年就编写了一个西洋跳棋程序，受达特茅斯会议上讨论的启发，在 1956 年后他将他的跳棋程序加入自我学习的能力，在学习了大约 17.5 万幅不同的棋局后，这个程序已经可以打败塞缪尔本人，后来还打败了美国一个州的跳棋大师。本次会议他和 IBM 的同事亚历山大·伯恩斯坦（Alex Bernstein，另一个写象棋程序的程序员）一起参加。另外，这位老前辈是真心爱上了编程，IBM 退休后他去了斯坦福大学执教，大量时间用于和高德纳（1974 年图灵奖得主，《计算机程序设计艺术》作者）一起搞了著名的排版系统“TeX”，据说老爷子 88 岁生日那天还在写代码。

- **雷·所罗门诺夫**（Ray Solomonoff，1926—2009）：芝加哥大学的物理硕士，后来跟随大物理学家恩里科·费米（Enrico Fermi，1901—1954）到了麻省理工学院。他在会议上分享了《归纳推理机》（An Inductive Inference Machine），所罗门诺夫所做的关于归纳推理的研究，不仅仅和人工智能有关系，后来（1965 年）苏联数学家安德雷·柯尔莫戈洛夫还在他的基础上提出了柯氏复杂度，并发展出了"算法信息论"[㊀]这门分支，这是衡量数据携带信息量的一个全新视角，通过生成信息的图灵机代码长度来衡量数据所携带信息的多少。所罗门诺夫在达特茅斯会议上的学术态度是最端正的，严肃地待了整整一个暑假，参加多场讨论，并且认真做了很多笔记，几十年后还把这些笔记放到了他的互联网个人站点上，笔者能整理出现在这些内容，大部分都是他那些笔记的功劳。
- **特伦查德·摩尔**（Trenchard More）：达特茅斯电子工程系的教授，后来并没有在人工智能界发展，而是到了工业界，少为外人所知。另外多提一句，虽然最后摩尔教授也到 IBM 公司并在那里退休，但这个摩尔并不是 IBM 公司那个提出摩尔定律的摩尔，网上有一些不负责任的中文资料都张冠李戴了。

下图是在"美国成就学院"（American Academy of Achievement，AAOA，美国一个社会服务组织，明斯基是这个组织的成员）网站上找到的唯一一张达特茅斯会议参会人员的合照[㊁]，从左到右依次为塞弗里奇、摩尔、所罗门诺夫、明斯基、罗切斯特、麦卡锡、香农。拍摄地点是达特茅斯大楼前的草坪上。

㊀ 算法信息论的基本原理是如果一个信息的随机程度越高，那么输出它的图灵机程序就必定越长，相反，如果即使携带信息的数据看起来很长，但是很有规律，也可以使用一段很短的图灵机程序来打印它。从这个角度看，图灵机程序的长短也可以用来衡量数据携带信息的多少。有一个通俗解释，称算法信息论就是把香农的信息论和图灵的可计算理论放在调酒杯使劲摇晃的结果。

㊁ 图片来源：http://www.achievement.org/achiever/marvin-minsky-ph-d/#gallery。

达特茅斯会议部分参会人合影（1956年摄）

上面列举的有明确参会记录的十人里，其中就出了四位图灵奖得主：明斯基和麦卡锡分别在1969年和1971年因为人工智能方面的贡献获奖；到1976年，大家还在猜测司马贺和纽厄尔这对好友哪位会先获奖时，ACM出人意料地宣布他们两位共享了该年的图灵奖，这是图灵奖第一次同时颁授给两位科学家。后来，司马贺的学生爱德华·费根鲍姆（Edward Feigenbaum，1936—）又因知识工程和专家系统方面的贡献也获得了1994年的图灵奖。

至于香农所作的贡献——虽然因为本书主题的原因，笔者没有花费笔墨在《信息论》上，但香农建立信息论的开创性贡献（现在信息科学界对香农学术贡献的评价是"信息论建立对信息科学的意义，就如同发明文字对文学的意义一样"）应该是与图灵在同一个层次的，且以他与图灵的合作伙伴关系，也并不需要再用图灵奖来修饰自己的成就了。

2.4 有学术就有江湖

达特茅斯会议之后，人工智能开始成为一门被计算机科学界严肃对待的学科，但人们惊讶地发现，在这门刚诞生的新兴学科里，竟然没有一位"权威人物"存在。一般说来，新学科的诞生终归是有几位创建者，但是此时麦卡锡、明斯基等人还没有多少名气，图灵已经受迫害去世，声望最高的香农则是令人不解地忽然间消失了——在达特茅斯会议结束后就辞掉了贝尔实验室的终身研究员职位，从此几乎不再参加任何学术讨论和会议，也没再发表过论文，仿佛对信息论、人工智能等问题一瞬间失去了兴趣。只有香农最亲近的几位朋友才知道他是重新回到母校麻省理工学院，以一个普通通信学教授的身份过着半隐居的生活。

金庸有一个传诵甚广的名句："有人的地方就有江湖。"学术圈本身就是一个江湖，人工智能这门学科也是一个江湖，要是这个江湖里没有了"武林盟主"，那将会是一个怎样跌宕起伏的故事？不说是剑拔弩张、刀光剑影，至少也会是群雄并立、争斗不息吧？人工智能这门学科从其历程来看，的确称得上是一部"硝烟四起"的成长史，这个圈子里天才辈出、派系林立，却又偏偏一直没有一个证明或者公认是正确的，确保可以找到智能的理论。所以，人工智能的每一次发展都是试错，每一步突破都伴随着争论和争议而来。无论是计算机科学界内的论战，还是跨界到数学、逻辑学、哲学、物理学、仿生学这些自然科学甚至到政治、文化这些人文科学领域，都出过或大或小的与人工智能相关的争论。其中，有的斗争还酿造出了带着血腥气味的悲剧故事，有的斗争还导致了整个产业长达十年的低谷。这些都是书写人工智能发展历史时无法回避的事件，后文中会一一提到。在这里笔者按照历史的时间顺序，先介绍达特茅斯会议前后，四位未来图灵奖得主之间的学科主导权之争，这是人工智能诞生以来的第一场争议。

达特茅斯会议参会者里四位图灵奖得主很明显是分为两对的，司马贺和纽厄尔是一对，明斯基和麦卡锡是另一对。司马贺和纽厄尔一生都是好友，自从36岁司马贺在兰德公司（RAND Corporation，美国著名智库）学术交流时遇到了当时仅25岁的纽厄尔，两人便一见如故、引为知己，并在心理学、人工智能等多个领域上一直是合作伙伴。后来司马贺将纽厄尔引荐到卡内基梅隆大学攻读博士，两人虽有师生之名，但关系是完全平等的，发表文章时一律以字母顺序将纽厄尔放在前面，连受邀去演讲都是两人轮流。明斯基和麦卡锡两人也是好友，他们在普林斯顿大学读书时就认识，在麦卡锡去斯坦福之前两人也是长期合作伙伴关系，达特茅斯会议期间更算是蜜月期，这个会议的会议计划书是麦卡锡写的，会议总结则是由明斯基完成的[㊀]。

不过，这两对人之间的相处就远远不能算是和睦了，他们从“人工智能”这个名字正式提出之前就开始了竞争。纽厄尔和司马贺一直主张用“复杂信息处理”（Complex Information Processing）这个词作为学科研究方向的专业名词，以至他们发明的语言就叫 IPL（Information Processing Language）。反对“人工智能”的理由是“人工”（Artificial）一词并不能体现对机器实现智能研究的初衷，这个学科明明是琢磨计算机如何才能自动处理信息的，加上“人工”不就变味了？这理由听起来似乎过于咬文嚼字，但是从传播和心理的角度看却是相当有道理的，直至今天人工智能一词已被大众普遍接受了，还经常有人调侃目前人工智能产业的状况是有多少“人工”才有多少“智能”。

他们俩一开始颇不接受“人工智能”几个字，但“复杂信息处理”的概念也没有被学界广泛认可。1958 年，在英国国家物理试验室（National Physical Laboratory，NPL）召开了“思维过程机器化”（Mechanization of Thought Process）讨论会议，与达特茅斯会议相比，这是一个更严谨而且有具体成果的会议。达特茅斯会议的参会人中有麦卡锡、明斯基、塞弗里奇三位参加了该会，此外还有致力神经网络研究的麦卡洛克，以及英国的控制论代表人物艾什比等。在这次会议上再次有人提出“人工思维”（Artificial Thinking）的叫法。直到 1961 年，明斯基在无线电工程师协会（Institute of Radio Engineer，IRE，后来和美国电气工程师协会合并成了今天著名的电气与电子工程师协会 IEEE）学刊上发表了著名的《迈向人工智能》(Steps Toward Artificial Intelligence)[㊁]一文，正式给“人工智能”这个词语划定明确的目标和研究范围后，人工智能的提法终算是开始得到

㊀ 这部分有若干处细节引用了澎湃新闻的稿件——《人工智能的起源：六十年前，一场会议决定了今天的人机大战》，作者为尼克，在此统一注明。

㊁ 论文下载：http://worrydream.com/refs/Minsky%20-%20Steps%20Toward%20Artificial%20Intelligence.pdf。

普遍的认可，随着学界对人工智能提法的承认，司马贺、纽厄尔等人也不得不逐渐接受了这个叫法。司马贺他老人家晚年还写了本书，名叫《人工的科学》（The Science of Artificial），倒是把“Artificial”这个词的范围更加放大了。

前面提过，在达特茅斯会议众人的分享中，公认的最有价值的成果是纽厄尔和司马贺的报告，他们在会议报告中公布了一款名为“逻辑理论家”（Logic Theorist）的人工智能程序，能自动证明罗素的《数学原理》第2章52条定理中的38条[1]，其中一部分机器给出的证明（如定理2.85）要比罗素在书中给出的还更加优雅简洁。这份报告现在是人工智能诞生初期最有学术价值的文章之一，但是当年也是有段悲惨遭遇的，纽厄尔和司马贺最早是把文章投给逻辑学最权威的刊物《符号逻辑杂志》的，但惨遭主编克里尼退稿，理由是：“把一本过时的逻辑书里的定理用机器重新证明一遍没啥意思。”后来纽厄尔和司马贺给罗素写信报告逻辑理论家的证明成果，罗素又不咸不淡地回复说：“我相信演绎逻辑里的所有事，机器都能干。”然后就没有下文了，把纽厄尔和司马贺弄得很郁闷。直到他们在达特茅斯会议上公开了“逻辑理论家”程序和论文后，这项成果才终于引起了学界广泛关注，后来这个程序火了之后，学界又对“逻辑理论家”是否算“首个人工智能程序”[2]以及它是否能算开创了“计算机定理证明”这个人工智能的分支学科[3]大吵了几轮。

---

[1] 在1959年，洛克菲勒大学教授王浩（华人，1983年定理证明里程碑大奖得主）使用“王算法”在IBM 704计算机上仅用9分钟就证明了《数学原理》全书中属于一阶逻辑的全部350条定理。在1963年，改进后的逻辑理论家也可以证明《数学原理》第2章的全部52条定理了。

[2] 马哈雷特·博登的《Mind as Machine: A History of Cognitive Science》（第2卷）中专门谈到了这个事情，倾向于不认同“逻辑理论家”是第一个人工智能程序的提法，因为虽然人工智能这个词以前还没出现，但要因这个原因而否定之前那么多程序（如本书中提到的塞缪尔的跳棋程序）是属于人工智能范畴并不合适。

[3] 王浩对“逻辑理论家”就一直持不认同的态度，他认为这是一个不专业的东西。后来司马贺的回忆录中对王浩表示了不满，认为王浩没有理解“逻辑理论家”的设计初衷，其目的并不是证明定理，而是研究人的行为。

司马贺（左）和纽厄尔（右）

再说回他们四人间的竞争，达特茅斯会议里纽厄尔、司马贺和麦卡锡、明斯基的竞争痕迹就已经发展到了几乎毫不掩饰的程度。纽厄尔和司马贺在达特茅斯只待了一周时间就离开了，一是由于他们应邀参会时就已经说了大约只会去两周左右，另外一个关键因素是他们觉得这个会上只有他们拿了干货出来，其他人要么是在“打酱油”，要么就是拿着过时的东西来糊弄，这里含沙射影暗示的就是明斯基那个自动走迷宫的 SNARC。根据纽厄尔后来回忆录的描述，他自己直言不讳地说达特茅斯会议对他和司马贺并没有什么启发和帮助。不过明斯基在后来对纽厄尔和司马贺的“逻辑理论家”的评价倒是挺高，支持说那是“第一个可工作的人工智能程序”。但事实上，他当时为大会写的总结里对“逻辑理论家”的记录只能以“轻描淡写、一笔带过”来形容，刻意淡化的意图非常明显。

对于麦卡锡和明斯基来说，达特茅斯会议是他们发起的，旨在创立一门新学科。但纽厄尔和司马贺却抢了他们的风头。美国 20 世纪 50 年代的学术氛围也不免浮躁，这四人里，纽厄尔、明斯基和麦卡锡是同年人（1927 年出生），当时都才 29 岁，司马贺比他们三个大 11 岁，但也就刚到 40 岁，都能算青年，所以他们年轻气盛、野心十足，有争论有摩擦，追名逐利这些都可以理解。

达特茅斯会议结束后一个月（1956 年 9 月），美国无线电工程师协会（IRE）在麻省理工学院召开信息论年会，会上麦卡锡被邀请对刚结束的达特茅斯会议做总结报告，这引起了纽厄尔和司马贺的极度不满，他们认为麦卡锡只是会议发起者，充其量是做了些协调工作，并没有学术上的贡献，何德何能对会议的学术讨论结果做总结。打了一圈嘴皮子架，最后纽厄尔和司马贺做了妥协：麦卡锡先做总结报告，但接下来还是由纽厄尔和司马贺讲他们的“逻辑理论家”并发表了一篇题为《逻辑理论机器》(Logic Theory Machine）的会议论文[⊖]。

顺带说一下，比起达特茅斯会议，1956 年的 IRE 信息论年会才是一个真正的成果丰硕值得纪念的会议，除了纽厄尔和司马贺的《逻辑理论机器》外，乔治・米勒（George Miller）发表了《人类记忆和对信息的储存》(Human Memory and the Storage of Information，即著名的《魔力数字七》)、诺姆・乔姆斯基（Avram Chomsky）则发表了《语言描述的三种模型》（Three Models for the Description of Language，这是自然语言处理的名著《句法结构》的雏形)，这些都是后来对学界发展很有影响力的论文。

虽然这几位学者的学术斗争已经放到明面上了，但相比起接下来那场明斯基与罗森布拉特把整个初生的人工智能学科闹得鸡飞狗跳、令连接主义学派几乎一蹶不振甚至最终严重到闹出人命的学术斗争来说，本次在达特茅斯会议前后麦卡锡、明斯基和纽厄尔、司马贺四人间关于学科主导权的争夺应算是很文明的君子之争了。几十年后回想起来，其实还颇有点四大高手于华山之巅论剑夺天下第一的浪漫。

1958 年，即达特茅斯会议结束之后两年，麦卡锡离开了达特茅斯学院，和明斯基一起去了麻省理工学院，创立了麻省理工的“MAC 项目”，“MAC”是三组单词的缩写，分别是计算机辅助认知（Machine Aided Cognition)、多路访问计算机（Multiple Access Computer)、人与计算机（Man And Computer)，本书后面有专门讲著名人工智能项目的章节，到时候再细说这个项目。两年后（1962 年）麦卡锡又因与 MAC 的领导者不睦而出走至斯坦福大学。而纽厄尔与司马贺两人则一生都留在卡内基梅隆大学工作和研究，四位大师在这三所大学桃李芳芳，今天人工智能学界的各路大咖们基本上都能够和他们扯上或远或近的徒子徒孙同门关系。从此时

⊖ 论文下载：http://shelf1.library.cmu.edu/IMLS/BACKUP/MindModels.pre_Oct1/logictheorymachine.pdf。

起，美国人工智能学术圈就形成了斯坦福、麻省理工和卡内基梅隆大学三足鼎立的格局，但由于这次学科主导权的争端，两对“人工智能”概念提出后的第一代人工智能科学家终其一生交流合作都很少（麦卡锡和纽厄尔、司马贺都是符号学派的领军人物，麦卡锡的Lisp也直接受IPL的启发而设计，按理说他们应该有不少合作机会才对），麦卡锡晚年回忆说那时三个群体之间的沟通主要是通过研究生来实现，研究生就像大佬们的使者，来回传递信息。后来从斯坦福、麻省理工和卡内基梅隆出来的学生确实经常互为教授，门户之见随着时间的推移才逐渐被抹平。

50年后（2006年）还在世的参会者再聚达特茅斯

2006年，达特茅斯会议召开50年后，在达特茅斯学院再次举行了一个以“AI@50”为名的人工智能讨论会[⊖]，全名是“达特茅斯人工智能讨论会：未来50年”（Dartmouth Artificial Intelligence Conference: The Next Fifty Years）。这时候，10位当年的参会者已有5位仙逝，剩下的5位在达特茅斯学院重聚，拍下了上面这张2006年后几乎所有介绍人工智能历史的文章、书籍或PPT都肯定会引用的“老”照片，照片上从左到右分别是老年版的摩尔、麦卡锡、明斯基、塞弗里奇和所罗门诺夫。

在AI@50大会里，麦卡锡分享了《人工智能的未来、过去和今天》（What Was Expected, What We Did, and AI Today），明斯基后期的研究方向越来越

⊖　AI@50大会是由DARPA、AAAI和ACM共同赞助的，会议主页：https://www.dartmouth.edu/~ai50/homepage.html。

偏向认知心理学，在会上他分享了《机器情感》（The Emotion Machine，他写过一本与此分享同名的书），而塞弗里奇和所罗门诺夫则做了两个关于机器学习主题的分享。

AI@50 的参会者之一，微软研究院雷德蒙德实验室（Microsoft Research Lab-Redmond）的主管埃里克·霍维茨（Eric Horvitz）在会后联合斯坦福大学的计算机与生物工程学教授拉斯·奥尔特曼（Russ Altman）共同发起了一项“人工智能百年研究计划”（The One Hundred Year Study on Artificial Intelligence），简称“AI100”，组织人工智能研究者、机器人专家以及其他领域的科学家研究和预测人工智能技术对人类在下一世纪的生活、工作和交流的影响，以便确立整个人工智能学界的研究方向。AI100 每隔五年会发布一次研究报告，第一个报告已于 2016 年在斯坦福大学的项目网站上放出[⊖]。

2.5 有江湖就有传奇

人工智能是一门涉及多个领域的交叉学科，与数学、哲学、信息科学、计算机科学、物理学、心理学、神经生理学、认知科学和控制科学都有很密切的联系，所以研究人工智能的学者，尤其是最初开创人工智能学科的那一批学者具有多个不同的学科背景是再平常不过的事情。典型的如冯·诺依曼、维纳、麦卡洛克、皮茨那一批“控制论圈子”的学者，几乎都能够用“不会数学、仿生学和控制论的心理学家不是一个好人工智能科学研究者”来形容。不过，即使在这一群对学科跨界习以为常、见怪不怪的学者里面，也有一两位会特别突出，甚至仅从学术通才的角度来评价，在众多跨界学者中也依然称得上是“鹤立鸡群”的人物，他们的人生故事，注定会成为学术江湖中的传奇。笔者准备介绍两位这样的传奇人物的传奇故事，因为他们正好是本章的两位主要人物，也因为他们是世界上以“不务正业”为衡量标准来排名最无争议的头两名科学家。

⊖ AI100 项目的主页：https://ai100.stanford.edu/。

第一位要说的是司马贺，他那些精通琴棋书画，拥有十八般武艺[1]，出国交流不用翻译，能流畅使用包括中文在内的七国语言这些也能在一般天才身上见到的素质就不拿出来说了，这里仅列举一下他的学术生涯里那些可以量化的成就便足够体现他不凡的博学。

司马贺在 23 岁就完成了他人生第一篇博士学位论文，比起一般人自然是极快的，但比起 18 岁获得哈佛大学博士学位的“神童”维纳来说，这个速度也只算是一般[2]。不过要说到博学，司马贺获得学位的数量就相当惊人了，他一生共获有九所世界著名大学颁授的博士学位，而且他最初攻读博士学位的专业与人工智能涉及的任何一个关联学科都没有关系——竟然是政治学。

1942 年，在 26 岁的时候，司马贺到了伊利诺伊理工学院政治科学系教书，执教地缘政治学的同时，还负责教授：宪法学、合同法、统计学、运筹学、城市规划学、劳动经济学、美国历史等与政治专业无关的科目。

1947 年，他以自己八年前的博士论文为基础，写出了著名的《管理行为》一书，此书出版后一下子就轰动了世界，无论商业、企业界还是学术界都奉为经典，令他成为管理决策理论创始人，也跻身于 20 世纪最有名望的管理学大师之列。

1949 年，由于管理学上的出色成就，33 岁的他应邀来到卡内基梅隆大学（当时还是卡内基理工学院）工业管理系研究生院任教，在这里他又以一个管理学教授的身份，参与了政治学、经济学、管理学、金融学、心理学、公共行政学和计算机学的课程教授或项目研究工作。当时的卡内基梅隆大学并没有今日的学术名声，只是一所全美排名在 100 名开外的“二本院校”。但司马贺就能将他执教的政治、经济、管理、行政、心理和计算机的几个专业在 30 年时间里硬生生地都拉到了全美顶尖的水准，卡内

[1] 司马贺的父亲是发明家，母亲是钢琴家且家境优越。根据相关资料，他在绘画、音乐、拳击运动等方面都有极为专业的水准。

[2] 作为比较，著名的“数学神童”陶哲轩 21 岁获得博士学位，但陶哲轩是跳过了大部分的初等教育，7 岁直接入学高中，9 岁进大学。维纳是 9 岁上的高中，12 岁上大学，14 岁本科毕业。而司马贺是正常 6 岁上小学。

基梅隆大学也从此位列世界顶尖名校。学校为表彰他的贡献，给予了他匹兹堡郊外松鼠山上的一栋别墅和终身校董荣誉[㊀]。

1956年，达特茅斯会议之后，他在人工智能方面的一系列成就非凡，尤其是在创立符号主义学派上所做的工作是学习人工智能必须了解的重点理论学说之一，引领了人工智能的第一波高潮，这部分内容笔者会在后文花一整章的篇幅来介绍，这里暂且一笔带过。

1969年，司马贺因为研究人类"解决问题心理学"，提出了"手段—目的分析"（Means-Ends Analysis）的理论，对认知心理学的开创做出重要贡献而获得了美国心理学会的杰出科学贡献奖，后来还获得了美国心理学会终身贡献奖和美国心理学基金会心理科学终身成就奖。

1975年，因为人工智能方面的贡献，他与纽厄尔共同获得当年的图灵奖，后面还获得了多个关于人工智能的奖项和荣誉。

司马贺受颁诺贝尔奖（1978年）[㊁]

1978年，为了表彰他对经济组织内的决策程序进行的研究成果，主要是他建立起的决策理论，诺贝尔奖评选委员会给他授予了诺贝尔经济学奖。

㊀ 来源于亨特·海克撰写的司马贺传记：《穿越歧路花园》。

㊁ 图片来源：http://www.cs.cmu.edu/simon/memorial.html。

1983年，为了表彰他在管理学、社会行为学上的贡献，美国管理科学院给他授予了学术贡献奖，后来在管理领域还获得了美国总统科学奖、美国运筹学学会和管理科学研究院的冯·诺伊曼奖、美国公共管理学会沃尔多奖等多个管理学奖项。

司马贺是政治专业出身，在政治学方面的探索也一直不曾落下，从1968年起就担任美国总统顾问的角色，还同时担任了多个企业、行政机构的特别顾问。在1984年，司马贺获颁美国政治科学学会麦迪逊奖。

在1972年美国总统尼克松访华时，司马贺就是代表团成员之一，当时是作为计算机科学家代表来访中国，此后他致力于促进中美科学和文化方面的交流，又九次访华，而且每次作为不同的学科代表与中国科学家交流，其中对中国学术界产生最大促进作用的是心理学方面的工作，中国国家科学院、北京大学、天津大学和西南师范大学分别聘请他为名誉教授和名誉研究员，这里所指的“名誉”与许多“挂名”的著名学者不一样，司马贺真的在中国的几所大学中教过课的，例如在北京大学，他就曾执教过一个学期心理学课程。在1995年，他成为中国国家科学院第一届6名外籍院士之一，中国是司马贺在美国之外逗留时间最长的国家。

司马贺不仅在人工智能领域，在经济、政治、管理学、心理学等领域都获得了这些领域的最高奖项和荣誉，他在自传《我的生活种种模式》（“Models of My life”）里对自己评价到：

> “我诚然是一个科学家，但是是许多学科的科学家。我曾经在许多科学迷宫中探索，这些迷宫并未连成一体。我的抱负未能扩大到如此程度，使我的一生有连贯性。我扮演了许多不同角色，角色之间有时难免互相借用。但我对我所扮演的每一种角色都是尽了力的，从而是有信誉的，这也就足够了。”

司马贺可算是一位“不务正业”的科学家，因为没有将任何一门学科作为主业，他几乎把社会科学中所有的领域都翻了一遍，而且还在每个领域上都做出了最顶尖的成就。他传奇的一生令人震惊，用一句网络语言来形容就是一种“开了外挂的人生”。但是另一位“不务正业”的科学家，他人生的故事也充满着传奇色彩，甚至更有戏剧性，但却并非所有人都能理解，他就是神秘消失了的香农。

前文提到，在1956年香农忽然辞掉贝尔实验室的职务，神秘地消失在公众的视野里面，隐居在麻省理工学院的校园中。一些从前贝尔的同事认为香农在去麻省理工学院的时候已经精疲力竭，并且对自己开创的信息科学这个领域感到厌倦。可事实上，香农是去做自己真正喜欢的事情去了，什么密码学、信息论、人工智能都只是他的业余爱好，他真正付出了毕生的心血、一直在为之努力的事业就只有——杂耍！读者不要联想太多，“杂耍”这个词并没有别的含义，也不是暗喻，就是指马戏团里那种杂耍。

香农一手创建了信息论，是信息科学的奠基人之一。他一生获奖无数，但在家中所有的奖状和证书都锁在抽屉里，家里最显眼的地方，只放着一张证书——“杂耍学博士”（Doctor of Juggling）[⊖]。读者可能需要一些现代点的类比来帮助消化香农这种网上写成段子都没人会相信的人生：假如你有幸认识一位中科院的院士，或者是某位拿过诺贝尔奖的大拿，你去他家里做客拜访，他热情招待你，但给你展示的不是什么科学理论或者荣誉证书，而是他获得的“星际争霸”游戏（一个暴雪娱乐出品的电子竞技游戏）的世界冠军奖杯。无论你知道这个游戏需要多高的智慧和技巧，肯定都无法抵消你面对这件事情的违和感，对吧。

香农和他的游戏房间

⊖ 笔者猜测这个杂耍学博士证书是香农自己弄的“假证”（用于与访客开玩笑），但香农家里确实有这张证书，而且香农确实弄过一个“统一杂耍场理论”并发表论文（关于手抛球滞空时间之内的证明），在IEEE网站上也专门提到了这个杂耍学博士，但是没有查询到颁授记录，恶作剧的味道更高一些。而且，虽然美国大学有很高的自由度，但也不可能真的有大学开设“杂耍学”这种专业。

对于“杂耍学”，香农是当作人生目标去追求的，他并非没有意识到这是大众眼中“浪费时间”的事情。在一次采访中，香农自己说道：

> “我常常随着自己的兴趣做事，不太看重它们最后产生的价值，更不在乎这事儿对于世界的价值。我花了很多时间在纯粹没什么用的东西上。”

游戏人生这四个字说来简单，但真的在荣誉等身的那一刻毅然放弃一切，不去管世界怎么想怎么看，这确实并非常人所能做到，甚至并非我们常人所能理解。

1985年，离开学术界近30年的香农突然在英格兰布莱顿举行的国际信息理论研讨会上出现。原本圆满平静的大会如同水面被投入的石头激起了涟漪，大家发现原来那个满头白发，腼腆地微笑着，在各个会议上随意进出的老人就是克劳德·香农本人。而此时，甚至有些与会者还不知道香农仍然在世。

在晚宴上，香农应邀向大家致辞。他说了几分钟，看着乌压压的人群，害怕听众会感到无聊，居然从口袋里掏出三个手抛球开始表演杂耍……观众欢呼了起来，排着队要求签名。研讨会的主席，加州理工学院电气工程学教授罗伯特·麦克利斯（Robert McEliece）回忆那个画面：“那情形……简直就像是牛顿他老人家忽然出现在现代物理学会议上。⊖”

在20世纪80年代后期，香农的记忆力衰退得越来越厉害，后来诊断出他患上了阿尔兹海默症（即俗称的老年痴呆症），在一家私立医院里度过了晚年，逝于2001年2月24日。著名信息论和编码学家理查德·布鲁特（Richard Blahut）在一座香农塑像落成典礼上这样评价他：

> “在我看来，两三百年之后，当人们回过头来看我们的时候，他们可能不会记得谁曾是美国的总统，可能也不会记得谁曾是影星或摇滚歌星，但是人们仍然会知晓香农的名字，大学里仍然会教授信息论。”

⊖ 资料来自IEEE对香农去世的悼念文章：http://spectrum.ieee.org/computing/software/claude-shannon-tinkerer-prankster-and-father-of-information-theory。

这是一句颇具情怀的赞美。IEEE 为了纪念香农的贡献，1972 年起设立了“香农奖”（Claude E. Shannon Award），从此，如图灵奖是计算机科学领域最高奖项那样，香农奖成为了信息科学、通信科学领域的最高荣誉，而香农本人成为 1972 年首届香农奖得主。

2.6 人工智能早期成果

达特茅斯会议以后，人工智能迎来了第一次井喷式的发展期，好消息接踵而至，有几个原被认为是典型人类智力活动的领域相继出现了被机器完成的案例，这些领域主要包括下列几个。

- 完全信息的对抗
- 机器定理证明和问题求解
- 模式识别
- 基于自然语言的人机对话
- ……

20 世纪 50 年代计算机还是极为专业的科学设备，对于这些人类智力领域里出现的机器身影，公众只能通过报纸新闻得知一鳞半爪，而由于新闻媒体专业知识的匮乏以及争取公众眼球的需要，往往会把一点点还很基础的成果渲染为机器已经获得斐然的成就，用不了多久就会彻底征服这个领域。本节笔者将会介绍一下这些人工智能的早期成果，看看初生期的人工智能“解决”了哪些智能问题。

2.6.1 完全信息的对抗

先来说完全信息对抗游戏，“完全信息”（Perfect Information）是指双方完全掌握所有推导策略所需的信息，这是一个博弈论中的概念，博弈论的策梅洛定理（Zermelo’s Theorem）证明了在不存在随机因素的对抗中，一方可以通过递归推导获得必不败的策略，那就是掌握完全信息的。这些内容听起来挺专业，其实最典型的完全信息对抗游戏就是下棋。棋类运动一直就是人类的智力游戏，而且有明确的胜败输赢，特别容易体现对比结果。因此人工智能大师们（这个阶段主要就是指图灵、冯·诺依曼、香农、纽厄尔、司马贺、麦卡锡等人，他们都在这方面有过研究和成果）天生对使用棋类游戏来展示机器智能有着特殊的偏执。大家别看今天深蓝、AlphaGo这些智能程序在各种棋类运动中耀武扬威、不可一世的样子，计算机下棋当时可真的是度过了几十年饱受人类欺凌的悲催岁月才得以翻身的。

早在二战期间通用可编程计算机还没发明出来时，图灵就在纸面上构思过一个国际象棋的程序，到1947年他终于有机会把这个程序编了出来，但是程序下棋的水平如何先不说，光是半个小时才能走一步棋这点就让人受不了——准确地说是人受得了机器受不了，图灵有足够的耐性，但是没有足够的计算机时间——当时计算机都是需要申请和排队才能使用的，这种宝贵资源不是能随意挥霍的。直到1951年，图灵的同事唐纳德·米歇（Donald Michie）终于在“曼切斯特Mark-1”型计算机上完成了一个残局（离将死还有两步的情况下）国际象棋程序。图灵自己虽然没有做出真正实用的下棋程序，但他在著名的《计算机器与智能》一文中号召大家不妨优先从下棋这件事情上寻找机械智能的痕迹，吸引了后面一大波继承者前赴后继地挑战棋类运动。

与图灵同时代的另外两位天才则把计算机下棋这件事情理论化了，冯·诺依曼在1944年与经济学家奥斯卡·摩根斯顿（Oskar Morgenstern）合著的《博弈论》中首次提出两方对弈的“Minimax算法”，这是一种零和算法，主要思路是一方要在可选的分支中选择将其优势最大化的路径，另一方则选择令对手优势最小化的路径，两者的对弈就过程构成一颗博弈树。今天很多计算机系大学生都还会用这个算法来编写“井字过三关”之类的游戏程序，但是这个算法相对于博弈树的深度而言是指数级时间复杂度解决方案，所以没有办法直接处理较深的搜索规模，如果不加优化的话就只能适合用来做井字棋这样的小玩意了。达特茅斯会议上麦卡锡分享的

“α－β 剪枝”搜索就是对 Minimax 算法树深度控制的一种有效的优化手段，多数情况下在走到叶子节点前就可判断是否有必要把该分支搜索完，直至今天还在各种棋类程序上广泛使用。也就最近几年，计算机终于敢挑战下围棋这种即使摩尔定律再稳定运行几千年都无法靠硬计算和剪枝完成搜索的终极棋类游戏了，基于概率搜索剪枝的蒙特卡洛树搜索[⊖]才成为计算机棋界的新宠。

香农在 1950 年发表了论文《程序实现计算机下棋》（Programming a Computer for Playing Chess），开启了计算机下棋的理论研究，他把棋盘定义为二维数组，然后从数学角度给出了一个棋类游戏复杂度的评估方法。以前我们只是知道围棋比国际象棋要难，国际象棋要比跳棋难玩，这是一个定性的结论。根据香农的这篇论文，我们终于可以定量地回答到底计算机攻克国际象棋要比跳棋难多少，而攻克围棋又要比国际象棋难多少这样的问题。

塞缪尔与他的跳棋程序

从此之后的大多数棋类程序，从塞缪尔的西洋跳棋程序、纽厄尔和司马贺的国际象棋程序到战胜人类国际象棋冠军的 IBM 深蓝，都是在香农、冯·诺依曼和麦卡锡他们总结的理论和算法之上运作，多年来的改进主要集中在硬件上的进步和小范围的技巧优化，直至基于深度学习和概率评估函数等

⊖ 概率在人工智能上的应用是很早就出现了，在麦卡锡的达特茅斯会议建议书中就出现了用“蒙特卡洛方法”来简化大脑思维模型的建议。这里写的“最近几年”是指在人工智能研究的后期这种方法的价值才被真正发现出来。

新方法得到应用实践的证明，计算机下棋在理论层面才算有了较大的进步。

在这个时期值得一提的事件还有麦卡锡对象棋的贡献，麦卡锡在1959年到麻省理工创建MAC项目时，就找了几位本科生在他指导下开始研究计算机下棋，其中一位名为阿兰·科托克（Alan Kotok）的学生所写的国际象棋程序在IBM最新的7090大型机的支持下终于可以击败一些国际象棋的初学者了，后来麦卡锡跳槽到斯坦福大学，还对这个程序不断改进，然后将其命名为“Kotok-McCarthy”。这个国际象棋程序在历史上可是非常有名的，出名的原因是在1966年美苏冷战从军事竞争转到了其他相对温和的竞争方式，两国决定举行世界上第一场棋类的“网络对战”(那时自然没有互联网，是通过电报完成的)，美方出战的“选手”就是这位计算机“棋手”Kotok-McCarthy，经过历时近五个月的鏖战，美国还是以1:3不敌苏联。击败美国Kotok-McCarthy的苏联程序是“KAISSA”(象棋女神）的前身，KAISSA的来头更大，它是那个在1971年世界上第一次和人类职业棋手战平的国际象棋程序[1]，这样看麦卡锡输了也算得上是虽败犹荣。

2.6.2 模式识别

第二项关于机器定理证明和问题求解方面的内容，由于前文介绍逻辑理论家时已经简单地提到了一些，并且下一章讲解符号主义学派的理论仍然会有相关内容，这里就暂且跳过，直接来看第三项成果：模式识别。

“模式识别”（Pattern Recognition）这个词听起来也很专业，如果要严格纠结它的精确定义[2]，确实也麻烦。笔者以通俗的方式来解释一下：譬如你现在看到这句由一连串汉字所组成的话，无论你目前看的是印刷书

---

[1] KAISSA和传奇大师鲍里斯·斯帕斯基（Boris Spassky）赛了两局，结果一负一和，虽然没有胜利，但逼平世界冠军一盘这个战绩震动了棋界。

[2] 模式识别在维基百科上的定义是“通过计算机用数学技术方法来研究模式的自动处理和判读”。此处举的是文字识别的例子，实际并不限于文字，语音波形、地震波、心电图、脑电图、图片、照片、文字、符号、生物传感器等任何数据源都可以进行有意义的模式识别。

籍、Kindle 上的电子书、扫描出来的图片 PDF 甚至是手抄的读书笔记，它们可能材质、大小、颜色、亮度、线条都有差异，但却都完全不影响你理解每一个字的意思，因为你的大脑在不自觉间就将这些不同的线条图像（数据样本）根据你上学时老师教的汉语知识和汉字形状（特征）映射到了一个个具体的汉字（分类）上，你大脑中自动完成的这个过程就叫作模式识别。

人类模式识别的能力天生就是极为强大的，我四岁的女儿仅在幼儿园绘本和电视早教节目上看过大象的卡通形象，当我第一次带她去动物园见到真正的大象时，她就可以毫不费力地建立“这个动物就是大象”的认知，哪怕这个动物真正的样子和它的卡通形象差异极其巨大。而计算机要完成模式识别却是极为困难的，不信的话，读者可以思考几分钟看看如何给“大象”下一个特征定义，令计算机程序可用这个定义分辨出一个物体是否是大象？

1958 年，塞弗里奇在《魔宫：一种学习范式》(Pandemonium: A Paradigm for Learning) 一书中提出第一个模式识别的特征匹配模型，他将其称为“魔鬼城堡”模型。按照塞弗里奇的说法，这个模型有四个层次（或者叫阶层等级系统），每个层次上有“魔鬼”（Demon）执行着某个特定的任务，并依次工作，直到最终实现模式识别。这四个层次由低到高依次命名为“印象鬼”（Image Demon）、“特征鬼”（Feature Demon）、“认知鬼”（Cognitive Demon) 和“决策鬼”（Decision Demon）。塞弗里奇虽然是以一种奇幻的风格，用四层的魔鬼城堡来描述这个模型，但如果我们以神经网络的观点来看，这个模型其实相当于一个四层神经网络，逐层特征提取的思想就是现在卷积神经网络的精髓（我们将在第 7 章讲这部分内容）。1957 年罗森布拉特完成的能识别英文字母的感知机 Mark-1 本质上是基于神经网络来完成的，不过罗森布拉特的感知机是一个单层网络，与塞弗里奇的“魔鬼城堡”模型并无直接关系。

1959 年，塞弗里奇完成了一个实用化的能识别“手工印刷”（Hand-Printed）体英文字符的模式识别程序，操作者扫描印刷的内容后，程序就会自动处理掉页边留白、字体粗细这类印刷干扰，然后完成噪点消除、边缘增强等处理，将处理后的结果存储在一个 32×32 的数组中，每个数组元素用 0 和 1 表示黑色和白色，最后对这个二维数组进行识别并输出结果⊖。同年，IBM 公司也发布了一个光学字符识别程序，提出了“光学字符识别”（Optical Character Recognition，OCR）的概念，计算机模式识别从最简单的印刷体字符识别开始了商业应用的初步尝试。

第一个商业化的模式识别程序 IBM Shoebox

1962 年，IBM 在西雅图世界博览会上还发布了一款名为“Shoebox”的语音识别机器，这部机器可理解 16 个英文单词，分别是 0 到 9 这十个数字的英文，以及六个操作指令（Minus，Plus，Subtotal，Total，False，Off)，操作者可以使用语音说出想要计算的内容，机器便会打印出计算结果，Shoebox 可能是最早具有实用有价值的模式识别成果。

2.6.3　自然语言处理

人工智能第一个快速发展期中，还有一项较大的成果诞生在自然语言处理领域，实现了人机对话、机器翻译的从无到有的突破。人与机器使用自然语言而不是纸带、指示灯或者屏幕、键盘进行交互，一直是人们想象中智能机器必须具备的基本能力，在此基础上，机器完成自动翻译、秘书

⊖ 资料来源尼尔斯·佩雷利（Nils Nilsson）的《The Quest for Artificial Intelligence》（2009）。

助理等应用都是顺理成章的事情。

在人工智能发生突破的同一时间，语言学界也出现了革命性的改变。20 世纪前半段，美国语言学界的主流语法理论是伦纳德·布鲁姆菲尔德（Leonard Bloomfield，1887—1949）建立的“结构主义语法”（Structural Grammar），这种理论认为是一种语言中的有意义的形式排列构成这种语言的语法，反对根据语义来划分形式分类。而乔姆斯基（前文提过，这位大师的学术影响横跨语言学、心理学、计算机科学等多门学科，并且都十分巨大）在 1957 年发表的名著《句法结构》（Syntactic Structure）里提出了一个革命性的观点，他认为语言能力是人类心智的一种基本功能，人类大脑中天生就有处理语言的“模块”存在。由于人脑结构的一致性，人类最根本的语言处理机制是一致的，这种机制就是人类一切语言所共有的特点，并将这种机制视为一种“通用语法”（Universal Grammar），各种语言的具体语法可以由通用语法来转换生成。乔姆斯基所提出的这种语法被命名为“转换生成语法”(Transformational-Generative Grammar)。

转换生成语法首先应用在计算机科学领域，并获得了极大成功，这里还必须提到的是乔姆斯基在 1956 年提出的著名的“乔姆斯基层级”（Chomsky Hierarchy）。该层级包含四个层次的语法：0 型语法描述的是递归可枚举语言，对应的自动机是图灵机；1 型语法是上下文有关语法；2 型语法是上下文无关语法；3 型语法描述的是正则语言，对应的是有限状态自动机。如果看到这段话的读者是非计算机或者语言学专业的人士，可能会感觉这是一连串陌生专业名词，但如果是计算机专业出身的读者，就会清楚这些是编译原理课程中最基础的知识和概念。简单地说，乔姆斯基在计算机语言上的贡献是为高级程序设计语言和编译器的设计提供了语言学的理论基础，使得从一种形式语言转换生成另外一种更基础的语言成为可能。如果没有乔姆斯基的贡献，也许现在程序员还不得不使用与机器指令一一对应的汇编语言来开发程序，一手查指令表一手敲代码。

不过，转换生成语法在自然语言上，虽然是掀起了一场语言学的认知革命，但仅从结果来看，并没有获得在计算机语言上那样的成功，毕竟计算机语言与自然语言的复杂度不可同日而语。自然语言的歧义性（如“打击力度”是名词短语，但“打击盗版”就是动词短语）和语法规则不确定性（常用规则可能只有几十条，但是算上非常用的语法规则就几乎无法穷举，甚至有些规则还互相矛盾）都是其复杂性的来源。而且从学术理论来看，经过一系列学说大辩论，语言学逐步发展后，今天主流的语言学界并不认同乔姆斯基的观点。但是无论如何，对于 20 世纪 50 年代刚刚开始“自然语言处理”（Natural Language Processing，NLP）领域研究的学者而言，终于有一套可以被计算机操作的理论进行指导了。直至 80 年代之前，NLP 的主要思路都是按照“短语结构语法”（Phrase Structure Grammar，PSG，是转换生成语法的一个分支）的理论进行分析。

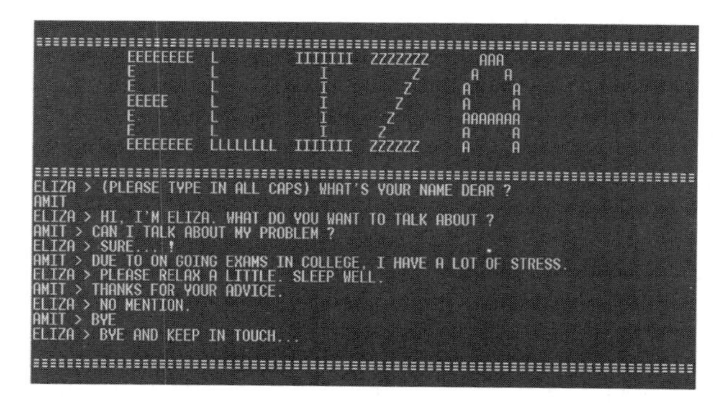

后来移植至 IBMPC 的 ELIZA

1965 年出现了世界上第一个真正意义上的聊天机器人程序，即麻省理工学院计算机实验室约瑟夫·魏赞鲍姆（Joseph Weizenbaum）开发的程序：ELIZA。以今天的眼光来看，ELIZA 的语言处理能力极为简陋，仅是用符合语法的方式将问题在语料库中匹配到的答案复述一遍，丝毫没有智能可言。不过当时媒体截取了一些刻意构造的人机对话，就将 ELIZA 评论成一个很聪明的机器人。现在看来与其说 ELIZA 聪明，不如说人很笨，因为 ELIZA 只存储了几十条规则，例如下面几条。

匹配规则	回　复
(*computers*)	Do computers frighten you?
(* mother *)	Tell me more about your family.
<nothing matches>	Please go on.

由于媒体对ELIZA的广泛渲染，后来在人工智能领域里还出现了一个名词——“伊莉莎效应”（ELIZA Effect）[㊀]，这个词的意思是说人可以过度解读机器的结果，读出原本不具有的意义。

类似ELIZA这种人机对话的处理形式，后来还继续发展壮大，形成了所谓的“人工智能标记语言”（Artificial Intelligence Markup Language，AIML）。在大量语料库支持下，基于AIML的聊天机器人Alice号称自己甚至能够通过图灵测试。有兴趣的读者可以去它的网站[㊁]上聊几句试试效果，不过只能使用英文对话，Alice还没有公开的比较成熟的中文语料库。

这节里，笔者介绍了人机对弈、模式识别和自然语言处理三个领域的人工智能早期成果，当时在这些领域的探索刚刚开始时，大多人工智能的学者都带有相似的期盼：也许实现了这些目标，机器应该就能算拥有智能，至少能算找到探索机器智能的路径了吧。在人工智能发展了六十余年后的今日，人机对话还没有完全进入较强实用性的阶段，仅有Siri、Cortana等一些辅助性的应用。但是人机对弈方面，随着围棋被攻克，计算机在这个领域已经全面碾压了人类；模式识别方面，在某些特定领域，计算机也已经超过了人类眼睛（具体案例在第7章介绍ImageNet比赛的时候会提到）。

在本节即将结束时，笔者向各位读者再提一个当年曾被提出过，引起了不少讨论的问题：计算机能下棋能赢了人类，它算是拥有智能了吗？绝大多数人的答案肯定是不算，而且会给出一些理由，譬如计算机下赢人类，都是靠特定的算法或者数据训练出来的模型来实现的，与人类下棋过程中的思考方式根本不一样，又或者计算机下棋能下赢人类，依然有其他很多不如人类的领域，不能将下棋的技能迁移到各种领域就不算拥有智能的特征……随着科技的发展，类似人机对弈这种被计算机完全解决的问题在日后还会越来越多，只是上至复杂的决策系统，下至家里扫地的小机器人，某项工作一旦被计算机攻克了，人们了解了这些行为背后的原理之

㊀ 伊莉莎效应：https://en.wikipedia.org/wiki/ELIZA_effect。

㊁ Alice网站：http://www.alicebot.org。

后，它立刻就变得代表不了智能，归入可机械化的任务了。我们人类定义的“智能”范围，似乎随着人工智能的发展成果而不断变窄，业界称这个趋势为“AI 效应”[1]，这点也是大家总觉得人工智能还遥远的心理原因之一。用麦卡锡对 AI 效应一句很著名的评语结束这节：“As soon as it works，no one calls it AI anymore。”

2.7　本章小结

本章节的小结，笔者引用一段 AI@50 会议总结报告与各位读者共勉。

“想要确定某个学科确切的起源时间通常是很困难的，但是 1956 年的达特茅斯会议被公认为是人工智能成为一个新研究领域的开端。麦卡锡当时是达特茅斯学院的一名数学教授，组织这次会议源于他对自己与香农合作的论文集《Automata Studies》未如理想而感到失望，因为其中收录的论文并未提到多少计算机实现智能的可能性。因此，在麦卡锡、明斯基、香农和罗切斯特为 1956 年达特茅斯会议所写的计划书中，进一步明确了‘人工智能’这个概念，麦卡锡也被认为是‘人工智能’这个专业名词的创造者，为这个领域的研究指明了方向。设想下，如果当时采用‘计算智能’或者其他任何一种可能的词，现在人工智能领域的研究会不会有所不同？”

——AI@50 会议总结报告

大会主席詹姆斯·摩尔（James Moor）

[1] AI 效应：https://en.wikipedia.org/wiki/AI_effect。

· *Part 2* ·

第二部分

学派争鸣

·Chapter·

第3章

符号主义学派

Symbols lie at the root of intelligent action, which is, of course, the primary topic of artificial intelligence.

符号是一切智能活动的源头，它是人工智能里不容置疑的核心。

——艾伦·纽厄尔（Allen Newell）、司马贺（Herbert Simon）
《作为经验主义探究的计算机科学：符号和查询》，1975年

3.1 概述

在本书的第一部分，我们以历史事件的时间轴为线索，回顾了人工智能这个学科萌芽的过程。在第二部分里，我们的主题是了解人工智能发展过程的三门主流的学说思想。作为本部分的开篇，笔者先会重点介绍人工智能学者第一次系统性地实践探索“如何令机器获得智能”的过程，这个是图灵与香农思考的问题，现在人们终于开始尝试付诸于行动了。学术界习惯性地把持相近学术观点、相近研究方法的学者和理论称为“学派”㊀，

㊀ 所谓“学派”是对英语词根“-ism”的翻译，这个词根在英语中的含义为各种“主义”“宗教”和“派别”，多数场景中（如经验主义、享乐主义）翻译为“主义”较为常见，在人工智能中三大“主义学派”的翻译已是主流译法，这里笔者选用了这种翻译。

按照这种惯例，本章的主角便被命名为人工智能的三大学派之一——符号主义学派（Symbolicism）。要去了解一门主义或一个学派，首先要抓住它的核心观点和主要理论，如常识编程、物理符号系统假说，以及他们研究的手段，如推理归纳方法、知识表示方法，还有它取得的主要成果，如问题求解程序、专家系统等。

在人工智能的发展历程中，基于符号的智能研究曾经是大多数学者努力的方向，甚至在长达30年的时间里，符号主义的学说在人工智能这个学科里是具有统治性地位的。虽然现在单纯基于符号的研究不再是学科主流方向了，但是符号主义的思想已渗透到人工智能的方方面面，成为与人工智能相关的许多技术的基础性知识。

符号主义学派的思想和观点直接继承自图灵，提倡直接从功能的角度来理解智能，简而言之就是把智能视为一个黑盒，只关心这个黑盒的输入和输出，而不关心黑盒的内部结构。为了实现智能，符号主义学派利用“符号”（Symbolic）来抽象表示现实世界，利用逻辑推理和搜索来替代人类大脑的思考、认知过程，而不去关注现实中大脑的神经网络结构，也不关注大脑是不是通过逻辑运算来完成思考和认知的。

对于符号主义学派长达数十年的探索研究过程，根据研究的主要问题不同，可以将其划分为三个阶段：最初这派的学者并未过多考虑知识的来源问题，而是假设知识是先验地存储于黑盒之中的，重点解决的问题是利用现有的知识去做复杂的推理、规划、逻辑运算和判断，这个时期称为**符号主义的“推理期”**；后来大家发现智能的体现并不能仅依靠推理来解决，先验的知识是更重要的一环，研究重点就转变为如何获取知识、表示知识和利用知识，这个时期称为**符号主义的“知识期”**；最后，由于知识仅依靠人类专家总结、提炼然后输入计算机的方式无法应对世界上几乎无穷无尽的知识，研究的重点又转为如何让机器自己学习知识、发现知识这个方向，这个时期就称为**符号主义的“学习期”**。

3.2 引言：五分钟逻辑学

本书并不以拥有数学等专业学术背景的读者为主要目标人群，笔者也不希望过于依赖数学和推导证明来解释所要阐述的内容、理论和算法。但对于本章的话题而言，如果不了解一点现代逻辑的最基础概念的话，是完全没有办法去理解这个学派的思想的，甚至连“符号主义学派”这名字的含义和来由都无法说清楚。因此，在引言部分，笔者将会先花几分钟时间介绍逻辑学这个已有两千多年历史，但在近两百年又发生了革命性变化的古老且年轻的学科。

早在公元前5世纪至前3世纪间，古中国以墨家为代表的明辨、古印度以佛教为代表的因明和古希腊以亚里士多德学派为代表的传统逻辑都各自发展出一套关于推论和证明过程的方法。现代科学中所说的逻辑学，源自亚里士多德（Aristotle，公元前384—前322）所建立的传统逻辑学说。

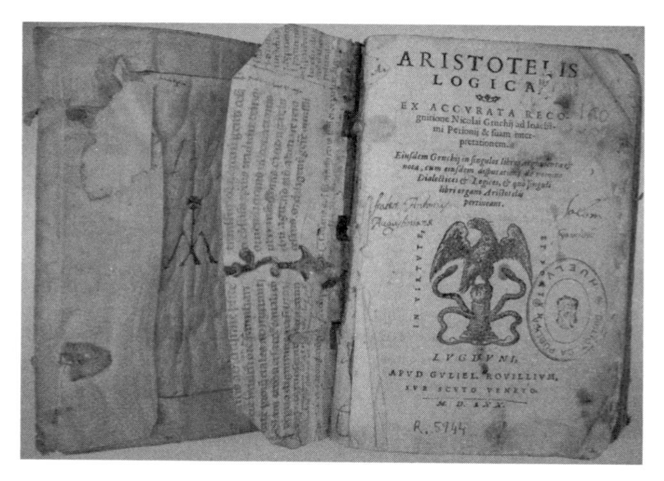

亚里士多德的《工具论》

亚里士多德在他的《工具论》（Organon）中提出了传统逻辑学中最基本的“三段论”（Syllogism）推理形式，关于三段论推理，有位学者举了下面这个今天几乎在所有逻辑书上都有引用的例子[⊖]。

⊖ 出自波尔·罗亚尔（Port Royal）的《逻辑》，此书被作为欧洲17世纪的逻辑学教材。

所有人都是会死的；（大前提：确定普适原则）
苏格拉底是人；（小前提：确定个体事例）
所以苏格拉底会死。（结论）

这个例子里，三句话的每一句都被称为是一个“命题”（Proposition），其中最后一句是“结论”（Conclusion），前两句分别是这个结论成立“大、小前提”（Premise），三段论就是从前提到结论的演绎推理。

如果将命题作为逻辑分析的最小单位，研究形式是“如果前提 p 成立，那么结论 q 成立”与“如果前提 p 并且 q 成立，那么结论 s 不成立”这类关注点在命题间关系的逻辑，就称为**“命题逻辑”**（Propositional Logic）。

如果把逻辑分析的对象进一步细化，对单个命题再做分解，按语言学关系拆分出其中的主项、谓项、联项和量项，去研究形式如“所有 S 都是 P”“有些 S 不是 P”“a（S 中的某一个）是 P”（特别地，如这两个例子所举的“判断事物是否具有某种属性”的命题称为“直言命题”）这类关注点在命题词项之间关系的逻辑，就称为**“词项逻辑”**（Lexical Logic）。

因为传统使用亚氏三段论的前提都是直言命题，所以也称为直言三段论。三段论推理看起来简单，但生活之中能以此为指导的例子无所不在，例如曾有一段时间很热门的王健林提出的“一个亿的小目标”引起了公众的哗然，我们就可以用三段论来分析一下。

对中国首富来说赚一个亿是个小目标；
王健林是中国首富；
王健林赚一个亿是小目标。

这个三段论推理形式上并没有问题，结论“赚一个亿是小目标”对王健林确实是成立的，但是这个推理的小前提“ S 是中国首富”对王健林之外的其他人都不成立，因此大家觉得“一个亿小目标”对公众来说并不合理。

到这里为止的逻辑学，即亚里士多德建立的词项逻辑系统，在今天被称为“传统逻辑”。经过“斯多葛学派”（Stoicism）的学者，特别是亚里士多德的学生泰奥弗拉斯多（Theophrastus，公元前370—公元前285）补全，补充了针对一般命题的五个推理形式和排中律之后，传统逻辑持续统治了逻辑学长达两千年之久，人们一度认为词项逻辑就是逻辑学的全部内容。17世纪的著名哲学家伊曼努尔·康德（Immanuel Kant，1724—1804）曾断言到：“逻辑学在亚里士多德之后就已完善到一步也不能再前进的程度了”。但是在康德下完这个结论之后还不到一百年，逻辑学就发生了自其诞生两千多年以来最大的变革，变革中的一项重要成果是产生了一种全新的逻辑形式——**谓词逻辑**（Predicate Logic）。

如果对命题的分析在词项逻辑上再进一步细化，引入全称量词“∀”和存在量词“∃”，并将谓词代表的动作配上量词具体化，形成最基础的原子公式，这种形式的逻辑就是“谓词逻辑”。这个定义很不形象，听起来也很拗口，所以我们直接通过例子来理解。譬如“R”表示动作“大于”，那谓词逻辑中“$R(x, y)$”就相当于表示“x大于y”，再譬如前面提到的直言命题“所有S都是P”，在谓词逻辑中它可以表示为：

$$\forall x(S(x) \rightarrow P(x))$$

这里“S”“P”的定义分别为“是属于S的”和“是属于P的”，“$\forall x$”的含义是“对于每一个x来说……”，符号“→”表示“蕴含”关系，就是指从前提可以推导出的结论。整个式子用通俗的中文语言表达出来就是：“对于每一个x来说，如果x是S，则x就是P”，这也就是直言命题“所有S都是P”所要表达的意思。

谓词逻辑补全了逻辑学的表达能力和精确性，在此之前的词项逻辑没有精确的量词理论和关系理论，因此没有办法表达一些看起来很符合直觉的逻辑推理，譬如从“某些猫被所有老鼠所惧怕”推导出“所有老鼠都惧怕至少一只猫”，从“所有轿车都是交通工具”推导出“所有轿车的主人都是交通工具的主人”。这种限制导致了词项逻辑在实践中，尤其是科学实践的严谨性无法得到保证，也不便于使用数学的方法处理逻辑问题。而谓词逻辑的出现，打破了逻辑学与科学，特别是逻辑学与数学之间最关键的一道隔阂。

也许看见上面“$\forall x(S(x)\rightarrow P(x))$”这一类看起来很像数学公式的逻辑表达式后，有的学者就产生了一个模糊的想法：“数学化”的逻辑学显然是更容易被计算机处理的，那逻辑学的推理过程与人类大脑思考问题的推理过程是否有共通之处呢？

我们甚至可以更大胆地假设，把这个想法描述得更具体、更具有可操作性一些：既然已经使用逻辑符号把原本的“语言文字”写成“数学算式”了，那我们所处的这个世界，广泛采用语言文字来描绘的知识，是否都可以通过这种方式以符号来描述？还有更关键的另一个问题，符号化之后，人类大脑中思考各种问题的推理过程是否也能使用数学运算和定理来完成？

在逻辑学发展的历程中，先驱们不仅思考过与上面类似的问题，还做了一系列的尝试，但是限于逻辑史并不是本书的主要内容，笔者仅简单列举一下这种思想发展过程中的几个里程碑事件。

- 17 世纪中期，德国数学家戈特弗里德·莱布尼茨（Gottfried Leibniz，1664—1716）提出建立一种能够表达人类思考过程的通用语言，并构造执行该语言的推理演算工具的设想，史称“莱布尼茨之梦”。
- 1847 年，英国数学家乔治·布尔（George Boole，1815—1864）继承并发展了莱布尼茨的思想，他在《逻辑的数学分析》（The Mathematical Analysis of Logic）中提出了一种代数方法，利用符号来表示逻辑中的各种概念，实现了完全通过用抽象代数来记述逻辑推理过程，这种方法现称“布尔代数”或“布尔逻辑”[⊖]。
- 1879 年，德国数学家戈特洛布·弗雷格（Gottlob Frege，1848—1925）出版了《概念文字》（德语“Begriffsschrift”，通常译作“Concept Writing”）一书，在书中引入“全称”和“存在”的量词符号，使得布尔建立的符号逻辑系统进一步完备。从此，逻辑

⊖ 布尔的成果将逻辑引向了数学，第 1 章中提到过的香农的硕士论文《A Symbolic Analysis of Relay and Switching Circuits》将逻辑运算引向了计算机科学。

学从哲学的分支逐渐转变为数学的分支。逻辑研究的数学化，为逻辑学最终成为一门完全独立的学科铺平了道路。

- 1889年，意大利数学家朱塞佩·皮亚诺（Giuseppe Peano，1858—1932）也在弗雷格之外独立地提出了与之类似的量词及其他逻辑符号。他在著作《数学公式汇编》（法语“Formulaire de Mathematiques”）中试图从这些逻辑符号和几条极简化的公理出发构建出整个数学体系，由于没有实现一套完整的逻辑演算系统，这个目标并没有成功，但这些工作启发了后来《数学原理》的出版和希尔伯特计划的诞生。皮亚诺将命题演算、类演算并称为“数理逻辑”，又称“符号逻辑”。
- 1910年到1913年间，英国哲学家伯特兰·罗素（Bertrand Russell，1872—1970）完成了著名的三卷《数学原理》（Principia Mathematica），此书希望表明所有数学真理在一组精心设计的、以数理逻辑定义的公理和推理规则下，原则上都是可以证明的[⊖]。罗素的工作虽然是一个无法实现的幻想，但他思考研究的过程却成功将逻辑学带向了另外一个高峰，这时的学者不仅仅通过数学工具来研究逻辑，还开始使用逻辑工具来研究数学，逻辑学现在已反过来成为整个现代数学的根基。

笔者为本章准备的“五分钟逻辑学和逻辑史”就到此结束了，其实笔者仅仅是简单介绍了其中最基础的几个分类和概念，顺带介绍了现代逻辑学思考的问题和发展历程，而逻辑学中比较困难的运算方法，即逻辑推理演算相关的内容（合取、析取、蕴涵等各种范式、推演规则和定理等）都未曾涉及，相信没有任何科学基础的读者接受起来也不会感到太困难。

如果读者现在能接受现代逻辑学的概念和描述问题、推理问题的方式了，那不妨再来思考下当年莱布尼茨所想的那个问题：

⊖ 第1章提到哥德尔不完备定理证明了这是不可能的。

> “我们每天看到的世界，是通过具体化的、非结构化的形式（如视觉、声音、文字等）呈现的，这些具体却散漫粗疏的内容是否可以使用符号来精确定义？人类理解世界的过程，是否可以在这个基础上精确描述和计算？”

符号主义学派的学者们对这个问题持明确的肯定答案，整个学派的核心思想其实可以概括为五个字：认知即计算。

3.3 描述已知，推理未知

假如读者以今日的现代思维来思考这个莱布尼茨三百年前提出的问题仍然觉得困难、无从入手的话，那不妨先从更简单的情况出发，先观察一个在近代已经大致上完成了“用符号代替自然语言去精确描述”的领域——数学，之后再回来考虑这个问题。

其实不仅仅是数学，今天越来越多的形式科学[⊖]的立论方法都大同小异：首先摆出最小化的几条公理、公设和定义，然后先证明最简单的第一个命题，然后又以此为基础，再来证明第二个命题，如此重复，这种从简单到复杂地证明一系列命题来建立整套理论的研究问题的方式称之为“公理化方法”。公理化的思想早在欧几里得撰写《几何原本》时就已经存在，但是因为没有现代逻辑符号的支撑，《几何原本》的很多概念就不得不使用感性认知来定义，或者索性干脆就不定义了，譬如以下是欧氏几何五条基础公理的定义：

> 1. 任意两个点可以通过一条直线连接。
> 2. 任意线段能无限延长成一条直线。
> 3. 给定任意线段，可以以其一个端点作为圆心，该线段作为半径作一个圆。

⊖ “形式科学”是指主要研究对象为抽象形态的科学，如本节所说的数学和逻辑学，也如前文提到的计算理论、信息论等。

> 4. 所有直角彼此相等。
>
> 5. 若两条直线都与第三条直线相交，并且在同一边的内角之和小于两个直角和，则这两条直线在这一边必定相交。

我相信现在的小学生都能看懂这些公理所要表达的含义，但欧几里得有什么办法能保证看到这几句话时你的理解与我的理解之间没有偏差吗？并没有。什么是“点、线、面”？欧几里得虽然也对这些都做了定义，可是定义本身就含混不清，譬如给“点”下的定义是“点是没有部分的”，什么叫作“没有部分的”？什么又是“直线是它上面的点一样地平放着的线”？

这时候符号表示相对于自然语言的严谨性就显得非常有必要了，我如果想说“存在一个集合是空的”，就必须先解释什么是“存在”，什么是“空”等，解释这些概念时又会不可避免地涉及其他新的未定义的概念。但如果用符号来表达这句话，就成了：“$\exists x \forall y (y \notin x)$”㊀，在∃、∀、∉等这些符号已被统一地精确地定义㊁过的前提下，这个式子的意思就再无含糊之处。这种可以从形式文法产生，所有含义都在符号和组成规则中确切表达出来，无任何隐含语义和歧义的语言，被称为“形式语言”（Formal Language），将自然语言描述的内容转变为形式语言描述的过程称为“形式化”。形式语言在科学中是非常常见的，无论是本章所讲到的谓词逻辑，还是大家经常接触的计算机中的程序设计语言，都属于形式语言的一种。

德国大数学家大卫·希尔伯特（David Hilbert，1862—1943）在 1899 年出版的著作《几何基础》里成功地建立了欧氏几何的形式化的、严谨的公理体系，重新塑造了欧氏几何的数学基础，现称“希尔伯特公理体系”。随后他还提出了著名的希尔伯特计划——号召全世界数学家一起来将所有的数学真理全部形式化，让每一个数学陈述都能用符号表达出来，让每一个数学家都能用定义好的规则来处理这些已经变成符号的陈述，在这个基

㊀ 如果必须用自然语言翻译，这个式子可以理解为：“存在集合 x，对于任意的元素 y 来说，都满足元素 y 不属于集合 x。”

㊁ 精确定义基础概念并不是简单的工作，罗素在《数学原理》中花了超过 300 页篇幅才实现了自洽的“数字 1”的定义。

础上再去证明数学是完整的，这里的“完整”就是说所有真的陈述都能被证明，这被称为数学的**完备性**；然后，再证明数学是一致的，也就是说不会推出自相矛盾的陈述，这被称为数学的**一致性**。当时几乎全世界的数学家都相信完整和一致是数学必定具有的，但是后来希尔伯特计划的美好愿景被哥德尔彻底粉碎，哥德尔不完备定理无情地证明了希尔伯特计划是不可能完全实现的。尽管如此，对常用的数学形式化仍然是现代数学一项非常重要的工作。

将话题从数学切换回到人工智能，我们来观察一下形式化的描述方法对计算机和人工智能领域带来的影响。上一章曾提到纽厄尔和司马贺在达特茅斯会议上拿出的最吸引眼球的成果——能够自动证明《数学原理》中多个定理的逻辑理论家程序。这个程序所能够自动证明的定理，必须全部是使用形式语言去描述已知的前提且结论可通过有限步骤推理完成的定理。逻辑理论家的基本思路是利用计算机的运算速度优势，遍历出形式化之后的定理前提所有可能的变换形式，说白了，其实也就是常见的树搜索，再配以适当的剪支算法。逻辑理论家以已知前提为树的根节点，把根据规则可以进行的每一种变换都作为该节点的下一条分支，如果某条分支中出现了与结论一致的变换形式，那这条分支路径经过的每一个节点按顺序连接起来就是定理证明的步骤了。逻辑理论家采用的算法和今天计算机自动定理证明这个学科分支的主流算法思想（如归结原理、DPLL 算法）并没有很直接关系，甚至可以说就只是对形式化的前提进行简单乃至粗暴的搜索而已，这也正是后来计算机自动定理证明领域的著名学者王浩教授批评逻辑理论家，认为它没有多少技术含量的主要原因。

1957 年，在逻辑理论家公布后不久，纽厄尔和司马贺还发布了一款更具有普适性的问题解决程序，命名为“一般问题解决器”（General Problem Solver，GPS）。在科学界里，“一般”（General）就意味着普适，通常是代表了一种非常高的目标。纽厄尔和司马贺为程序起了“一般问题解决器”这样的名字，是希望任何已形式化的、具备完全信息的问题都可以用这个程序去解决，他们给 GPS 设定的适用范围涉及从逻辑推理、定理证明到人机游戏对弈等多个领域。GPS 项目持续的时间长达十年之久，虽然最终并没有哪个领域发现有直接使用这个程序完成证明并形成特别大影响的案例，但 GPS 项目作为纽厄尔和司马贺一次使用心理学方法去探索机器模拟智能的有益尝试，很有历史意义。

GPS 解决问题的基本思路不同于逻辑理论家，它源于模仿人类解决问题的启发式策略，是基于一种在心理学中的“手段 – 目的分析”（Means-Ends Analysis）的理论，司马贺本身就是这方面的顶尖专家，因为这个理论他获得了美国心理学会的杰出科学贡献奖和终身成就奖。GPS 的工作思路大致是这样的：人通常会把要解决的问题分析成一系列子问题，并寻找解决这些子问题的手段，通过解决这些子问题，就能逐渐达成问题的最终解决，GPS 解决问题的方法就是模拟这个问题分解的过程，逐步分解问题空间，通过拆分子问题构建搜索树，直到到达已知条件结束搜索。在 GPS 项目之后，纽厄尔司马贺在计算机问题求解这个领域还继续提出了针对非良好结构问题（Poorly Structured Problem）的求解程序“UNDERSTAND”。

当计算机运算速度逐渐提升上去之后，人工智能确实在问题求解这个领域中取得了一些具有实用价值的成果，其中最有价值的案例是计算机（在人类辅助剪枝、修正下）证明了当时世界三大数学猜想[⊖]之一的四色猜想，尽管很多数学家认为靠运算速度暴力搜索的方法很不优雅，但这个成果依然震撼了整个数学界。

总体来讲，由于纽厄尔和司马贺在心理学、决策论方面有非常高深的造诣，所以由他们领导的卡内基梅隆大学一系主要的人工智能研究方向是从人类问题解决的思维活动出发，尝试将这种思维过程模型化后，应用于计算机之上。他们经常基于心理学实验的结果来开发模拟人类解决问题方法的程序，这种研究方法一度成为人工智能和符号主义的主流，并在 20 世纪 80 年代发展到顶峰。在符号主义学派中，以纽厄尔和司马贺为代表的这一系分支又被称为**“认知派”**。

⊖ 世界三大数学猜想：费马猜想、四色猜想和哥德巴赫猜想。其中四色猜想在 1976 年由美国数学家阿佩尔（Kenneth Appel）与哈肯（Wolfgang Haken）借助计算机完成，遂称“四色定理”，而费马猜想的证明于 1994 年由英国数学家安德鲁·怀尔斯（Andrew Wiles）完成，遂称“费马大定理”（因为之前已经有“费马定理”了）。

与“认知派”相对，符号主义学派中另外一位主要人物麦卡锡则认为机器不需要模拟人类的思想，而应尝试直接找出抽象推理和解决问题的本质，只要通过逻辑推理能展现出智能行为即可，大可不必去管人类是否使用同样方式思考。所以，由他开创的斯坦福大学一系主要致力于寻找形式化描述客观世界的方法，通过逻辑推理去解决人工智能的问题，因此这一系在符号主义学派中又被称为“逻辑派”。

当然，在这两个派别之外也还存在一些其他的细分研究方向，譬如明斯基从连接主义学派“叛变”到符号主义学派以后，曾经一度倾向于支持认知派以心理学去研究人工智能的方法，但后来他对实现人工智能的主要观点又转变成认为智能是极度复杂的，人类大脑中存在着许多用于解决不同问题的各有差异的结构，因此不存在任何单一的可以描述智能的机制，这种思路逐渐发展成今天基于“微智能体”（Agent）实现人工智能的研究方法，明斯基提出了其中重要的“框架理论”(Frame Theory)，成为了“智能主体”(Intelligent Agent）这个研究方向的开创者之一。

无论纽厄尔、司马贺、麦卡锡以其他人工智能学者选择的研究方向如何，至少在当时——即人工智能建立的最初 20 多年里，符号主义学派的学者们首先考虑的寻找人工智能的入手点是从假设将现有已知的知识都可以通过形式语言精确描述，并可以全部灌输给计算机（这点只能是假设，因为当时计算机硬件的限制，只能从理论上或者规模十分有限的数据量上去模拟），然后通过计算机的运算能力实现在这些知识基础上的演绎推理，得出新的未知的知识，或者做出正确的决策，从而令机器展现出具有智能的行为。这个时期人工智能努力的目标，就可以概括为本节标题的八个字：“描述已知，推理未知”。

下面，笔者将通过“认知派”和“逻辑派”的两篇开山论文介绍这两个派系的学者当时的实践尝试，了解他们具体是如何描述已知、推理未知的。

3.3.1　常识编程

毫无疑问，能处理数学、逻辑问题的行为是具有智能的表现，但是仅仅能够处理数学、逻辑等特定问题，肯定不等同于具有人类意义上的智能了，人类的智能行为是能超越解决特定问题，能够展现出具有普适性的行为表现。在麦卡锡看来，对于特定问题的解决方法是“知识”，对于普适智能行为则需要“常识”才行，因此，当人工智能在人机对弈、计算机定理证明等几个特定领域取得了初步成果之后，麦卡锡就开始着手解决“如何才能令机器拥有常识”这个更能说明机器可以拥有智能的问题。

1958年，麦卡锡发表了一篇名为《常识编程》(Programs With Common Sense)[⊖]的论文，文中提出了一种如何将计算机所处理问题的范围从特定专业领域推广至常识、生活等一般性问题的设想。麦卡锡设计了一个名为“AdviceTaker”的理想系统，这是一款以形式语言（譬如就以使用谓词逻辑为例）为输入和输出项的计算机程序，它基于一系列也是使用形式语言来描述的先验前提，根据逻辑规则自动推理获得问题的答案。答案可能是一个陈述句用以回答一个具体问题，也可能是一个祈使句用以向使用者提供一个行动建议。

与前文中介绍的形式科学使用公理化方法，依赖极少量公理推理出大量的定理和结论，进而构建出整套学说的过程类似，麦卡锡期望提供给AdviceTaker的先验的知识是我们人类所了解的各种知识、常识中最基础、最本质的那一小部分，AdviceTaker先使用这些先验的前提推理出简单的结论，然后再到复杂的，形成越来越多的新的知识，并能根据这些知识持续改进自己的行为机制，从简单到复杂逐步获得人类所有乃至超过人类现有的知识。麦卡锡将这样一套理想的系统和运作机制称为“常识编程”。

关于常识编程，在麦卡锡的论文中也承认这目前只是一个框架性的构想，以至于他也不得不说“这个思路还有若干关键的问题没有得到解决”。对于常识编程的具体理论，笔者就不再做过多的枯燥的阐述了，仍然通过一个简单例子来介绍一下这套机制大体上是如何工作的。

⊖ 论文地址：https://www.cs.rit.edu/~rlaz/files/mccarthy1959.pdf。

请读者设想一个场景："你现在正在家里的书桌旁边看书，接到电话要去所在城市的飞机场接一位朋友，你应该怎样做？"

这个场景已经算是一个非常生活化的常识性问题了，听起来与任何学术都不会有半点联系。那就来看一下这个问题应该如何输入给AdviceTaker，以及它会获得怎样的输出结果。

- 首先，AdviceTaker中应该事先预置了几个最基础的行为规则。在这个场景中用到的包括：谓词"can(x)"表示"如果可以实现x动作"、谓词"do(x)"和"did(x)"分别代表"执行x动作"和"完成x动作"，这几个谓词与任何特定问题无关，可作为公共的规则预置在系统中。
- 接下来，需要定义几个与问题相关的先验的前提，这里我们定义一个谓词"at(x, y)"，代表的含义是"x在y旁边"。显然，at(x, y)是具有传递性的，x在y旁边，y在z旁边，可以推出x在z旁边的结论，用谓词逻辑来表达即：

$$\text{at}(x, y), \ \text{at}(y, z) \rightarrow \text{at}(x, z)$$

- 在这个基础上，我们可以给AdviceTaker输入一些常识来描述客观世界，如：

```
at（我，书桌）
at（书桌，我家）
at（汽车，我家）
at（我家，城市）
at（机场，城市）
```

- 我们还可以使用谓词at来定义一些新的规则，如令谓词"go(x, y, z)"表示"从x通过z的方式到达y"，即以下式子：

$$\text{did}(\text{go}(x, y, z)) \rightarrow \text{at}(x, y)$$

- 那么代表"步行可达"和"驾车可达"含义的谓词"walkable"和"drivable"就可以这样来定义：

walkable(x), at(y, x), at(z, x), at（我，y）→can（go（y, z，步行））

drivable(x)，at(y, x)，at(z, x)，at（汽车，y)，at（我，汽车）→can（go（y，z，驾车））

- 然后用这些规则进一步定义两个事实："家附近是可以走路到达的"，"城市里则需要开车到达"：

walkable（我家）

drivable（城市）

- 再定义一个谓词"canachult"表示"如果x可以进行y动作，就可以通过完成y来获得z"，即：

  (x→can(y))，(did(y)→z)→canachult(x, y, z)

- 显然，canachult也是具有传递性的，如果x可以通过y动作来得到z，z又可以通过u动作来得到v，那么，x依次经过y和u动作就可以得到z。如果使用谓词"prog(y, u)"来表示依次完成y和u动作的话，上面这句话可以用谓词逻辑表示为：

  canachult(x, y, z), canachult(z, u, v)→canachult(x, prog(y, u), v)

- 最后，我们再定义一个谓词"want(x)"，表示"要获取x而采取的行动"，它的具体定义如下：

  x, canachult(x, prog(y, z), w), want(w)→do(y)

- 这样，所有的前提都建立完毕，把"我要去机场"这个意愿表达出来，看看机器会给你什么建议：

want（at（我，机场））

根据以上定义，AdviceTaker就可以自动推理出"我要去机场"所要做的行为，下面是依次推理的步骤，最后一个输出的步骤就是结论，即"我要去机场"这个行为应该去做的第一个动作："从书桌步行向汽车"。

1. at(我，书桌)→can(go(书桌，汽车，步行))
2. at(我，汽车)→can(go(我家，机场，驾车))
3. did(go(书桌，汽车，步行)→at(我，汽车))
4. did(go(我家，机场，驾车)→at(我，机场))
5. canachult(at(我，书桌), go(书桌，汽车，步行), at(我，汽车))
6. canachult(at(我，汽车), go(我家，机场，驾车), at(我，机场))
7. canachult(at(我，书桌),prog(go(书桌，汽车，步行),go(我家，机场，驾车))→at(我，机场))
8. do(go(书桌，汽车，步行))

上面笔者列举的这个例子，就来自于麦卡锡《常识编程》论文的原文，定义和推理过程虽然人类看起来会觉得很繁琐，但这些“繁琐”对机器来说并不存在任何困难。从这个角度看，机器用逻辑推理模拟人类思考，似乎确实具备可行性。可是，AdviceTaker 其实并未解决“常识来源自哪里?”这个真正的难题，在上面这个例子中，诸如 go、walkable、drivable、canachult、want 这些谓词的定义，都是人类总结后灌输进去的，而不是计算机从某种“公理”或者“公设”性质的常识中推导而来。要使用一小撮最小化最本质的公理定义和规则的集合就可以推理出人类的所有常识，这样的思路在数学、几何这些抽象世界虽然行得通而且常见，但也是经过了上千年时间和无数数学家的智慧才成功完成的，要用在具体的现实世界里做到这点谈何容易。麦卡锡在论文的原文中也承认了现在并不能解决这个问题，所以 AdviceTaker 只是给出了一个让计算机获得常识的理论上的可行性，而暂时无法作为一个真正去实施的指导方法。

但即使是为了验证这种计算机自动推理知识的可行性，麦卡锡也做了相当多的工作。他借鉴了纽厄尔和司马贺之前提出的 IPL 语言（见第 2 章关于人工智能这个学科名字之争那部分），在 1960 年又发表了一篇名为《递归函数的符号表达式以及由机器运算的方式，第一部分》（Recursive Functions of Symbolic Expressions and Their Computation by Machine, Part I）的论文。论文阐述了只通过七个简单的运算符以及用于函数的记号来构建一个具图灵完备性语言的想法（这其实就是通过计算机实现邱奇的 Lambda 演算），并将这种语言命名为 LISP（LISt Processing 的缩写）。麦卡锡自己并未提供 LISP 语言的实现程序，但他的学生史帝芬·罗素（Steve Russell）阅读完此论文后，在麻省理工学院的 IBM 704 计算机上成功完成了最初版本的 LISP 编译器，实现了最初版的 LISP 语言。

LISP 语言（及其方言变种，如 Clojure）直至现在仍然是一门活跃的编程语言，以前从事传统人工智能领域开发工作的程序员，一般都要掌握 LISP，大量老式的人工智能软件系统都由 LISP 编写，情况与今天 Python 在人工智能编程中的地位相似。

假如说 Prolog 是最适合人工智能的编程语言，任何使用过 Prolog 的人都不会怀疑这一点，因为 Prolog 就是为了逻辑推理而生的，解决类似上面“如何去机场”例子这种问题会显得无比流畅自然。但许多编程语言的书籍上还会讲到“ LISP 也是最适合人工智能的编程语言”。如果抛开 LISP 的作者是麦卡锡这个传承因素的影响，那些真的接触使用过 LISP 的程序员，可能看到这里也会对这种表述感觉到奇怪，LISP 跟人工智能两者间到底“适合”在哪里？

它们之间的联系可以从 LISP 的名字“链表处理”（LISt Processing）开始说起，LISP 是历史第二悠久而且迄今仍然被广泛使用的高级程序语言，把它与另一门最为古老的语言 FORTRAN（1957 年发明）相比较的话，容易看出 FORTRAN 基本上是围绕处理数组建立的，LISP 则是围绕处理链表来实现的。数组和链表是两种最常用的线性数据结构，它们各有特点，但如果仅讨论用来存储逻辑推理涉及的符号的话，那链表显然要比数组合适得多，因为数组要求每个元素具备相同的数据结构，而多种多样的符号即使能设计成一种统一的数据结构来存储，空间效率必定也不会高到哪去。

LISP 在人工智能中还有另一点优势是它可以很好地把麦卡锡设想的“符号推理能够从已知的知识推理出新的知识，乃至自我改进推理系统自身的行为”这点实现出来，LISP 中程序（行为）和数据（符号）是高度相似并且可互相转化的，麦卡锡把两者分别描述为“ M- 表达式”和

“S-表达式”（现代LISP编程中都只使用S-表达式了），其中M的意思是“Meta”，而S的意思是“Symbolic”。LISP的重要特点“元编程”（Meta Programmed）就来源于它的数据可以变为程序、符号可以修改自身的行为这种能力，使用这个特性，程序可以很方便地实现新知识改进程序本身这个目标了。

麦卡锡提出的常识编程即使以今天的视角来看都完全见不到有可以实现的希望，很有可能人类的思维就不是逻辑推理能够模拟的。但麦卡锡为了验证常识编程而提出的LISP语言却将他在计算机编程语言领域的地位推向了一个几乎可以与“人工智能之父”这个头衔相媲美的程度，可谓是失之东隅，收之桑榆。

3.3.2 物理符号系统

物理符号系统是纽厄尔和司马贺总结提出的一套尝试解释智能来源机制的理论，它试图模拟人类如何获取、储存、传播和处理信息的，并提供了一种将这个过程中各种现象模型化，迁移到计算机中实现的途径。从人类心理的智能活动中总结提炼出智能机制是“认知派”的一贯研究思路，而将这种思想公开、完整地、系统性地总结出来，可以追溯到纽厄尔和司马贺1975年的图灵奖的获奖演说稿《作为经验主义探究的计算机科学：符号和查询》（Computer Science as Empirical Inquiry: Symbols and Search）一文⊖，也是在这次演说发表之后，符号主义学派的核心观点才算被完整地呈现出来，即“认知的本质是处理符号，推理就是采用启发式知识及启发式搜索对问题求解的过程”，甚至连“符号主义学派”这个名字本身也是从这篇演讲论文公布之后，才在人工智能研究中广泛流传开来的。

物理符号系统的理论主要由两个假说构成，分别是**物理符号系统假说**（Physical Symbol System Hypothesis）和**启发式搜索假说**（Heuristically Search Hypothesis）。名字很有专业感，不过既然这两套假说来源于对人

⊖ 论文下载地址：http://dl.acm.org/citation.cfm?id=360022。

类智能的模拟，它们就肯定可以用我们日常所能接触和理解的概念来类比解释。

在研究某个系统的时侯，科学家通常都会建立一个简化的、去掉与研究内容无关特性的模型来定性地描述这个系统的性质，科学里管这个研究方法叫“结构性定律”。譬如说，要去研究人类身体结构的功能，需要知道心脏用于供血、大脑用于思考、骨骼用于支撑，在这样的模型上研究不同人种的身体结构和功能就都显得比较简单了。虽然每一种器官、器官中的每一个组成部位甚至到每一个细胞本身都有着各不相同的、极其复杂的种类、形态和用途，但是这些与目的无关的信息并不影响我们对最终结果的研究和处理。

同样的道理，“智能”是个相当抽象的、让人难以下手的研究对象，物理符号就是用以描述智能的相对而言要简单且容易理解的模型。从这个角度出发，物理符号与我们前面讨论的数理逻辑的符号其实没有太大的区别，逻辑符号可以理解为去除了自然语言中大量不精确的、有隐含的意义和歧义的成分之后得到的一种精确的抽象表示，物理符号也只是把自然语言换成了我们所能接触的各种物理实体而已。举个例子，人类见到苹果，脑海里出现一个认知判断：这是可以吃的带甜味水果。能得出“苹果有甜味”这个结论，正常人类的大脑里面的信息处理过程肯定不是下面这样的：“分布在舌头味蕾的G蛋白偶联受体与苹果中含有多个羟基的醛酮的甜味剂发生反应，激发形成神经信号传递到大脑形成甜味感”，而是“苹果”这个实体在人脑里本来就有“可以食用”、“具有甜味”等属性，人脑可以把它与其他实体分辨出来，在这个分辨过程中，人脑就可以视为是能处理苹果这个物理符号的系统。

可以把任何信息加工系统都看成是一个具体的物理系统，如人脑的神经系统、由计算机硬件构造的系统等。所谓符号就是匹配物体用的“模式”（Pattern）。任何一种模式，只要系统能把它和其他模式相区别开来，它就可以形成一个符号。对于人来说，苹果、香蕉是不同的符号，不同的英文字母也是不同的符号。物理符号系统的最根本任务和功能是对符号进行操作，辨认相同的符号以及区分不同的符号。根据纽厄尔和司马贺的设想，一个物理符号系统包括“符号”（Symbols）、“表达式”（Expressions）和“操作过程”（Processes）。多个符号组合起来就成了表达式，组合方式可以是多种多样的，系统在任意时刻都在对这些表达式执行着操作，这个过程具体可以归纳为对表达式进行“创建”（Creation）、“修改”（Modification）、“复制”（Reproduction）和“销毁”（Destruction）这四个操作的不同顺序组合。

物理符号系统假说的核心观点是认为物理符号系统就是普遍智能行为的充分且必要条件。在这句话里，“必要”意味着任何实现了智能的系统都可以被视为一个物理符号系统，这点是现在的认知科学[⊖]要去研究和证明的问题；而“充分”则指任何具有足够尺度的物理符号系统都可以经适当组织之后展现出智能，这个就是人工智能这门学科要去研究和证明的问题。另外，名字里“物理”一词还强调了系统必须从根本上遵从物理学定律，即强调了认知与心灵、灵魂等唯心因素无关，因此智能可以由任何物质材料构成的系统来实现，而不限于人脑实现并使用的符号系统。

关于物理符号系统对信息的处理过程，纽厄尔和司马贺进一步提出了启发式搜索假说来进行解释，如果说物理符号系统是智能行为的抽象模型，那启发式搜索就是解决问题或做出决策的抽象模型，纽厄尔和司马贺认为，一个系统能表现出智能行为总是通过解决问题来体现的。

虽然根据纽厄尔和司马贺的观点，人类和计算机都是物理符号系统，但人类和计算机解决问题的方式其实有非常大的差异，举个例子，假设你在北京阜成门桥要去故宫博物院，如果靠导航软件，计算机可能是这么告诉你的：“沿阜成门桥向东行驶 2 公里，右转进入西黄城根北街，左转沿西黄城根北街向南行驶 180 米，左转进入西安门大街，右转沿西安门大街向东行驶 1.1 公里，右转进入北长街；沿北长街向南行驶 840 米，到达终点。”而你找人问路的话，他可能会说：“朝东一直开，到了北海大桥右转不久就可以看到西华门了，到时候停车找买票的地儿就行。”从这个例子

⊖ 认知科学（Cognitive Science）是 1973 年克里斯多福・希金斯（Christopher Higgins）在评注莱特希尔报告时提出的，但是属于认知科学的研究工作其实很早前就已经出现了。

可以看出，两者对精确性的定义完全不同，但是你依然有可能通过找人问路得到的结果到达目的地。这背后还隐含精确性带来的成本问题：计算机一贯的解决问题的方式是靠“蛮力”搜索问题空间，假如有无限的时间和存储空间还有无限的能量供应，那么确实所有可解决的问题都可以通过穷举的方式，遍历问题空间中的所有路径来找到最优解，但是人类智能思考问题的方式显然不是这样，人脑总是在有限的时间中搜索得出结论，即使这个结论不是精确的、不是最优的。而从人类拥有智能但计算机暂时还没有智能这一点就说明并不是搜索越多就意味着智能越高，相反，智能高的表现恰恰是不用经过大量搜索也能解决问题，这就是启发式搜索假说的基本观点。启发式搜索得到的结果不一定是最优的、最精确的，但是它的成本是可以负担的，而且结果一般而言会是有效的。

启发式搜索假说的提出，除了是因为纽厄尔和司马贺这些心智派学者一贯以参考人类智能行为作为研究导向外，还有一个很重要的原因是他们看见了逻辑派在推理效率上遇到了极大的困难（逻辑派比心智派的核心学说提出的时间要早很多，如麦卡锡的《常识编程》是 1959 年发表的。而纽厄尔和司马贺的物理符号系统假说相关论文是在 1970 年发表的）。即使有了归结原理⊖这等普适的利器，并且人们不断改进算法提升搜索效率，基于逻辑推理的程序仍然无法避免中间子句指数级的爆炸式的增长，稍微复杂一点的应用，逻辑派的程序就陷入“理论可行，实际不行”的窘境，毫无实用性可言。

结合物理符号系统，启发式搜索的具体执行过程可以总结为：首先将物理符号随机地初始组合成表达式，这个表达式的每一种变换形式构成了搜索树的各条分支，然后给定一个评价函数用于评价这个表达式不同变换形式与目标形式的差距，选择一个差距最小的变换形式重复搜索过程，直至差距无法缩小为止。在这个过程中，对搜索结果产生决定性影响的是评估函数如何设计。由于纽厄尔和司马贺没有能给出人类智能行为的通用的

⊖ 归结（Resolution）是一种对于命题逻辑和谓词逻辑中的句子的推理规则。归结原理（Resolution Reasoning）是鲁宾逊（Robinson）于 1965 年提出的一种简单易行，尤其便于计算机实现和执行的反证法证明技术，也叫做“消解原理”。

评估函数，也没给出要设计专用于某种特定智能行为的评估函数的方法或原则，所以启发式搜索在人工智能领域还只能以假说的形式来讨论。但在人工智能领域之外，启发式搜索现在已成为了解决许多问题，尤其是“NP 完全问题”（即无法在多项式时间内得出最优解的问题）的有效手段，如第 2 章中笔者使用遗传算法模拟蒙娜丽莎画像的例子，就是启发式搜索算法中的一种，类似的启发式算法还有“A* 算法”和“AO* 算法”等，这些算法在人工智能和计算机科学中都有很广阔的应用场景。

虽然启发式搜索假说至今都没能够解决计算机模拟人类智能活动的问题，但在心理学、经济学、决策论等其他学科却都取得了令人瞩目的成就，司马贺从启发式搜索假说中总结提出了经济学和决策论中著名的“有限理性模型”（Bounded Rationality Model），这个成果使他获得了 1978 年的诺贝尔经济学奖[⊖]。在认知心理学研究中也表明，不仅仅是人，普通动物在进行决策时采取的也是启发式策略，从侧面说明启发式搜索假说确实有可能是一条探索智能活动的可行之路。

3.4 知识！知识！知识！

20 世纪 50 年代到 60 年代间，人工智能的研究度过了符号主义的第一个阶段：“推理期”。这个时期里主流的基于逻辑推理来寻找智能的研究方法，在人机对弈、问题求解、机器定理证明这类信息完全的而且问题空间是封闭的领域中取得了一定的成功。但是，由于没有解决如何从少量公理性知识推导出整个世界的常识问题，所有的先验的已知知识都只能靠事前的输入，机器这样依赖“死记硬背”来获取知识的方法，在应对开放性的问题时就显得捉襟见肘了，甚至在很多问题上都是完全无能为力的。

到了 20 世纪 70 年代中期，人工智能的学者们逐渐放弃了仅靠符号系

⊖ 传统经济学一直以完全理性为前提，但是于现实状况中，人们所获得的资讯、知识与能力都是有限的，所能够考虑的方案也是有限的，未必能作出使得效用最大化的决策。因此，司马贺提出必须考虑人的基本生理限制，以及由此而引起的认知限制、动机限制及其相互影响的限制。

统从少量最基础“公理性”知识中推导出智能的想法，不得不接受人类几千年累积的各种知识是难以仅靠若干条基础公理、一两个通用模型和推理演算程序就能灌输给机器的这个现实。另外，由于考古学对古代智人的研究得出了古代智人与现代人类在脑容量上并没有差距的结论，这个结果表明了人类智能行为表现出的问题求解能力更多是来源于人所具有的知识，而不仅仅是大脑思考和推理的能力。因此计算机采用形式化方法和推理策略来模拟智能的希望看似是越来越渺茫了。

从此，人工智能的主要研究方向便从“逻辑推理”转到了“知识的表述”上，符号主义学派从“推理期”转入“知识期”的标志是三类“知识”研究开始被科学界关注而且取得了一定进展，它们分别是：“知识表示”出现了被广泛认可的方法、“知识工程”被提出和作为独立的学科进行研究以及以专家系统为代表的“知识处理系统”开始展现出实际应用的价值。

3.4.1 知识表示

所有我们生活中的有效信息，不论是否高深都可以作为知识看待，从蕴含物理定理的质能方程“$E=MC^2$”到没有什么意义的“大海啊你全是水，骏马啊你有四条腿”都可以是知识。“知识表示”（Knowledge Representation）就是对知识以及知识和知识之间关联关系的一种描述约定，本章前面花了大量篇幅介绍的如何通过谓词逻辑来描述世界上的知识，这本身就可以作为一种知识表示方法，而且是最为基础重要的一种知识表示方法。除了谓词逻辑之外，“产生式”(Production)、“本体表示方法”(Ontology)、“面向对象的表示方法”(Object-Oriented Representation)、“框架理论”（FrameTheory)、“语义网络”（Semantic Network）等都是目前常用的知识表示手段，其中框架理论是由明斯基提出的学术影响较大的方法，而司马贺则把心理学界的语义网络拿到人工智能应用中，也形成了颇为重要的影响力。由于知识表示的方法多种多样而本书篇幅有限，笔者就不逐项介绍，这里仅以语义网络为例，把它与谓词逻辑对比起来简要说明一下。

语义网络是罗斯·奎利恩（Ross Quillian）在 1966 年提出的一种心理学模型，最初是用来描述概念之间联系的，形式大概和今天大家创作中常用的思维导图差不多，后来司马贺把这个心理学的模型推广应用到计算机领域中。语义网络是一种使用有向图来表示知识的方法，图由节点和连接弧组成，节点用于表示实体、概念和事实，连接弧用于表示节点之间的关系。用我们已经学习过的谓词逻辑来类比举例，如果谓词“ISA(x, y)”表示“x 属于 y 的一种”，那么“ISA（燕子，小鸟）”可以用下面的图来表示：

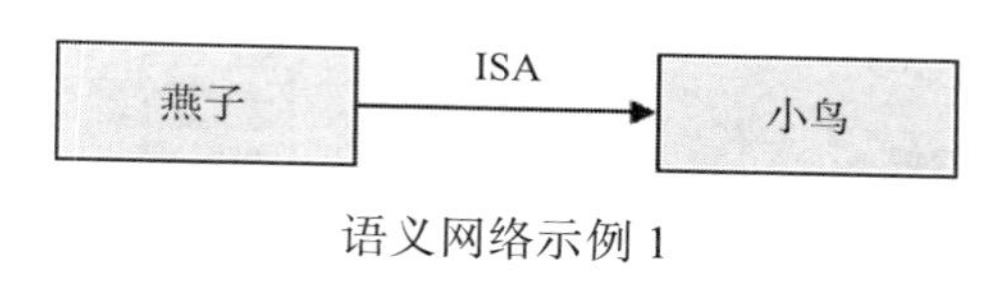

语义网络示例 1

如果我要表达“燕子是一种鸟，所有的鸟都有翅膀”，那在谓词逻辑中需要两个独立的式子“ISA（燕子，小鸟）”和“HAS-PART（小鸟，翅膀）”来描述。在语义网络中仍然可以在一张图中把这两个关系的表示出来：

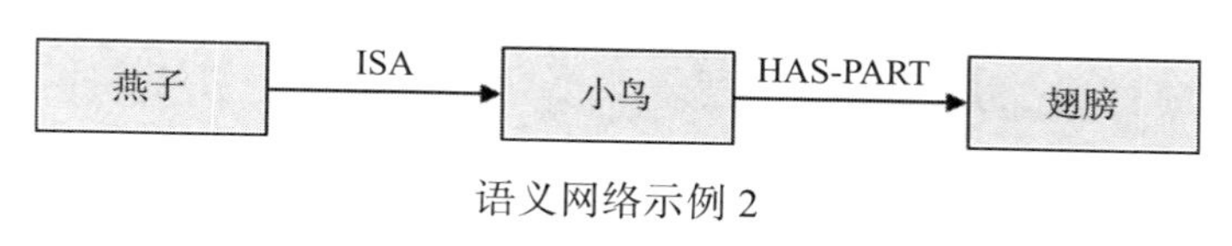

语义网络示例 2

假如我们再进一步增加待描述实体的数量，每个实体之间都可能存在关联关系，那实体之间可能存在的关系总数会随实体数量呈现出指数级的增长趋势。谓词逻辑把不同的实体与规则当作独立的事实来处理，语义网络则将多个实体与规则视为一个整体来进行处理。在处理局部推理细节时，或者实体间有定量的动态关系时，谓词逻辑是很有效的工具，但需要在全局层面考虑整体关系的时候，通过谓词来描述实体和关系就不是一个特别合适的选择，至少人类大脑肯定不是以这种方式来记忆和处理不同实体和实体间关系的。

语义网络的主要优势在于使用类似于人类记忆和联想的方式，清晰地把实体间联系（结构、层次、因果等）表达出来。以语义网络本身为例子，下图[⊖]描述了语义网络理论与学习、认知、记忆、智能等抽象概念之间的关系，如果我们要理解语义网络能够解决什么问题，使用这一张整体的关系图就是一个很好的选择，如果我们要学习语义网络是如何解决这些问题的，那才应该去看语义网络理论本身的理论和细节。

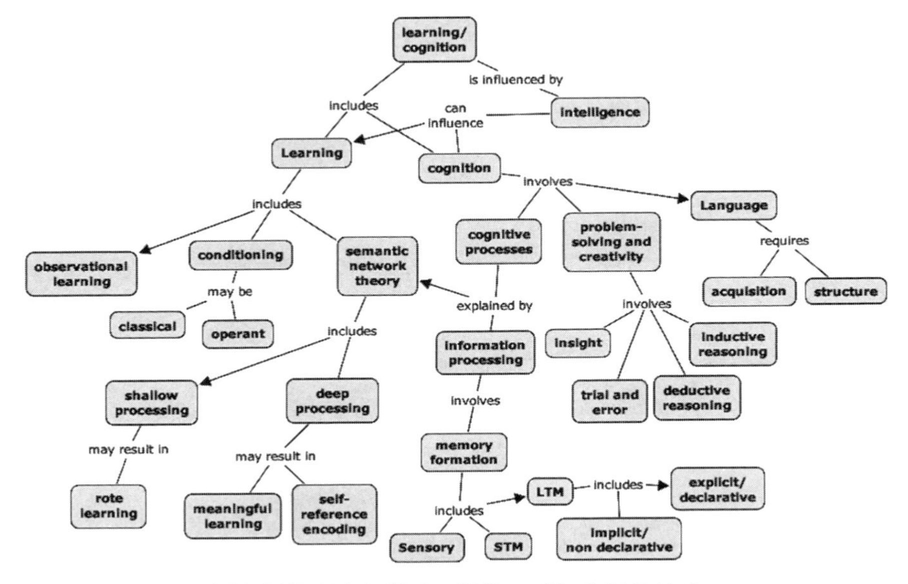

语义网络理论与学习、智能、感知之间的关系

虽然笔者这里选择了语义网络作为例子讲解，但必须说明清楚，并不是在讨论谓词逻辑和语义网络谁更好更先进，不同的知识表示方法并没有好坏优劣之分，全方位都存在不足的技术必然已被历史淘汰掉了，现存的知识表示方法都有自己的适用场景。把谓词逻辑和语义网络对比来看，谓词逻辑系统有特定的演绎结构，而语义网络不具有特定的演绎结构；谓词逻辑的推理是自底向上，从细节到整体的推理，而语义网络推理是知识的高层次推理，是知识的整体表示。在语义网络中，由于结构关系，检索和推理的效率是非常高的，但它不适用于定量、动态的知识，也不便于表达过程性、控制性的知识。

⊖ 图片来源：http://cmapsinternal.ihmc.us/。

人脑是如何存储知识的目前尚且不得而知，不过谓词逻辑、语义网络和其他各有特点的知识表示方法合在一起，总算是初步解决了人类如何将知识描述清楚，并存储于计算机的问题，这是一项基础性的工作，后续发展起来的知识工程、知识系统都要建立在这个前提之上。

3.4.2 知识工程

20世纪70年代中期，距提出人工智能的达特茅斯会议已经过去了20年时间，如果把人工智能作为一个人来看待，他已经不是嗷嗷待哺的婴幼期了，社会上逐渐出现一些声音，敦促人工智能不再局限于纯学术的探索研究，开始对人工智能提出一些商业上和工程可行性上的要求。如果读者对人工智能历史有所了解，或者听说过人工智能“三起两落”的故事，那便会知道这个时间点正是人工智能历史上的首次低谷，是人工智能“第一个冰河期”[1]的开始。在不久的将来，政府和社会对人工智能发展的态度就会从乐观转为悲观，原来不计成本的投入也随之戛然而止。

与此同时，电子计算机经过了30年的发展，在70年代开始出现同时具备了大容量存储和超高运算速度的计算机，譬如Burroughs公司（今天的Unisys，宝来公司）在1975年发布的Burroughs ILLIAC 4计算机的运算能力达到1945年初代ENIAC的500 000倍[2]，并且可以使用硬盘来存储数据，容量可达到了“惊人的”80MB以上。在高性能的硬件支持下，一些以前只能“理论可行”的想法，逐渐在工程实践上具备可行性了。

---

[1] 关于人工智能第一次冰河期的内容，将在下一章介绍相同时间里连接主义学派的理论时介绍。

[2] ILLIAC 4的浮点运算能力是150 MFLOPS，ENIAC是300 FLOPS（因为ENIAC的浮点运算是靠整数运算模拟的，整数运算能力是100 KOPS，实际差距并没有50万倍那么大）。作为对比，2017年手机上主流的骁龙820处理器（含GPU）运算能力大约是450 GFLOPS，是ILLIAC 4的3000多倍。

ILLIAC 4 计算机的硬盘[⊖]，单块容量 10MB

在知识表示方法已经成熟、社会要求人工智能有商业成果产出和计算机运算能力有长足发展的内外因共同作用下，人工智能的研究变得越来越务实。1977 年美国斯坦福大学计算机系教授爱德华·费根鲍姆（Edward Feigenbaum）在第五届国际人工智能会议上发表了一篇名为《人工智能的艺术：知识工程课题及实例研究》（The Art of Artificial Intelligence: Themes and Case Studies of Knowledge Engineering）的论文，首次提出"知识工程"（Knowledge Engineering）的概念：让计算机对那些原本需要专家知识才能解决的应用问题提供求解的手段。

由于结构和原理上天然的差异，计算机擅长处理许多人类无法处理的问题，但是同时计算机也在很多人类毫不费力就能处理好的问题上停滞不前。人工智能的主流研究方向从一开始死磕追求拟人化的通用智力，变为追求解决特定专业领域的知识问题，这是无奈之举，但也是务实的进步，令原本虚无缥缈的目标看到了可行性的曙光。知识工程的概念提出后，很快得到政府、科学界和社会的普遍赞同，迅速演变为一个有明确的研究领域、跨越社会科学与自然科学的新兴工程技术学科。后来，费根鲍姆也因在知识工程方向的贡献而获得了 1994 年的图灵奖。

知识工程研究如何获取知识、如何验证知识正确与否、如何表示知识、根据知识推导结论以及解析推理结果的含义这一整个过程中面临的学

⊖ 图片来源：http://www.computerhistory.org/collections/catalog/102651997。

术和工程问题，以及解决这些问题所涉及的支撑技术。提及知识工程，读者就需要注意与另一个相近但早已存在的学科"知识管理"（Knowledge Management）区分开来，知识管理的内容中也涉及获取知识、组织知识与检索知识的问题，还涉及数据挖掘、文本聚类、数据库与文档管理等计算机技术。但是，知识管理的核心是无序知识有序化，使之成为人类可以利用的资源，而知识工程的核心是揭示知识本身的表示和关联关系，以及解决计算机如何利用知识的问题。一言以蔽之，知识管理的目标是建立供人使用的知识库，而知识工程的目标是建立供计算机使用的知识库。

知识工程本身就是一门很有实用价值的多学科交叉的领域，把知识工程的诞生放到当时人工智能所处的历史背景上看，就有了更特殊的意义。在社会要求人工智能研究产出成果时，知识工程作为人工智能的主要发展方向，成为了将知识应用于特定领域和特定问题的工程实践方法，客观上避免了人工智能研究陷入全面、彻底衰退的境地。

3.4.3　知识系统

符号主义从推理期进入知识期，如果说理论上的成就是出现了知识工程这个新学科，那实践上的成就，就是终于出了一些被成功应用于商业的、基于知识的系统⊖（Knowledge Based Systems）。基于知识的系统一般软件架构上都可以划分为知识库和推理引擎两个部分，知识库用于在计算机系统里面反映出真实世界中的知识，而推理引擎则负责使用知识库中的内容推理求解，得到用户提出的问题的答案。典型的基于知识的系统包括决策支持系统、推荐系统、专家系统等，这些系统目前仍然应用非常广泛，其中又以专家系统的历史影响最为突出。

专家系统（Expert System）是一种依靠计算机模拟人类特定领域的专家，对特定问题做出解答或者决策的人工智能程序，与人机对弈、模式识

⊖ 并非所有专家系统都是成功的，专家系统的建设热潮出现后，一批系统仓促推出，导致失败的项目更多，但是无论如何，专家系统是人工智能第一种大规模在商用领域取得成果的应用类型。

别、自动定理证明这些早期的人工智能应用有一点不一样，前者更偏向学术研究，而专家系统的直接商业价值是显而易见的。如果能用机器这种极为经济的手段完成专家的工作而又不需要聘请有经验的专家，必然会极大地减少企业的劳务开支和人员培养成本，且由于软件的可复制性，专家系统能够广泛传播专家的知识和经验，推广因专业人员数量限制而无法广泛传播的产品和技术。

专家系统在其软件形式上可以大致理解为一种面向领域专家而非软件程序员的“软件开发工具”，这种系统的关键特征是以直观、易于理解和实践的方式，而不仅是传统的编程语言，直接由领域的业务专家，而不是软件技术人员来制定出系统能够理解的运行规则，从而构建出完整的软件系统。在许多企业级的大型项目建设过程中，就有大量的专业系统虽然未被冠以专家系统的名称，但也是以特定领域的业务专家主导配置系统来完成实施的，如著名的 SAP ERP 产品，这类产品也可视为广义上的专家系统。业界常见的用于专家系统开发的工具有 Gensym G2 [⊖]这样图形化的配置平台，也有 Prolog 这样专门面向逻辑推理的程序语言[⊜]。

世界上第一个专家系统程序是费根鲍姆主导开发的“DENDRAL”。DENDRAL 系统被灌输了化学专家的专业知识和质谱仪相关的知识，使之能够根据给定的有机化合物的分子式和质谱图，从几千种可能的分子结构中挑选出正确的分子结构。影响力更大、更具有代表性的专家系统是斯坦福大学研发的帮助医生对住院的血液感染患者进行诊断和使用抗菌素类药物进行治疗的专家系统“MYCIN”。该系统基于 LISP 语言开发，并由于采用了可信度表示技术，MYCIN 不仅可以做确定性的判断，还可以进行不确定性的推理，并对推理结果的各种可能性进行解释。现在，MYCIN 系统成为了知识工程的一个标杆式的实践样板，它涉及并基本解决了知识表示、知识获取、搜索策略、不确定性推理和结构设计等知识工程中的重要问题。MYCIN 对在它之后的专家系统的设计产生了很深远的导向性影

⊖ Gensym G2 主页：http://www.gensym.com。

⊜ 主流的专家系统的开发工具还有 CLIPS，Jess，MQL 4 等。

响，以 MYCIN 专家系统作为基础平台，人们开发出了更多其他专业领域的专家系统，如 EMYCIN 等。

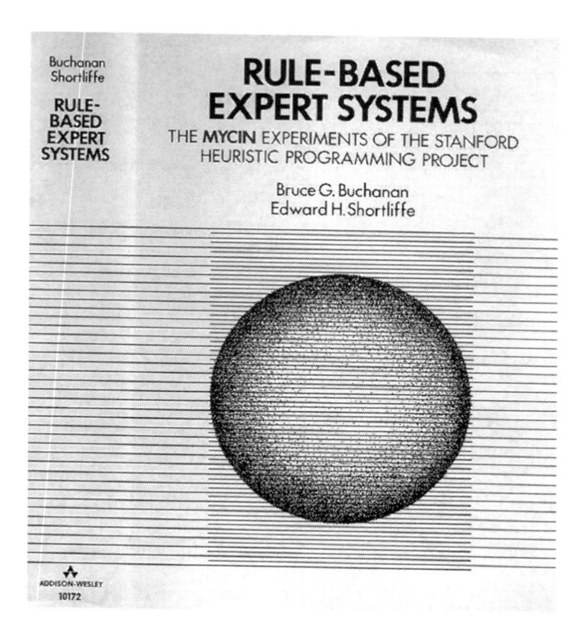

MYCIN 专家系统

1983 年，世界上第一款面向商用的专家系统 EXSYS[1]被研发出来，这个系统一直运作至今，其他各个领域的专家系统还有下表[2]中的这些。

业界著名的专家系统

分类	主要功能	系统
推断	根据传感器数据推断问题	Hearsay、PROSPECTOR
预测	设置特定初始条件模拟发生结果	Preterm Birth Risk Assessment
诊断	根据观察信息做出诊断结论	MYCIN、CADUCEUS、PUFF、Mistral、Eydenet、Kaleidos
设计	在特定约束下进行系统功能配置	Dendral、Mortgage Loan Advisor、R1、SID

[1] EXSYS 公司主页：http://www.exsys.com。

[2] 此表格内容来源于维基百科：https://en.wikipedia.org/wiki/Expert_system。

（续）

分 类	主要功能	系 统
计划	自动设计行动安排	Mission Planning for Autonomous Underwater Vehicle
监视	将观察值与目标值进行差异分析	REACTOR
调试	为复杂问题提供增量解决方案	SAINT、MATHLAB、MACSYMA
维修	根据特定规则形成可实施的补救措施	Toxic Spill Crisis Management
教学	诊断、评估和矫正学生的行为	SMH、PAL、Intelligent Clinical Training、STEAMER
控制	分析、预测、矫正和监控系统行为	Real Time Process Control, Space Shuttle Mission Control

到了80年代初期，社会舆论中甚至还出现了对各个领域的专家系统都建设完善后，将会引起许多行业被计算机代替，导致人员大规模失业的担忧，情况与20世纪50年代控制论盛行，社会上担忧机器人代替人类工作，还有今天机器学习盛行，大量媒体、文章鼓吹人工智能最终代替人类思考的情景无比相似。现在看来，当年人们的担忧场景并没有成为现实，专家系统确实在特定领域取得了不小的成功，计算机代替领域专家完成了一部分的工作，部分缓解了组织里专家稀缺的问题。但专家系统遇到的最大困难也恰恰在于领域业务专家的稀缺和不可代替的价值上，建设任何软件系统都离不开相应的业务专家，但是在建设专家系统上这个问题尤其严峻突出，所有存储于系统知识库的知识都要来依赖专家去输入、配置、维护和更新，这极大地限制了专家系统建设的效率，甚至动摇了其建设的可行性。当专家系统中知识的累积速度落后于这个领域知识的更新速度时，这个系统的价值就会逐渐降低，系统的生命周期也将渐渐趋向于死亡淘汰。在80年代中后期，日本经济最为发达的时候，曾经尝试过以倾举国之力去建设他们称之为“第五代机”的专家系统，但最终也是因设定的目标过高而以失败告终，这是人工智能发展史上的一大挫折。

3.5 从演绎到归纳

在知识系统的研发和建设的过程中，人们就已经认识到了获取知识将会是这种系统的最大瓶颈所在，依赖人类专家给机器灌输知识，仅限于某个专业领域中还有些许可行性，但对于多数领域而言，靠人类专家是无论如何都不可能跟上知识膨胀的速度的。因此，随着知识系统研究的深入，人工智能学界重点关注的问题，又回到了“如何让机器有自我学习改进的能力”上，这个时期便是符号主义的“学习期”。

为什么说是“又回到”呢？学习能力、记忆能力、思考能力既是人类智能的内在基础，也是人类智能行为的外在表现，这三项能力对应到计算机上，以符号主义学派的观点来看就是计算机“通过学习获取知识改进系统自身”，“通过形式化手段描述并存储知识”，“通过逻辑推理基于已有知识产生出新的知识”。还记得最初图灵那篇《计算机器和智能》中提出的“学习机器”吗？人工智能的探索就是从“如何让机器拥有自我学习改进的能力”，即从关注学习能力开始的，后来才转变到关注思考能力的“推理期”和关注记忆能力的“知识期”，所以这里才说是“又回到”了关注学习能力的阶段。

在50年代开展的最原始的机器学习研究，是从今天被大家称为“机械式机器学习”的学习方法开始的，这个学习方法在许多文档中采用了一个更通俗的名字叫“死记硬背的机器学习”。说白了就是将样本都输入到计算机，处理问题时就直接匹配特征，如果计算机中有能匹配上的就有答案，匹配不上那就没有答案。这个最原始的“机器学习方法”今天并没有淘汰，反而变得极为常用，出现在几乎所有的信息系统中，只不过改了个名字叫“数据库查询”罢了，大家也不再认可这种死记硬背的做法是属于学习的范畴。塞缪尔的那个能自我学习提升棋力的跳棋程序，靠的就是“死记硬背”了17万个不同棋局的应对方法，最终打败了美国跳棋的州冠军，可算是机械式机器学习“大力出奇迹”的典范。

70年代后期，机器学习重新成为符号主义学派主流研究方向的时候，其学习过程就不能再是简单的“死记硬背”了，这个时期的机器学习追求的目标是从大量样本数据中自动总结提炼出隐藏在数据背后的知识，得到这些知识的形式化描述。或者简单地说，这种机器学习的目的是寻找隐藏在样本数据背后的规律（Rule）。因此，这个阶段的机器学习被称为“基于符号的机器学习”或者“基于规则的机器学习”。

基于符号的机器学习是从样本中总结得出知识，而前文曾提到推理期时科学家希望从少量最基础最本质的知识推导其他知识，这两个思路正好就对应了人类认知世界的两种手段：演绎和归纳[一]。在逻辑学中相对更重视演绎[二]，但在人类的现实生活中，归纳却是人类认知世界更常用的工具。笔者相信一个正常人知道苹果会从果树上掉下来，绝对不是根据万有引力定律演绎推理得出的结论，而是见过许许多多物品下落过程之后归纳而来的认知。以此类比，机器要获取智能，仅依靠演绎推理搞不出成果时，那改试一下归纳推理就是自然而然的选择。

基于符号的机器学习算法中最成功、应用最为广泛的就非“决策树学习”莫属了。决策树是一种树结构，其每个非叶节点表示一个特征属性上的测试活动，每个分支代表这个特征属性在某个值域上的输出，而每个叶子节点存放着一个分类类别。使用决策树进行决策的过程就是从根节点开始，测试待分类项中相应的特征属性，并按照其值选择输出分支，直到到达叶子节点，将叶子节点所代表的分类类别作为决策结果。过程其实不复杂，但听起来怎么还是这么拗口，我们还是通过一个生活中的例子来说明一下决策树[三]是如何工作的，假设一个场景是“有一位女孩的母亲要给这个女孩介绍男朋友”，她们的对话如下。

女儿：多大年纪了？

母亲：26。

女儿：长的帅不帅？

母亲：挺帅的。

[一] 演绎是指从一般性的原理、原则中推演出有关个别性知识，其思维过程是由一般到个别；归纳则是由个别或特殊的知识概括出一般性的结论，其思维过程是由个别到一般。

[二] 狭义的逻辑是企图用一套一般性的原则来把保真的推理跟不保真的推理区分开，所以狭义的逻辑只研究演绎推理，不研究归纳和类比，因为这两种推理方式不保真。广义的逻辑则承认任何被人类广泛使用的推理方式都必定有其合理性，需要追究这种合理性的来源和基础，因此广义的逻辑要研究一切可能的推理方式，不限于演绎、归纳、类比等手段。

[三] 本例子来源于网上文章，没有任何根据，也不代表任何女孩的择偶倾向。

女儿：收入高不？

母亲：不算很高，中等情况。

女儿：是公务员不？

母亲：是，在税务局上班呢。

女儿：那好，我去见见。

这个女孩决定是否要去相亲的决策过程，就是典型的决策树算法。其做出决策的心理历程相当于根据年龄、长相、收入和是不是公务员将男人分为两个类别："见"和"不见"。假设这个女孩对男人的可以见面筛选的规则是：30 岁以下、长相中等以上并且是高收入者或中等以上收入的公务员，那么可以用下图表示女孩的决策逻辑。

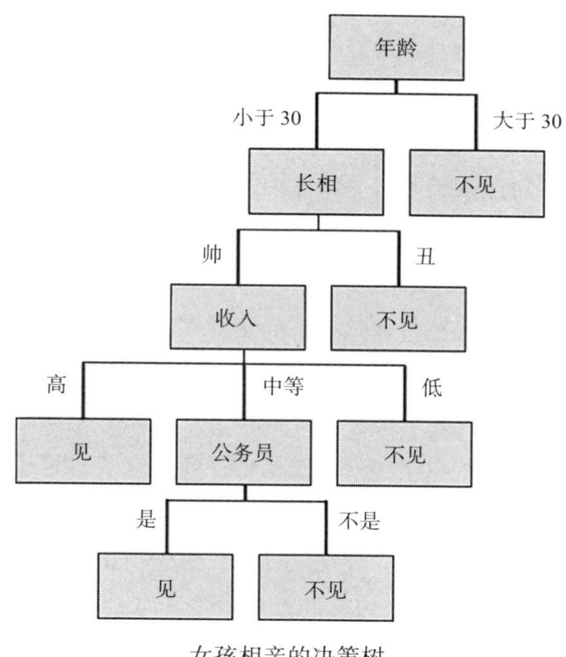

女孩相亲的决策树

生活中类似的决策过程有很多，常见的如去医院看病，医生也是根据不同的检查数据，将病人的症状与疾病对应起来形成诊断结果，哪些症状可能是由哪些疾病引发，是靠以前的病例中总结归纳而来的。决策树学习算法的核心是从训练集中自动归纳出一组分类规则，使得这组规则不仅能适应已知的训练样本，对于与样本同分布的未知新数据也有一致的泛化性能。说白了，就是让计算机通过若干训练数据，自动构建出一棵分类规则最合理的决策树。

对于如何从训练数据自动归纳出规则，即构建决策树的过程，目前已总结出一些成熟可行的算法，如ID3算法、C4.5/C5.0算法、CART算法、CHAID算法等，这些算法层面的内容对于本章来说过于细节具体了，等后面介绍机器学习部分再讲，读者也可以很容易在网上和教科书上找到这些经典算法的讲解，这里仅介绍一下这些构建算法和构建决策树的共通思路。

无论是ID3还是C4.5，抑或是其他决策树的构建算法，都有一个总的原则是在每一步选择一个最好的属性来分裂树。此处"最好"的定义是：针对这个属性分裂出分支后，会使得各个分支节点中的训练集拥有尽可能高的纯度。

不同的算法可以使用不同的指标来定义"纯度"的高低，如"信息熵"（Information Entropy）、"基尼不纯度"（Gini Impurity）㊀、"错误率"（Error Rate）等都是可根据情况选择的指标。以信息熵为例，信息熵是香农在信息论中创造出来用于描述传输数据不确定程度的概念，数据的不确定性越大，信息熵也越大（这里数学公式和证明笔者就不列了）。香农在《信息论》中证明了只有不确定的数据才能携带信息，如果数据都是确定的，信息熵即为零，那么这些数据也就无法携带任何信息了。对于构建决策树的场景而言，可以选定的分裂准则就是让按选定的属性分裂树之后，划分到每个分支数据的信息熵最低，即纯度最高，决策树学习方法中把这个分裂过程称为"信息增益"。举个现实的例子，假设训练样本中有10个球，黑色白色各5个，此时信息熵是1，这是最高的熵，表示任意拿到一个球颜色的不确定性是最大的，而当使用颜色作为分裂树的属性后，得到的两个

㊀ Gini不纯度是指从数据集随机抽两个样本，两者不一致的概率。如果Gini越小，则数据集纯度越高。

分支分别有5个黑球和5个白球，那两个分支各自的熵都是零，因为这时任意取一个球颜色都是确定的。

对于数据集的数量小、样本的属性少的情况，构建决策树是很容易的，连人类手工都可以轻易完成，但是在面对有大量样本和属性的时候，要构建一颗最优的决策树则是非常困难的，因为每一个节点选择的分类属性都对以后所有分支中的样本集有全局性的影响，通过样本训练出最优的决策树已经被证明是一个“NP完全问题”[⊖]。由于此限制，实际应用决策树学习时，其训练过程通常采用启发式搜索算法来达到局部最优而不追求得到全局最优解。

对比现在最热门的基于神经网络的机器学习，以决策树学习为代表的基于符号的机器学习有一个很好的性质：它生成的模型是一个白盒模型，输出结果的含义很容易通过模型的结构来解释，而神经网络输出的是一个黑盒模型，最终结果往往是模型确实可以解决问题，甚至是工作得非常好，但是人类无法根据模型去解释为什么会如此。可解释性是符号主义思想先天决定的，这也是基于规则学习算法对比起现在流行的基于神经网络学习算法的一个巨大优势。

3.6　符号主义的现状和未来

80年代，当人工智能研究的方向经历了“关注机器如何实现自动推理”、“关注知识”，最后转变成关注“机器如何实现学习和自我改进”之后，仍然没有遇见通向终极智能的曙光。学术界对符号主义的热情开始逐渐变冷，随着符号主义最后一个阶段“学习期”进入尾声，它也逐渐丧失了在人工智能这门学科中的主导地位。探其衰落原因，笔者认为并不是符号主义的理论、方法被证伪，又或者是因为出现了其他理论、方法比符号主义更为先进合理。符号主义面临的主要困难有两点。

一是“智能”实在太过复杂、抽象，人类的大脑能够解决的问题可

⊖ 证明的相关论文：http://ieeexplore.ieee.org/document/1522531/。

以说无所不包，虽然其中的某些问题可以被形式化，特定问题可以找到支撑的科学原理，但是更多问题往往无法被形式化，也不清楚背后的运作机制，以至于在其他科学里一直行之有效的“根据具体现象，总结一般规律”，“根据客观规律，推理未知现象”的研究方法在研究智能时，竟都显得有点无从下手。正是因为对智能的研究无法做到透过现象见本质，所以才有了后面基于统计和概率的、基于连接的、基于群体智能的等新型研究方法的兴起，科学家选择其他这些方法，多少有些符号没有办法直达智能的本质，不得不退而求其次的无奈。

二是符号主义中的主要理论实现起来始终受到“NP完全问题”的困扰，即使很多理论上可行，至少值得去试一试的研究方法，都因为最后被证明是“NP完全问题”，无法逃脱指数级别时间的增长，无法不打折扣地应用于智能的探索实践。“NP完全问题”虽然说到底也算是算力大小的问题，但它是无法靠摩尔定律去突破的，若要以运算能力发展去应对的话，势必要等计算机体系结构发生重大变革，抛弃掉图灵机和冯·诺依曼架构，譬如生物计算机、量子计算机成熟之后才可能看到希望。

1986年，美国哲学家约翰·海格兰（John Haugeland，1945—2010）出版了一本名为《人工智能：非常想法》（Artificial Intelligence: The Very Idea）的书籍，书中将“用原始人工智能的逻辑方法解决小领域范围的问题”定义为“GOFAI”，即“有效的老式人工智能”（Good Old-Fashioned Artificial Intelligence）的缩写，这个定义很快就被学界所广泛采纳，成为“新旧”人工智能的分界线。所以读者如果看到一些人工智能书籍中出现了“新的”、“先进的”、“现代的”这种形容词，那并不一定就是广告词，有可能是表明这本书会重点涉及GOFAI之后才成为主流的人工智能方法。典型的如彼得·诺维格（Peter Norvig）的《人工智能：一种现代方法》(Artificial Intelligence: A Modern Approach）还有尼尔斯·佩雷利（Nils Nilsson）的《人工智能，一个新的综述》（Artificial Intelligence: A New Synthesis）等书。

符号主义从20世纪80年代末开始沉沦，一直持续到今时今日还处于低谷中，它到底是从此一蹶不振，还是另有再兴之日？对符号主义学派未来前途的预测，笔者不去下结论，但在这里可以引用一段中国国家科学院陆汝钤院士的看法⊖供读者参考。

对于符号主义学习的未来，有三种可能的回答。一是符号主义学习应该退出历史舞台了。二是今天主流的单纯的统计学习已经走到了尽头，再想往前走就要把统计学习和符号主义学习结合起来。三是事物发展总会有“三十年河东，三十年河西”的现象，符号主义学习还有“翻身”的日子。

第一种观点我没有听人明说过，但是恐怕有可能已经被许多人默认了。第二种观点我曾听王珏教授多次说过。他并不认为统计学习会衰退，而只是认为机器学习已经到了一个转折点，从今往后，统计学习应该和知识的利用相结合，这是一种“螺旋式上升，进入更高级的形式”，否则，统计学习可能会停留于现状止步不前。至于第三种观点，恰好我收到老朋友，美国人工智能资深学者、俄亥俄大学 Chandrasekaran 教授的来信，他正好谈起符号智能被统计智能“打压”的现象，并且正好表达了河东河西的观点。

信件全文如下：“最近几年，人工智能在很大程度上集中于统计学和大数据。我同意由于计算能力的大幅提高，这些技术曾经取得过某些令人印象深刻的成果。但是我们完全有理由相信，虽然这些技术还会继续改进、提高，总有一天这个领域（指人工智能）会对它们说再见，并转向更加基本的认知科学研究。尽管钟摆的摆回还需要一段时间，但是我相信一定有必要把统计技术和对认知结构的深刻理解结合起来。”

3.7 本章小结

仅用两万多字来讲述人工智能发展中统治世间最长的一个学派的理论是肯定无法做到面面俱到的。由于篇幅所限，笔者只能尽量在本章把符号

⊖ 引自陆汝钤院士为周志华教授《机器学习》一书所写的序言，文字略有调整。

主义的主旨思想说清楚，很多涉及算法和技术细节的地方都没有深入甚至没有提及，笔者撰写本书的目的也并不在此。如果读者对符号主义的理论感兴趣（说实话，现在人工智能是基于统计和连接方法的天下，笔者认为对符号感兴趣的人并不会太多），可以寻找一些2006年深度学习提出之前的高校的人工智能教材来阅读，这些书中对符号主义相关方法的讲解仍然占主要篇幅。

符号主义现在还不能简单地以“是否过时”“是否正确”来判断，这个学派的理论还处于一个要等待未来给历史定论的状态，但是无论它最终的结果是能够东山再起，抑或是就此沉寂，这都是之前人工智能学者艰辛探索过的道路。明斯基在2006年的AI@50大会总结报告中提到了他对当前人工智能研究的一些看法：

> “当下太多人工智能研究只是想做那些最流行的东西，也只发表那些成功的结果。我认为人工智能之所以能成为科学，是因为之前的学者不仅发表那些成功的结果，也发表那些失败了的。”

这一段评价所指的虽然不一定是符号主义，但是放在本章结束，用以诠释符号主义的意义却显得极为合适。

·Chapter·

第4章 连接主义学派

For the first time in the history of science we know how we know and hence are able to state it clearly.

我们知道了我们是怎么知道的，这是科学史上的第一次。

——沃伦·麦卡洛克（Warren McCulloch），《走出形而上学的领域》，1948年

4.1 概述

自从图灵发表《计算机器和智能》一文，启发科学界开始严肃思考“机器是否可以拥有智能”这个问题以来，关于如何模拟实现出智能的探索就一直存在有两种不同的观点，其中一派人的思想直接继承至图灵，主张从功能角度出发，让机器去模拟人类心智表现，而不去追求与人类一样的思维过程；另一派人主要来自对人类大脑神经网络结构的研究学者，主张从生物结构角度出发，让机器先去模拟人脑构造，再从中获得智能。前文中，笔者曾分别用“机器拟人心”和“机器拟人脑”来形容这两种观点，经过上一章对符号主义学派理论的阐述，相信读者对“机器拟人心”的学

说的基本观点已有了基本的概念，在本章，我们的主角自然就是持另外一个观点“机器拟人脑”的研究者们，在人工智能的历史上，他们被称为“连接主义学派”。

本章对于连接主义学派学说观点的阐述，笔者准备通过介绍该学派中两位关键人物的生平故事为线索来进行。科学总被大众渲染带有一种严肃、纯粹甚至是神圣的光环，它和电影小说怎么看都格格不入，但有些时候，科学里有些人有些事却令人不得不感慨人生如戏，这两位人物故事，不仅是连接主义萌芽发展的缩影，还揭示了学术江湖中斗争的残酷。

4.2 引言：命运

以概率分布的角度来看，大多数的科学天才都出身在相对优渥的家庭，这大约是因为除了科学、文化修养的家庭传承之外，要“成才”还有很重要一个因素就是财富。经济上无后顾之忧，能两耳不闻窗外事一心做学问是很多天才科学家能展示出他们天才一面的先决条件。但凡事皆有例外，这个故事的主角，沃尔特·皮茨（Walter Pitts，1923—1969）就是一位不同寻常的异类天才。

皮茨出生在美国底特律的一个极度贫困家庭。他的父亲是一位锅炉工，没有什么文化，对儿子的教育方式基本上只有拳头，与皮茨同住在贫民区的其他邻居的孩子教育情况也差不多，绝大多数人的眼里，皮茨都可以说是生活在一个没什么出头希望的环境中。但是皮茨自己却从没有过因为恶劣环境就放弃求知的想法，靠着自己的聪明才智和城市图书馆里的藏书，十岁便自学完了希腊文、拉丁文、数学、逻辑学等基础学科。

1935 年，12 岁的皮茨在图书馆中发现了罗素的巨著《数学原理》，他阅读时并不知道这部书籍是当时科学界各个领域共同的焦点，是科学界中“最时尚”的热点话题，但很快就被书的内容深深吸引，经过三天三夜废寝忘食的阅读，他从头到尾看完了这三卷大部头的逻辑书[⊖]，甚至还发现了书中的几处错误。皮茨将书中这些错误的细节和他阅读的心得写了一封信寄给作者罗素，罗素收到信后，对这位 12 岁的小读者印象非常深刻，不仅给皮茨回了信，还邀请他去英国剑桥大学当自己的研究生，不过当时皮茨顾虑到自己年龄和家庭经济上的原因，并没有接受罗素的邀请。

三年之后，15 岁的皮茨初中毕业，他的父亲便不再允许皮茨继续升读高中了，执意要求他放弃学业去打工赚钱。皮茨为此与家里人大吵一场之后决定离家出走，从此他就再也没有见过他的家人。可是一个 15 岁的孩子，离家出走后应该去哪里呢？皮茨想到了三年之前罗素发出的邀请，他还打听到罗素准备从英国来到芝加哥大学当访问教授，就决定只身前往芝加哥大学所在的伊利诺伊州碰碰运气，没想到还真顺利见到了罗素。罗素与这个年仅 15 岁的孩子见面交流后，受到的震撼感还胜于三年前书信的来往，于是马上就把皮茨推荐给他的好友，同在芝加哥大学任教的哲学教授鲁道夫·卡尔纳普（Rudolf Carnap，1891—1970），卡尔纳普想看看这孩子到底有多聪明，就把自己的《语言的逻辑句法》一书送给皮茨阅读作为考验。结果还不到一个月时间，皮茨就看完了这本书，并且把写满笔记的原书还给卡尔纳普，卡尔纳普看过读书笔记后，同样对皮茨惊为天人，遂替只有初中文凭的皮茨在芝加哥大学安排了一份……打扫卫生的工作，工作的确不高大上，但是起码让皮茨获得了一个安身之所，也让他得以边在学校工作边在课堂中跟随罗素等大师学习。

就这样，时间又过去了两年。1940 年的一天，17 岁的皮茨通过医学院的朋友杰罗姆·莱特文（Jerome Lettvin）介绍，在伊利诺伊大学芝加哥分校校园里认识一位大学精神生理学系的教授，42 岁的沃伦·麦卡洛

⊖ 皮茨这段童年的经历（还有后面关于皮茨的部分经历）记载于科技作家阿曼达·乔夫（Amanda Gefter）撰写的《The Man Who Tried to Redeem the World with Logic》一文。笔者需要说明的是，《数学原理》是出了名的又长（2000 页）又隐晦难懂，这本数学界的“世界名著”的阅读难度从它至今都未能翻译出中文版就可以见一斑。因此笔者认为这段记述肯定有夸张的成分，如果说一个 22 岁的大学生三个月把三卷《数学原理》读到可以给罗素勘误的程度，那尚可算天才励志的故事，但一个 12 岁的初中生花三天时间读完，笔者就只能理解为小说作家的夸张的修饰写法了。

克（Warren McCulloch，1898—1969）。麦卡洛克是位很符合“传统”的科学家，出生于富裕的书香家庭，家人全都是律师、医生、神学家或者工程师，他本人在耶鲁大学、哥伦比亚大学这些名牌大学中修读过哲学、心理学等课程。两人见面时，麦卡诺克完全是一个和蔼长辈的形象，皮茨就是个很腼腆的小伙子，不过过高的发线表明岁月早早地侵蚀了他，戴着眼镜，颧骨下凹，脸看起来像鸭子。

皮茨和麦卡诺克[⊖]

此时，麦卡洛克却已经是一个受人尊敬的科学家，而皮茨却只是一个无家可归的孩子。原本这两人认识的可能性是极小的，但命运确实安排他们相见，即使来自社会经济阶层的两极，但他们命中注定要一起生活、一起工作，并且一起死亡。不久之后，他们将共同创造出人类历史上第一可工作的关于精神机械论的理论——这个理论是神经科学的第一种机械计算方法，是人工智能以及现代计算机逻辑设计的支柱。皮茨的故事，便从他与麦卡诺克见面说起吧。

4.3 大脑模型

麦卡洛克和皮茨见面，本不该有什么共同的话题，两人年龄、身份和知识构成都差异巨大，麦卡洛克不懂数学，而皮茨又不了解神经生理学，

⊖ 图片来源：http://nautil.us/issue/21/information/the-man-who-tried-to-redeem-the-world-with-logic。

但是这两人居然有一位共同的偶像：戈特弗里德·莱布尼茨（Gottfried Leibniz，1646—1716），即上一章介绍逻辑学里提到的那位生于 17 世纪，尝试设计一种能够表达人类思考过程的通用语言，并尝试构造执行该语言的推理演算工具的数学和哲学家。莱布尼茨和人工智能三个学派都能扯上联系，下一章我们还会提到他。

皮茨作为一个喜爱数学和逻辑的学生，无论是莱布尼茨提出的“机械大脑”的设想，抑或是他与牛顿分别创立微积分的数学贡献，成为皮茨偶像都是合情合理的。而麦卡洛克也将莱布尼茨当成偶像，就纯粹是因为机械大脑这个极大胆的设想才是符合这位神经心理学教授心中对人类思维与其他神经学家不一致的认知的。当时距离西格蒙德·弗洛伊德（Sigmund Freud，1856—1939）写作著名的《自我与本我》刚刚十余年时间，正是此书影响力最旺盛的时候，很多学者都用精神分析学来解释人类的思维活动、知识和记忆，但麦卡洛克深信人类大脑就是一个天然能执行某种思维语言的系统，他认为一定存在某种工作机制，将人类大脑中大量神经元机械性放电的过程组织起来，由此形成思维、知识和记忆。

麦卡洛克向皮茨解释他正在试图应用莱布尼茨机械大脑的设想来建立一个大脑思维模型。20 世纪初的神经科学已经初步了解了大脑神经元细胞的存在[⊖]，科学家还知道了只有当神经元细胞的“树突”（Dendrites）受到的外部刺激达到一个阈值之后，才会沿着“轴突”（Axon）方向向其他神经元放电，发射出脉冲信号，刺激“突触”（Synapse）和与其相连接的其他神经元细胞树突交换神经递质来完成信息传递。换而言之，神经元细胞发送电脉冲的前提，是必须要有足量的邻近神经细胞通过神经突触向其传递信号。神经元细胞这种要么发射信号，要么不发射信号的构造是离散的、二元性的，麦卡洛克认为神经元的工作方式和最基础的“与”“或”“非”这些逻辑门非常相似。假如把一个神经元信号看作是一个命题，那人类大脑的神经元网络，似乎就同一个个连接这些命题的逻辑门一般运行，每个神经元所代表的逻辑门可以接收多种信号的输入，并产生一个单独的输出

⊖ 1904 年，西班牙病理学家拉蒙·卡哈尔（Ramon Cajal，1852—1934）提出了人类大脑包含大量彼此独立而又互相联系的神经细胞的神经元学说。

信号。通过变更神经元的放电阈值，神经元就可以实现“与”“或”“非”操作。

在希尔伯特计划被哥德尔粉碎之前，科学界是普遍倾向于认可罗素“逻辑可解释一切科学”的论调的，罗素在《数学原理》中仅使用了与、或、非三种基本逻辑运算，将一个个简单命题连接成越来越复杂的关系网络，进而描述清楚了整个数学体系。麦卡洛克思想的核心问题是：这种构建数学体系的逻辑推理与人类大脑思维两者有共通之处吗？人类的思维和智慧，也是靠神经元执行这些最基础的逻辑运算，通过神经元间复杂的连接、堆叠产生的吗？

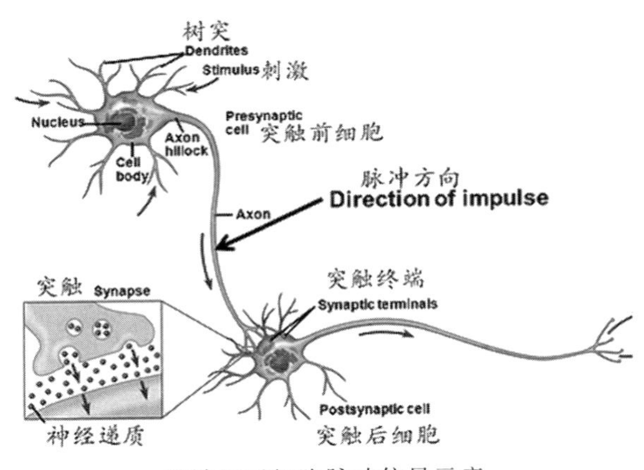

脑神经元细胞脉冲信号示意

当麦卡洛克向皮茨解释完他的想法之后，皮茨立即就心领神会，热衷于逻辑学的他马上被这个想法深深地吸引住了。皮茨不仅明白这个大脑思维模型所具有的重大意义，还知道应该运用哪些数学工具和技巧去构建这个思维模型，这点正是之前一直困扰没有高深数学基础的麦卡诺克的重大难题。对皮茨一见如故的麦卡洛克邀请这位青年从芝加哥大学的公寓搬到他在芝加哥郊区欣斯代尔（Hinsdale）的家里，与他和家人一同生活。

麦卡洛克的家庭是一个热闹的、思想自由的波希米亚家庭，芝加哥的知识分子和文学精英经常在这里聚会，一起讨论音乐、文学、诗歌和心理学，而当西班牙内战盟歌从留声机中响起时，他们也会探讨一些激进的政治问题。但是每到深夜，当妻子鲁克和三个孩子上床进入甜美的梦乡后，麦卡洛克和皮茨会各斟一杯威士忌，埋头投入他们的宏伟事业：尝试用神经元网络建立一个在逻辑运算基础上的机械性的大脑思维模型。

在皮茨到来之前，麦卡洛克对神经元网络的研究，有一个长期无法突破的逻辑学上的困境：在人类大脑的神经网络结构中，神经元链条连成环状是不可避免的，但如果是这样的话，环中最后一个神经元的输出又会成了第一个神经元的输入，这是一个自己咬自己尾巴的神经元网络。从生物结构角度上看并没有什么问题，与人脑的实际情况符合；但从逻辑结构的角度看，网络中的一个环感觉就像是一个悖论：后发生的结论反而成了先发生的前提，构成一个倒果成因的矛盾。麦卡洛克尝试把神经元链条的每个环节都贴上时间标签，通过文字将这个矛盾表述出来：如果第一个神经元在 T 时间被激发，下一个神经元就会在 $T+1$ 时间被激发，依次传递。但是网络中有环状结构的话，$T+N$ 时间激发的信号却又不可避免地传递到了 T 时间的前面。

皮茨加入之后，很快便解决了这个问题，他向麦卡洛克展示了 $T+N$ 时间跳到 T 时间之前并不是悖论，因为在他的模型里面不需要时间，时间上的“前”和“后”是没有意义的。他向麦卡洛克解释：一个人要能产生“看见”的感觉，脑海中就必须要有回溯的过程。譬如看见天空中的闪电，虽然影像是一次性的，但在大脑中形成的脉冲信号肯定不是一次性的，因为你不会见过之后便立即遗忘，而是可以轻易回溯出闪电发生的整个过程。这样的话，包含闪电的信息就应该在神经网络中的环状结构里一直流动，永不停歇。这个信息跟闪电发生的时间毫无关联，是一个“挤掉了时间的印象”。或者简单地说，这就是“记忆”。

在皮茨带来的数学和逻辑学帮助下，他们两人共同构造出了一种能够完全通过神经元连接的网络来进行逻辑运算的模型，这个模型展示了人类大脑能够实现任何可能的逻辑运算，得出结论：人脑是图灵完备的，即能完成任何图灵机可以完成的计算。基于这种由神经元所构成的网络，他们提出了一种大脑将信息抽象化，并基于逻辑来处理信息的设想。这种设想尝试解释了人类大脑是如何创造出回荡在脑海里的丰富而精巧的具有层级化的信息的，这个创造过程就被他们称作“思考”。

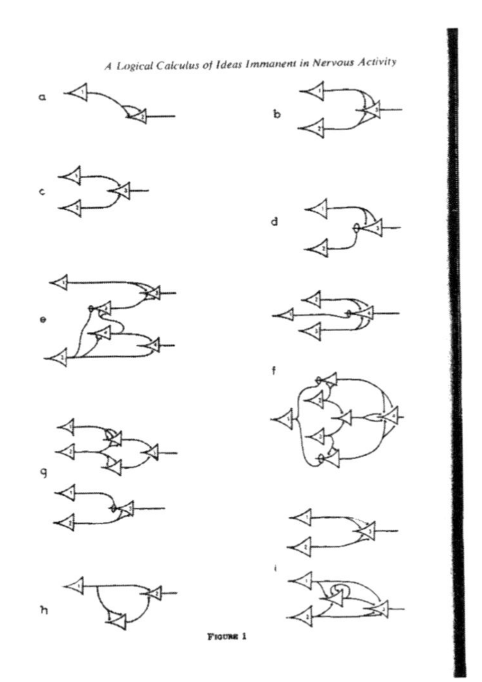

A Logical Calculus of Ideas Immanent in Nervous Activity

observations and of these to the facts is all too clear, for it is apparent that every idea and every sensation is realized by activity within that net, and by no such activity are the actual afferents fully determined.

There is no theory we may hold and no observation we can make that will retain so much as its old defective reference to the facts if the net be altered. Tinnitus, paraesthesias, hallucinations, delusions, confusions and disorientations intervene. Thus empiry confirms that if our nets are undefined, our facts are undefined, and to the "real" we can attribute not so much as one quality or "form." With determination of the net, the unknowable object of knowledge, the "thing in itself," ceases to be unknowable.

To psychology, however defined, specification of the net would contribute all that could be achieved in that field—even if the analysis were pushed to ultimate psychic units or "psychons," for a psychon can be no less than the activity of a single neuron. Since that activity is inherently propositional, all psychic events have an intentional, or "semiotic," character. The "all-or-none" law of these activities, and the conformity of their relations to those of the logic of propositions, insure that the relations of

EXPRESSION FOR THE FIGURES

In the figure the neuron c_i is always marked with the numeral i upon the body of the cell, and the corresponding action is denoted by 'N' with i as subscript, as in the text.

Figure 1a $N_2(t) . \equiv . N_1(t-1)$

Figure 1b $N_3(t) . \equiv . N_1(t-1) \vee N_2(t-1)$

Figure 1c $N_3(t) . \equiv . N_1(t-1) . N_2(t-1)$

Figure 1d $N_3(t) . \equiv . N_1(t-1) . \sim N_2(t-1)$

Figure 1e $N_3(t) : \equiv : N_1(t-1) . \vee . N_2(t-3) . \sim N_2(t-2)$
$N_4(t) . \equiv . N_2(t-2) . N_2(t-1)$

Figure 1f $N_4(t) : \equiv : \sim N_1(t-1) . N_2(t-1) \vee N_3(t-1) . \vee . N_1(t-1) . N_2(t-1) . N_3(t-1)$
$N_4(t) : \equiv : \sim N_1(t-2) . N_2(t-2) \vee N_3(t-2) . \vee . N_1(t-2) . N_2(t-2) . N_3(t-2)$

Figure 1g $N_3(t) . \equiv . N_2(t-2) . \sim N_1(t-3)$

Figure 1h $N_2(t) . \equiv . N_1(t-1) . N_1(t-2)$

Figure 1i $N_3(t) : \equiv : N_2(t-1) . \vee . N_1(t-1) . (Ex)t-1 . N_1(x) . N_2(x)$

《神经活动中内在思想的逻辑演算》

中关于不同神经元连接方式构成与、或、非逻辑门的记述

麦卡洛克和皮茨将他们的发现记录了下来，形成了一篇研讨性质的论文。文章名字叫作《神经活动中内在思想的逻辑演算》(A Logical Calculus of Ideas Immanent in Nervous Activity)[⊖]，发表在《数学生物物理学通报》(Bulletin of Mathematical Biophysics) 上。

麦卡洛克和皮茨提出的这个大脑思维模型是对生物学概念上大脑极大的，乃至是过度的简化，但却成功地启示人们生物大脑“有可能”是通过物理的、全机械化的逻辑运算来完成信息处理的，他们在文中提出了自己对大脑思考过程的看法，主张“思想”和“智慧”无须笼罩一层弗洛伊德式的神秘主义、牵扯在自我与本我之间的挣扎，大脑的思考是可以通过逻辑推理来机械性地解释的。麦卡洛克后来曾在一篇讨论“形而上学主义”的

⊖ 论文下载：http://www.cs.cmu.edu/~epxing/Class/10715/reading/McCulloch.and.Pitts.pdf。

哲学文章《走出形而上学的领域》(Through the Den of the Metaphysician)㊀中骄傲地宣告:"我们知道了我们是怎么知道的,这是科学史上的第一次(For the first time in the history of science we know how we know and hence are able to state it clearly)。"此时,两人都相信他们找到了人类智慧的奥秘,至少是寻找到了一条通向终极智能的正确的康庄大道。

麦卡洛克和皮茨的《神经活动中内在思想的逻辑演算》一文被认为是连接主义研究的开端,提出了机械式的思维模型,该文章的重要贡献还在于首次提出了"神经网络"(Neural Network)这个概念。神经网络以神经元为最小的信息处理单元,把神经元的工作过程简化为一个非常直接、基础的运算模型,这个模型极为简单,但是对未来人工智能研究影响深远,后来科学界取了麦卡洛克和皮茨名字的第一个字母,将这个模型称为"M-P 神经元模型"。

在这个模型中,一个神经元会接受多个来自其他神经元传递过来的输入信号,不同的输入信号的重要性各有差别,这种差别就通过连接上的"权重"(Weights)大小来表示,神经元要将接收到的输入值按照加权值进行求和,并将求和结果与该神经元自身的"激发阈值"(Threshold)进行比较,根据输入值与阈值相比的结果大小决定是否要对外输出信号。把多个这样的 M-P 神经元按照一定形式排列好,把它们的输入、输出端连接起来,这就构成了一个完整的神经网络。单个 M-P 神经元的模型表示如下图所示。

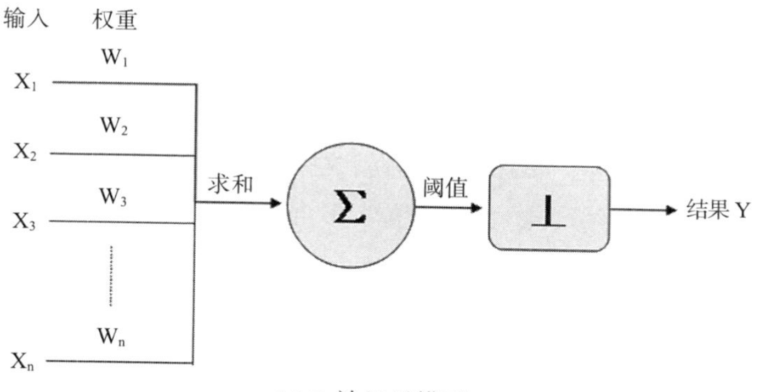

M-P 神经元模型

㊀ 论文下载:http://www.vordenker.de/ggphilosophy/mcculloch_through-the-den.pdf。

皮茨和麦卡洛克提出的大脑思维模型和M-P神经元模型，向处于一片混沌朦胧的连接主义研究，以及机器模拟人类大脑结构的研究投下了一道曙光。他们的工作几乎没有在大脑科学家群体里激起任何浪花，这一部分的原因是他们所使用的符号逻辑很难向生物学家、神经学家和心理学家解释清楚，另一部分原因是他们朴素甚至是过分简化的模型并没有反映出生物学大脑的整体的复杂程度。不过，能否得到生物学家的认可对他们两位而言，尤其是对皮茨来说根本是无关紧要的，皮茨从他与麦卡洛克的合作过程中得到了所有他渴求的东西：认同、友谊、志同道合的伙伴、甚至隐隐约约中还抓到了一丝他从未体验过的父爱。皮茨一生中只在欣斯代尔待了不到三年的时间，可是这个离家出走的小男孩从此以后都将麦卡洛克的家视作自己的家。另一方面，麦克洛克对皮茨的感情也是类似的，在皮茨身上他投注了亲人般的感情，他在一封书信里提到他对皮茨看法，说道："多么希望他（皮茨）能永远伴随我啊。"

4.4 崛起的明星

如同命运注定皮茨和麦卡洛克相见那样，命运同样注定了他们不能长期相处在一起。1943年，当初介绍皮茨与麦卡洛克认识的莱特文仿佛命运使者一般，给了皮茨另外一个选择自己人生道路的机会。

由于皮茨本身的智慧，还有麦卡洛克、罗素等人的帮助，他在科学界已积累了一点声望和成绩，可是芝加哥大学有硬性的规定，连高中文凭都不具备的皮茨是无论如何也不可能获得芝加哥大学的任何学位的，但在其他大学则不一定有这个限制，所以莱特文把皮茨带到了麻省理工学院，拜访了20世纪巅峰智慧人物之一、数学家、哲学家以及控制论的创始人诺伯特·维纳教授（Norbert Wienner，1894—1964）。

根据莱特文的回忆，皮茨和维纳初次见面时，维纳并没有自我介绍，也没有给皮茨自我介绍的机会，甚至一句话都没有与皮茨寒暄。他绕开皮茨走到了一个黑板前面，在黑板上继续他正在进行中的数学证明工作。当维纳思考时，皮茨不时地插入一些问题或一些建议。在他们一起进行到第二块黑板的时候，很明显维纳就已经确定了皮茨就是他要找的左膀右臂。一向待人严苛的维纳后来确实对皮茨的数学素养给出了极高的评价：

> “毫无疑问他（皮茨）是我见过的全世界范围内最厉害、最杰出的科学家，如果他不能成为他这一代最重要的两三个科学家之一的话，我反而会感到很惊讶。”

控制论创始人维纳（中）曾在 20 世纪 30 年代于北京清华大学工作

维纳对皮茨展现出来的数学能力的印象是如此的深刻，以至于当场就承诺了会给予皮茨麻省理工数学博士的学位，尽管当一个“扫地僧”式的隐士听起来很浪漫，但与终身在芝加哥大学当一个清洁工的惨淡前途相比，年仅 20 岁的皮茨无法拒绝这个诱惑。

1943 年秋天，皮茨从芝加哥麦卡洛克的家搬到了麻省理工的公寓里，也从此开始了他在麻省理工学院的生活和研究，与维纳的团队一起进一步改进他和麦卡洛克提出的大脑思维模型。更具体一些，他的工作是将简单的几个、几十个神经元组成神经网络，使人类能手工编排的神经网络逐步向实际生物大脑结构逼近——人脑的神经网络是由 1000 亿个神经元互相连接组成的异常庞大而又极为精致的系统。

皮茨认为人脑的神经网络结构虽然具有由生物遗传学所决定的因素，但是人类的基因肯定没有可能完全决定大脑中数量如此庞大的神经元之间是如何连接的，道理很简单，人类基因的存储容量[⊖]是无法支持精确描述这个网络所需要的庞大的信息量的——该信息量甚至超过了人类所有图书容量的总和。皮茨猜测真实的情况很可能是人类出生时的大脑相当于一个基础的随机连接的神经网络结构，这个状态的人脑神经网络中也基本没有存储什么有效的信息。随着长时间各种外界输入信息对网络连接结构的调整和神经元阈值的刺激，大脑神经网络的混沌性和随机性就会渐渐降低，结构变得有序起来，这样大脑中才开始呈现出有效的信息来。他尝试用统计学来给这个过程建模，维纳本身就是统计和概率方面的世界级大师，给予皮茨很多建议和支持，维纳对皮茨的工作报以很高的期望，他断言如果这样一个模型能够被建立起来，并且植入一台计算机的话，这台机器就将能够与人类一样开始“学习”了。

在 1947 年，第二届控制论大会上，皮茨宣布将会以概率来解释神经网络作为他博士论文的题目，皮茨当时已经开始在麻省理工执教数理逻辑课程，其学术水平和声望早已远远超过了博士毕业生应有的范畴，以这个问题作为他的博士论文题目，更多是为了凸显自己对这个问题的重视程度，追寻仪式感，其意义和难度远超过用它来获得博士学位。神经网络的可解释性直到今天仍然是一个没有办法解决的世界级难题，被认为是神经网络的天生缺陷，皮茨选择的这个朴素的题目其实蕴含着极为宏达的内涵，其所需的数学技能和目标用“野心勃勃”都不足以形容。但是在场的与皮茨接触过的学者却对皮茨抱有强烈的信心，相信他能够完成这个题目。

皮茨在麻省理工学院研究之余，由于维纳的声望和关系，不少著名科学家都开始与皮茨有所交流，这些交流和聚会让双方都获得了很大的帮助和启发，其中最著名的便是冯·诺依曼。维纳与冯·诺依曼一起组织了一个“控制论学家”的学术交流圈子，大家定期聚会探讨心得。后来皮茨、麦卡洛克和莱特文都成为了这个圈子的核心人物。冯·诺依曼发表的他在计算机界最重要的贡献（描述了现代计算机程序存储架构），即“冯·诺

⊖ DNA 结构在 1953 年才由沃森和克里克发现，当时只是知道人类基因中会包含遗传信息，但并未发现 DNA 结构和这些信息的存储方式。

依曼架构”的《EDVAC 报告书的第一份草案》（First Draft of a Report on the EDVAC）⊖这篇论文，其中关于计算机存储结构部分，引用的就是皮茨关于记忆的表述。其实，这份极重要的奠定了至今计算机体系结构的草案，整篇论文就只有一个外部引用，就是皮茨和麦卡洛克的那篇论文《神经活动中内在思想的逻辑演算》。

不过，在几年麻省理工的研究岁月里，最令皮茨欢欣鼓舞的，一定是1952 年麻省理工学院电子研究实验室副主任杰瑞·威斯纳（Jerry Wiesner）邀请麦卡洛克来领导该学院的一个脑科学相关的新项目。这个机会同样令麦卡洛克兴奋至极，因为他又能够和皮茨一起工作了，为此，麦卡洛克毅然放弃了伊利诺伊大学芝加哥分校终身教授的职位和欣斯代尔的家园，只换来了麻省理工一个中级研究员的头衔和一个小公寓作为住所，但是能再度与皮茨合作，他觉得这一切都很值得。麦卡洛克的团队中除了皮茨之外，还有莱特文以及一位年轻的神经科学家帕特里克·沃尔（Patrick Wall，1925—2001）。这个脑科学的新项目的目标是准备使用包括信息论、神经生物学、统计学以及计算机科学在内的所有手段，去解释大脑是如何产生智能的。项目组的工作地点位于瓦萨街的 20 号楼，项目成立时，他们几个一起在门上挂上了一个牌子，上面写着：“实验认识论”（Experimental Epistemology）。

到此为止，命运一直都眷顾着皮茨，虽然出生于一个贫苦的家庭，但是上帝给了他天才的大脑和一位如兄如父的合作伙伴，学术和事业也逐渐走向正轨。在 1954 年的《财富》杂志发起的评选中，皮茨还被选为“40岁以下的最有才华的 20 位科学家”之一，与之并列的是香农等传奇人物。那时候没有人再会怀疑皮茨是正在迅速跃升于科学的天空之中，他终将会成为一颗耀眼的明星，这是个奇迹般的故事。但是，同样谁也没有想到的是，命运对皮茨的眷顾就在此刻戛然而止了。

⊖ 在第 1 章中关于 EDVAC 和图灵的 ACE 竞争时曾经提到过这份报告。下载地址：http://www.virtualtravelog.net/wp/wp-content/media/2003-08-TheFirstDraft.pdf。

4.5 陨落的流星

由于皮茨的关系，麦卡洛克的这个团队自然与维纳也保持密切的合作，不仅限于学术研究，在生活上也有他们相当丰富的交往，经常会在家庭农场中举办野外聚会之类的社交活动。这幅画面上的一切看起来都很完美，他们两个团队的合作，预示着进展和革命，神经科学、控制论、人工智能、计算机科学仿佛都处在智能爆炸的前夜。

只有一个人对此深怀不满——那就是维纳的妻子，玛格丽特·维纳。她的不满与皮茨无关、与学术无关，而是来源于她和麦卡洛克妻子的不可调和的矛盾：玛格丽特是个纳粹主义者，甚至在二战时家里还偷藏了一本英文版的希特勒的《我的奋斗》。而麦卡洛克的妻子是一位犹太人，两者不相容的原因可想而知。为了避免麦卡洛克给她丈夫带来思想上的影响，玛格丽特决定不择手段地断绝维纳与麦卡洛克团队的联系，她编造了一个谎言，指控麦卡洛克团队中有人勾引了他们的女儿芭芭拉。维纳有长期的躁郁症，天生就多疑，在心中常都萦绕着一股莫名的背叛感。得知后该消息后，维纳对此事极其愤怒，立即发了一封电报给威斯纳（邀请麦卡洛克的那位麻省理工电子实验室副主任），宣布永久地断绝他与麦卡洛克团队的合作关系，麦卡洛克原本就有点贵族气，对维纳忽然提出的这项涉及个人道德操守的指控也是怒不可竭。

在这场突如其来的麦卡洛克和维纳的决裂中，皮茨选择毫不犹豫地站到了麦卡洛克一方，与维纳从此形同陌路，当时麻省理工学院正准备向他授予博士学位，由于授予文件中博士生导师填写的是维纳的名字，皮茨断然拒绝在学位授予文件上签字，甚至把他那篇备受关注的博士论文和所有相关的研究笔记一起烧掉，这些是他多年的研究成果，其重要性令每个圈内人士都翘首以盼，但都被他全部烧掉了，无价的信息化作了灰烬。后来威斯纳甚至对莱特文说道，如果他可以找回论文的任何片段，麻省理工学院将承诺不受维纳的影响，给他们的研究更多的支持，但是一切都没有办法重来了。玛格丽特的纳粹信仰和她导演的这场闹剧，不仅沉重打击了皮茨和麦卡洛克，对维纳本人也是连累颇多，最后维纳被定性为不算纳粹也不能排除纳粹关系的“不可知论者”（Agnostic）。由于二战期间与军方合作的不顺利，维纳后来成了一位有些极端的反战分子。所有和政府、军事密切相关的计划，美国政府也都有意无意地把维纳排除在外。

与维纳像电影剧情一般地决裂，似乎预示着皮茨传奇故事转折的开启，更加不幸的是，在后面还有另外一个更大的打击在等待着他。

1956 年，20 号楼地下室里，呈现的是这样一个场景，一边摆着线缆和科学仪器，另外一边是极不和谐的装满蟋蟀和青蛙尸体的垃圾桶。麦卡洛克的研究团队正在做一项生物实验，他们准备通过实验证明生物眼睛的作用就像照相机一样，负责被动地记录它所看见的内容，然后将信号逐点送到大脑，由大脑来完成对照片内容的解读。之所以要证明这个，是因为他们认为如果思考的过程确实是如麦卡洛克和皮茨所推测的大脑思维模型那样，可以抽象为一个信息处理器工作过程的话，那大脑就应当是人体信息处理的唯一器官，因为他们构想的用于思考的神经网络仅存在于大脑之中。为了验证这个观点，他们决定拿真实的动物来测试，方法是将青蛙颅骨打开然后在它的视觉神经上贴一些电极，再对这些青蛙做各种视觉实验，包括调亮调暗灯光、向它们展示栖息地的照片、用电磁力摆动模拟人造苍蝇等，然后把蛙眼观察到的信息在送往大脑之前记录下来，从而得知蛙眼所看到的内容。

蛙眼实验

实验很顺利地完成了，但是结果完全出乎实验团队所料，相信也出乎今天大多数读者的预料：青蛙的眼睛不只是记录下来他看到的东西，还会将诸如对比度、曲率及运动轨迹等视觉特征分析过滤出来一并传递给大脑。“眼睛跟大脑沟通的语言是已经高度组织化并且经过解译的”，这就是实验的结论，他们将这一结论写在了一篇发表于1959年的论文里，论文的题目叫作《蛙眼告诉了蛙脑什么》（What the Frog's Eye Tells the Frog's Brain）㊀。这篇论文对他们之前提出的思维机械性理论是个严重的打击，对他们本人来说也同样是一个严重的打击。

蛙眼实验的结果对麦卡洛克和皮茨的影响不仅仅是“一个挫折”足以形容的，它还令皮茨的世界观产生了根本性动摇——他提出的大脑模型并不正确，至少也是不完整的，生物的信息处理并不仅由大脑靠着神经网络来完成。青蛙的眼睛里至少承担了一部分信息解译的工作，而并非大脑依靠严格的数理逻辑，通过神经元逐一处理外界信息。蛙眼实验显示，纯粹的逻辑、纯粹以大脑为中心的思想观是有局限性的。大自然选择了生命的杂乱而非逻辑的严谨，这可能是事实，但也是皮茨难以接受的。

无论麦卡洛克和皮茨的大脑思维模型是否正确（即使这个模型在生物学大脑研究上没有得到推广），但它却切切实实地推动了数值计算、机器学习、神经网络方法以及连接主义思想哲学的进步。但在皮茨自己的想法里，他已经被现实打败了，莱特文这样描述皮茨得知蛙眼实验结果时的样子：

> “在我们做完蛙眼实验时，事实很明显地摆在他面前：逻辑即便参与到了思维过程中，它也没有发挥曾经设想的那种重要的核心作用，这让皮茨很失望，他永远也不会接受，这让他在失去维纳的友谊后更加绝望。”

在此之后，皮茨对数学、对逻辑、对追求智能甚至对整个人生都变得心灰意冷，他仿佛又回到了12岁之前的时光，仍然孤独、仍然渴望离家出走寻找新的天地，但是这次困住他的不再是现实环境，而是他自己的心

㊀ 下载地址：http://jerome.lettvin.info/lettvin/Jerome/WhatTheFrogsEyeTellsTheFrogsBrain.pdf。

灵——皮茨得了严重的抑郁症。之后的几年时间里，皮茨虽然名义上仍受雇于麻省理工学院，但是却甚少参与学术研究，在麦卡洛克病倒之后，皮茨甚至不再与任何人交谈，终日酗酒。

1969 年，年仅 46 岁的皮茨在寄宿之家孤独死去，还死在麦卡洛克之前，死因是跟肝硬化有关的食道静脉曲张破裂出血，皮茨去世的 4 个月之后，麦卡洛克也在医院过世了。

4.6　感知机

与符号主义学派在推理期、学习期由不同学者去关注不同问题的情形相似，在美国北部麦卡洛克和皮茨着力于解决“大脑是如何处理信息”这个问题的同时，在美国东南部佛罗里达的耶基斯国家灵长类研究中心有另外一群科学家在致力于研究“大脑是如何学习到知识的”。麦卡洛克他们在摆弄青蛙，而另一位神经心理学家唐纳德·赫布（Donald Hebb，1904—1985）则从黑猩猩身上研究情感和学习能力。虽然赫布并没有成功把黑猩猩“教导成材”，从而获得个学位什么的，但他自己却从中领悟出了一套生物学习的规则。

1949 年，赫布出版了《行为组织学》(Organization of Behavior）一书。在该书中，赫布总结提出了被后人称为“赫布法则”(Hebb’s Law）的学习机制。他认为如果两个神经元细胞总是同时被激活的话，它们之间就会出现某种关联，同时激活的概率越高，这种关联程度也会越高。如果我们基于前文的 M-P 神经元模型来理解这句话的话，可以理解为：如果两个神经元同时激发，则它们之间的连接权重就会增加；如果只有某个神经元单独激发，则它们之间的连接权重就应减少。赫布学习规则是最古老的也是最简单的神经网络学习规则。如果仅局限于神经网络方法范围内而言，机器学习的本质就是调节神经元之间的连接权重，即赫布法则中的神经元关联程度。

2000 年的诺贝尔医学奖得主埃里克·坎德尔（Eric Kandel，1929—）的动物实验也证实了赫布的理论。赫布的发现论文探讨的内容是纯粹基于神经科学和生物学的，但是在人工智能，尤其是在机器学习领域中，各种学习算法都或多或少借鉴了赫布的学习理论。

最先把赫布的理论应用于人工智能领域的，是两位年纪相近且来自同一所高中的校友，该高中名为布朗克斯科学高中，是一所出过 8 个诺贝尔奖、6 个普利策奖、1 个图灵奖的传奇学校，其中一位是大家已经很熟悉的人工智能奠基人明斯基，另外一位叫作弗兰克·罗森布拉特（Frank Rosenblatt，1928—1971），他是本章故事的第二位主角。

达特茅斯会议中连接主义相关的内容并不是主要议题，连接主义相关内容的风头完全被来自符号主义学派的"逻辑理论家"盖过。后来，"叛逃出"连接主义学派之后，明斯基自己也在尽力淡化他与连接主义间千丝万缕的关系，但不可否认，那时的明斯基是连接主义和神经网络的支持者。他 1954 年在普林斯顿的博士论文题目是《神经 - 模拟强化系统的理论及其在大脑模型问题上的应用》(Theory of Neural-Analog Reinforcement Systems and its Application to the Brain-Model Problem)[⊖]，这实际就是一篇关于神经网络的论文。明斯基用真空管搭建那个名叫"SNARC"（Stochastic Neural Analog Reinforcement Calculator，随机神经模拟强化计算器）的学习机器，可以在一个奖励系统的帮助下完成穿越迷宫的游戏。如果不考虑实用性的话，这可以算是世界上第一批基于神经网络的自学习机器的工程实践成果。

明斯基的 SNARC

⊖ 下载地址：https://www.researchgate.net/publication/36374626_Theory_of_neural-analog_reinforcement_systems_and_its_application_to_the_brain-model_problem。

而神经网络在工程应用上真正有实用意义的重大突破发生于 1957 年。康奈尔大学的实验心理学家罗森布拉特在一台 IBM 704 计算机上模拟实现了一种他发明的叫作“感知机”（Perceptron）的神经网络模型，这个模型看似只是简单地把一组 M-P 神经元平铺排列在一起，但是它再配合赫布法则，就可以做到不依靠人工编程，仅靠机器学习来完成一部分机器视觉和模式识别方面的任务，这就展现了一条独立于图灵机之外的，全新的实现机器模拟智能的道路[⊖]。一个可能是“图灵机”级别的新成果（这光想想都令人激动），一下子引起科学界的关注，并且得到了以美国海军为首的多个组织的资助。

单纯的感知机在今天几乎没有任何实际用途，但却并不罕见，它几乎被所有的神经网络书籍当作入门知识来使用，为了给本书第三部分关于机器学习的内容打个良好的基础，笔者就用一个具体例子来详细解释一下感知机的工作原理：我们的目标是希望机器拥有自动识别阿拉伯数字的能力，假设待识别的数字通过光学扫描后存储于 14×14 像素大小的图片文件中，其中可能包含各种形式的数字，可能是不同印刷体或者是手写体的，然后，我们准备了类似下图所示训练数据集供机器进行学习之用：

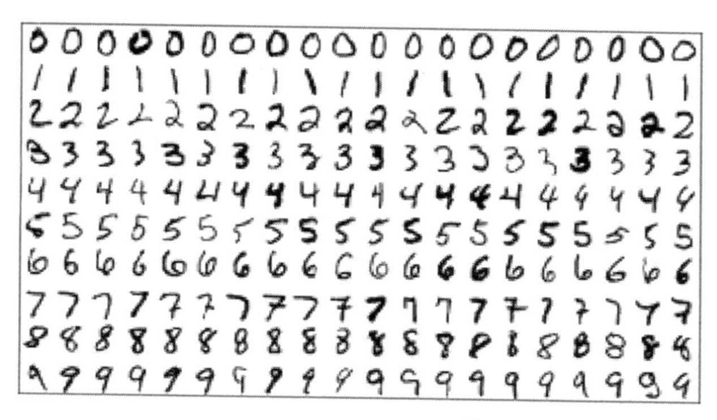

数字识别的训练集[⊜]

⊖ 感知机和图灵机其实并不是对等的概念，目前人们已经知道带有递归结构的神经网络是图灵完备的，可以是图灵机的一种形式，称为**神经图灵机**（Neural Turing Machine）。

⊜ 本例子中的训练集来自于 MNIST（http://yann.lecun.com/exdb/mnist/），部分图片来源于谷歌 TensorFlow 白皮书的教程部分。

“训练集”是机器学习理论中的常见词汇，现在我们先将它的意思通俗理解为机器不仅仅会得到一组内容是数字的图片，我们事先还会给机器明确标注出了这组图片的每一张实际所代表的数字是什么，这么一组图片用来给计算机学习使用，就称为是**训练集**。

首先，我们要设计一套适当的数据结构，以便机器可以存储和处理这些数字图片。以一张 14×14 的灰度数字图片为例，假如我们把黑色的像素用 1 表示，白色的像素用 0 表示，中间过渡的像素根据灰度强度大小用 0-1 之间的浮点值来表示，如下图所示的一个 14×14 的二维数组便可以存储训练集中的数字图片，我们把这个数组作为输入计算机的信息来源。

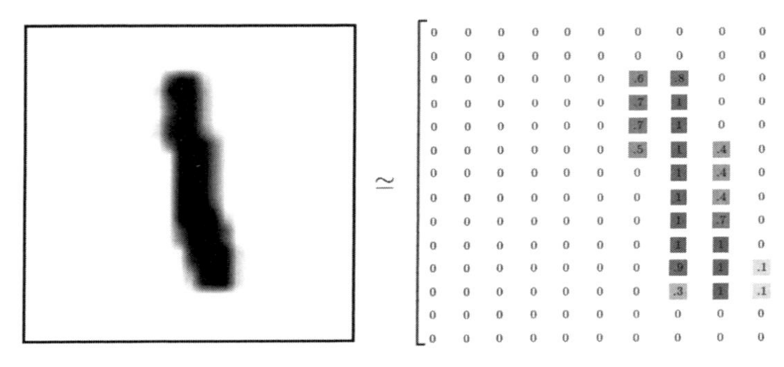

字符的数组表示

为了让计算机能“看明白”图片中的数字是什么，必须让机器先从训练集的多张图片中学习，学习的目标是要找出训练集中每一张图片是表示某个数字的特征，这些特征往往是模糊的，难以用语言精确表达的。虽然人很难描述出来，但人类大脑却能毫不费力地认出图片是属于某个数字的证据，这说明人类大脑其实是知道这些特征的。

按照神经网络一贯解决问题的思路，提取特征的办法是选择对图片各个像素值进行加权求和，根据训练集中的样本和标注数字的对应结果，如果某一个像素具有很负面的证据说明这张图片不属于某个数字的话，就把这个像素在该数字下相应的权值设置为负数，相反如果这个像素拥有有力的证据支持这张图片属于某个数字，那么该像素的权值是正数。这不难理解，不管手写的还是印刷的，每个数字都有一些用于区分它们的特征，譬如数字“0”对应的图片，在图片中心的位置肯定不应该出现有黑色（浮点值为 1）像素，如果出现了这就是负面证据，将降低这个图片是数字“0”的概率。使用红色代表负数权值，蓝色代表正数权值的话，经过训练集中多张数字图片的校准之后，“0”至“9”各个数字对应的像素权限分布情况大致将如下图所示。

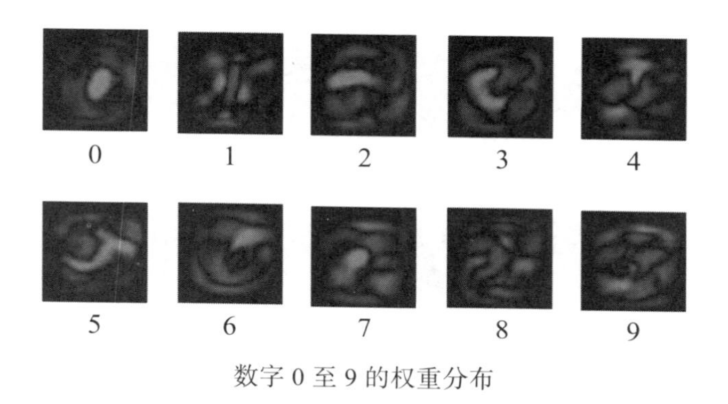

数字 0 至 9 的权重分布

接下来，我们把图片到从“0”至“9”十个数字的分类过程，转化为十个 M-P 神经元的工作过程。每个 M-P 神经元有 196 个（14×14）像素值的输入项，经过训练之后得到的各个像素值在该数字下的权重数据就作为该神经元的 196 个输入项的加权值，由此构成了一个由 10 个神经元、共计 1960 个带权重的连接线组成的神经网络。

因为我们模型中的权重值是根据训练集中大量样本学习得出的，所以在理想情况下，其他不在训练样本集合中的图片，只要它依然是人类可辨认的阿拉伯数字图片的话，就应当同样适合这个模型，加权求和再经过阈值比较之后，网络中应该激活一个且只激活一个其数字对应的 M-P 神经元，这个神经元代表的数字就是图片识别的结果。

从这个例子里可以再提炼出一个更为普适的神经网络机器学习解释，神经网络学习方法的基本原理就是从训练集中提取出分类特征，这些特征应能同样适应独立同分布的其他未知数据，所以经已知数据学习训练后的神经网络可以对同类的未知数据有效。再回到我们这个数字识别的例子中，整个神经元网络的结构如下图所示。

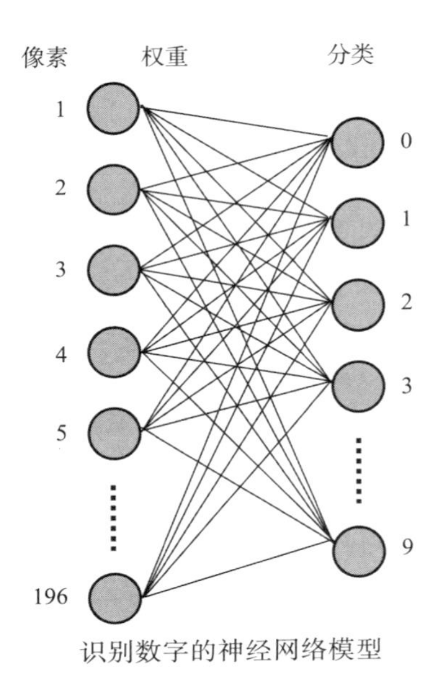

识别数字的神经网络模型

不过，以上的网络结构仅是能处理“理想情况”的模型，在实际使用过程中，往往会发现网络中出现不止一个M-P神经元被激活的情况，其原因也是不难理解的，毕竟许多手写体的数字会存在“模棱两可”的特征，有些模糊到甚至人类都可能识别错误。譬如下面这些图片，就来源于测试集中导致了模型出现两个（或以上）神经元同时激活的数据，这类模糊的数据便会使得识别出现歧义而导致识别失败。

可能同时激活多个神经元的手写数字

为了应对多于一个神经元被激活的实际情况，神经元输出就不适合再简单地以“是否激活”的离散形式来判断，这里需要将 M-P 神经元的阈值比较部分改进一下，修改为输出一个代表神经元“被激活的强度”的连续值，然后把各个神经元的激活强度值都放入网络后方的 Softmax 归一化函数[⊖]（此处仅是以 Softmax 函数为例，还可以选择其他函数）中进行处理，以便抑制概率小的、增强概率大的数字分类。因此，真正可用于实际数字识别场景的神经网络将如下图所示。

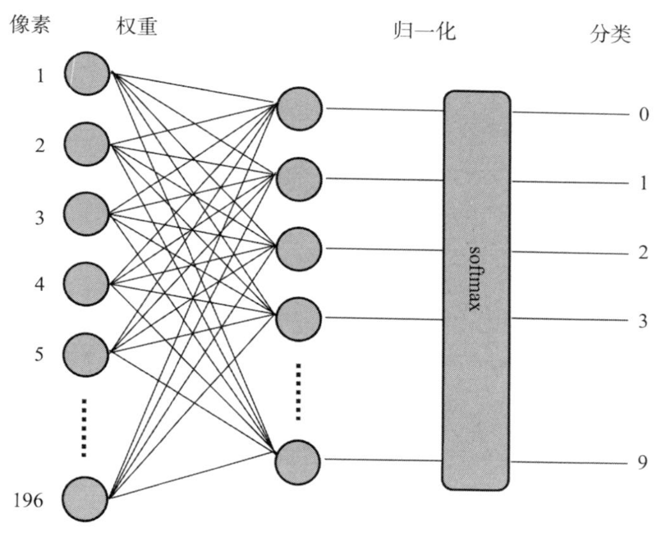

识别数字的神经网络模型，改进版

以上便是感知机和神经网络是如何应用于机器视觉识别的工作原理，简单介绍了感知机的原理之后，我们再回到罗森布拉特和感知机的故事中。

在 IBM 704 主机中软件模拟成功两年以后，罗森布拉特成功制造出了世界上第一台硬件感知机“Mark-1”，就是本书第 1 章中展示过的，得到美国海军高度评价的那台机器。Mark-1 的输入端是一个 20×20 的感光

⊖ 归一化是指将有量纲的表达式，经过变换，化为无量纲的表达式，成为标量。在这个上下文中，是通过 Softmax 函数对向量进行归一化，在数字集合凸显其中最大的值并抑制低于最大值的其他分量，使得最大的数值与其他数值的区分度加大。

单元矩阵，以此将英文字符的光学信号转化为电信号，再通过物理线缆连接的方式将其与后面字母分类的神经元层相连。Mark-1 的训练方法是使用电动马达来调整连接线的电压计，以电压值来表示连接的权重。如果读者看懂了前面关于感知机工作原理介绍的话，那以今天神经网络有了长足发展后的眼光来看，这台感知机的原理并没有任何复杂之处，但是以当时的电气水平来说，真的把这样一台机器制造出来，场面还是颇为“壮观”的，读者可以通过下面这张实物图片来感受一下直接用物理连接实现神经网络的 Mark-1 感知机的“复杂”程度。

罗森布拉特和他的感知机 Mark-1

这台 Mark-1 感知机在经过学习训练后，确实能够符合预期地工作，成功地识别出多个英文字母。在当时，有人能够教会一台机器“认字”，这件事情毫不意外地产生了极为吸引眼球的舆论效果，为人工智能的迅速升温提供了强大推动力。罗森布拉特不仅做出了第一台有工程样品价值的感知机，他还在理论上证明了单层神经网络在处理线性可分的模式识别问题时是可以收敛的，并以此为基础，做了多个关于感知机学习能力的实验。

1962 年，罗森布拉特还出了一本书，名字叫《神经动力学原理：感知机和大脑机制的理论》(Principles of Neurodynamics: Perceptrons and the Theory of Brain Mechanisms)，此书总结了他对感知机和神经网络的主要研究成果，一时被连接主义学派奉为“圣经”。

4.7 凛冬将至

伴随着感知机影响的快速发酵，罗森布拉特的名气也越来越大，媒体对他的工作甚至是他本人都表现出了极高的关注度。这点不难想象，能够构建一台“有可能”能够模拟人类大脑工作原理的机器，即使放到今天也可以轻而易举地弄出个头版头条的大新闻。更加关键的是，罗森布拉特得到的研究经费也随着感知机名声的高涨而越来越多，美国国防部和美国海军都资助了他的研究工作。这件事在学术圈内就不仅仅是获取一点身外虚名的小事情而已了，其中还涉及微妙的金钱和利益的分配，毕竟政府每年的资助额度是有预算限制的，给罗森布拉特的预算多了，给其他人的自然会少。偏偏罗森布拉特这时不知收敛，没有明哲保身闷声发财，反而还一改往日作为一个学者的害羞和矜持，经常在媒体出镜，开跑车，弹钢琴，到处显摆，致使不少人工智能领域的学者都对他气不忿儿。其中有的人只是心里反感，有的人是批评声讨，还有的人直接“明剑执刀”地对他进行学术攻击，而真正致命的打击，来自他的高中校友，当时同样是连接主义学派的巨头明斯基之手。

明斯基是达特茅斯会议的组织者，是人工智能的几位奠基人之一。1959 年，明斯基加入麻省理工学院，创立了麻省理工的计算机系以后，其主要工作之一就是与政府机构对接，负责申请研究经费方面的事务，他与罗森布拉特的结怨，最初也是源于这些与学术无关的行政工作。

在一次两人都参与的工作会议上，明斯基和罗森布拉特大肆争吵，彻底将他们之前已有的矛盾公开化。两位人工智能学术巨头的斗争，不可能只停留在嘴皮子撒泼吵架定胜负，最终要在学术上见分晓。明斯基直接对罗森布拉特研究感知机存在的价值和前途发起了进攻，指出罗森布拉特的感知机和神经网络的实际价值非常有限，绝不可能作为解决人工智能的问题的主要研究方法。随后，为了证明自己的观点，即证明感知机和神经网络具有天生缺陷，明斯基和麻省理工学院的另一位教授西摩尔·派普特（Seymour Papert，1928—2016）合作，着手从数学和逻辑上去证明罗森布拉特的理论和感知机具有重大的局限性，没有什么发展前途。他们合作的成果就是那本在人工智能历史上影响巨大的、“是也非也”的传奇书籍：《感知机：计算几何学导论》(Perceptrons: An Introduction to Computational Geometry)。

马文·明斯基（左）与西摩尔·派普特（右）

那感知机确实如明斯基所说，存在先天缺陷吗？如果仅限于罗森布拉特所提出的单层感知机而言，确是如此。前文提到过，皮茨和麦卡洛克曾向人们展示了 M-P 神经元可以通过不同的连接方式和权重来实现逻辑与、或、非运算，罗森布拉特的感知机基本原理，就是利用了神经元可以进行逻辑运算的特点，通过赫布学习规则，调整连接线上的权重和神经元上的阈值。罗森布拉特把一组神经元平铺排列起来，组合成为一个单层的神经元网络，经过学习阶段的权值调整，便可实现根据特定特征对输入数据进行分类。不过这种分类只能做到线性分割——即感知机可以应用的前提条件，必须是输入的数据集在特定特征下是线性可分的。

“分类”是今天机器学习中最常见的应用之一，下一章我们会详细探讨这个问题。这里不妨先简化，按照最简单的 0-1 分类来理解，分类指经过神经网络处理后，将符合特定特征的输入数据输出为 1，不符合的输出为 0。

逻辑与、或、非操作本身也可以视为一种最基本的分类操作，因此，即使对于仅有单个 M-P 神经元构成的感知机而言，也具备分类能力，如以下面的 M-P 神经元为例子，通过调节连接线权重，切换成不同的逻辑运算便可以对输入数据进行 0-1 分类：

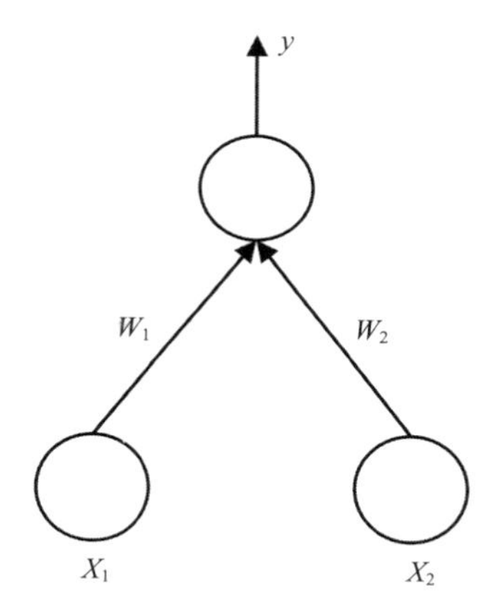

M-P 神经元

- 令 $w_1=w_2=1$，阈值$=2$，则 $y=f(1\times x_1+1\times x_2-2)$，仅在 $x_1=x_2$ 时，才有 $y=1$，否则 $y=0$，即“逻辑与”的效果。
- 令 $w_1=w_2=1$，阈值$=0.5$，则 $y=f(1\times x_1+1\times x_2-0.5)$，仅在 $x_1=1$ 或者 $x_2=1$ 时，才有 $y=1$，否则 $y=0$，即“逻辑或”的效果。
- 令 $w_1=-0.6$，$w_2=0$，阈值$=-0.5$，则 $y=f(-0.6\times x_1+0\times x_2+0.5)$，在 $x_1=1$ 时，有 $y=0$，在 $x_1=0$ 时，有 $y=1$，即“逻辑非”的效果。

而对于更一般的情形，由多个 M-P 神经元组成的单层感知机，可以将输入数据集中两类线性可分的数据，以一个超平面[㊀]将其划分开来[㊁]。上面单个 M-P 神经元分割数据的例子，只是其中最简单的一个特例情况，相当于在二维平面上的数据，被一条直线分割成两个区域。

之前提到了“线性可分”这个词，我们不必纠结它的数学定义，就从字面意思去理解就可以了：如果把逻辑与、或、非运算输入数据，按照 0、1 值构成二维的坐标平面，并把逻辑运算结果为 1 的用红色方块表示，结

㊀ 超平面是二维平面中的直线、三维空间中的平面在 N 维欧氏空间中的推广。

㊁ 讽刺的是，“感知机相当于以超平面划分数据”这个命题的严格数学证明并不是罗森布拉特给出的，而是明斯基和派普特在《感知机：计算几何学》中完成的。

果为 0 的用蓝色圆圈表示，就形成了下图所示的内容。由图可见，三种逻辑运算，都能够很直观地通过一条直线将这个二维坐标平面中的数据划分开来。

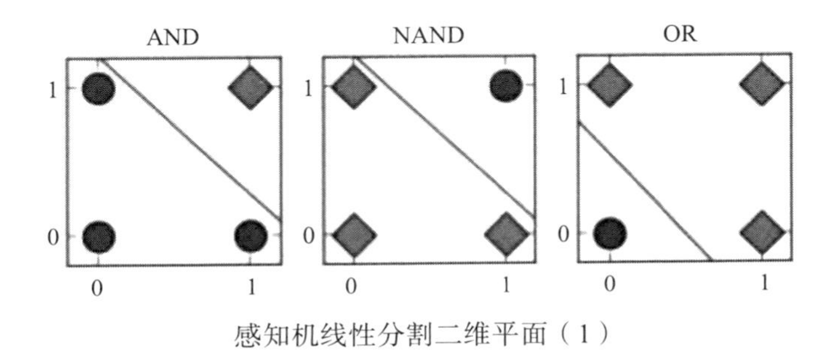

感知机线性分割二维平面（1）

在《感知机：计算几何学导论》一书里，明斯基和派普特使用数学方法，证明了感知机在处理线性可分的数据时，其学习过程可以使得权重收敛到一个稳定值，换句话说就是感知机处理线性可分问题是可行的。但是他们同时也指出了感知机的致命弱点："感知机能解决线性可分的问题，但是它也仅仅能解决线性可分的问题。"两位教授同样用数学方法，证明了感知机，更准确地说是单层的感知机并不能处理非线性数据的分类问题，其中最典型的就是"异或问题"。异或运算（XOR，是一种逻辑析取操作，当两个运算元的值不同时结果为真）也是一个很基本的逻辑运算操作，如果连这样的问题都解决不了，那感知机的处理能力确实是有极大局限的。可以直观地从图 4-18 中看到，对于代表异或的图形，确实没有办法通过一条直线就把红色方块和蓝色圆点划分开。

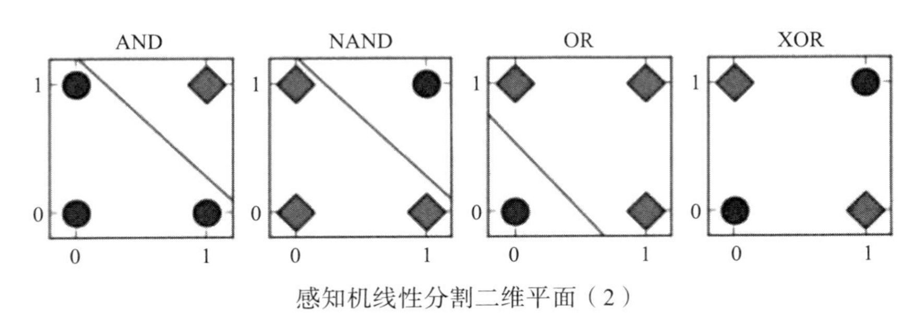

感知机线性分割二维平面（2）

在证明单层感知机能力不足的同时，明斯基在书中还试图将当时还只存在于少数人大脑构想中的多层感知机（Multilayer Perceptrons，MLP）的出路也一并堵死。虽然明斯基并没有进行严格的证明，但是他的灵敏的数学直觉告诉他多层感知机应该是能够处理非线性的分类问题的[1]，因为这点在简单的低维度的样例中很容易体现出来。如果延续我们之前的例子，只需要在网络中增加一个“隐层”（Hidden Layer，这是神经网络的概念，神经网络中除去输入层、输出层外的中间层被统称为隐层），按照下图中标注的数值来设置连接线的权重和神经元的阈值，就可以轻而易举地实现出逻辑异或运算[2]。

其实，早在明斯基的《感知机：计算几何学导论》出版之前四年（即 1965 年），乌克兰数学家伊瓦赫年科（Alexey Grigorevich Ivakhnenko，1913—2007）就提出了和多层人工神经网络很接近的模型，其中就有解决异或问题的介绍，当时并没有引起多大关注，但后来神经网络的火爆程度大家都清楚。

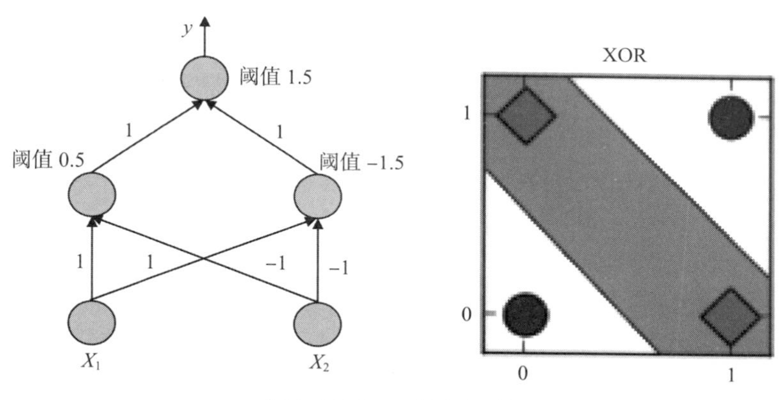

多层感知机处理异或问题

明斯基在书中说到：多层感知机虽然理论上有可能可以解决非线性可分的问题，但是实际上却是完全不具备可行性的——无论是软件模拟还是实际建造都几乎是不可能的，因为每增加一个隐层，新引入的连接数量会急剧膨胀。即使只考虑网络中只有前向连接（即网络是一个有向无环图，

[1] 在 1989 年，首次有人使用数学证明了只需要一个隐含层的感知机（即两层或以上的多层感知机）就可以处理非线性分类问题，相关论文地址：http://www.dartmouth.edu/~gvc/Cybenko_MCSS.pdf。

[2] 此处只是举了一个最基础的二维平面上异或问题的例子。在 1974 年，由哈佛大学的博士沃波斯（Werbos）在他的博士论文中证明了两层神经网络就可以完全解决（在任何维度上解决）异或问题。

每一层的神经元都只与下一层产生连接关系，这种最简化的神经网络在今天被称为“前馈神经网络”）的简化情况，其产生的连接数量随着层数增加，也会迅速发展成天文数字。

这种情景读者可以自己想象，本章所提及的几个神经网络的例子中，最简单的单层网络也有 14×14 个输入神经元、10 个输出神经元，这样的神经网络就包含有 1960（196×10）个神经元连接，如果中间再加入一层与输入项数量相同的隐层，整个网络所需要训练的权重将会激增至是 40376（196×196+196×10）个。更让人头痛的是，加入隐层之后，罗森布拉特的“Back Propagation”（请注意，此算法与今天深度学习的误差反向传播算法名字相似但内容并不一样）训练方法就不再有效了，原因是不同层之间的权重调节并非独立的，它们的取值会互相影响，不能再面向单个权重来调节，可是要一体化地训练如此庞大的连接权重，在当时即没有合适的硬件能处理这种规模的数据，也没有可行的训练算法来实现[⊖]。

明斯基在书中最后给出了他对多层感知机的评价和结论：“研究两层乃至更多层的感知机是没有价值的。”因此多层感知机在没来及被大家深入探究之前，就被明斯基直接判处了死刑。

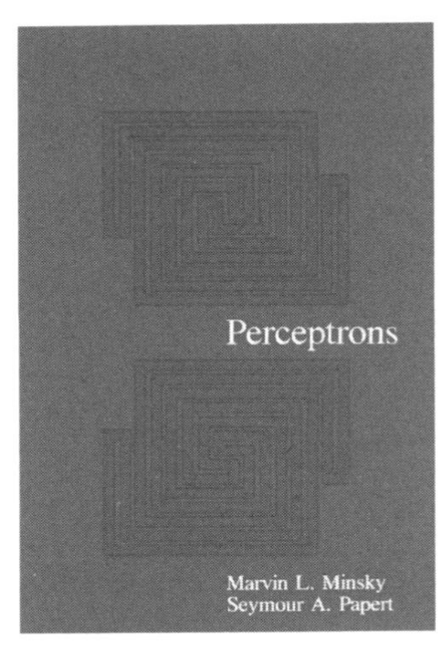

《感知机：计算几何学导论》，业内普遍认为此书阻碍了神经网络的发展

⊖ 其实在 70 年代、80 年代都各有人独立发现过后面将提到的误差逆向传播的训练算法，但是在 80 年代之前并未得到重视，无论是明斯基还是罗森布拉特都并未得知。

其实罗森布拉特自己也早已预感到感知机的能力可能存在限制，但这种缺陷被明斯基以一种极具敌意的方式呈现给公众，对他来说是不可接受的。在《感知机：计算几何学导论》的前言部分，明斯基甚至使用上了完全不顾及同行颜面的话语："这里（指罗森布拉特的理论）的大部分内容都没有多少科学价值（Most of this writing is without scientific value）。"

由于明斯基在人工智能领域中的特殊地位，再加上他不久前（1969 年，此书出版的同一年）刚获得第四届图灵奖所带来的耀眼光环，这部书籍不仅对罗森布拉特本人，还对连接主义和神经网络的研究热情，甚至是对整个人工智能学科都造成了非常沉重的打击。

1971 年 7 月 11 日，《感知机：计算几何学导论》公开出版刚满一年，罗森布拉特在 43 岁生日当天，在美国切萨皮克湾的一艘游船上"意外"落水，不幸身亡。笔者将意外二字加上引号，是因为今天很多人都选择相信此事并非巧合，而是罗森布拉特的骄傲驱使他在与明斯基的学术斗争落败后选择了自杀。罗森布拉特是感知机的发明人，曾经是感知机、神经网络甚至整个连接主义的捍卫者，由于经费分配和高调的个人作风等原因，在开拓神经网络机的器学习方法的道路上，他是一个很孤独的斗士。在他与明斯基的斗争中无人对其声援，还经常备受其他学者责难。不知在生命的最后一刻，他是否也对神经网络和感知机的前途失去了信心。也许他还相信感知机会有突破困境破茧成蝶的一天，也有可能他自己也已经心灰意冷。大概当时是真的没有任何人能够预见到，神经网络和连接主义在二十多年后还会有机会逆袭，并终会成为人工智能研究的最主流最热门的技术。

罗森布拉特死后，明斯基在《感知机：计算几何学导论》一书的第 2 版发行时，删除了原版里面全部对罗森布拉特的个人攻击的句子，并在扉页手写了"纪念弗兰克·罗森布拉特"（In memory of Frank Rosenblatt）的话语。但这毕竟为时已晚，如同之前罗森布拉特被整个人工智能学术界声讨那样，现在又有许多人工智能的研究者反过来认定明斯基对罗森布拉特的死亡有间接的责任，认为他是不可原谅的。尤其是在连接主义学派重新兴起之后，许多人纷纷跳出来对明斯基口诛笔伐，谴责明斯基差点扼杀了他亲手创立的人工智能这门学科，认为明斯基应该对罗森布拉特的死亡、对连接主义失落的十多年时间以及对后来的人工智能的寒冬负责。马哈雷特·博登（Margaret Boden，1936—）在她的作品《心如机器：认知科学的历史》（Mind as Machine: AHistory of Cognitive Science）对明斯基和他的书评价："毫无疑问，整本书从开头到结束，全部都是对罗森布拉特的工作以及神经网络的研究的诅咒！"（It's pretty clear that the whole thing was intended，from the outset，as a book-length damnation of Rosenblatt's work andneural network research in general。）

后来的这些评价大多带有一些个人的情绪，仿佛这些人一早就知道感知机和神经网络是具有研究价值的，还预见到了它们将在人工智能中的重要作用，只是慑服于明斯基的威望才不敢吭声，暗地里一直就与罗森布拉特在并肩作战一般。在笔者看来，无论是罗森布拉特还是明斯基的观点，既然是学术研究，肯定就有说错话、走错方向的可能，我们不仅要看到那些有效的正确的成果，也应该记录那些走过的弯路，明斯基与罗森布拉特竞争的悲剧结果，只是学术圈现实阴暗面的一次爆发。美国电气电子工程师协会（Institute of Electrical and Electronics Engineers ，IEEE）于2004年设立了罗森布拉特奖，以奖励在神经网络领域的杰出研究人员。

尽管明斯基当时对神经网络的观点并不是正确的，他与罗森布拉特的斗争确实很可能有学术之外的原因在里面，但明斯基本人绝对是无愧为一名有自己明确学术观点和哲学思想的人工智能大师的。在2007年，"深度学习"的概念已被提出，多层网络的训练方法也已完善起来，深度神经网络逐步取得了令世人诧异的成就，神经网络在人工智能领域渐成燎原之势的时候，他仍然坚持着神经网络具有很大局限性的看法。明斯基在他的新作《情感机器》一书出版后，接受媒体采访时曾经说道：

> "人工智能领域的每个人都在追求某种逻辑推理系统、遗传计算系统、统计推理系统或神经网络系统，但无人取得重大突破，原因是它们过于简单。这些新理论充其量只能解决部分问题，而对其他问题无能为力。我们不得不承认，神经网络不能做逻辑推理。例如，在计算概率时，它无法理解数字的真正意义是什么。"

在明斯基看来，人工智能应当类似于人脑，由有着不同的功能和结构的区域去应对视觉、情感、思维、记忆、运动等不同类型的任务。他希望能实现《情感机器》一书中描述的思维体系结构，使人工智能在各种思维方式间切换。

4.8　人工智能的繁荣与寒冬

从 1956 年诞生起至 70 年代初这段时间，人工智能这门新兴学科一直与政府、学术界、工业界还有风投资本家都处于蜜月期之中。这 20 年里面，人工智能确实取得了一些成果和发展，不过迫于政府、媒体、科学界等各方的推波助澜，人工智能也过早地向社会，尤其是这个学科的资助者们许下了太过浮夸的诺言，哪怕是学科里那些真正了解人工智能，真正潜心从事学术研究的学者，也过于乐观地估计了这门科学的发展进程，典型的诺言如早在 1957 年，司马贺曾这样公开宣告：

> “我的目标不是使你们惊讶或者震惊——我能概括的最简单的表述方式就是现在世界上就已有机器能够思考、学习和创造。而且它们做这些事情的能力还将快速增长，直到可预见的未来，它们能够处理的问题范围将会扩展至人类思想所能企及全部范围。”

在这种充斥着激进、盲目和乐观思潮的气氛下，类似的预言和承诺数不胜数，历史上有名的、出自这个领域几位大师之口的还有以下这样预言。

- 1958 年，纽厄尔和司马贺：“十年之内，数字计算机将成为国际象棋世界冠军。”“十年之内，数字计算机将发现并证明一个重要的数学定理。”
- 1965 年，司马贺：“二十年内，机器将能完成人能做到的一切工作。”

- 1967年，明斯基："一代之内……创造'人工智能'的问题将获得实质上的解决。"
- 1970年，明斯基："在三到八年的时间里我们将得到一台具有人类平均智能的机器，这样的机器能够读懂莎士比亚的著作，会给汽车上润滑油，会玩弄政治权术，能讲笑话，会争吵，总之，它的智力将会无与伦比。"

这些预言在今天看来非常可笑，大师们"立下的Flag"全被现实啪啪打脸收场。可是立下这些预言的那个时间段里，这些预言和承诺确实促使许多社会资源集中到了人工智能研究上来。

1963年6月，麻省理工学院从美国刚刚建立的高等研究计划局（ARPA，即后来的DARPA，国防高等研究计划局）获得了220万美元的研究经费，用于资助开展历史上有名的"MAC工程"（Project on Mathematics And Computation）。这个工程的主要研究方向之一便是人工智能，具体工作由明斯基和麦卡锡五年前建立的人工智能研究小组[⊖]所承担。从此以后，ARPA每年都为麻省理工提供三百万美元针对人工智能的几乎无条件无约束的专项经费，既不定具体方向，也不求具体产出，用时任ARPA主任的罗宾特·利克里德（Robnett Licklider，1915—1990）自己的话来说就是："应该资助人，而不是具体的项目。"所以这些经费才能"佛系"到如此程度，允许研究者去做任何感兴趣的方向上的研究，这样的资助形式在政府对学术界的各种资助中是极不常见的。ARPA的无条件资助一直持续至70年代才终止，这些经费促使麻省理工形成了无拘无束的研究氛围及其特有的"Hacker文化"。除了麻省理工学院以外，ARPA还对纽厄尔和司马贺在卡内基梅隆大学的人工智能工作小组以及斯坦福大学人工智能项目（由麦卡锡于1963年从麻省理工跳槽到斯坦福大学后创建）提供了类似的资助，当时世界上还有一个重要的研究

⊖ 在1970年这个人工智能研究小组基础上组建了麻省理工人工智能实验室，在2003年该实验室与计算机科学实验室合并，成为当今世界上人工智能和计算机科学最顶级研究机构"CSAIL"（MIT Computer Science and Artificial Intelligence Laboratory）。

机构是由唐纳德·米契（Donald Michie，1923—2007）于1965年在英国爱丁堡大学建立的人工智能实验室。在接下来的许多年，乃至今日，上述四所研究机构一直是全球人工智能领域领先的研究中心，也是经费汇集的中心。

不过好景不长，可能只是因为人工智能研究者们对其课题难度没能做出正确的判断，也有可能是上帝为了让历史再一次证明盛极而衰是自然界的铁律。总之，过于乐观的估计，即令全社会的资源蜂拥而至，也使得人们期望变得过高。时光荏苒，当大家发现人工智能承诺无法兑现时，虚幻的泡沫便注定要破灭。研究经费的走向是其最直接的体现，对人工智能提供资助的各种机构，如英国政府、美国政府、国防高等研究计划署和美国国家科学委员会等，都不约而同地对没有明确方向和实用价值的人工智能研究终止了资助。随后，类似“人工智能即使不是骗局也是庸人自扰的想法”的情绪和言论迅速从政府、研究机构蔓延到全社会，整个社会公众对人工智能的前景从盲目乐观又转变为一种极度悲观和过分不信任的态度，这个阶段，在人工智能历史上被称为第一次“人工智能的寒冬（AIWinter)”

在寒冬之前，其实就已经出现过一些线索，预示了这一局面即将降临。最早在1966年，自动语言处理顾问委员会（Automatic Language Processing Advisory Committee，ALPAC）提交给美国政府的一份报告中，对机器翻译的进展开始提出了有充满批评和警告意味的评价[⊖]。这个其实真怪不得别人批评，当时人工智能的自然语言处理能力确实难登大雅之堂。罗斯·奎利恩（Ross Quillian）在给听众汇报他在自然语言方面的研究成果时，只能采用一个仅含20个单词的词汇表进行演示，因为当时的计算机内存就只能容纳这么点词汇！还有不少关于人工智能的历史材料还记录有这样一项当时机器翻译的测试场景，翻译过程中，机器把“心有余而力不足”(The spirit is willing but the flesh is weak）的英文句子译成俄语再译回来之后竟然变成了“酒是好的，肉变质了”。美

⊖ 报告具体内容：http://www.mt-archive.info/ALPAC-1966.pdf。

国自动语言处理顾问委员会的这份报告，后来导致美国国家科学委员会（National Research Council，NRC）在为机器自然语言处理方面研究累计拨款2000万美元后，最终不得不在没有获得任何有价值的成果情况下停止了资助。

在大西洋的彼岸，1973年英国数学家詹姆士·莱特希尔（James Lighthill，1924—1998）针对英国人工智能研究状况，发表了赫赫有名的《莱特希尔报告》，这篇公开的报告是一份具有广泛影响力的、直接刺破人工智能乐观思潮泡沫的调查文件，被视作人工智能寒冬的开启。它严厉地批判了人工智能领域里的许多基础性研究，尤其是机器人和自然语言处理等几个最热门子领域，并给出了明确的结论："人工智能领域的任何一部分都没能产出符合当初向人们承诺的、具有主要影响力的成果。"此外，报告特别指出人工智能的研究者并没有能够解决如何将人工智能应用于真实世界里必然会遇到的"组合爆炸"问题。整份报告的基调充满了对人工智能研究在早期兴奋期过后的全面悲观。《莱特希尔报告》不仅导致了英国人工智能研究的全面低潮，并且其影响很快扩散到了美国及其他人工智能的研究之中，到了1974年，各国政府的资助预算清单上都已经很难再找到对人工智能项目的资助了。接下来长达十年的时间里，人工智能经历了它历史上的第一次寒冬，一些几年前还在愈演愈烈的自吹自擂的狂欢中作茧自缚的人工智能从业者们，许多都不得不纷纷锯短他们的鼻子，转向其他领域去谋生。

站在今天回望历史，人工智能的低潮发生过不止一次，而在进入寒冬之前几年，都有一些相似的征兆，譬如学术界奋力地发表论文，学术明星获得万众追捧；所有擦边专业的学生纷纷转行搞起人工智能，市场还给这类"人才"开出令人咋舌的高薪；企业、研究机构和学者们做出一个又一个预测和承诺，媒体连篇累牍报道人工智能的进展。而大众则睁着一双双无辜的大眼睛，好奇而惊恐地注视着他们不理解又不敢不关注的一切。已经过去的寒冬，让今天处于温暖如春环境之中，阅读此书的你我，都不得不去思考，这一次人工智能热潮，是真的引爆了奇点，抑或只是历史的另一个轮回？

其实，即使这次的人工智能热潮，仍然是一个历史轮回也不见得是一件多么可怕的事，每一个时代的技术浪潮，都有这个时代的条件，有这个时代的使命。20 世纪 50 年代至 70 年代经历的第一次人工智能的热潮里，不仅有浮夸，也隐藏着不少真正的技术进步。例如卡耐基梅隆大学的“语音理解研究”（Speech Understanding Research）计划，当时甚至被 DARPA 评价为是“一场骗局”，但是这个研究所开发出来的“隐马尔科夫模型”这样的“黑科技”，在数十年后成为了计算机语音识别技术领域重要的一块基石，参与其中的研究者大多都成为这个领域的一代宗师。寒冬过去之后，这些成果终会发出闪亮的光芒。

4.9　本章小结

本章是关于连接主义学派创建及其成果的一些故事，虽然故事带有悲剧色彩，但从今天大小企业各类职业的人员都在谈论神经网络就可得知，连接主义并未在 20 世纪 70 年代初的人工智能寒冬中彻底死去，它仿佛是老旧武侠小说里面那些掉下山崖的侠客一般，总有奇遇，并凭此逆袭，终成主角，至少迄今为止它在人工智能领域中都是主角。

沉寂十年后，人工智能在 80 年代开始再度爆发，这波浪潮引领的力量是符号主义，主要是知识工程和专家系统。而连接主义和神经网络，虽然也在 1982 年开始出现缓慢复苏的迹象，如 1982 年物理学家约翰·霍普菲尔德（John Hopfield，1933—）提出的“Hopfield 网络”、1985 年特里·谢泽诺斯基（Terry Sejnowski）和杰弗里·辛顿（Geoffrey Hinton，1947—）共同发明的“玻尔兹曼机”（Boltzmann Machine）、1986 年辛顿提出的可以训练多层神经网络的“误差反向传播学习算法”（Back-Propagation）等都是连接主义中不可忽视的进步。不过，虽然多层神经网络的训练问题已被初步解决，但由于神经网络本身建模的天生限制，也由于数据量和运算能力的限制，神经网络效果一直不能算好，利用当时的计算机也难以实现大规模的神经网络，因此，当人工智能的第二次热潮在 90 年代逐渐退却时，神经网络又被冷落起来，此时，以“支持向量机”（Support Vector Machine，SVM）、“隐马尔可夫模型”（Hidden Markov Model，HMM）等为代表的统计学习方法唱了十多年的主角，直到2006年辛顿提出深度信念网络（Deep Belief Network，DBN）以后，神经网络真正具有统治力的时代——深度学习的时代才真正来临，这部分内容和它的故事，就留待笔者在第7章中再作介绍吧。

·Chapter·

第5章

行为主义学派

When God calculates and exercises his thought, the world is created.

上帝思考并实现他的想法之时，便是世界被创造之时。

——戈特弗里德·莱布尼茨（Gottfried Leibniz），《创造世界》，1667年

5.1 概述

人类是最具智慧的物种，但智慧到底是潜藏于人类的大脑之中，还是寄居于身体之内，这是一个长期悬而未决的哲学问题。图灵在他1948年写给英国科学院的论文《智能机器》[1]里面，就曾经把研究智能的方向划分成了“具身智能”（Embodied Intelligence）和“非具身智能”（Disembodied Intelligence）两类[2]。关于“非具身智能”的研究，演进成我们今天传统

[1] 当时并未发表，直至1992年图灵文集出版才得以公开。

[2] “Embodied”和“Disembodied”这两个单词在中文没有特别权威的翻译方法，这里笔者采用的是哲学和认知科学中常用的译法，“具身”的通俗解释为“需要依赖具体的身体”。

的基于计算（Computationalism）的认知科学，符号主义学派所主张的观点便是追寻这类智能的具体表现。以非具身智能的角度来看，所谓智能就是符号操作，起始于大脑的输入，终止于大脑的输出，智能和认知只关注这个符号操作过程。而“具身智能”的观点则认为智能、认知都是与具体的身体、环境密切相关的，它们之间存在内在的和本质的关联，智能和认知两者必须以一个在环境中的具体的身体结构和身体活动为基础。智能是基于身体和涉及身体的，智能始终是具体身体的智能，而不能仅仅存在于脑海之中。

前两章着重介绍了非具身智能的进展和成果，追寻具身智能的研究同样在人工智能中成长发酵，便形成了本章的主角——“行为主义学派”（Actionism），这是我们接触到的人工智能三大学派中的最后一个。“行为主义”在人类心理学领域中已出现过，在人工智能领域里，这个学派是以《控制论》的出版发行为起源标志的，因此又常被称为“控制论学派”（Cyberneticsism），根据其学说特点，有时候也被称作“进化主义学派”（Evolutionism）。

对控制论部分人的潜意识中总是有种倾向，认为“控制论的终点是完美的机械自动化，而自动化再完美，始终是规则集合的组合与重复，没有灵性与创造力，再完美的自动化与真正的智能化中间始终存有不可逾越的鸿沟”。这种观念可能是不少人对控制科学、控制论的普遍误解，本章中也会谈到这种误解的来源，控制论诞生之初，其目标就不仅是研究机器的理论，更是研究大脑的理论，我们不能在一个章节的文字里了解控制论的全貌，但是它的梗概与核心的逻辑是应该了解清楚的。

另外还有一个现象值得注意，当今行为主义学派本身的应用及成果其实已经非常广泛，并不比另外两个学派稍差，甚至可以说是建树颇多成绩斐然了。但人工智能的圈子里对这个学派的研究、讨论却一直是不温不火，其主要原因，是大量相关的研究并没有归入人工智能范畴里，而是放到了控制科学、人工生命、机器人学等与人工智能有密切关系的交叉学科之中。在本章里，我们不囿于具体哪个学科范畴，尽量能系统性地了解行为主义学派的人物、背景、观点和成果等全面的内容，这一切，不妨就先从“控制论之父”维纳说起。

5.2 引言：昔日神童

1894年11月26日，诺伯特·维纳（Norbert Wiener，1896—1964）出生在美国密苏里州哥伦比亚市的一个犹太人家庭，父亲莱奥·维纳（Leo Wiener，1862—1939）是俄罗斯和波兰血统的犹太人，只有初中学历，18岁从白俄罗斯孤身一人来到美国，不仅靠着自己的双手生存，还靠着自学成才，在维纳出生时，成为哈佛大学的一名语言学教授。

维纳属于早慧孩子，3岁时不光能独立阅读《格林童话》、《天方夜谭》这类儿童读物，还对许多在他那个年龄本应无法理解的科普作品产生了浓厚兴趣。可能是维纳父亲不想辜负儿子的天分，也可能是为了弥补自己年轻时未能接受良好教育的遗憾，维纳的父亲在维纳小时候，对教育的态度就极度严格，按维纳自己的话说就是“发疯一样地要把自己培养成天才神童”。过于严厉的早期教育确实让维纳在智商和学业上有超乎常人的突出表现，但也在维纳内心留下了强烈而持久的心灵阴影。维纳自己回忆这样的童年场景：

> “在饭桌上、在朋友面前，父亲总反复诉说我的某些幼稚可笑行为，使我如坐针毡，受尽精神折磨，他还经常向我提到祖父的一些缺点，这些缺点不久就会在我身上展露出来。”

童年的经历令维纳患上了抑郁症，而且终身都没有治愈，以至于在他心中长期萦绕着没有根据的莫名的背叛感，甚至多次产生自杀的念头。日后维纳在与政府、军方、媒体和其他学者交往时表现出来的不安全感，还有其他性格上的缺陷都可以解释为由此引发。严苛的教育还让维纳从小就患上深度近视，后来发展到必须扶着墙才能走路的程度。这些童年的往事，都在维纳自己撰写的自传《昔日神童：我的童年和青年时期》（Ex-Prodigy:My Childhood and Youth）中被一一记录了下来。

依靠父亲的高压的天才式培养，维纳直接跳过了初等教育阶段，9 岁时便进入了高中就读，未满 12 岁就进入塔夫茨大学，14 岁获得数学学士学位。维纳不仅在所学的数学专业上有所建树，在生物、物理、逻辑、哲学这些领域的素养也非常高。获得学士学位之后，维纳首先在哈佛大学当了一年动物学的研究生，随后转到康奈尔大学研修哲学，一年之后又回到哈佛攻读数理逻辑，期间还抽空跑到英国剑桥大学师从罗素学习逻辑与哲学，又到德国哥廷根大学跟随希尔伯特学习数学，最后，18 岁的维纳在哈佛大学选择以哲学博士的学位毕业。维纳的聪明与才华无可置疑，不过由于性格等各方面的原因，他留校的申请没有得到批准，只能转去麻省理工大学求职。1919 年起，维纳开始在麻省理工大学任教，从此正式揭开了他的学术生涯，并在那里工作和生活，直至去世。

维纳在麻省理工学院

维纳一生发表论文 240 多篇，著作 14 本，内容涵盖数学、物理、工程、生物和哲学等多个领域。其中最重要的成果，毫无疑问是在 1948 年出版的《控制论》(Cybernetics）一书，这是一部对近代科学影响深远的著作，开创了一个全新的学科“控制科学”(ControlScience)，也开创了人工智能中的行为主义学派。现在每当大家提及维纳时，都总是冠以“控制论之父”的头衔。

5.3　自动机对抗自动机

第二次世界大战期间，维纳接受了一项与防空火力控制系统有关的工作[⊖]，在这场人类历史上规模最大的战争期间，出现了许多对战争进程有着决定性影响的科学研究，而战争也推动了科学向前跨越了一大段距离。二战也同样是控制科学诞生的一个关键机缘。

我们先把时间拨回到这门学科诞生前的 1940 年，这年的 8 月，二战中规模最大的空战“大不列颠战役”拉开了序幕，为了迫使英国尽快投降，纳粹空军决定对英国各大城市展开空袭。8 月 13 日，超过 200 架德国轰炸机在重型战斗机的护航下向英国利物浦发动首轮轰炸，由此开始了对英伦三岛持续一年多的空中打击。10 月 15 日，纳粹空军向伦敦派出了 235 架轰炸机，英国的地面防御系统在此战中的表现极为难堪，地面守军用了 8326 枚高射炮弹，仅仅摧毁了两架德军轰炸机。持续到 12 月，英军地面炮火仅击落了 14 架德军飞机，而伦敦在轰炸中几乎沦为一片火海。

可是从地面角度来看，防空问题的确令人苦恼，光是能够观察到敌机已经是一件相当不容易的事情。德军的“容克 Ju 88 轰炸机”（Junkers Ju 88）速度很快，一旦当它进入到炮手的视线后，再向其开火基本上是为时已晚，对敌机的有效观察必须依靠雷达系统代替肉眼才可能实现。除了需要雷达提高感知侦测能力之外，如何通过雷达反馈回来的信息计算好拦截的位置也是个大问题。155 毫米防空高射炮射出的炮弹从射击开始算起，直到炮弹抵达纳粹容克轰炸机的飞行高度需要在空中飞行整整 20 秒，期间容克轰炸机可飞跃 2.5 英里远，另外还有气流、风向、引力等因素需要修正，这需要大量的数学计算才能找到准确的射击提前量。然后精确地操控那些复杂的枪炮进行瞄准也是同样重要的问题，二战时期英军一台高射

⊖ 维纳的研究其实对战争并没有什么帮助，许多介绍控制论的资料中这部分都以春秋笔法一带而过。他承接的其实是一项研究经费只有 2000 多美元的，用于预测德军飞机在空战中规避防空炮火行为的研究。而维纳提交了一份一百多页的报告，其中只提到了 2 次“空战”和“防空”，其余都是满篇的公式和推导，被军方训斥为毫无作用的“黄色灾祸”，这件事情也成为了后来维纳与军方交恶，转变为一个彻底、极端反战人士的导火索。

炮的不同部件之间可能会相距几百英尺，中间通过电话线路相连，各个部件都需要不同人员协同操作，使用电话人工通话来传递信息。以地面的角度看来，用8000多枚炮弹就能够击毁两架来犯的容克轰炸机，已经称得上是足够“幸运”了。

军方给工程师们下达的任务是尽最大可能把防空火力的可用性提升起来，方案讨论时，工程师常使用“猎人狩猎”来比喻高射炮射击过程：有经验的猎人看到飞行的鸟，其眼睛通过神经将视觉信息传送到大脑，大脑计算出提前量，找到步枪射击的合适位置，手臂调整步枪的方位，预测小鸟的飞行轨迹并提前锁定目标，随着步枪扳机的扣下，信息反馈和射击控制两个独立的过程同时完成。

平凡的猎人的射击过程隐含了一个并不平凡的系统工程：“猎人”是由雷达、信息传输链路、火控计算机和射击控制部件共同组成的一个整体。有经验的猎人要完成眼睛、大脑和手臂的协同工作并不困难，但是让机器自动完成这件事则是一项重大的工程挑战。当时用于防空的最先进的计算机是斯佩里公司研制的机械化火控计算机“M-7”，实际上也只是一台没有计算功能的机械化搜索装置而已，仅能孤立地处理整个系统工程中一小部分的工作。此时，研制一款能够搜索敌机、实时计算射击位置、控制武器射击的全套火控系统已经是迫在眉睫的工作。

战争以极大的力量逼迫着科学研究的发展，只过了不到一年时间，贝尔实验室的工程师大卫·帕金森（David Parkinson）就在“M-7”的基础上成功研制出了“M-9”瞄准计算机（Range Computer），这台计算机能够进行四则运算和数学函数计算，借助电阻器、电位器、伺服电动机和弧刷等工具计算正弦和余弦函数。M-9计算机还能够从雷达获取敌机的位置和速度数据，通过运算后，结果经放大电路放大，直接驱动一台90毫米的重型高射炮自动进行拦截。M-9计算机出现后，才算是把整套工程的各个部分初步地连接起来，形成了一个反馈闭环，把防空过程中完全依赖人类操控的不确定性降低下来。

由机器代替人类控制防空系统的效果是立竿见影的，到了1944年的夏天，英国已经有大约500门高射火炮装备了这套系统，此时地面防空炮火对纳粹空军飞机的威胁就已经提升到了令德国无法忍受的地步，也倒逼着德国不能再单纯地依赖轰炸机来进攻，转而研发出了一种全新的武器，一种无人驾驶的飞行器（通过自身撞向目标代替高空投掷炸弹），这就是世界上出现的首枚弹道导弹：“V-1”导弹（V-1 是复仇者 -1 型导弹的简称）。

世界上首枚弹道导弹，德国 V-1 导弹

1944 年 6 月，V-1 导弹首次出现在二战战场上，可只到了 7 月，就已经有 79% 穿越英吉利海峡的 V-1 导弹被地面防空炮火击落。8 月份，德军发射的 105 枚 V-1 导弹仅有 3 枚能够命中目标，这个数据相比于四年前没有实现自动化或半自动化的防空火炮的战绩，发生了翻天覆地的变化。

二战战场是控制科学最早崭露头角的舞台，今天，控制科学在军事上的重要性已经是无可替代的。笔者还想起 2018 年春节期间公映的由中国海军投资的电影《红海行动》中的一个场景：中国护卫舰临沂号上的舰载 1130 近防炮在不到 5 秒的时间内无一漏网地击毁了 6 枚以超音速飞行，同时攻向舰体的火箭弹，很多观众对近防炮能够如此快速而精准地击中火箭弹这种小而高速的运动物体感到不可思议，甚至认为这纯属为了电影效果而胡编乱造，但军事专家指出此处并不存在夸张的成分，是完全符合我国现代防空武器性能的体现。

电影《红海行动》剧照

大不列颠空中攻防战不仅仅是二战规模最大的空战，还是人类历史上“机器人战争”的开端，战争的未来已可由此预见，此后的战争就是自动机对抗自动机，英吉利海峡两岸的对手就是“M-9机器人”对抗“V-1机器人”，机器正逐渐接管一些以前依赖人类才能完成的事情，而且做的往往要比人类好得多。这些事情现在被人类归属到“自动化”的范畴之中，能够被自动化的事情，往往是根据信息和预设好的规则，做出相应的反馈和控制，但仅是如此吗？

多数人依然坚持认为有诸多复杂问题需要因地制宜，根据实际情况才能做出决策，并不存在预设方案，这些问题自动化无能为力，需真正的智能才能解决，潜台词是需要人类才能解决。可是，如果我们从另外一个角度思考的话，结论可能并不一样：人类大脑无疑是拥有智能的，人类的身体的行动由大脑所控制，因此人毫无疑问是一个能够做出智能的行为智能体，这点应该没有异议。那假如把人再放入一架飞机的驾驶舱里，当飞机有了飞行员控制之后，它的行动算不算是一种智能行为呢？这架飞机能不能看作是一个智能体？这个问题可能就开始有不同的答案了，如果读者心里的答案倾向于肯定的话，那么再想想，能够正确预测飞机行为（如规避炮火的动作和飞行轨迹）、控制防空高射炮成功击落飞机的火控计算机，算不算是拥有了智能行为？机器为什么就不能是智能体呢？

以二战中参与火控系统研究为契机，维纳把从这次战争中发展出来的关于信息、通信、控制和反馈问题的成果进行梳理和总结，并提出了创造性的设想和升华，以此为基础，他的名著《控制论》于 1948 年横空出世。在此书中，维纳对“机器能不能拥有智能行为”这个问题给予了正面的回答，提出了“智能性原则”。维纳认为不仅在人类和人类社会中，在其他生物群体乃至无生命的机械世界中，都存在着同样的信息、通信、控制和反馈机制，智能行为是这套机制的外在表现，因此不仅人类，其他生物甚至是机器也同样能做出智能行为，“智能性原则”是控制论的四大核心原则之一，是控制论观点的支柱之一。

5.4　从“控制论”说起

介绍控制论的思想前，必须先消除可能存在读者潜意识里的一种错误观念：虽然《控制论》诞生于二战的防空火力控制系统的研究，可是此书并不是单纯去讲解机械和机电工程控制的。事实上全书内容中“控制”只是一小部分的话题，这和多数中国人心中所设想的“控制论”不太一样。

在中国，可能都会有一个先入为主的印象——控制论就是一门关于机械控制和工程自动化的科学，此观念直接扎根到我们的高等教育领域，国内大学里常有“自动化学院”这样的院系设置。西方有“控制科学系”，一般在机电工程学院，绝大多数的西方大学都不会为这个专业单独建立学院，而是放到了电子工程、计算机科学、社会管理科学、生物技术科学、经济和商业学院等院系的专业课程之中，这是由于控制论所包括的内容涉猎非常广泛，几乎与现今所有重要的学科都有交集。维纳自己把控制论看作是一门研究机器与生物控制和通信的一般规律，以及此规律所表现出来行为的科学，是研究系统在不同环境下如何保持稳定状态的科学。这听起来似乎有点抽象，要了解控制论，了解人们对控制论先入为主的影响的来源，就应该先从“控制论”这个名字的来龙去脉来了解其含义。

“Cybernetique”一词首先由法国物理学家安德烈 – 马里 · 安培（André-Marie Ampère，1775—1836）在其著作《论科学中的哲学》里首先使用，法语为“ Cybernetique”，意思是“国务管理”（ Civil Government），自然是属于社会科学的范畴。维纳在《控制论》的序言里面没有提安培的事，认为是自己从希腊文“KνβερνετιKσ”（原意为“操舵术”，就是掌舵的方法和技术的意思）中创造了该词。在维纳的思维框架里，《控制论》的范畴更加广阔，把社会、人类、其他生物体甚至机械体都纳入进来，他把机电伺服系统的物理反馈现象与神经生理学的“目的性行为”（Purposeful Behaviors）、哲学上的“因果循环律”（Circular Causality）互相结合起来，认为人类、生物和具有智能的机器等都是通过“由负反馈和循环因果律逻辑来控制的目的性行为”来实现自身目的的，这一句话便是控制论思想的源头。全书的主旨不在于工程控制，工程控制充其量只是一个方法手段，现在自动化专业课本中提到的理论和公式在《控制论》中都没有提及。这本书的名字应该要配上它那拗口的副标题《控制论：在动物和机器中控制和通信的科学》（Cybernetics: On Control and Communication in the Animal and the Machine）才能贴切地反映出作者的真实意图。从副标题可见，书中讨论的主体本来就是“动物和机器”。后来控制论慢慢发展，衍生出了社会控制论、工程控制论、生物控制论和经济控制论这些分支，与人工生命、人工智能、复杂性理论慢慢形成越来越密切的联系。

1948 年版《控制论》的封面

上世纪 50 年代，《控制论》从西方国家传播到社会主义阵营时，前苏联对于《控制论》是采取严厉批判的态度，认为其中宣扬的“人类与机器的行为可在理论上统一”“自学习”“自生殖”“可进化”的机器等观点实质上是在反对唯物主义。最初在中国，学者将“Cybernetics”翻译为“机械大脑论”，但由于这个理论被苏联直接定性为“反动的伪科学”，所以并没有广泛传播开来。其实在西方控制论刚出现时支持和反对的声音都是同样的强烈，维纳在《控制论》中将动物与机器相提并论，也引起了不少宗教人士的不满与抗议，认为这冒犯了造物主和人的尊严。由于以上背景，1956 年《控制论》正式进入中国时，中宣部科学处的龚育之等人将正式的中文译法敲定为“控制论”，目的就是尽可能避免此书再把“机器”和“人”“大脑”扯上联系。后来，我国著名科学家、控制科学的先驱钱学森先生在编写专著《工程控制论》（Engineering Cybernetics）时，特别在“Cybernetics”前冠以“Engineering”一词，也是为了摒弃控制论中关于人与智能的充满争议的观点，专门针对工程控制和工程自动化方向去拓展，可以说《工程控制论》一书的内容才是比较符合今天多数中国人对“控制科学”这门学科的内心印象的，但我们也应当明白控制论的范围并不限于此。最近有一本引进国内的关于控制论的书《机器崛起：控制论遗失的历史》，其翻译者王飞跃老师在此书的序言中写到这样一句评语：

> “《机械大脑论》这个名字其实至少能表述《控制论》原文 75% 的含义，但‘控制论’似乎只能传递原意的 25% 了。”

笔者十分赞同这个说法，不过还需要加以说明的是，如明斯基写的《感知机》那样，书以“感知机”为名，却并不是以认可推广感知机为目的，这里假若此书以“机械大脑论”为名，仅为了说明这个是书中讨论的中心话题，却并不能说明维纳就是认同“机械大脑论”的，起码不是认同传统机械因果观下的“机械大脑论”。

5.5 机械因果观和行为主义

《控制论》的序言中说到了维纳撰写此书时受到莱布尼茨符号语言和思维演算系统的启发，这套思维演算系统可看作是“机械式大脑论”的源头了。维纳一生骄傲，但对莱布尼茨依然评价颇高，认为莱布尼茨是人类历史上最后一位百科全书式的博学的通才，还说如果莱布尼茨出生在20世纪，那肯定也会去研究控制论。

莱布尼茨提出的机械式思维演算系统与人工智能真的是关系不浅，在本书的前两章里，分别提到过它引导了符号主义里以符号演算代替人类思维的中心思想（见第3章），同样也启发了皮茨和麦卡洛克对神经网络的开创性研究（见第4章），再加上此处对控制论诞生的贡献，这位生于清朝康熙年间的德国学者，他的见识与奇思妙想实在是令人佩服。有共同的话题和共同的“偶像”，这可能也是维纳后来开始与皮茨、麦卡洛克合作的诱因之一。

不过，维纳并没有全盘认同莱布尼茨的思维演算系统，维纳自己也提出“机械大脑论”，但与莱布尼茨的有极大的差别。要理解维纳所讲的“机械大脑论”，我们首先需要讲明白“行为主义方法”这个概念。

行为主义是从其他学科引入到控制科学和人工智能的舶来品，在控制论诞生之前，科学家便已经发明了用于研究动物和人类的生理、心理现象的“行为主义方法”。他们把有机体应付环境的一切活动统称为“行为”，认定全部行为都可以分解为“刺激”和“反馈”两大过程。给考察对象以某种刺激，观察它的反馈，通过研究反馈与刺激的关系来了解对象的特性，而不去纠结对象内部的组织结构，这就是行为主义方法。

维纳自己一直坚持把考察对象作为开放系统来看待。从他的开放性观点来看，研究的对象是从它的环境中相对地抽取出来的，与环境仍然有千丝万缕的联系。可以而且必须从系统与环境的互动关系中研究系统。如果把行为广义地定义为系统相对于环境做出的变化，那么，一个系统可以从外部探知的变化都可以称为行为。如果把环境对系统的影响和作用统称为“输入”，把系统对环境的作用及其引起的环境变化称为“输出”，则给系统施加某种输入，观察它的输出，通过分析输出对输入的响应关系以了解系统的属性，而不必顾及系统内部的组织结构，这就是广义的行为主义方法。它既适用于动物，也适用于机器以及其他系统，这一定义和推论奠定了控制论的方法论基础。

“输入—输出”方法，现在也经常被称为“感知—动作”方法，更一般地说就是“行为主义方法”，原本是以因果决定论为基础的，相信输入与输出之间存在因果联系，输入为因，输出为果，通过施加适当的输入可以获得理想的输出，这是设计和使用控制系统的思想前提。不论是维纳，还是其他现代控制论专家，都相信因果规律，并坚持某种决定论，但维纳又谨慎而坚定地与传统的“拉普拉斯决定论”（Laplacian Determinism）划分开来。

在控制科学建立之初，尽管物理学中由于量子力学的胜利，在微观科学中已建立起了以概率去解释物理现象的观念，但在其他技术科学领域占支配地位的仍然还是拉普拉斯决定论，学者们普遍信奉的是机械式的因果观，主张的是一种明确的、完全确定性的因果关系。自从牛顿时代起，科学描述的宇宙是一个其中所有事物都是精确地依据特定规律来运作的宇宙，是一个细致而严密地组织起来的、其中全部未来世界都严格地取决于全部过去世界状态的宇宙。机械因果观描绘的这种钟表式世界图景，从17世纪到19世纪的漫长时期里持续统治了科学界。直到路德维希·玻尔兹曼（Ludwig Boltzmann，1844—1906）在物理中引入概率解释后，这种决定论才受到了挑战，最终量子力学获得全面胜利，这种纯机械的因果观在微观世界中才被推翻。即使像莱布尼茨这样具有辩证思想的学者，也坚信机械因果论，所以莱布尼茨的思维演算系统还是存有很明显的时代局限性的。

在研究自动机的过程中，维纳终于领悟出了通信与控制之间的本质联系。二战结束以后，他在信息论的许多方向上进行探索[⊖]，其重要收获之

⊖ 后来维纳和香农的关系还不错，但起初维纳一直认为香农的《信息论》是受到自己的启发，因为二战期间战争保密需要，维纳的很多研究论文都被军方禁止公开，维纳认为香农曾经阅读过这些资料，并且在《信息论》中用到了很多与他论文相近或相似的理念。

一是明确了控制系统所接收的信息具有随机性，控制系统的结构必须适应这种性质。这里隐含了一个重要结论：控制论其实是一种统计理论，它关心的不是系统根据单独一次输入后产生的动作，而是对全部输入整体上能够做出合乎预期动作。在这个系统中，因果联系不再是完全确定的，它同时具有统计上的确定性和个体上的不确定性，因而是一种统计上的因果关系。在控制系统中引入统计属性，从根本上改进了机械式的因果观念，从此观点出发，机械同样可以表现出“具有灵性”的智能行动，这也是维纳对“机械大脑论”的翻天覆地的革新改进，使得机器与生物体，在理论上都可以表现出相同智能行为的理论基础。机器与生物在行为意义上的界限，或者说智能与否在行为意义上的界限，可概括为以下两点。

- 机械或者机电系统中的反馈机制可以推广到人类和其他生物的范畴，可以用同一套理论去阐释动物和机器两大领域的信息、通信、控制和反馈问题。
- 人类和其他生物的智能行为，也同样可以推广到机器，机械也可以实现智能行为。根据“感知（输入）—行动（输出）”方法，只要能够对环境的外部输入给予预期中的输出，这就是智能的体现，而无须去纠结是机器还是生物体。

这两点也是现在行为主义学派学说的理论基础，在 90 年代初期，由美国人工智能研究协会（AAAI）的创始人之一，麻省理工学院的罗德尼·布鲁克斯教授（Rodney Brooks，1954—）在他的文章《大象不下棋》（Elephants Don’t Play Chess）中提出。他一直倡导研究“没有表达的智能”和“没有推理的智能”，认为“智能”就取决于“感知”和“行动”。布鲁克斯本人也是维纳时代之后，行为主义学派的重要代表人物之一。

关于控制论的其他观点和细节，笔者不再细说，毕竟这与控制科学关系更密切些。行文至此，人工智能学科中的三大学派的主要人物和主要观点我们都已经接触过，这里倒是可以对比总结一下了：连接主义学派使用的是生物仿生学的方法，通过模拟生物体的脑部组织结构去寻找智能，它关心的是承载智能的生理结构；符号主义学派使用的是逻辑推理和演算的方法，通过解析物理符号系统假说和启发式搜索原理去寻找智能，它关心的是承载智能的心理结构和逻辑结构；而行为主义学派使用“感知—动作”的研究方法，通过环境反馈和智能行为之间的因果联系去寻找智能，既不关心智能的载体和其内部的生理结构，也不关心智能的逻辑和心理结构，只关心智能的外部可观察到的行为表现。如果要用最简单的一句话进行总结，我们可以说连接主义学派在研究“大脑”（Brain），符号主义学派在研究“心智”（Mind），行为主义学派则在研究“行为”（Action）。

5.6　自复制机和进化主义

行为主义、控制论中还有一个必须提到的观点，认为人工智能是应该和人类智能一样，依靠进化获得，通过遗传过程的随机变异和环境对个体物竞天择的自然选择，逐代筛选出更快速、更健壮、更聪明的个体。这与之前图灵提出的建造一台简单、空白但有学习能力的机器，通过学习来获取知识，形成智能的设想还有所差别，图灵的设想中不可避免地涉及对机器的教育和教育效果的评估等问题，但以进化的观点来看，这两个问题其实都不存在，环境就是最好的老师，同时也是最好的裁决者，唯一要解决的问题就是如何才能做到繁衍生息。

本书开篇写有一段这样的引言：“在古代的神话传说中，技艺高超的工匠可以制作人造人，并为其赋予智能或意识，希腊神话中出现了诸如赫淮斯托斯的黄金机器人和皮格马利翁的伽拉忒亚这样的机械人和人造人；根据列子辑注的《列子・汤问》记载，中国西周时期也已经出现了偃师造人的故事。”可见从古至今人们都没有停止过寻找“有生命的机器”的可能性，在若干个可以突破机器与生物体之间界限的想法里，最野心勃勃的设想是直接创造出不含有机碱的活体机器来，这是一种独立机械装置，完全没有生物组织，却有可以被赋予多种生物特征，诸如复制、变异、进化和思考等能力。随着控制论的创立和流行，也为人们思考机器是否有可能以及如何制造出无机生命体提供了一些启发。根据维纳本人的设想，机器生命是直接对标于人类的，在控制论中专门有一章是讲如何使用计算机去实现生物大脑的神经系统，在麦卡洛克和皮茨开创神经网络的故事里，维纳本人也深度地参与其中。

控制论诞生之前的1943年，计算机体系结构之父冯·诺依曼就开始与维纳共同研究过机器生命，到1946年底，冯·诺依曼对3年以来的研究进展程度倍感恼火，他觉得机器生命不应该一开始就对标人类，人类和人类大脑实在是太过于复杂，以至于难以作为模仿的模板来进行研究。在一封给维纳的著名信件中，冯·诺依曼建议维纳更换研究的对象，缩窄研究的范围，试图说服维纳暂时远离人类的神经系统。冯·诺依曼在信件里写到：

> "在尝试理解自动机的功能及其控制的一般原理时，毫不夸张地说，我们迅速采取行动并选择了普天之下最为复杂的对象——人类大脑。"

由于对大脑的研究不可能快速获得突破，冯·诺伊曼建议先研究一种更为简单的有机体——比单细胞更为简单的有机体——"病毒"来作为代替。病毒算不算是生命体这个问题直至今天还存有争议，但是病毒是沟通无机环境与生命有机体的一条灰色的界限，这点在科学界中早已被普遍认同。冯·诺依曼选择病毒作为对象，除了因为其结构相对简单，还因为病毒已经满足了生命体的其中一个关键特征：能够自我繁殖。

冯·诺依曼虽然最终也没有成功说服维纳从神经系统转向研究病毒，但是他自己大约花费了两年时间，拿出了一门理论：《自复制自动机理论》（Theory of Self-Reproducing Automata）[㊀]，总体上概述了机器应该如何从基本的部件中构造出与自身相同的另一台机器。其目的并不是想模拟或者理解生物体的自我复制，也并不是简单想制造自我复制的计算机，他的最

㊀ 该书源自冯·诺依曼在20世纪40年代于伊利诺伊大学做的一系列讲座。之后由冯·诺依曼的助手、密西根大学的阿瑟·伯克（Arthur Burk）整理、编辑出版。

终目的是想回答一个理论问题：如何用一些不可靠的部件来构造出一个可靠的系统。自复制机恰好就是一个最好的用不可靠部件构造的可靠的系统。这里，“不可靠部件”可以理解为构成生命的大量分子，由于热力学干扰，这些分子很不可靠。但是生命系统之所以可靠的本质，恰是因为它可以完成精确的自我复制。维纳也在1961年出版的《控制论》第2版里面特别增加了两个新章节，其中就有一章专门讲述机器如何实现自学习和自复制能力。

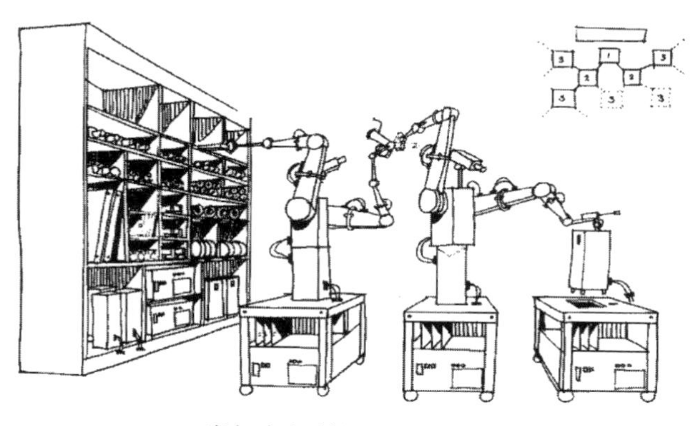

当年自复制机的艺术表示

根据冯·诺依曼定义的自复制机架构，任何能够自我复制的系统，都应该同时具有两个基本功能：首先，它必须能够构建一个组成元素和结构与自己一致的后代系统，然后它需要能够把对自身的描述传递给这个后代系统。冯·诺依曼把这两个部分分别称作“通用构造器”和“描述器”，而描述器中又包含了一个通用图灵机和保存在通用图灵机器能够读取的介质上的描述信息。这样，只要有合适的原料，通用构造器就可以根据描述器的指示，生产出下一台机器，并且把描述的信息也传递给这台新机器。随后，新机器启动，再进入下一个复制循环。

冯·诺依曼的这个思路被几年后的一项惊人发现所验证。1953年，詹姆斯·沃森（James Watson，1928—）和弗朗西斯·克里克（Francis Crick，1916—2004）共同发现了DNA的双螺旋结构，这种结构完全具备冯·诺依曼所提出的两个要求。现在，我们仍然还没有设计出能够真正完全复制的机器硬件[⊖]，但是遵循冯·诺依曼的思路的自我复制软件确早已经存在了，电脑病毒就是其中最广为人知的一种。

冯·诺依曼还注意到植物和动物虽然都可以生育后代，但是历经多代的生命繁衍并非简单地复制前代相同的生命，自然繁殖的复制过程中会出现源源不断的复制错误和变异，根据物竞天择的进化原则，对外界环境交互不利的变异将被淘汰，有利的变异则比较容易保留下来，从总体上使得变异的结果是生命体得到了改良。大自然不仅仅设计了生命体，它还在不断地进化并提高现有的设计，使得生命体能产生比自身更为复杂的东西。

可是以机械化的角度看待繁衍的话，将会导致一个相反的结论：有机生命的自我复制是进化的，而机械的自我复制则是退化的。一台机器如果可以制造另外一台机器，那它必须要懂得组成机器的每个部件、掌握新机器的设计和组装过程中用到的工具，总而言之，母机的精确度和复杂度必然不能比子机更低。复杂度这点是无须解释的，精确度上也容易理解：譬如以工业中最常用于制造机器部件的机床为例，母机床的精度必须要比通过母机床制造出来的子机床精度高，才有可能制造出符合精度要求的下一代子机床，而使用子机床再复制出下一代子机床，精度还会进一步下降。所以冯·诺依曼的自复制机理论中，必然不能是一比一的直接复制，也必须引入随机变异这一生物进化的重要特征，

冯·诺依曼在加利福尼亚州帕赛迪纳的海克森研讨班上做了一系列关于自复制机的演讲，尽管自复制机还只是一个无法真正施行的思想实验，但是在五六十年代的美国引起了很多关于机器生命的思考。对于科技发展的速度，无论是公众还是学者，都仍然处于二战所带来的技术爆炸的快感之中。对科技、特别是对于以信息化、自动化和智能化为代表的第三

⊖ 但是距离目标已经相当接近了。2008 年 7 月，在切尔滕纳姆科学节（Cheltenham Science Festival）上，英国巴斯大学的艾德里安·鲍耶（Adrian Bowyer）和新西兰科学家维克·奥利弗（Vik Oliver）公布了一个叫做“RepRap”的机器人。这台方方正正的机器看起来像一个鞋架，完全看不出我们梦想的那种机器人的影子。不过，它可以不完全地实现自我繁殖：RepRap 可以通过电脑的指令来制造实体的零件，然后由操作者手工装配。实际上，它的核心部件就是一个三维打印喷头，使用融化的塑料来制造零件，或者使用融化的低熔点合金来打印电路。

次工业革命的未来充满了幻想与憧憬。“自复制机理论”是人造机械智能生命思索过程中的一个产物和缩影，它预示着机器人未来将参与到人类的社会与生存之中。随着人们对机器人思考与想象频率的增加，各式各样的机器人也越来越频繁地登上小说和银幕的舞台。不论斯坦利·库布里克（Stanley Kubrik）的电影《2001 太空漫游》中控制“发现号”太空飞船的反派角色 HAL9000，还是乔治·卢卡斯（George Lucas）执导的影片《星球大战》中勇敢机智的 R2-D2 和 C-3PO 机器人，都成了家喻户晓的银幕经典形象。

《星球大战》中的 R2-D2 和 C-3PO 机器人

在这个背景下，“机器人学”（Robotics）也开始逐渐从凭空幻想转变成一门严谨的、涵盖了机器人的设计、建造、运作以及应用的跨领域的科学技术，开始被科学界严肃对待，机器人学并不属于人工智能或者控制科学的一个分支，而是一门与两者有重叠和紧密合作关系的新学科。

5.7　机器人学

1950 年 5 月，麻省理工学院的戏剧工作室在波士顿上演了一出著名的科幻剧——卡雷尔·艾派克（Karel Čapek）的话剧小品《罗萨姆的万能机器人》（Rossum’s Universal Robots）。这是一部很有纪念意义的作品，话剧改编自捷克语的同名小说，写于 1920 年，出版三年之后，被翻译成英语在伦敦演出，这次演出是“Robot”（机器人）这个单词首次出现在英语当中。

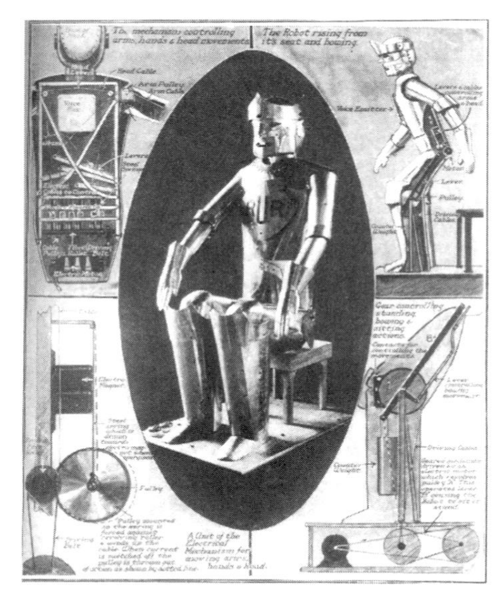

罗萨姆的万能机器人

演出当晚，在话剧的演员正忙于后台准备时，维纳独自一人先行走到了剧场的舞台中央，此时的维纳已经是一名畅销书作者、一位麻省理工学院的著名教授，不仅在学术圈中有名气，无数的访谈和报纸杂志竞相宣传让他成为了大众关注的焦点。维纳在舞台上对观众说道：

> “艾派克的戏剧并不是科幻小说。《罗萨姆的万能机器人》预测了不远的将来，机器要求被理解，要求我们像理解人类一样理解它们，否则我们将会变成它们的奴隶，而不是它们成为我们的奴隶。”

这段开场白假如由其他人所说，也许还会带有一丝夸夸其谈的感觉，但是由控制论之父说出来，便充斥着预言的味道，令人既不安又不得不去思考其发生的可能性。不仅如此，维纳随后还向观众们当场展示了他带来的一个机器人，他制造的“帕尔米亚”（Palomilla）。

维纳和他的机器人“帕尔米亚”

当维纳拿起手电筒照向这个带着车轮大约 18 英寸高的装置时，这台机器就自动急促地、呼啦呼啦作响地跑到维纳跟前。其实帕尔米亚只是一台安装了电池、电动机和光感传感器的三轮车，传感器输出的信号经过放大后控制着小车的方向杆，使得它能被灯光所吸引。这在今天看来显然是一台很业余的机器玩具，但放在上世纪 50 年代，尤其是放在维纳的预言式的开场白之后，舞台效果无与伦比。

维纳还不是最早制造这类机器人的人，早在 1 年多以前，剑桥大学的神经生理学家威廉·华特（William Walter，1910—1977）就做出了两个与帕尔米亚相类似，但更加严谨且精致的机器人（或者说是“机器乌龟”）。华特以路易斯·卡罗（Lewis Carroll，1832—1898）的作品《爱丽丝梦游仙境》（Alice's Adventures in Wonderland）中某个“乌龟”的角色给他的机器人命名，分别叫作“艾玛”(Elmer) 和“埃尔西”(Elsie)。这些机器人都由控制器、传感器（包括光传感器、碰撞传感器）、充电电池、电动机和 3 个车轮构成，使用双真空管的模拟电子电路充当机器人的大脑，用来连接传感器和车轮，使得机器人能够自动寻找光源、调整方向，让头部朝向光亮运动或者远离光线运动，并通过转向或者推动来避免障碍。

华特的机器乌龟

这些机器人的控制逻辑只是一组具有优先级别的“反应规则”的集合。当这些简单的反应规则被正确地排列组合之后，机器人表现出来的行为就如同动物一样了。别看这两个机器乌龟与今天几十块钱就可以买到的儿童玩具相差无几，当时这两个机器乌龟可是被媒体宣传为“Machina Speculatrix”（拉丁语，意思是“会思考的机器”）或者“Machina Docilis”（意思是“可以被驯服或者训练的机器”）的[⊖]。

华特认为通过机器人学和人工智能技术的结合，最终可以制造出智力和动物，甚至是与人类相当的机器。这个理想在当时的技术条件下自然是不可能实现的，但华特的机器乌龟可以视为机器人学萌芽时期里机器人雏形的代表，经过几十年的发展，今天在很多评价指标上，机器人都达到了昆虫或者动物的反应水平，这个目标距离达成也已经算是看到一丝曙光了。华特本人也很热衷于带着他所创造的机器人在世界各地进行展览，直到今天我们还可以在博物馆中看到华特的机器人们。

机器人的“初步成果”，还有刚才提及的机器人形象在小说和电影中大量出现，伴随着媒体宣传的推波助澜，让人们有了一种错觉，仿佛机器人很快就会作为一种新的、具有智能的生命形式出现，并与人类共处。这既令人们期待机器会代替人类从事一部分的智力劳动，也让很多人感到不

⊖ 资料来源：http://robotics.cs.tamu.edu/dshell/cs643/papers/walter51learns.pdf。

安乃至恐慌，将机器人和人造生命视作怪物，认为对当时的工作环境和社会结构甚至人类的生存将会构成严重的威胁，要求政府停止或限制机器人学的发展。

1942 年，著名科幻小说家艾萨克·阿西莫夫（Isaac Asimov，1920—1992）在其著名小说集《我，机器人》系列的第一个短篇《环舞》（Runaround）中，为日后将要被制造出来的机器人设定了三条不可违反的行为准则，即至今仍广为流传的，用于限制机器人不能祸害人类安全的"机器人三定律"。

> 第一法则：机器人不得伤害人类，或因不作为使人类受到伤害。
> 第二法则：除非违背第一法则，机器人必须服从人类的命令。
> 第三法则：在不违背第一及第二法则下，机器人必须保护自己。

这些法则被寄望于直接固化在"即将出现"的机器人的底层软硬件中，用来约束它们应该如何与人类和平相处。"三定律"虽然是阿西莫夫在小说里提出来的行为法则，但也具有一定的现实意义，在机器人三定律基础上，又衍生出了一门新兴的学科"机械伦理学"（Robot Ethics），旨在研究人类和机器人之间的关系。说这是一门"学科"可能有点令人觉得小题大做，但目前确实有越来越多的著名科学家、企业家投入或资助这一方面的研究，主旨都是为了确保一旦人类制造出了真正的机械智能或者机械生命，是在为自己寻找有力的助手，而不是自己毁灭掉自己。

真正的机械智能或者机械生命迄今为止都并没有出现，未来会不会或者何时出现不得而知。如同人工智能其他几个方向的发展一样，在上世纪五六十年代就认为这类机器人"即将出现"显然是过度敏感和乐观的表现。不过，虽然还没有一般意义上的通用智能，也没有可以自我繁殖的机器生命，但有许多其他形式、用途的家用机器人、军用机器人和工业机器人已经渗透进人类的生活和生产之中。

1954 年，美国发明家乔治·戴沃尔（George Devol，1912—2011）提出了"工业机器人"的概念，并在 1954 年申请了专利（专利批准于 1961

年），工业机器人大多抛弃了仿人型的外表，更贴近于一种可编程的机械臂装置，用于代替人类进行工业生产中重复的通用性作业。

两年以后，戴沃尔和约瑟夫·恩盖尔柏格（Joseph Engelberger，1925—2015）基于戴沃尔的原先专利，共同创立了以研发和制造工业机器人为主营业务的Unimation公司，该事件被视作机器人产业正式进入商用的里程碑。工业中的应用也是机器人从单纯的研究和概念转向实用化的第一个领域。

1960年，Unimation公司的第一台工业机器人在美国下线，取名为“Unimate”（意为“万能自动”），应用在通用汽车总装线上，此机器人的工作是从压铸机中举起高热的金属片并堆叠起来。

世界上首台工业机器人“Unimate”

不过，虽然工业机器人诞生于美国，但是美国政府并未把工业机器人列入重点发展项目，甚至有刻意打压的倾向。原因就是当时社会对机器人将会代替人类，与人类竞争工作岗位的论调此起彼伏，导致政府不得不限制其发展。维纳曾在《控制论》中非常直接粗暴地描写了一段未来工作的景象：

> “如果第一次工业革命导致人手由于机器竞争而贬值，那么现在的工业革命㊀便在于人脑的贬值，至少人脑所起的简单的较具有常规性的判断作用将要贬值。当然，正如第一次工业革命在某种程度上留下了熟练的匠人，第二次工业革命也会留下熟练的科学家和熟练的行政人员。假如第二次工业革命已经完成，具有中等学术能力及以下水平的人将会无以为生，因为他们无法提供任何值得别人花钱来买的东西。”

后来，在《控制论》发表两年以后，维纳自己专门又撰写了控制论的“姐妹篇”：《人有人的用处：控制论与社会》（The Human Use of Human Beigs:Cybernetics and Society），此书中专门强调了人类（主要特指知识分子和科学家）的优势，以及人类在这一次工业革命背景下可以发挥的作用。尽管维纳强调了“人有人的用处”，但在笔者看来，要专门写一本书、取这样的标题来论证“人是有用的”这样的观点，这件事情本身就反映了当时社会对机械智能的焦虑情绪已积蓄到了极点。美国当时失业率高达 6.65%，政府不仅担心发展工业机器人会造成更多人失业带来的经济影响，更加担心因失业而带来的社会动荡和选票流失，因此既未对制造和使用机器人企业投入财政支持，也不提倡学术机构继续研制发展工业机器人。从 1960 年到 70 年代中期这十几年的时间里，Unimation 的唯一竞争对手只有美国的米拉克龙（Cincinnati Milacron）公司。

直到 70 年代后期，美国政府和企业界虽然对工业机器人的制造和应用认识有所改变，但仍将技术路线的重点放在研究工业机器人软件及军事、宇宙、海洋、核工程等特殊领域的高级工业机器人的开发上，致使欧

㊀ 这里所写的工业革命在书中称为“第二次工业革命”，现在通常会把 1870 年至 1914 年以电力普及为标志的科技进步称为“第二次工业革命”，而维纳所说的更接近于从 1950 年开始以信息技术普及为代表的“第三次工业革命”的范畴。

洲和日本的工业机器人后来居上，并在工业生产的应用上及工业机器人制造上都快速超过了美国。欧、日的工业机器人在国际市场上占有率曾一度达到了92%，至今，工业机器人领域的四大企业（瑞典的ABB，德国的库卡㊀，以及日本的发那科和安川电机）都为欧、日所把控。今日商业及工业机器人已被广泛地应用在可以比人工更廉价或更精确可靠的工作上，也被雇用于肮脏、危险或令人感到乏味的工作。机器人的广泛应用，除了制造业之外还有：组装、封装及包装、运输、地球及太空探索、外科手术、武器、实验研究、保全，以及消费性和工业产品的大量生产的多个行业领域。

美国虽然自废武功，放弃发展工业机器人，但在具备自主移动、自主环境感知和应对的移动机器人（Mobile Robots）上的研究和技术积累仍然是冠绝全球，成果累累。今天小到家庭使用的扫地机器人，大到被发射到火星上的探测器，还有非常火热的无人驾驶汽车，都受益于这些研究所带来的技术红利。

1969年，斯坦福大学人工智能研究中心（Artificial Intelligence Centerat Stanford Research Institute，AIC@SRI㊁）的尼尔斯·尼尔森（Nils Nilssen，1953—）教授研发了一款名为“Shakey”的车型机器人，这是世界上第一台可以自主移动的机器人，它被赋予了有限的自主观察和环境建模能力，控制它的计算机非常巨大，甚至需要填满整个房间。制造Shakey的目的是用以证明机器可以模拟生物的运动、感知和障碍规避。在Shakey出现十年以后，《智力后裔：机器人和人类智能的未来》的作者汉斯·莫拉维克（Hans Moravec，1948—）教授在斯坦福大学建造了世界上第一台完全由计算机控制、可以自动驾驶的小车，并成功环绕斯坦福人工智能中心大楼绕行一圈，这可算是无人车的鼻祖。

㊀ 德国库卡机器在2016年底被中国美的集团以292亿元的天价收购。这是全球的高端制造业也开始向中国转移的标志事件。

㊁ SRI于1970年从斯坦福大学独立出去，成为美国一个独立的非营利性的研究组织，并在1977年改名为“SRI International”。

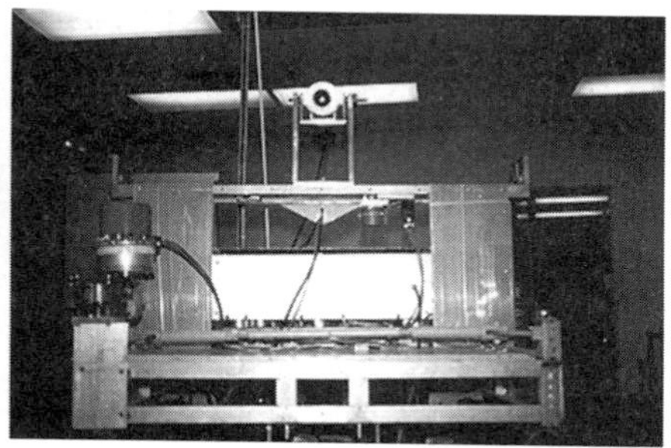

自主移动机器人“Shakey”（左）与世界第一台自行驾驶小车（右）

经过几十年的积累，斯坦福大学人工智能研究中心（即今天的斯坦福国际研究中心，SRI International）已成为了这一类具备环境探测和反应能力的自动行驶移动机器人探索的世界前沿阵地。2004年起，美国国防高级研究计划局（Defense Advanced Research Projects Agency，DARPA）曾连续举办过三年的“DARPA无人驾驶机器人挑战赛”（DARPA Grand Challenge），以大额奖金鼓励自动驾驶和无人车的研发。首届比赛由斯坦福大学人工智能中心研发的“斯坦利”（Stanley）自动驾驶汽车获得冠军，它成功越野行驶212公里，第一个穿过终点，最终赢得200万美元大奖。这些研究成果也很快被商业公司所吸收和应用，世界上第一辆获得美国机动车管理局合法车牌在公共道路上实现L4级别无人驾驶[⊖]的Waymo公司（于2016年从谷歌无人车部门独立成为公司）、目前世界上最成功的无人车企业特斯拉（Tesla）公司的总部都建立在斯坦福大学所在的硅谷地区。

如维纳所预料，控制科学、机器人学和人工智能这些学科的出现和发展，确实极大地改变了人类的经济和生活方式，不过，维纳的预言也并没有完全地应验，科技发展并未淘汰掉人类，也没有削弱人类在智力上的优势，抢夺掉人类的工作和饭碗。目前人工智能、机器学习、深度学习和大数据等相关的工作职位大量涌现，这是第三次工业革命从自动化、信息化逐步发展到智能化阶段的表现，是技术深刻影响经济活动和社会生活的缩

⊖ 关于无人驾驶的L1-L5级别的定义：https://36kr.com/p/5065605.html。

影。在这场数字革命中，我们取得了一些成绩，但这也仅仅是智能化阶段的开端，未来的道路还十分漫长。

5.8 本章小结

本章我们接触到了人工智能三大学派中的最后一个——行为主义学派，行为主义所追寻的智能来自“感知—动作”模式，这个学派认为是否存在智能，取决于感知能力和表现出来的外在可见的行为，而智能行为又是必须通过现实世界与周围环境的交互作用才能表现出来的，因此智能不是仅存在于脑部的智能，而是与身体和所处的环境系统都有密切的联系。

控制科学、行为主义方法在机器人学中有非常广泛的应用，并且取得了一些成果。不过这种“自下而上”寻找智能的方式，终点是止步于昆虫层面的应用智能，还是能直达人类层面的通用智能，这点连现在这个学派的学者自己都普遍存疑。现在，人工智能三大学派都各自遇到了难以突破的瓶颈，将三大学派的方法糅合起来共同运用、互相取长补短是未来寻求智能的一种趋势，也是一条相对更具有突破可能性的道路。

· *Part 3* ·

第三部分

第三波高潮

·Chapter·

第6章

机器学习概览

Machine learning is the study of algorithms that allow computer programs to automatically improve through experience.

机器学习就是一种可以让机器根据历史经验自动改进自身的学习算法。

——汤姆·米切尔（Tom Mitchell），《机器学习》，1998年

6.1 概述

图灵在《计算机器和智能》中首次提出了“学习机器”（Learning Machines）的概念，以极具预见性的眼光洞察到能否实现人工智能的关键，很可能就取决于能否或者说何时解决“如何让机器拥有学习能力”这个问题。

“学习”是一种伴随人类终生的普遍的行为，它的含义可以是很广泛的，并不是一定非要在学校接受教育才能算是学习，也不一定读书、思考才能算是在学习。所有的对象，不论人类、动物，甚至是无生命机械，如果接受外界信息的刺激之后，能形成经验反应，并影响日后的行为，那其实这个过程就已经可以称之为“学习”了。就这种广义的学习定义而

言，不仅局限于人类，几乎所有的生命体与生俱来都拥有着不同程度的学习能力，而现在还没有找到确切答案的问题是，学习是否是上帝赋予生命的特权？机器是否也能够拥有学习的能力？经过众多科学家数十年的持续研究，目前机器要做到自主地学习，已经取得了一些进展，但也仍然存在很多还未得到妥善解决的问题。

曾经人们试图绕过“机器学习”这个障碍，尝试尽可能发挥机器本身的特长——典型如高速的计算能力和海量的存储能力，用逻辑符号的推理来模拟替代人脑的思考、用人工总结在外部给机器灌输知识等方式去寻找获得智能的可能性（这些努力可详见第 3 章），但全部尝试都遇到了巨大的困难，均没有获得明显突破。相比起自然界之中无穷无尽的自然规律，比起人类历史发展达数千年的庞大知识积累，机器引以为傲的运算速度和人类总结灌输知识的效率都显得如此微不足道。

经过各种方向的探索尝试，今天的人工智能主流研究方向，不得不又重新回到了死磕“如何让机器学会‘学习’”这个课题上，人工智能的学者们基本已经接受了必须让机器具有通过历史数据修正改进自身的能力、有接受外界输入的刺激并获得自我进步的能力，才是迄今最有希望能够通往人工智能的路径。

而对于公众来说，大约是 2012 年开始，机器学习几乎是一夜之间成了流行词。经过以高德纳（Gartner Group）等企业为首的一大批信息技术咨询公司在这些年的大肆宣传，人们对机器学习的期望和关注都已积累颇多，可能已经超过了机器学习本身所能解决问题的范畴。正式探讨“机器学习”这个热门话题之前，我们需要先给它设定一个合理的期望与定位：机器学习是人工智能中的一种重要技术，做出了许多令人惊讶的成果，它相对于人工智能的地位，有点类似于数学相对于科学的地位那样，基础而且重要。不过，机器学习并不是魔法，也不是科幻想象中那种能把机器从一张白纸逐渐教育成智慧机械生命的神奇手段，它其实与人类从懵懂到睿智的教育过程几乎没有相同之处，这里的“学习”是取其“从经验中自我改进”的含义。

我们还应意识到能有效解决问题的机器学习是困难的，原因是没有通用的能够学习所有知识的方法，也不会有能够解决所有问题的通用知识，每一个问题都必需有针性对地通过专门的学习过程，寻找出能够解决问题的正确模型。而且，找到正确模型这件事情也是困难的，现在尚未出现一套完整的、严谨的、可一步步参照着操作的关于机器学习中应如何建模的方法论，机器学习问题大多需要处理者根据实际问题的特点和自身的经验去解决。因此，常会由于模型决策函数、参数和结构选择不当、优化策略或者算法不对、训练数据不够等原因，导致机器学习程序常不能交付令人满意的结果。

在本章，我们会系统性地探讨一系列关于机器学习的话题，希望在讨论中获得该领域中某些关键问题的答案，我们至少会弄清楚以下 4 个最基础的问题的答案。

1）机器学习是什么？有什么价值？

2）它能解决哪些问题？

3）它会经过哪些步骤来解决这些问题？

4）如何验证评估它的解决的效果？

在这个过程里，我们会接触到不少新的概念和知识，这些新知识虽然和统计学、数据挖掘这些老牌学科和技术有很深的关联继承关系，但是对于普通人来说，大多都是属于日常学习和工作中不会接触的“冷知识”。由此决定了本章内容势必会显得稍微“学术化”一点，也会少了一些故事性。可是这些知识是后面我们介绍“神经网络”“深度学习”等内容的背景和必要基础，我们多花费一点时间，认真去学习掌握这些新概念，对于后续人工智能的学习都是很有价值的。

6.2 什么是机器学习

创投、管理、技术、产品等各种圈子里提及人工智能，基本都要讲到“机器学习”，这个词语相信大家已经耳熟能详了，但是，各位读者听了很多遍“机器学习”这个名词后，有想过“机器学习”到底是什么吗？这是一个概念性的开篇话题。

机器学习是人工智能与统计学、数据挖掘交汇结合而发展出来的一门学科分支，目前的机器学习与统计学、数据挖掘仍有大量的概念、思想和算法是互相重叠或者是存有继承关系的，有的时候，我们甚至可以把机器学习与数据挖掘中的数据分析技术混为一谈，只不过相对而言，后者更关注探索性的数据统计并且主要以无监督学习闻名，而机器学习更多被应用于解决监督学习方面的问题，才刚开始把研究重点向无监督学习拓展。

有好几位人工智能的先驱都曾提出过机器学习的定义，其中最早的很可能是那位写出了第一个拥有机器学习能力的跳棋程序的IBM第一代程序员塞缪尔，他认为只要不用程序员显式地给机器编程就能够实现某些功能便是机器学习[㊀]。而第一个在学术上符合今天机器学习思想的定义，是由司马贺在1959年所提出的[㊁]：

> “如果某个系统可以从经验中改进自身的能力，那这便是学习的过程。”

这句话十分的简洁却极为有力，直接揭示了机器学习最本质的特征“从经验中改进自身”。但是它还不够具体：什么是经验？什么是改进？怎样改进？如何度量改进了多少？这些要素都没有给出明确的解释，仍然要依赖于人类的语言和自身的思想见识去诠释，所以在研究中其实不太好操作。

1998年，卡内基梅隆大学的汤姆·米切尔（Tom Mitchell，1951—）教授在他撰写的《机器学习》一书中，对司马贺的定义进行了一系列补充，额外增加了几个具有可操作性的辅助描述符号，笔者将其英文原文部分摘录如下：

㊀ 塞缪尔关于“机器学习”定义的原话为：“机器学习是不使用确定性编程算法为计算机提供学习能力的研究领域”。

㊁ 来源于：https://www.cis.upenn.edu/~cis519/fall2014/lectures/01_introduction.pdf。

Machine Learning = Improving **performance** with **experience** at some **task**

-Improve over task, **T.**

-With respect to performance measure, **P.**

-Based on experience, E.

如果按中文的语言习惯来解读，这个定义可以理解为："假设某项评价指标可作为系统性能的度量（Performance，简称P），而这个指标可以在某类任务（Task，简称T）的执行过程中随着经验（Experience，简称E）增加而不断自我改进的话，那么我们就称该过程'Process<P，T，E>'是一种学习行为"。这个定义里明确列出了"任务T""度量P""经验E""学习过程Process<P，T，E>"这几个符号，使得它读起来显得有一点拗口，但这些符号都是必要的，它们构成了机器学习一种最基础的形式体系，只要再结合几个具体例子，就可以使得这个定义变得形象。

譬如，对于近两年来最热门的人工智能焦点"人机对弈"，机器学习采用每步落子位置对全局胜率的影响（度量P）来评价系统性能，在每一次对弈（任务T）中，基于机器学习算法的人机对弈软件[⊖]，是根据历史棋局的对局数据（经验E），来修正用于根据棋盘局面推算每一步的最优落子位置的模型，通过越来越接近最佳落子位置的模型的输出结果，计算出当前形势下相对胜率最高的落子位置。

再譬如，人工智能另一个备受关注的应用方向"汽车自动驾驶"，机器学习采用各种路况下正确的驾驶操作的概率（度量P）来评价系统性能，在不同的路况的行驶过程（任务T）中，无人车是基于机器学习训练出来的模型实现自动驾驶的，而不是依赖程序员的代码编程来判断各种路况，因为程序编码几乎不可能穷举出所有的可能的路况，必须根据长期行驶的路况和操作记录的分析结果，根据人类对各种路况应对的操作经验（经验

⊖ 有许多棋类对弈软件是基于搜索算法的，典型如多数的象棋软件，这里仅说通过机器学习来实现的，譬如近一两年来能和职业选手对抗的围棋软件。

E）来修正这个驾驶模型，然后由这个模型来决定在图像、速度等传感器提供的信息下，机器应该采取什么样的驾驶操作才是正确的。

上面这些机器学习的定义和例子，都是从机器学习的本质出发，即从它“是什么”、要“做什么”的角度来解释机器学习这个概念。还有另一种在教科书中常见的表达形式，是从机器学习的过程元素入手，将机器学习分解为学习其执行过程中的三个部分，以机器学习是“怎么做”的角度来定义它的概念。在李航老师的《统计学习方法》一书中，就提出机器学习由“模型”“策略”和“算法”三个要素构成：

机器学习＝模型＋策略＋算法

- 模型是指机器学习所要产出的内容，它一般会以一个可被计算的决策函数或者条件概率分布函数的形式存在。把未知的新数据代入到这个模型中计算，就会得到符合真实情况的输出结果。
- 策略是指要按照什么样的准则进行学习，具体一点是按照什么样的准则选择出最优的模型。从宏观角度讲，一般我们都会以“减少模型的输出结果与真实情况差距”作为学习的准则，这里的“差距”同样也是以一个可被计算函数的形式来描述的，被称为“损失函数”。
- 算法是指如何依靠历史数据，把正确的模型中涉及的未知参数都找出来。在确定寻找最优模型的策略后，机器学习的问题便归结为寻找出模型最优参数的优化的问题。

以“怎么做”来解释和理解机器学习具有更丰富的可操作性，本章稍后讲解机器学习是如何训练模型的实战中，会承接这个思路，深入机器学习的工作过程，继续讨论机器学习模型、策略和算法的相关内容。

6.3　机器学习的意义

通用可编程的计算机出现大半个世纪以来，人与机器的交互几乎唯一的手段就是程序，一段计算机程序可以看作对一连串数据从输入到输出的处理过程，程序员与机器的交流是通过设计编码来完成某种功能，譬如说一个最简单的应用程序，从界面逻辑、控制逻辑、业务逻辑、数据结构等各个层次，都必须由程序员去设计去思考，然后用程序语言编写出来，再让计算机去执行。运行在计算机中的程序，无论它有多么庞大复杂，只要还是由人类所设计编写的，在理论上，它对人类就是一个完全的“白盒”。人虽然没有办法像计算机那样高速运行程序，但却可以知道计算机程序执行中每一个时刻的每一个细节。在整个程序执行过程中，计算机从头到尾都只是运算工具和信息存储容器，只参与了“执行”，完全没有参与到问题解决的“思考”过程中。

那机器学习改变了什么呢？机器学习在一定程度上把“黑盒”的思想带进计算机中，用机器学习处理问题，并不追求一开始就找到问题解决的办法或处理过程的精确细节，而是让计算机用某些被先验证实是行之有效的基本模式去模拟问题中的数据发展变化，试图用足够大量的反映现实现象的数据来直接驱动机器去模拟并拟合这些已知的现象，然后去预测那些具备相同规律但还未知的现象。说白了，机器学习是在追求让人类不用再去思考和设计的可能，让人类只需收集到足够的经验数据，让计算机能够自己去琢磨，找到模拟的办法，进而解决问题。

今天的机器学习还不能让计算机直接做到自己总结得出事物发展的规律，自己去设计程序来解决问题，但能够让它先去做模拟，在一定精度上做出问题可接受的近似解。机器学习在“用一套很一般化的模子打磨出能够解决很具体的特定问题的武器”，虽然不同于传统人工编程，但这里所做的事情，某种意义上就是一种“自发能够产生‘解决问题的程序’的程序”了。现在各种机器学习的经典学习策略，如线性回归、支持向量机、神经网络，它们本身也并不解决具体问题，但是通过这些算法让机器从数据中“学习训练”后，却可以去做很多事情，一会去下棋，一会又打游戏，一会去预测房价，一会去寻找美女，这些都不需要人类去思考出精确的问题解决步骤，是不是看起来就像是机器从数据中学会了这些技能一般？

在前面中曾提到了“学习能力”也许是高级生命的天赋特权，诚然，如果要提炼高级生命的最明显的几种特征的话，“学习”很可能会与“进化”“生存”“繁衍”等并列，被选为最关键的几个特征之一。那有了机器学习这门技术，是真的让机器具备了一点智慧生命的特征了吗？答案并不是这样，原本机器学习的目标确实曾经尝试过让机器得以自动学习、发现事物的运行规律，但是今天大家所指的机器学习，只是根据已知数据形成的对未知数据的模拟，而并非人类意义上的主要以学到了知识和规律为目的学习，也许将后者称为“思考”，与“学习”区分开来会更为恰当。不过，从结果角度看，“机器学习”和“人类学习”又是殊途同归的，这两种行为的结果都可以自主地获得原来没有的新能力，自发地找到解决问题的方法，这个意义上讲，只要结果确实能够将问题解决，说机器会“学习”了也并无不可。

所以，现在机器学习如此的备受关注，它是代表了一种人类全新使用计算机的方式，很可能是未来我们应对越来越复杂问题、面对已经超过人类智力能够处理的问题时，人与计算机合作、交互的主要形式。

6.4 机器学习解决的问题

机器学习的发展历史，高度贴合了人工智能研究从开始探究规则到后来主要依靠仿生模拟的发展过程，在大方向上，机器学习最初是从基于规则的机器学习开始的，现在正在朝着基于数据的机器学习在持续迈进。基于规则和基于数据两种思维，分别对应了人类对现象规律和对现象表现的研究，也反映了符号主义学派和连接主义学派各自对机器学习的看法。笔者将这个发展过程中出现过的机器学习方法划分为如图所示的三大类型。

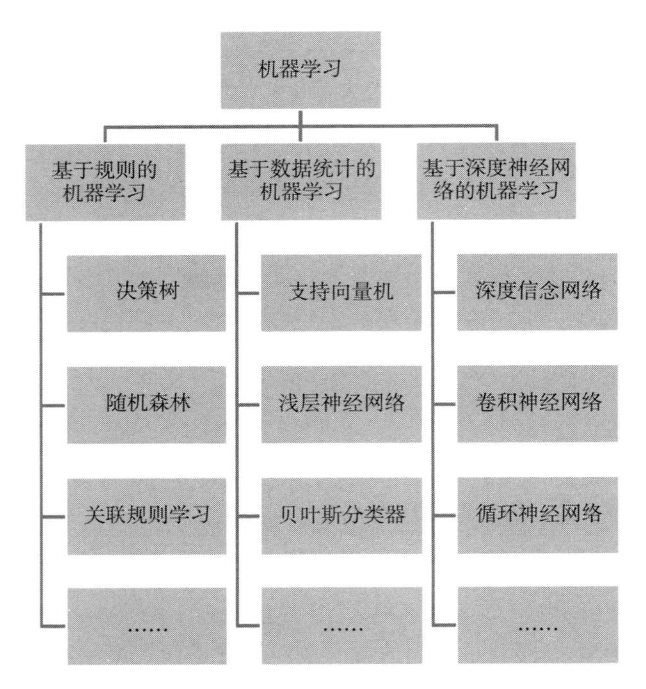

机器学习分类

对于图中基于规则的第一条分支，本书的第 3 章讲解符号主义的“学习期”时已经初步涉及一些，目前，基于规则的机器学习仍然只能处理比较浅层的、直接藏于数据背后的简单规律，无法处理需要经过思考和复杂推理得出的深层的、本质的规律，当今这条分支已不再是机器学习的主流，有一些人工智能的学者甚至提倡要摒弃这部分内容，认为它不应属于机器学习的范畴了，这肯定是有失偏颇的。不过在本书里，由于篇幅所限，笔者也不把基于规则的机器学习拆分出单独的章节来讲解。而关于最后一条分支“基于深度神经网络的机器学习”，即现在很热门的“深度学习”，在第 7 章会有独立的章节去深入探讨。

本章里，我们暂先把讨论的“机器学习”聚焦在第二条分支“基于数据统计的机器学习”上，这部分统计学习的思想和解决问题的方法，在深度学习中同样适用，因为这两者也是一脉相承发展而来的，都是令计算机从数据代表的现象表现中依靠模拟来认知世界的方法。

那什么是“基于数据统计的机器学习”呢？不妨先通过一个生活中的例子来理解它能解决什么问题以及是怎样解决问题的：笔者的朋友小黄有这么一个烦恼，他的女朋友跟他约会的时候从来没有时间观念，经常迟到。当有一次小黄跟她约好三点钟在某个地点见面，一起去朋友家吃饭时，出门的那一刻小黄突然想确认一个问题：现在出发合适么？会不会又到了约定地点后，再花上 30 分钟乃至更多的时间去等她呢？小黄决定找出一个恰当的策略来解决这个问题。

有几种策略可供小黄选择。第一种方法是保守策略，无论她何时出现，小黄都会守时到达。虽然这样小黄的人身安全有所保证，但他并不是个死板的人，不想采用这种完全容忍问题的保守策略。第二种方法是采用规律和知识来解决问题：小黄搜寻能够解决这个问题的知识，但很遗憾，没有人会把如何等他女朋友这种事情作为知识来传授，小黄不可能找到任何能够解决这个问题的已有知识。第三种方法是追求最优的时间策略：把过往跟女友相约的经历在脑海中重现一下，看看跟她相约的次数中，迟到占了多大的比例，这些迟到的情况有什么特征，利用这个统计值来预测她这次约会迟到的可能性，如果这个值超出了小黄心里的某个界限，那小黄就应该选择等一会再出发。

假设小黄统计出他跟女友的 20 次约会，其中女友迟到的次数占了一半，中间又有 8 次迟到是因为约会有其他人要参与，需要特别多的化妆时间导致，而那 10 次准时到达和另外两次迟到都是两人单独约会的。那么，既然这次约会的目的是去朋友家吃饭，那按照以往经验，符合这个特征时她迟到的比例为 80%，这个值已高于小黄心中可忍受的阈值了，因此小黄选择推迟出门的时间。在决策的过程里，小黄根据以往所有约会的数据来预测这次还未发生的约会中女友是否会迟到的方法，就是“基于统计的机器学习”。

以上例子中小黄同学尝试从采用规律和知识来解决问题，还尝试从经验和数据来解决问题，如果从更高一点的视角来看待机器学习能够解决哪些问题的话，它与小黄解决问题的手段是几乎一致的。

第 3 章介绍逻辑学的内容里，笔者曾经引述过这样一个观点：人类认知世界的两种最基本手段是"演绎"和"归纳"，有什么样的工具、手段，就能解决什么样的问题，人类能够认知的知识的范围，是由这两种手段划定的。从逻辑意义上说，机器学习能够解决的问题的范围，当然也是由它所掌握的工具、手段所决定的。机器学习的两个主要发展方向与演绎、归纳相对应，演绎是根据一般规律推理出对个别事物的认知，而归纳则是根据具体事物的统计获得对于一般规律的认知，如果我们以"可推理"和"可统计"作为维度，可把人类全部需要解决的问题放置到如下图所示的四个象限上[⊖]，将得到四类不同知识和问题。

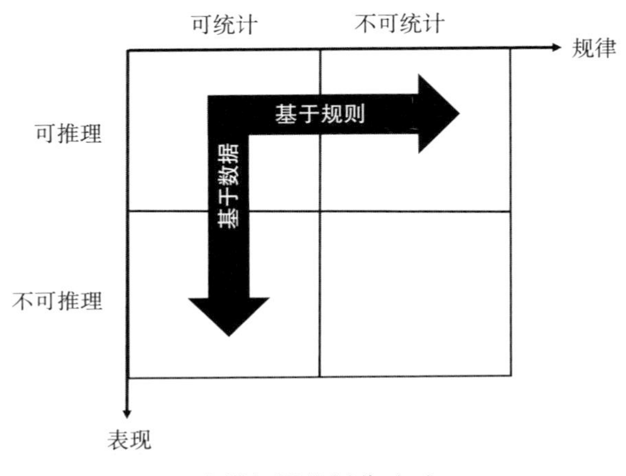

人类知识的划分（1）

人类所有的知识和问题，有些我们可以去统计，有些我们没办法统计，有一些知识是我们可证明、可推理的，还有一些是我们没有办法去证明、不可推理的。按照这两个维度来划分，在这个二维坐标里放入人类所有的知识，横向方向上，理论上只要是可推理的，都可以通过逻辑演绎，采用符号、规则这样的工具，让机器最终能够完成这个推理。纵向方向上，理论上凡是可统计的，都可以通过大数据、统计学的手段和各种数据挖掘分析方法，得到一个性能足够好的模型，令模型输出结果可以满足所需的精度拟合现实结果，通过模拟的方式来解决这类问题。

⊖ 此处部分观点引用自北京大学信息科学技术学院教授、中国工程院院士高文老师在中国计算机大会（CNCC）2016 年大会的演讲内容。

在这个二维坐标空间中，人类的知识，或者说人类可能遇到的问题，被划分为四类：可统计亦可推理——我们知道现象也知道规律、不可统计却可推理——知道规律却不能观察到现象、可统计却不可推理——可以观察到现象但不能总结出规律、不可统计亦不可推理——既不知道现象也无法总结出规律。

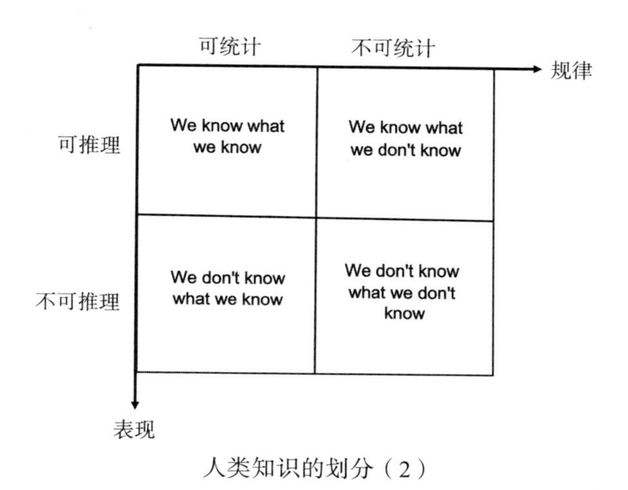

人类知识的划分（2）

- 第一类问题（We know what we know）：对这种可推理可统计的问题，无论用何种方法，原则上我们都可以寻找到答案。
- 第二类问题（We know what we don't know）：对于能够通过已知规律推理得到未知现象的问题，例如我们身边的各种数学定理、宏观的物理定律都是依靠严格的逻辑推理得出的，我们知道了今天地球的位置、角度、速度、质量等，完全可以准确无误地预测出1000年之后地球的精确位置，这个预测依赖的就是根据人们已掌握的天体运行规律来推理得到的。对于这个象限的问题，目前计算机作为计算工具，可以很好地代替人类完成定律公式的运算过程，但是对于自主地发现和证明规律的进展还处于非常初级的阶段，主要解决问题的方法是人类去思考和发现规律，编程让计算机应用这些规律去解决问题。这一块是符号主义探索的方向，目前还处于比较初级的阶段。

- 第三类（We don’t know what we know）：即不知道规律，但可以根据已知现象的统计结果去推测未知现象的问题，譬如小到小黄如何得到预测他女友约会会否迟到的策略，这个依靠的就是他长期对和女友约会迟到的特征统计学习之后得出来的经验；大到像天气预报这类应用，气象系统是典型的受混沌理论约束的系统，几乎不可能靠严格的推理来获得满意的结果，但是却可以根据长期记录的天气变化前的各种特征来做出很有效的预测。这个象限的问题是目前统计学习的主要发力点，做出了一些很不错的成果，是现在机器学习备受关注的原因所在。
- 第四类（We don’t know what we don’t know）：这类问题我们既不知道它蕴含的规律，也没有办法统计出任何有规律的特征。譬如明天彩票的开奖号码，如果没有任何“黑幕”，这确实是一个没有人工干预的真随机事件的话，即使给你所有历史开奖的数据，或者让你对彩票摇奖过程再怎么做研究找规律，这些行为对中奖结果的预测应该都不会产生什么帮助。要解决这一个现象的问题，就必需要靠人类的“顿悟”的灵感了，现在机器还暂时难以涉足这个领域。

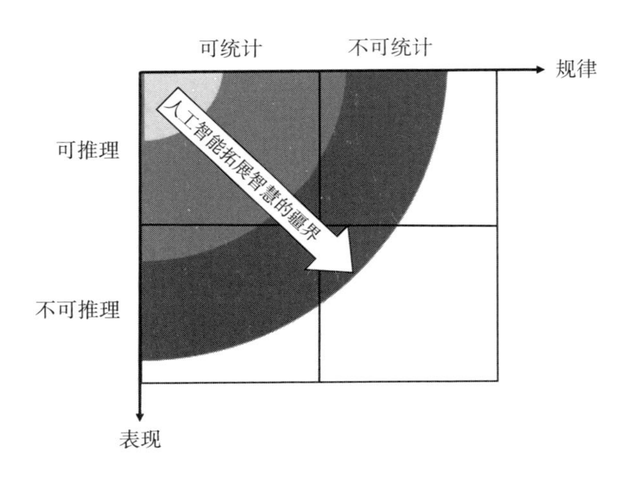

人工智能适用范围的拓展

还需注意到，这些分处在二维坐标四个象限上的知识和问题，它们之间的界限并非是绝对不变的，所谓一个问题不可推理，其实一般说的是推理的难度非常大，或者涉及的细节变量很多而难以推理；说现象表现没有规律，其实更多的也并不是真正无规律的真随机事件，而是样本数量还不足够多，或者是所选取的观察特征和观察的尺度上没有足够准确。完全不可推理、不可统计的问题在现实世界中还是相对较为少见的。同理，机器学习方法所能解决的问题，或者说机器学习方法所能适用的范围，也并非固定不变，而是随着新理论出现、方法改进以及技术和硬件能力的提升而拓展，逐步从不可推理到可推理，从不可统计到可统计在拓展，每一次人工智能的革命，都把机器能处理的问题向外推进一些，机器获得智能也不是一蹴而就的，而是随着这个发展进程逐渐变得智能化。曾经有学者感慨过，每当一个问题被计算机解决了之后，大家就不再认为这个是人工智能了⊖。算不算是人工智能这点其实并不重要，重要的是，现在人与机器配合，能够解决的问题越来越多，人类正在与机器一起，解决更多的问题，逐步开拓着智慧的疆界。

6.5 进行机器学习：实战模型训练

行文至此，笔者都还是在理论层面上讨论机器学习，接下来这个小节中，就要接触到实际操作和细节层面的内容了。一旦涉及具体操作实践，将不得不面对大量必须了解的，但读者日常生活中又基本不会使用到的概念和名词。许多其他学习资料是按照数学的角度来介绍和解析这些概念的，充斥了许多的公式和证明推导。按照本书一贯叙述风格，此部分依然会尽可能地不依赖专业知识。为此，笔者设计了一个机器学习的实战案例，希望通过讲解完这一个完整的机器学习是如何解决问题的全过程，能让读者对机器学习的步骤和概念有一个较为直观准确的认识。

⊖ 来自于麦卡锡的著名评论，原文为“Note that it follows that once we do know how to solve them, they are no longer AI”。

6.5.1 机器学习的一般过程

读者们一定都使用过电子邮件，电子邮件，这种低成本的信息传输渠道，为我们的工作和生活带来极大便利的同时，也被广告商甚至是诈骗分子用来传递各种垃圾信息。所以，今天的电子邮件服务商在注重速度、容量和稳定性这些性能指标之外，如何为用户过滤掉垃圾邮件，最大限度地避免用户受到骚扰也成为了重要的功能指标之一。不过这并非一个容易解决的问题，虽然人类可以轻易地区分出一封邮件是有意义的邮件还是无意义的垃圾邮件，但是却很难总结出一个垃圾邮件的评判准则出来，这种很难摸索出规律却可以轻易进行统计的问题，就很符合用统计机器学习方法来解决问题的特征了。

在此实战中，笔者将与读者们一起设计一个基于机器学习的邮件过滤系统，这个系统要通过分析一系列事先已经被用户标注为有效邮件或垃圾邮件的记录，得到一个邮件的判别模型，这个模型可以分辨出新收到的邮件是否属于垃圾邮件。如果应用前面米切尔教授对机器学习要素的定义的话，这个机器学习过程的任务、度量和经验分别定义如下：

> **T**（执行任务）：判别是否垃圾邮件
>
> **P**（性能度量）：成功过滤出垃圾邮件的 Email 百分比，以及非垃圾邮件被误判的百分比
>
> **E**（历史经验）：一组事先已经被用户标注为垃圾邮件的记录

总体来说，机器学习中所说的模型训练，是指从真实世界的一系列历史经验中获得一个可以拟合真实世界的决策模型，这个过程通常会包括如下图所示的若干个步骤，我们会按照机器学习模型的训练过程逐一讲解各个步骤要解决的问题。

训练过程的第一步是处理如何从传感器中取得数据、怎样过滤噪声这些问题，在工程上，这些都是无可或缺的工序，不过我们的实战之中并不会涉及这方面的内容，因为这只是工程数据采集和数据统计方面的重点，

而并非机器学习理论的主要关注点。我们将会聚焦在挑选哪些数据的特征属性用来建立模型、根据何种策略选择模型、如何优化模型参数以及如何测试模型这样的问题上。

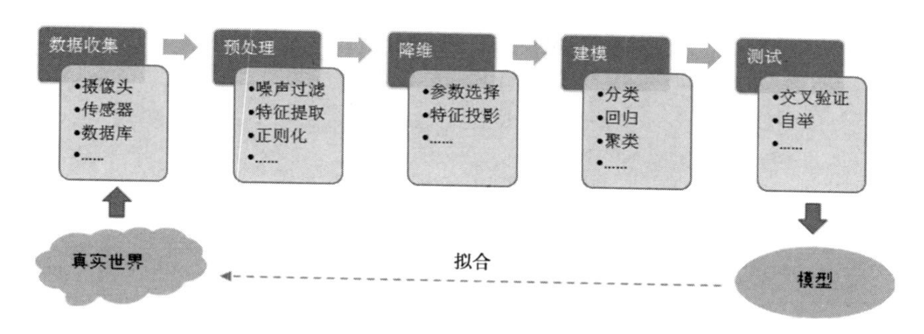

机器学习的一般过程

从上图中可以看出，整个机器学习的训练过程——先不论它经过哪些步骤，每个步骤的作用和目的是什么，对整个训练过程而言，最终目的是获得一个高性能模型，用来拟合真实世界的结果。那这里首先需要明确的问题就是，机器学习训练过程的产出物，即所谓的“模型”究竟是什么？

从形式上说，模型就是一个可被计算的、有输出结果的方法或函数，这个函数可能是有科学含义的，也可能没有任何含义，可能用于决策，也可能用于预测。通过机器学习训练得出的模型，有可能是可以被解释的，人类可以从模型中得知一些之前并不知道，被计算机从数据中挖掘出来的新规律、新知识，这种模型不仅对计算机有意义，也扩展了人类知识的范围。当然，根据我们前面的讨论，学习训练得到的模型更加可能是一个人类所无法解释的黑盒，这样模型并不包含什么严谨的逻辑规律，只是单纯对真实世界的拟合模拟，计算机只要照着这个可被计算机运算的模型去执行，就能够把输入给模型的自然界的信息，通过模型映射得出该信息所隐含的某些特征，这些特征决定了输入数据是属于某个分类，或者对应于某个指标。举个例子，如果把模型看作是一个决策函数“$f(x)$”这样的形式，它应该可以完成类似下图所示这样的映射。

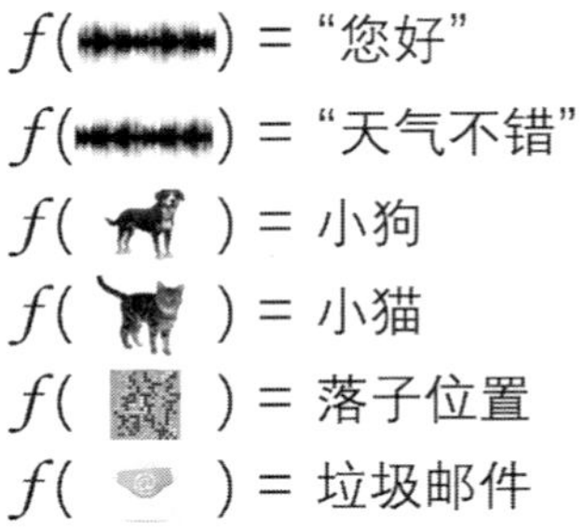

f( ) =“您好”

f( ) =“天气不错”

f( ) = 小狗

f( ) = 小猫

f( ) = 落子位置

f( ) = 垃圾邮件

决策模型的输入、输出

这里说到机器学习的一般过程，读者看到这个流程后，也许会觉得机器学习一切步骤似乎是有迹可循、有律可依的，从数据清洗，特征提取，到模型选择，只要按部就班地跟着操作，就能得到一个能映射真实世界的模型。其实这是一种错觉，机器学习解决问题的过程是充满灵活性的，从如何把问题设计出来，把现实世界中的问题，提炼成一个机器学习处理的问题开始，就需要处理者对问题本身有深刻的洞察才行。数据清洗到特征筛选，到模型选择、模型优化，再到模型验证这些步骤，都伴随着好坏优劣的价值判断，这些判断不存在统一的标准和方法，均需要解决者深入具体问题，很多还需要不断尝试才能得出满意的结果。目前的机器学习理论，距离实现自动化，不再需要人类去参与的算法，还是相当的遥远。

6.5.2 样本和样本空间

训练过程的第一步是确定建模训练样本，本实战中建模的数据来源是邮件服务商已有的邮件服务器的电子邮件，每一封参与训练的电子邮件都可以视为一个训练“样本”(Instance)。样本是一种包含了若干关于某些事实或者对象的描述的数据结构，譬如这个陈述句：“邮件的发件人叫‘周志明’”，这是一个描述。而像“这一封邮件是垃圾邮件”或者“这一封电子邮件不是垃圾邮件”，这也是一个事实描述。不过，这样的描述已是直接的结论了，不需要任何其他处理就能利用它来完成邮件分类，也就根本不需要用到机器学习来解决。对于需要用到机器学习来解决的问题，样本描述的事实通常都是间接的、隐晦的，很多情况下甚至无法用明确的语言描述出这些属性与最终结论有什么联系，这种描述着某个隐含事实的信息，被称为样本的“属性”（Attribute）。每个样本应当会由有若干个属性所组成，样本的属性经常也被称作这些样本的“特征”（Feature），譬如一封电子邮件的特征可能会是下面这样的：

```
发件人     =  “icyfenix@gmail.com”
标题       =  “这是一封测试邮件”
收件人数量 =  3
附件数量   =  2
邮件长度   =  128KB
发件人等级 =  高信用用户
……
```

一般来说，参与训练的每个样本的特征应当具备一致性，这是指每个特征在不同样本中所表示的含义是一样的，但并不是要求每个样本都具有全部的特征，可以允许有特征缺失。一个特征又由特征的含义和值构成，通常，每个样本相同含义的特征，它的值应该具有一样的数据结构和一致的度量单位，如果不是，应该在数据预处理阶段将它们转换成为一致的数据结构。在机器学习训练中，由于训练样本是终归要交付给计算机去运算的，所以更加会倾向于使用计算机可以理解的特征值来参与模型训练，典型的例如“3、2、128KB、高信用用户”这样的整形、浮点数值和枚举值，如果不是这样的特征值，在数据预处理阶段要进行归一化处理，转变为无量纲表达式。

接下来我们要接触到一个稍微抽象的概念：“样本空间”。请读者尝试着想象以下场景：假设每个样本都由收件人数量、邮件长度、附件数量三个特征构成，把这三个特征，按照各个特征的数值大小各放在一条坐标轴上。这样，每一个样本都将会在这三条坐标轴构成的三维空间中对应唯一的一个点，我们再使用一条指向这个点的线段来表示每个样本，譬如

“(收件人数量 =3、附件数量 =2、邮件长度 =128KB)”这个样本，就将构成如图所示的坐标。

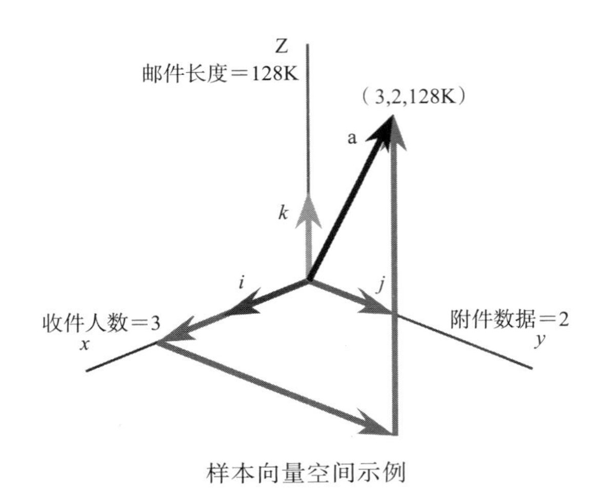

样本向量空间示例

如果用数学语言来表述，这种指向空间某个点，带有方向和大小的量在线性代数中被称为“向量”(Vector)，把由向量组成的空间称为“向量空间”(Vector Space，也叫“线性空间”)。在机器学习这里，为了便于计算机处理，会使用一系列的向量来代表参与训练的每一个样本，在这个语境中，我们把这种有 N 个不同特征构成坐标轴的 N 维（有多少个特征就有多少个维度）空间称为“样本空间”(Instance Space)或者“特征空间”(Feature Space)。相对应地，每一个样本被称为一个在该空间上的“特征向量”(Feature Vector)。

一旦把样本的表示形式从语言文字转化为数学中极为常见的向量之后，瞬间我们就拥有了大量的数学工具，如向量运算、矩阵等可以用来处理这些样本了，数学是沟通现实世界与计算机的最好桥梁。对于我们的实战，现在输入的训练数据，也已经从一封封在数据库中存储的电子邮件样本，经由人工提取出三个关键特征后（即“收件人数量”“邮件长度”“附件数量”这三个特征，这是笔者随便选的，真正如何进行特征选择是机器学习的关键内容之一，稍后将会详细介绍），形成一组由 N 个特征向量组成的集合：

$$T=\{(x_{11}, x_{12}, x_{13}),\ (x_{21}, x_{22}, x_{23}),\ (x_{31}, x_{32}, x_{33}),\cdots,(x_{n1}, x_{n2}, x_{n3})\}$$

在进行数据收集的阶段里，根据不同的学习任务，有可能仅仅收集样本本身就足够了，也经常会除了收集样本外，还要给样本更进一步附带上一项“标记”（Label）信息，标记描述了这个样本所代表的那个隐含事实或者对象，也就是“结论”。本次实战里，样本是邮件的全部数据，对应标记信息就是“此邮件是否垃圾邮件”这个事实的描述。当样本带有了标记信息之后，这两项信息的组合就称为是一个“样例”(Example)。

本次我们实战做的是电子邮件分类系统，是最典型的分类任务。分类任务通常是在样例数据上完成训练的学习任务类型，因此，我们准备的邮件样本需要进一步给出标注信息，把样本变成样例。在训练集向量中，也加入 y 项来表示标记信息，参与训练的样例集合以如下形式来表示。

$$T=\{(x_{11}, x_{12}, x_{13}, y_1), (x_{21}, x_{22}, x_{23}, y_2), (x_{31}, x_{32}, x_{33}, y_3),\cdots, (x_{n1}, x_{n2}, x_{n3}, y_n)\}$$

6.5.3 任务分类

数据收集的结果所获得的是“样本”还是“样例”，很大程度上决定了机器学习能够完成哪些工作任务。如果仅仅是以一组样本来构造训练集，那这种机器学习一般会去做“聚类”（Clustering）方面的任务。聚类是指机器通过训练集中获得的特征，自动把输入集合中的样本分为若干个分组（Cluster，簇，此处读者将其理解为“分组”即可)，使得每个分组中存放具有相同或相近特征的样本。举个生活中的例子，现在像淘宝、京东、亚马逊这样的购物网站，会根据每个用户的年龄、地域、消费行为等特征，刻画出用户消费的用户画像模型，划分出不同的用户群体，以便采取对应的广告和商品推荐策略，这就是一种聚类分析。聚类通常是为了发现数据的内在规律，将它们同类的数据放到一起，为进一步深入分析和处理建立基础。我们将以样本数据作为训练集的机器学习过程称为“无监督学习”(Unsupervised Learning)。

而如果像我们的邮件过滤系统的例子那样，以若干个样例来构成训练集，那机器学习的任务就通常会是“分类”（Classification）和“回归”

（Regression）。一般来说，既然都有标记信息了，肯定就没有必要再专门去做聚类了，因为标记所带的信息就可以作为聚类的直接依据。

“分类”和“回归”都是最典型的机器学习任务类型，总体而言，分类和回归都是根据样例训练集中得出的历史经验来推断新输入给模型的样本是否属于某一类，或者某种隐含特征的强度如何，使得机器可以代替人工，自动找出新输入数据的标签信息。

而分类和回归之间的主要差别是，回归做的是定量分析，输出的是连续变量的预测，而分类做的是定性分析，输出的是离散变量的预测。以本次实战为例，如果我们判别垃圾邮件这个任务所期望的输出是一封邮件“是”或者“不是”垃圾邮件，那这个便是一个分类任务，而如果我们期望的输出是一封邮件“属于垃圾邮件的概率”有多大，那这就属于一个回归任务。分类的目的一般是用于寻找决策边界，用于做出决策支持，而回归的目标大多是希望找到与事实相符的最优化拟合，用于做事实模拟。这类以样例数据作为训练集的机器学习任务，被称为“监督学习”（Supervised Learning）。

既然这里已经介绍过监督学习和非监督学习的概念了，就顺便也介绍一下机器学习中流行的另一大类任务类型“强化学习”（Reinforcement Learning），这是目前以行为主义学派思想来指导的机器学习的任务类型。无论训练集是由样本还是由样例构成，监督学习和非监督学习都是从历史经验之中学习，而强化学习并不主要依赖历史经验，而是一种基于环境对行为收益的评价来改进自身的模型。仍通过一个具体的例子来解释：强化学习的学习过程就好比是婴儿牙牙学语，婴儿出生时脑海中对人类语言是一无所知的，在语言学习过程中，婴儿最初是发出完全随机的声音，譬如，婴儿肚子饿时，他发出的声音又恰巧被大人们注意到，并且猜测到了他发声的意图是表达“我饿了”这个信息，然后给予喂食的话，下次婴儿再感到饥饿了也会继续发出类似的声音。这个学习过程需要的不是“历史数据”，而是一位“裁判”或者“老师”，用来给行为进行打分评价，并对正确的行为给予激励，对错误的行为给予惩罚。

今天，许多著名的人工智能项目都是在强化学习的基础上实现的，如开发出 AlphoGo Zero 围棋程序的 DeepMind 团队在与李世石对弈之后，就曾经宣布为了获得更好的效果，将放弃所有人类对弈图谱，抛弃掉全部历史数据，从零开始，完全以机器互相对弈的方式训练新版 AlphoGo Zero。由于棋盘上每步落子的正确与否，是可以从最终胜负的结果得出的，所以新版 AlphoGo Zero 的训练过程，也就是一种强化学习的思路。此外，现在许多机器学习，从玩游戏到无人车驾驶的训练等也都是基于强化学习完成的。

6.5.4 数据预处理

在前面对样本、样例和机器学习主要的三类任务类型的介绍之后，我们的邮件过滤系统实战已经可以正式进入训练阶段了。这个阶段第一步要做的事情是对数据进行“预处理”（Data Preparation），预处理是数据规范化和筛选的过程，目的是保证数据是正确的，并且是合适的，以便后续建立模型、优化模型等步骤中可以得到高质量的数据输入。保证数据是正确的部分，称为“数据清洗”(Data Cleansing)，而保证数据是合适的这部分，就称为“特征选择”(Feature Selection)。

“数据清洗”容易理解，在实践中，样本数据可能来源于数据库、传感器、摄像头等多种测量设备中，人们可能以各种不同的方法去收集数据，这样导致的结果是样本本身或者某个特征值会包含有一定的误差、缺失或者是错误的，这种现象我们称为数据里含有“噪声”(Noise)。另一个问题是不同输入来源收集到的数据在数据结构、特征值的单位、表示精度等方面都存在不一致，这样我们就要对数据进行“规范化”(Normalization)处理才行，保证它们在结构上一致，去除数据的单位限制，将其转化为无量纲的纯数值，便于不同单位或量级的指标能够进行比较和加权。

其实机器学习中的数据清洗与传统数据挖掘中的清洗并没有什么不同，根据需要，大致会进行以下这些操作，以解决原数据中不完整、含噪声、不一致的问题，只有高质量的数据才能带来高质量的预测和决策结果。

- **数据集成**，将多个数据源中获得的数据结合起来，形成一致的结构，存放在一个一致的数据存储中。
- **基础清洗操作**，典型如对数据进行基本的去重过滤。
- **分层采样**，对于样本数据较多，各样本之间差异较大的情况，会通过不同的办法保证采样平衡，抽出具有代表性的调查样本，增大各类型样本间的共同性。
- **数据分配**，将数据集按照一定比例，分割为训练集、验证集、测试集等几部分，后续我们讲测试验证的时候会再介绍这些内容。
- **数据规范化**，譬如将量纲表达式转化为纯量表达式（可简单理解成把数据“去掉单位”，譬如10厘米和1分米，归一化之后是一样的），然后缩放到同一数量级（典型的如0到1之间），提升指标之间的可比较性。
- **平滑化**，缩小数据在统计下的噪声差异，典型的一种平滑化操作是分箱。分箱实际上就是按照属性值把样本划分到不同的子区间，如果一个属性值处于某个子区间范围内，就把该属性值放进这个子区间所代表的“箱子”内。在处理数据时采用特定方法分别对各个箱子中的数据进行处理。
- **数据填补**，典型的如ID值生成、使用统计算法替换缺失的观察值等。
- ……

上面这些数据清洗的操作具体如何进行，在数据挖掘方面的书籍中有详细介绍，囿于篇幅所限，这部分内容就不详细展开了。预处理过程里与机器学习关系更密切的步骤是“特征选择”。所谓的特征选择，是指我们应该放弃掉对结果影响轻微的特征，挑选出对结果有决定性影响的关键特征，提供给建模阶段作为模型输入使用。

为什么不能采用样本所有的属性参与模型建造呢？如果实际情况和我们的实战案例一般理想化，只有三五个特征的话，那不做特征选择也是可行的。但是，现实中收集到的数据拥有几十个乃至更多的特征项的话，那特征选择就是必不可少的。如果一个模型需要用到几十个特征作为参数，就意味着往往需要数十亿乃至更大规模的样本才有可能训练出理想的结果，这个比例听起来非常惊人，可只要按最简单的情况测算一下便可得出类似的结论：假如样本有30个特征项，即使每项特征值都是最简单的布尔类型，那样本空间中不同的向量就一共有 2^{30} 个，这已经超过10亿种取值可能性，我们需要多少训练数据才能在这样的样本空间中描绘出样本的分布特点呢？

从更一般化的角度来看，模型的输入每增加一个特征，便给模型的决策函数引入了一个新的参数项，这会让决策函数所处的问题空间相应地提升一个维度，训练集数据量相同的情况下，在越高维空间中，数据就越稀疏，空间的维度提升太快，可用数据就变得过于稀疏，而过于稀疏的数据，会使其从大多数角度都看不出相似性，因而平常使用的数据组织策略就变得极其低效，这个现象在机器学习中称为“维度灾难”（Curse of Dimensionality）。

如果读者在头脑中想象不出来维度升高导致数据量变得稀疏的过程，不妨来看看下图，它反映了当样本空间从一维提升到三维中，相同数据量的训练测试数据占整个空间的比重，可见这个比重会迅速下降，这就是训练数据变得稀疏的变化过程。

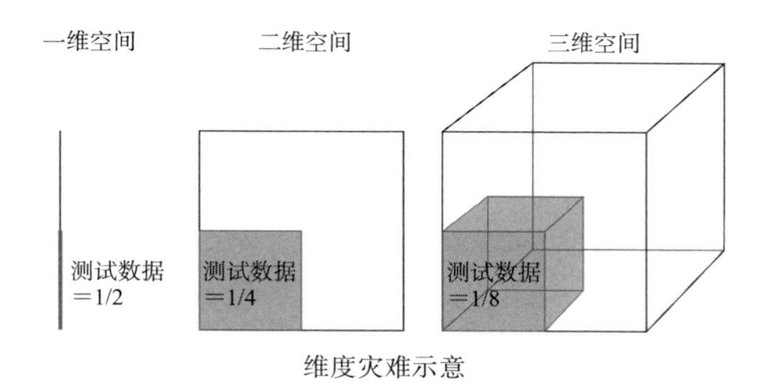

维度灾难示意

为了获得在统计学上正确并且稳定的结果，用来支撑这一结果所需要的数据量通常随着维数的提高而呈指数级增长。单纯从算法角度来说，如果通过穷举的方式，增加特征带来的算法时间复杂度增长也是指数级的，因此，特征选择一方面涉及可行性问题——我们通常没有足够多的训练数据支持那么多的特征，另一方面还涉及执行效率的问题，即使我们有足够的数据，但是其中许多特征对结果影响微乎其微，甚至是根本没有意义的，不经筛选的话就平白浪费了许多训练时间，徒增模型计算的复杂度。

特征选择是“数据降维”（Dimension Reduction）的一种主要方法，还有一个主要降维方法称为“特征提取”（Feature Extraction），它与特征选择的区别是：特征提取是在原有特征基础之上去创造凝练出一些新的特征出来，如果创建一个新的特征项，该特征的变化规律能够反映出原来几个特征项的共同变化，那使用这一个新特征项代替原来几个特征项就实现了降维的目的。而特征选择只是在原有特征中选取最有用的特征而已，一般并不会对特征值进行变换。

那应该以什么准则或方法去挑选出“有用”（即对结果有主要影响）的关键特征呢？依靠人类经验甚至直觉去判断确实是一个办法，虽然这里的问题肯定不能完全依靠人工来解决，但如前文所言的，机器学习目前对人类先验知识还是非常依赖的，尽管稍后会提到一些自动降维的算法，但人工的经验判断还是处于举足轻重的位置上。通常来说，人至少会从两个方面来考虑如何进行选择特征。

- **考虑特征的离散度**：如果一个特征不发散，譬如说方差趋近于0，也就是各个样本在这个特征上基本上没有差异，这个特征对于样本的区分就没有什么意义。
- **考虑特征与目标的相关性**：与目标相关性高的特征，更能作为分类决策的依据，肯定就应当优先选择，这里的关键是解决如何能判断出特征与目标的相关性。

从这两个维度出发，总结出来常用的人工特征选择方法大致有以下几种。

- 按照发散性或者相关性对各个特征进行评分，通过设定阈值或者待选择特征的个数上限来选择特征。这种方法在第3章介绍决策树的时候已经提及过，信息熵、基尼不纯度都可以作为特征的选择依据。
- 通过试错来选择特征，具体做法是：每次选择若干特征，或者每次排除若干特征，然后通过模型的性能进行评分，多次选择后留下能使得模型性能达到最高的特征。

- 通过本身具备对特征相关性评分能力的模型和策略算法来选择特征，具体做法是：先嵌入某个小规模的机器学习的算法和模型进行训练，例如随机森林和逻辑回归算法等都能对样本的特征权值进行打分，得到各个特征的权值系数，根据系数从大到小选择特征。
- 通过 L_1 正则项来选择特征，L_1 正则方法本身具有稀疏解的特性，因此天然具备特征选择的能力，但应注意，没有被 L_1 选择到的特征不代表不重要，原因可能是两个具有高相关性的特征只需保留一个。这里没有数学基础的读者可能会疑惑“L_1 正则项”是什么东西？稍后我们讲正则化的时候就会重点提到它。
- ……

数据降维严格来说并不是机器学习中的问题，它本身属于数学的范畴，在数学上也已经有很多成熟的自动降维算法了，如“奇异值分解”（Singular Value Decomposition，SVD）、“主成分分析”（Principal Component Analysis，PCA）等，这类算法能够把数据中相似性高的、信息含量少的特征给自动剔除掉，采用这些算法也可以实现数据降维，不过实际中要解决问题，往往必须考虑到具体模型的目标和这个领域中的先验知识，这时候就要采用自动降维算法和人工筛选特征互相配合才是比较合适的方案。

本次实战我们还会借助 L_1 正则项来自动选择特征，但是这个方法的原理介绍要以模型与现实的拟合程度为基础，不经过建模阶段，没有讲清楚欠拟合、过拟合这些问题是怎么回事的话，无法解释清楚这个方法的原理。为了实战能顺利进行，不妨先假设一下，我们已经知道了决定一封邮件是否属于垃圾邮件的最关键属性是哪几项，即如下表所示的属性。等本节先把建模这个阶段讲解完，下一节回过头来再说说如何借助 L_1 正则项挑选出这些特征。

邮件过滤实战样例中用到的关键特征和特征值

收件人数量	邮件长度	发件国家	信用等级	判别结果
1	2 KB	德国	高信用级别	非垃圾邮件
1	4 KB	西班牙	中信用级别	非垃圾邮件

（续）

收件人数量	邮件长度	发件国家	信用等级	判别结果
5	2 KB	英国	低信用级别	垃圾邮件
2	4 KB	俄罗斯	低信用级别	垃圾邮件
3	4 KB	德国	高信用级别	非垃圾邮件
2	1 KB	美国	中信用级别	非垃圾邮件
4	2 KB	美国	中信用级别	垃圾邮件
……	……	……	……	……

数据预处理阶段虽然是建模的准备阶段，是为建模服务的，但实际上在机器学习处理问题的过程中，这部分工作量往往要占去总工作量一半甚至更多。而且，它与建模和其他阶段并不是严格的先后顺序关系，而是贯穿在整个模型训练的全过程之中。有句圈子内常说的话："数据和特征决定了机器学习的上限，而模型和算法只是逼近这个上限而已。"由此可见，数据预处理，尤其是特征选择在机器学习中是占有相当重要的地位的。

6.5.5 损失函数

对数据预处理之后，便开始了电子邮件过滤系统的建模阶段。我们可以先从最简单的单一属性来进行垃圾邮件判别开始，构造一个最简单的模型。假设我们选择以"收件人数量"这个特征为依据，对训练集中 110 封电子邮件样例按照该特征进行统计，得到不同收件人数的邮件样例分布，如下图所示。

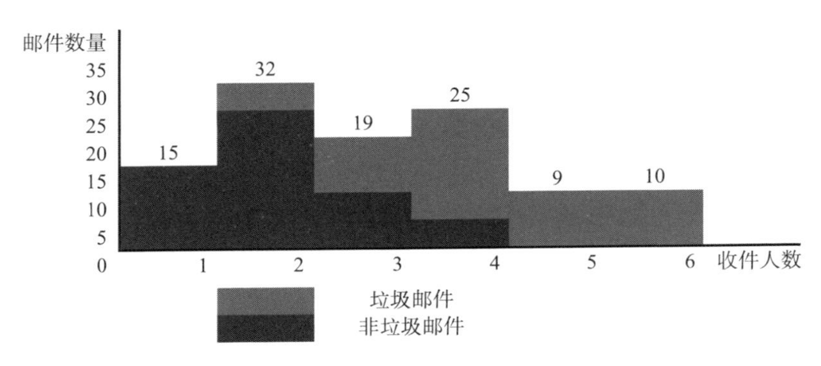

以收件人数统计的分布情况

从样例分布图中可以看出，只有收件人数量为1人的邮件完全不包含垃圾邮件，如果我们以“收件人是否多于1人”来划分是否垃圾邮件的话，也可以构造出一个最简单的垃圾邮件分类判别模型，形式如下：

$$f(x)=\begin{cases}0, x>1\\1, x\leqslant 1\end{cases}$$

这个模型在训练集上的判别结果如下图所示。

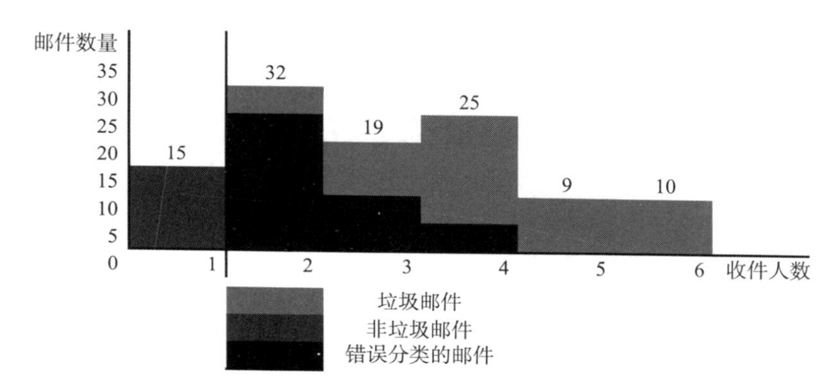

以收件人是否多于一人来划分垃圾邮件的结果

显然，即使仅简单地凭肉眼观察，读者也应该可以得知这个结果肯定不是最优的，因为它虽然正确区分出了一部分的垃圾邮件和有效邮件，但是同时也存在非常大量的误判（图中黑色部分表示被误判的邮件），110封邮件中足足有40封邮件被模型误判了。

我们只要稍微调整一下判定标准中收件人的数量，以“收件人数是否超过2人”来划分垃圾邮件的话，效果就有所改善，虽然还是有一部分垃圾邮件成为漏网之鱼，被认定为是有效邮件，但是这时候110封邮件样例就大幅缩减至只有20封邮件被误判，具体如下图所示。

从这个从1到2的简单的调整所带来的结果变化来看，选取哪些属性以及选取什么属性值作为标准才是合适的，应该由模型的工作效果决定，而对于如何衡量机器学习模型的工作效果这个问题，最容易想到的指标是以正确分辨或者错判的样本数占样本总数的比例，即“正确率”（Accuracy）或“错误率”（Error Rate，其含义为“1- 正确率”）作为度量标准。实际上，正确率确实是一个比较常用的度量指标，具体采用什么度量标准还取决于具体的任务需求，有一些情况会选择其他指标，譬如精确率、召回率、F1 分数等作为评估性能的度量标准，这部分内容将在稍后关于模型评估验证的章节中再展开说明。

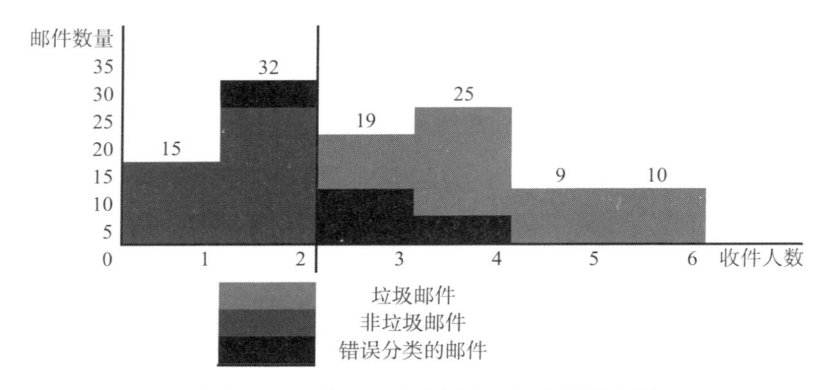

以收件人是否多于 2 人来划分垃圾邮件的结果

上面这个例子中，收件人数量从 1 到 2 影响的结果变化是显而易见的，这样的建模过程也似乎简单到有点粗糙的地步，不过其实这已经足够揭示出选择机器学习建模的最基本的目标思路了：通过各种方法，包括但不限于选定适当的策略、根据训练集中蕴含的信息优化算法、找出最相关的属性和合理模型结构等，实现**让模型的输出结果与实际结果差异最小**。请读者特别注意黑体部分的文字，这是机器学习训练的基本目标，后文还会反复被提及。

我们把这个简单的邮件分类器的特例，向所有的监督学习解决问题的思路推广，会得到以下更具有普适性的结论：使用符号 f 代表模型的决策函数，这个模型接受真实世界的输入 x，将 $f(x)$ 的输出记作 y'。由于模型毕竟只是对真实世界的模拟，所以输出值 y' 很可能与真实世界中的实际值 y 是存在有差异的，而机器学习中的所谓性能高低的度量，就是追求这个差异值在测试集或新的输入数据的最小化，模型输出与真实值差距越小，模型性能就越好。我们把衡量实际值 y 与模型输出值 y' 间差距大小的计算过程称作“损失函数”（Loss Function，有些资料中也称为“成本函数”或“代价函数”，CostFunction），计算 y 与 y' 差异大小的损失函数就记作“$L(y, y')$”或者直接用 $f(x)$ 代替 y'，把损失函数记作“$L((y, f(x))$”。

损失函数这个知识点很重要，它既是机器学习中最基础的入门知识，又是整个统计机器学习的核心和精髓，现在机器学习的所有研究，很大一部分都是围绕着如何找到合适的损失函数、如何最优化损失函数来进行的。大概损失函数及它在各种优化策略下的具体数学形式是本章甚至全书中唯一直接出现的数学函数了，这都是它重要性的体现，以至于在机器学习中是完全无法回避的。

统计机器学习中各种主要模型和算法，从线性回归、逻辑回归到支持向量机、Boost 算法，还有神经网络等，其本质上都是基于不同的损失函数建立起来的，尽管这些算法都有各自的思想和依据，但从数学角度看，它们不但显得形似，而且内在也极为神似。

在本章稍后的内容里关于过拟合的处理，还有前面预处理中讨论如何用 L_1 正则项做特征提取等问题，所涉及的正则项（惩罚函数）也是作为损失函数修正项的形式存在的，这些知识同样需要基于损失函数去理解。

看到这里，一些数学基础背景知识较为薄弱的读者可能有一个疑问：要判断 y 和 y' 之间的误差，直接把它们两者相减看看结果大小不就行了吗？就算是向量也有加减法呀，为何还要专门搞个函数来衡量误差？请注意，此处进行的并非简单两个数值的对比，而是在连续多个输入 x 下得到的多个 y' 和 y 多维向量之间，按照不同的差异度量指标来比较。举个例子吧，假设 y 和 y' 的结构都是最简单的二维向量，我们在二维的欧氏平面中把实际输出值 y 以蓝色点表示，模型的输出值 y' 用红色线表示，由于实际样本来源于传感器或者数据库收集的数据，是离散的，而模型输出值是决策函数的计算结果，它可以是连续的。两者放在同一个坐标系中，形成的结果如下图所示。现在请读者思考一个问题，有什么依据可以用来判定这一条红线就是与所有蓝点差异最小的？换句相同含义的话来说，红色线是最能拟合所有蓝点的直线？把红线上下稍微偏移一下，或者角度稍微旋转个 3° 或者 5° 的，与实际值的差距有没有可能会更小呢？

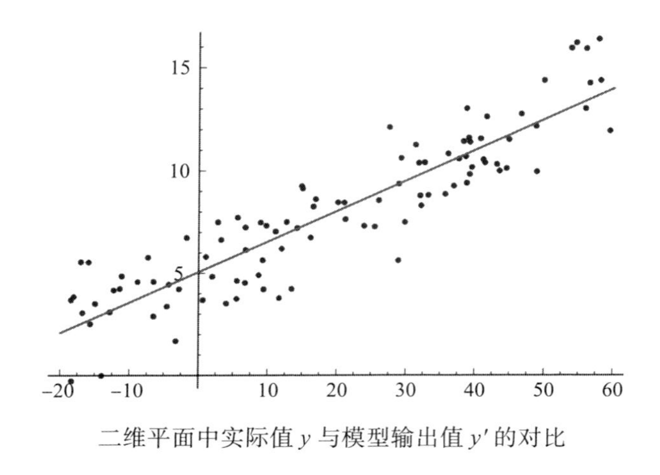

二维平面中实际值 y 与模型输出值 y' 的对比

要解答这个问题，就必须先确定“差距”是如何定义的。其中一种比较直观的衡量差距大小的方法，可以把 y 与 y' 之间的差距理解为就是它们在欧氏空间中位置的距离，即可以看作是两个向量之间的欧氏几何距离⊖。我们要 y 与 y' 的误差最小，就要使得它们的欧氏距离最短，其背后等价的意义就是说在这一群蓝色点群中画一条红色线，让所有点到红色直线的距离之和最小。

我们将上图中一个小局部区域放大出来，如下图所示，实际值与模型输出值之间的空间差距以绿色线条表示。这种采用 y 与 y' 的欧几里得几何距离作为度量误差的标准，在统计学里称为“均方误差”（MSE，Mean Squared Error）。以使得均方误差最小化作为目标的损失函数，我们称为“平方损失函数”（Squared Loss Function），两个名词中都带有“Squared”这个单词，这体现了欧几里得空间里，欧氏距离的数学公式定义就是两个向量差值的平方，所以，平方损失函数的函数表达式为：

$$L(y, y')=(y-f(x))^2$$

选定了平方损失函数作为损失函数的机器学习问题，也就等同于求解一条线距离所有样本点的欧氏距离最短，如果选择的是线性模型，即

⊖ 在数学中，欧几里得距离或欧几里得度量是欧几里得空间中两点间“普通”（即直线）距离。使用这个距离，欧氏空间成为度量空间。

例子中的直线，或者更高维的超平面，在数学上可以采用“最小二乘法”（Ordinary Least Squares）来解决平方损失函数的最小化求解问题[⊖]，所谓“二乘法”就是中国古代算平方的说法，那“最小二乘法”其实就是求解平方最小值的意思。而如果所选择的模型并不是线性的，即是曲线或者超曲面，那模型就不会有解析解，需要用优化算法逐步逼近去求解模型。

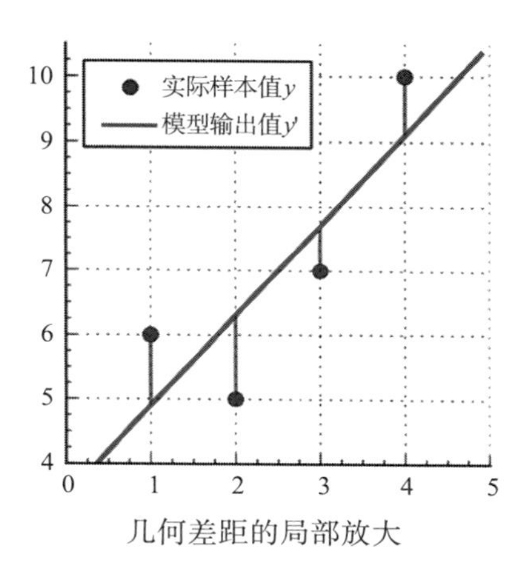

几何差距的局部放大

使用欧氏距离最小来作为差距衡量标准也只是众多误差评估标准中的一种，任何一种评估标准都不可能在全部场景下都适合。除了平方损失函数外，下面笔者列举了一部分常见的损失函数和他们的具有代表性的机器学习的模型和策略算法。

- 0-1 损失函数：

$$L(y, y')=\begin{cases}1, y\neq f(x)\\0, y=f(x)\end{cases}$$

- 绝对值损失函数：

$$L(y, y')=|y-f(x)|$$

- log 对数损失函数（主要用于逻辑回归）：

$$L(y, y')=\frac{1}{n}\sum_{i=1}^{n}\log(1+e-w^{T}x_iy_i)$$

⊖ 详细的数学证明在此笔者就不罗列了，读者可以参考：https://zh.wikipedia.org/wiki/最小二乘法。

- 指数损失函数（主要用于 Boost 算法）：

$$L(y, y')=\frac{1}{n}\sum_{i=1}^{n}\text{eps}(-y_i f(x_i))$$

- Hinge 损失函数（主要用于支持向量机）：

$$L(y, y')=\frac{1}{n}\sum_{i=1}^{n}\max(0,1-w^{\mathrm{T}}x_i y_i)$$

- ……

与平方损失函数代表欧氏空间距离的含义类似，以上每一种损失函数，都有各自的数学（几何或者概率）中的具体含义。其实，所谓学习某一种机器学习算法，很大程度上就是去学习理解其损失函数的意义，然后学习如何去求解或者优化，得到满足损失函数最小值的模型结果。

对于目的以讲解机器学习算法为主的书籍，比如周志华老师的《机器学习》和李航老师的《统计学习方法》，会详细介绍每一种算法的相关内容，不过本书的重点是从整体上了解整个人工智能的全貌，并不是讲解每一种机器学习算法的细节和步骤，所以对这些算法内容感兴趣的读者，可以参考上述两本书籍继续学习。下面就继续回到我们的邮件过滤器的实战中来。

6.5.6 模型选择

如果只使用“收件人数量”这单个特征的话，最优的结果也仅是在 110 封样本邮件中把错误归类的邮件下降到 20 封。显然这样的效果基本上没什么实用价值，这就说明了只靠单个特征作为模型参数不足以建造出性能足够好的模型，因此我们至少还需要再引入一个或者更多的新特征参与到模型构造之中，建造一个更高复杂度的模型，使得其性能满足需要。

这里仍然先把如何自动、合理地选择特征这个问题先放一放，假设我们选择“邮件长度”作为第二个特征，用两个特征共同构造一个判别模型。那么以邮件长度作为统计维度，得出 110 封邮件的不同长度下的分布结果如下图所示。

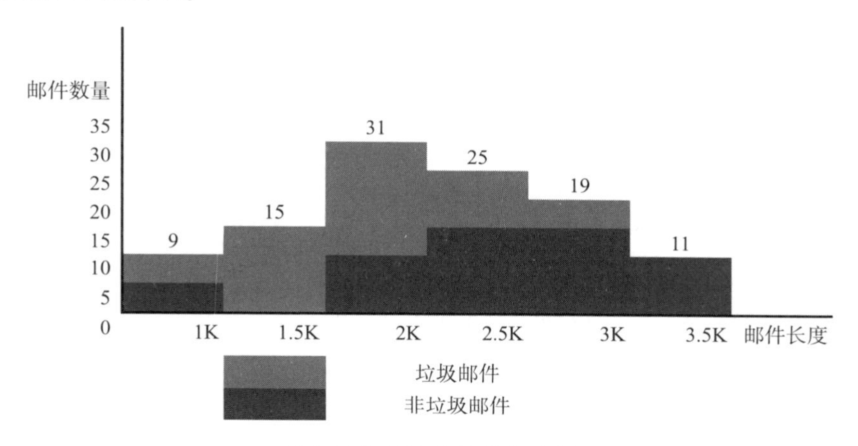

按邮件长度统计的分布结果

上图反映了单独采用“邮件长度”作为判别是否垃圾邮件的依据的分布结果，这个统计结果本身并没有什么可取之处，很明显单独使用某个邮件长度值作为判别依据，也不能得到性能足够好的模型。不过，如果我们把邮件长度与之前以收件人数量为判别依据的统计结果联合起来看，同时使用两个样本属性作为判别依据的话，可以得到一个与下图类似的统计图形，这个结果的分类特征看起来似乎就豁然开朗了。

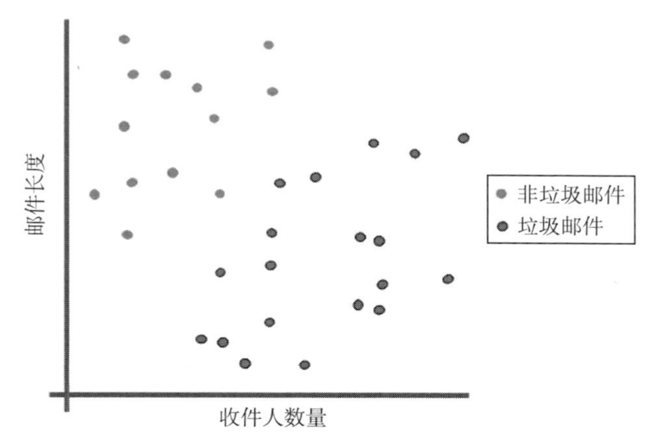

使用两个判别属性分辨垃圾邮件

上面这个二维坐标系其实表达了不止两个维度的信息：以收件人数量为横坐标，以邮件长度为纵坐标，还有以红蓝颜色表示的结果（红色点表示垃圾邮件，蓝色点表色非垃圾邮件）。引入了第二个判别属性之后，原本分布在一维坐标轴上的邮件柱状统计图，变成了分布在二维平面上的点，这时，可以发现在一维坐标轴上犬牙交错、难以直接划分开的垃圾邮件和有效邮件在二维平面中居然是泾渭分明的，区分得非常完美（当然，这个分布是笔者为了讲解效果处理过的数据，实际情况中两个属性肯定仍是不足以完美区分出垃圾邮件和非垃圾邮件的）。

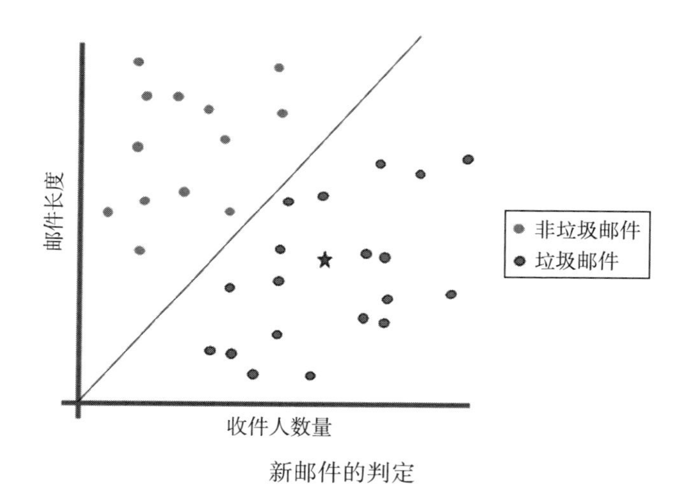

新邮件的判定

假如两个属性真的就足以将是否垃圾邮件如此完美地区分开，那我们只需在该二维平面里，沿着两类邮件的中间划出一条分界线，将平面分成两部分。当有一封新的邮件输入时，就将其按照收件人数量和邮件长度投影到该平面中，例如上图中五角星所示。如果它分布在属于垃圾邮件一边的空间，那它就被判别为是垃圾邮件，否则它就是一封有效的邮件。

这个分类器的思路很符合正常人的逻辑思维习惯，而且事实上也确实是行之有效的，机器学习中把这种分类方法称为“线性分类器”，它是一种很基础但在机器学习中极为常见的应用方式。不过，思路虽然想明白了，但在具体操作层面上我们仍有一个问题没有解决：并没有定义清楚到底什么是在二维平面“中间画出一条直线”？

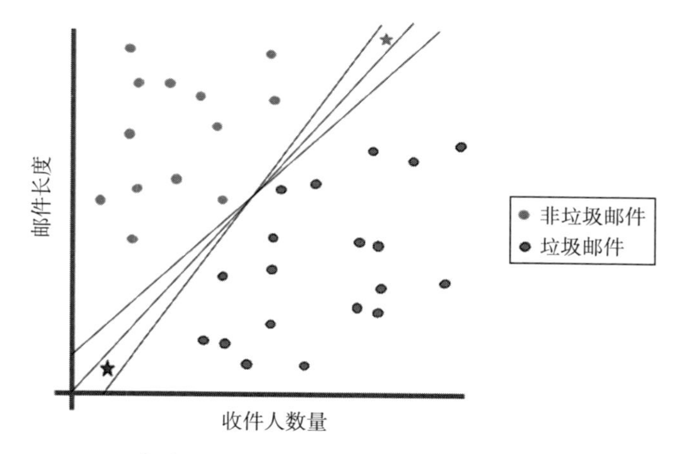

多种平面划分的方式对判定结果的影响

在上图中，笔者随意画了三条可以分割两类邮件的直线，读者想想到底应该以哪条线为准呢？这些分割线当然不是随意挑选都可以的，如上图右上角和左下角分别有两颗代表新邮件的五角星，它们到底是属于垃圾邮件还是属于有效邮件，就完全取决于我们选择了哪条线作为空间的分割线了。可见分割线的选定对模型判定的结果是有直接影响的，不可能在满足训练集样例的约束下，随意选定的一条都能符合需要。

要解决这个问题，首先应该想办法去增加训练集中的数据量，越多的样例在平面中形成越密集的点，对空间分割线的约束会越有力，如果周围分布满了密密麻麻的点，那分割线可以随意腾挪的空间就很小了。不过，即使分割线可以腾挪的范围被约束得越来越小，只要它仍然是一块空间，就还是能容纳无数条直线，仍然有无限种分割线方案可供选择。

事实上，如何确定这条直线的位置，是由我们选择了怎样的决策算法来做线性分类器所决定的，基于不同方式构造的线性分类器，对这个问题可能会有不同角度的解决方案。譬如，我们可以考虑采用下面的办法来解决这个问题：不再使用“一条直线”来把平面分割为两个区域，因为直线是没有宽度的，在一块很小的空间里都能放置下无数条直线；而是改为使用一根有宽度的“棍子”去代替“直线”，当有了宽度之后就不可能在两类邮件样本之间再塞入无数根“棍子”了。然后，我们再前进一步把“棍子”的宽度慢慢增大，空间中能塞入的“棍子”的数量会变得越来越少，直至只有唯一的一根“棍子”能够塞进去为止，这根“棍子”的边缘已经触碰到两边最接近它的点了，它就无法再被挪动。最后，我们就重新拿出要分割空间的那条直线，安放在这条棍子的正中间位置，这个位置是唯一的，如下图所示。

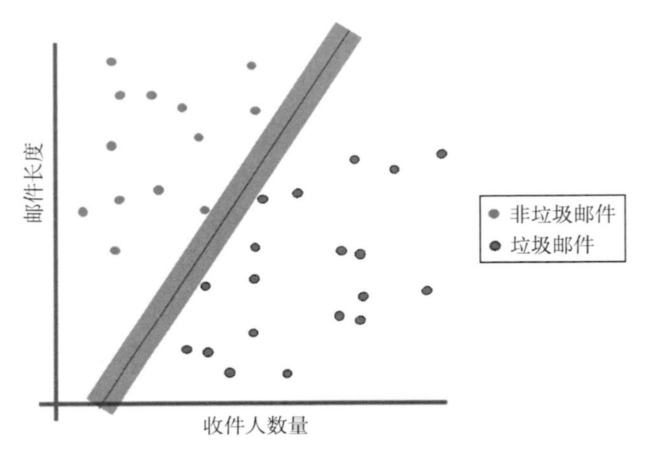

加入宽度的概念之后形成的“棍子”

采用这种办法来解决最佳空间分割问题的线性分类器，其实是“支持向量机”(Support Vector Machine) 中的一种最简化情况，称为“线性支持向量机”(LinearSVM，LSVM)，刚才例子描述里“棍子的宽度”，在支持向量机中被称为“边距”(Margin)，接触到“棍子”边缘的向量，就被称为“支持向量”(Support Vector)。

线性支持向量机是分割样本空间的一种方法，而这句话所说的“分割样本空间的方法”，在机器学习中可表述得更为具体：我们找到了一种关于垃圾邮件的判别决策方法，一旦输入了邮件的“邮件长度”和“收件人数量”两项信息后，该方法就能无疑义地确定代表判定结果的点所在的位置和颜色，换言之，得到这封邮件的分类结果。这个决策方法，就是我们通过机器学习得到的一个能解决问题的模型。

一个能解决实际问题的机器学习模型，最起码必须要符合该学习过程中训练集里的已知样例数据，通常来说满足这个条件的模型应该会有无穷多个。在机器学习的定义中介绍到，模型是机器学习过程最终所要产出的结果，它一般会以一个可被计算的条件概率分布或决策函数形式存在。那么，既然有无穷多个可能的模型，就有无穷多个可能被选择的决策函数，所有这些可能被选择到的决策函数的全集，就被称为是该模型的“假设空间”（HypothesisSpace）。选择模型，便是采取一种适当的学习策略（如例子中的支持向量机就是一种策略），再在大量数据的支持下，从假设空间中筛选出一个最佳的模型。

至于如何确定最佳模型的标准、用何种方法来学习得到这个最佳的模型，就绕回到上一节中各个学习策略对应的损失函数、该损失函数的意义和如何解决、优化损失函数这个问题上了。本节笔者所举例的“在空间中插一个棍子然后扩大其宽度直至触碰到两侧的支持向量”，这只是一种形象化的思路介绍，但如何使其在数学中可计算、在计算机上可执行，还是必须要转化为找到一个优化算法，使得分割线距离两侧支持向量边距最大这个问题，这其实就是支持向量机的 Hinge 损失函数的几何意义，一旦优化得到了 Hinge 损失函数的数值解，便得到了那个“最佳的模型”。

6.5.7　泛化、误差及拟合

在前一节，我们似乎已经找到了一个可以分类是否垃圾邮件的模型了，但是这个模型仅仅是排除了许许多多必须考虑的情况之后的最理想状态。接下来，笔者要把邮件过滤器从实战案例向现实稍微推进一步：前面的例子中仅使用“邮件长度”和“收件人数量”两个属性就把垃圾邮件和有效邮件在所有的训练集的邮件中划分出来了，但实际上这是笔者精心安排的训练数据，现实中的邮件分类问题肯定不可能是如此简单就能解决的，否则大家就不会今时今日还不断受到垃圾邮件的骚扰了。

一种经常出现的现实情况是大多数样本与模型判定结果的分布一致，但是有少数样本“特立独行”不遵循模型的分布规律。譬如像下图中左边部分图形所示这种样子，有一个红点和一个蓝点“跑”到了对方一侧的空间中，这样我们就没有办法用简单的、线性的分类器就把所有样本都完美划分开了。

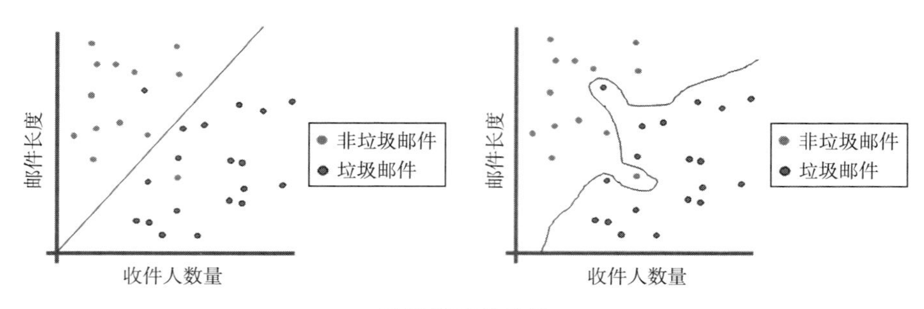

两种模型的选择

如果要将所有数据都100%划分清楚，上图右边是一种可能的划分方式。那现在请读者思考一个问题：左边图形采用简单的线性的划分方式，但在训练集中有2个错误的样本，相比起来，右边的图形相对复杂，采用非线性的分割，但是在训练集中可以做到100%的正确率。这样，左右两边哪种模型的性能更高？

如果是对于训练集里的数据来说，毫无疑问是右边模型的性能高，因为这个语境中的性能，其实就是正确率嘛，都达到100%了肯定是最高的。但是，一般来说，我们应该去选择左边模型，它实际性能更好的可能性更大。前文提过，度量机器学习性能的最主要的指标就是在测试集或新输入数据上得出的模型输出值与实际值的差距，这里必须特别强调，能度量的对象应该是“测试集或新输入数据”而不是“训练集”。模型对训练集拟合得再好，但对新鲜样本适应效果不好，那也是毫无意义的。

我们将“泛化能力”（Generalization Ability），就是机器学习算法对新鲜样本的适应能力，作为衡量机器学习模型的最关键的性能指标，性能良好的模型，就意味着对满足相同分布规律的、训练集以外的数据也会具有良好的适应能力。

有了“泛化能力”的概念之后，我们再回过头来，更精确地去定义前文提到的“模型输出值与实际值的差距”中的“差距”和“对新鲜样本的适应能力”中的“适应能力”这两个概念的确切含义。它们将对我们稍后要详细讨论的"如何判断某个模型是否合适"这个问题的解决是非常关键的。

我们之前所说的"差距多少"或者"适应能力高低"，是指模型输出值与实际值之间的"误差"（Error）的大小，"误差"是一个在统计学中被精确定义的概念，它在机器学习这个语境更加强调泛化而不是在训练集中，因此这里它被称为"期望泛化误差"。误差通常有三个来源：偏差、方差和噪声，先不去管这三个名词各是什么意思，我们先知道误差就是这三者的总和，它可以使用以下公式来表达：

误差（Error）＝偏差（Bias）＋方差（Variance）＋噪声（Noise）

这条公式，可以这么用通俗的语言来解读：误差的存在，就意味着模型输出值与实际值不相同，不相同有可能是因为模型无法表示实际数据的复杂度而造成了"偏差"（Bias）过大，或者因为模型对训练它所用的有限的数据过度敏感而造成的"方差"（Variance）过大，又或者是因为训练集中存在部分样例数据的标记值与真实结果有差别（即训练数据自身的错误），产生的"噪声"（Noise）过多，误差就是由这三个原因所导致的。要降低误差获得更好的性能，也就是要降低这三个误差的来源因素。

一般而言，噪声不可避免，如何找出、消除噪声数据在实际应用中很重要，误差体现了该学习问题本身的实现难度，但是噪声是学习问题本身和样本数据来源的局限，无法人为控制。在给定了训练集的数据之后，我们只能从偏差和方差的角度来尽可能减少误差。因此，在我们这个实战的章节中，始终都是把噪声因素排除出去，假设样本数据是完全符合真实结果的分布规律的，仅仅关注偏差和方差对误差的影响，接下来，笔者就分别去解释偏差和方差的各自的含义。

偏差的含义是指根据训练集数据拟合出来的模型输出结果与样本真实标记的差距，通俗地说，就是模型在训练集上拟合得好不好，偏差大小的本质就是描述了模型本身在训练集上的拟合能力。如果模型越复杂，引入的参数越多，那偏差是可以做得越来越低的。单就偏差而言，上一幅图（两种模型的选择）右边非线性复杂的模型，它的偏差肯定是要比左边线性划分的模型要低的。但是为什么我们还认为左边的模型性能更好一些的概率较大呢？那是因为我们还必须要考虑到方差大小的因素。

方差的含义是指给出同样数量，但内容发生了变动后的样本数据所导致的模型性能变化。方差大小的本质是描述数据扰动对模型输出结果所造成的影响。如果我们要想获得较小的方差，那就应该去简化模型，缩减模型参数，降低模型的复杂度，这样才能够控制住因样本数据变化而带来的扰动幅度，越是精密复杂的模型，对输入数据的抗扰动能力就相对越差。

笔者举个直观的例子来帮助大家理解，如果用射击比赛来类比偏差和方差对结果的影响的话，假设射击运动员在 10 环靶中只打到了 7 环，产生的 3 环的差距就是期望目标与实际目标的差距，也就是误差，这个误差即可能是因为他瞄准的时候就没瞄好，本来就是朝着 7 环去打的，也可能是因为他瞄准的确实是 10 环靶心，但是手不够稳定，射到了 7 环上。这里“瞄不准，手很稳”的情况就相当于偏差大，方差小所构成的误差，而“瞄的准，手不稳”的情况就相当于偏差小，方差大所构成的误差。这个例子中，偏差和方差对结果的影响，可以通过下图直观地看出来。

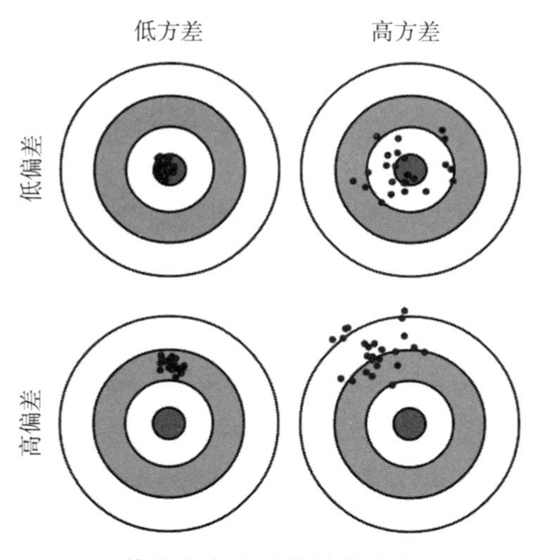

偏差和方差对结果的影响

从偏差和方差的含义里，我们可以感觉到它们本身是有潜在冲突的，其表现为：给定一个学习任务，假设我们能够通过不同的训练程度来控制模型复杂程度的话，在模型过于简单时，它的拟合能力不够强，训练数据的变化不足以使得模型结果产生显著变化，无法通过样本的特征变化得到正确的学习结果，此时偏差主导了期望泛化误差，机器学习中将这种情况称之为“欠拟合”（Underfitting），在某些资料中也称为“高偏差”（High Bias）。

而随着训练程度的慢慢加深，模型变得越来越复杂，参数也越来越多，它对训练集的拟合能力在逐渐加强，训练数据发生扰动时就渐渐能被模型学习到了，这时候方差在期望泛化误差中占的比例逐渐加大，偏差的比例在逐渐变小。

当训练程度刚好充足时，模型的拟合能力就处于一个在训练集数据支撑下可达到的最佳状态了，如果这时候还在进一步训练，继续把模型复杂化，那方差就会继续增大，逐步主导期望泛化误差，一旦训练数据发生轻微的扰动，就会导致模型的输出结果发生显著的相应的变化。这样，那些属于训练数据自身的，而并非是所有数据共有的特性也都被模型学到，这时候就会发生“过拟合”（Overfitting）现象，在某些资料中也称为“高方差”（High Variance）。由此可见，选择最优模型复杂度的一个最基本的准则就是偏差和方差之和最小，即要同时警惕避免发生训练过少导致模型复杂度过低而欠拟合和训练过度导致模型复杂度太高而过拟合的情况发生，此原则中的最优模型复杂度，可以使用下图来体现。

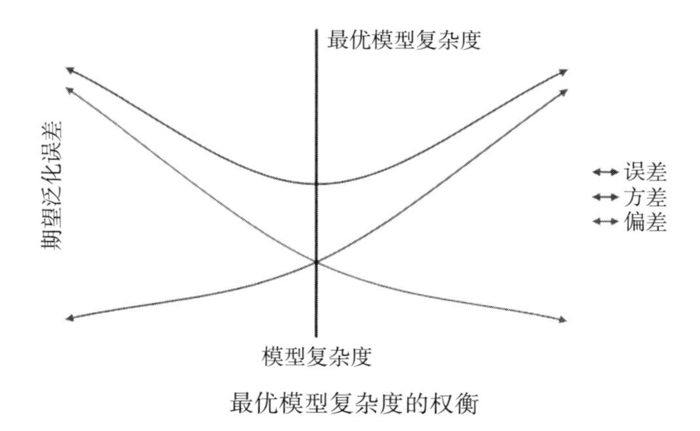

最优模型复杂度的权衡

理解了误差、偏差和方差的定义，我们就可以使用泛化期望误差来理解为什么本节开头会说“一般情况下，左边简单的模型性能会更好”，从有限的训练样本（本实战中训练集只有 110 封邮件）来看，虽然非线性模型在训练集上做到了偏差为零，但这种规模的训练集是支撑不起复杂的非线性模型的。按照上图的最佳模型复杂度与误差的关系也可以解释这个判断，复杂的非线性模型在实际情况汇总很可能是处于上图中最右侧的位置，很可能就已发生过拟合现象了，而线性模型则更可能处于上图的中间部分，更有可能接近于最佳的模型复杂度。

在机器学习里，欠拟合是相对较容易解决的，通过增加样本、增加训练次数一般就可以解决，但是对过拟合的控制就是相对困难的问题。而在这里笔者采用偏差和方差之间关系去解释拟合程度只是一种比较常用、直观的理解方式，在机器学习中还有“可近似正确学习理论”（Probably Approximate Correct，PAC Learnability）、“贝叶斯先验概率”（Bayes Prior Probability）等方式来解释或者说理解模型拟合程度对最终效果的影响。思路方法不一样，但是结果都是殊途同归的，其他几种解释的详细内容，笔者这里就不再一一展开了。

6.5.8 正则化

偏差和方差各自的意义告诉我们，模型复杂度是高还是低，哪个更好不能一概而论，这是一个需要权衡取舍的问题。我们在评估选择模型复杂度时，常采用“奥卡姆剃刀”法则（Occam’s Razor，拉丁文为“lex parsimoniae”，含义为“简约法则”）[⊖]作指导决策的行之有效的经验法则。通俗地说，这条法则应用在机器学习领域中的含义是指：“如果有两个模型可以产生相同性能的预测结果，那选择较简单的那个会是更好的。”

⊖ “奥卡姆剃刀”法则由 14 世纪逻辑学家、圣方济各会修士奥卡姆的威廉（William of Occam，约 1285 年至 1349 年）提出。这个原理的思想为“如无必要，勿增实体”，即“简单即有效”原理。

“奥卡姆剃刀”法则可以作为一条“指导性”的经验原则使用，但是有没有更具体的，可以依照一步一步操作来量化地确定模型复杂度的方法呢？答案也是有的，为了讲解如何找到合适的模型复杂度，需要再调整一下我们电子邮件训练集的统计特征，令其更趋近于现实的情况，现实中是不可能用简单的线性分类器就把垃圾邮件和有效邮件完美地区分开的。

调整后的数据分布如下图所示。在这个图中，笔者还额外给出了三种复杂度不同的可供候选的模型，再请读者思考一下，如下图这样的数据分布下，我们应该采用哪一种模型是最合理的？

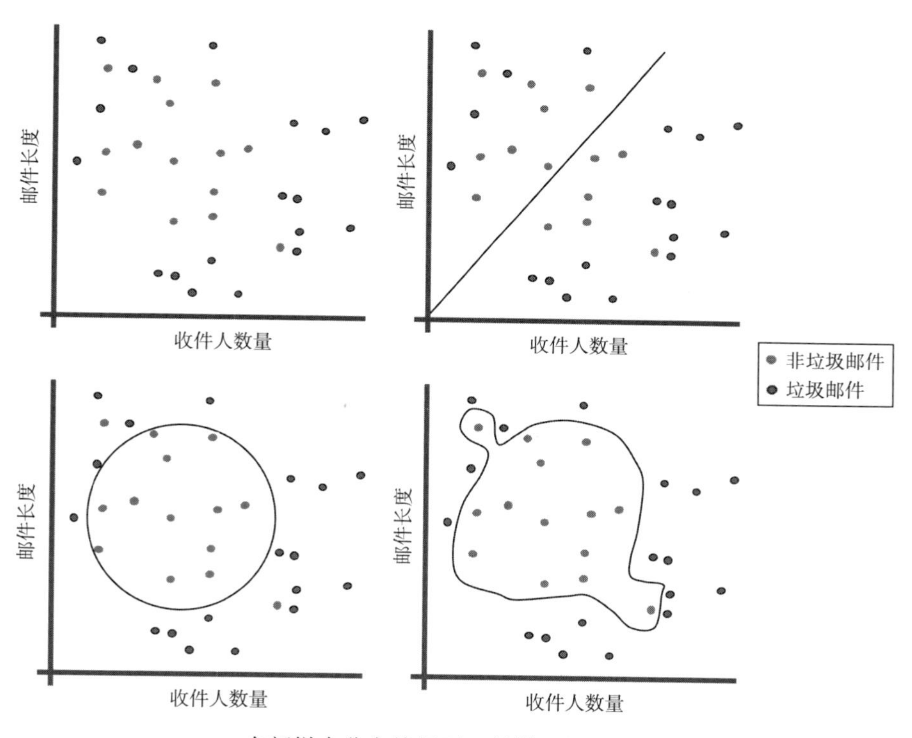

在新样本分布特征下三种供选择的模型

上图中列举的三种模型，包括了线性的、规则圆形的、不规则曲线的模型，为了便于定量地讨论这个问题，笔者把上面三个模型的函数表达式也罗列出来，如下所示：

1）$f(x)=w_0+w_1x_1+w_2x_2$

2）$f(x)=w_0+w_1x_1+w_2x_2+w_3x_1^2+w_4x_2^2$

3）$f(x)=w_0+w_1x_1+w_2x_2+w_3x_1^2+w_4x_2^2+w_5x_1x_2+w_6x_1^2x_2+w_7x_1x_2^2+w_8x_1^3+w_9x_2^3+\cdots$

部分读者这里可能又会有疑问，第 1、2 条表达式尚可以说是中学解析几何中直线和圆的标准方程形式，但对于第 3 条表达式，函数可能使用到的数学工具有很多，诸如 e^x、$\log x$、$\ln x$、$1/x$ 这些都是很常见的，为什么一条这样复杂的曲线模型，它的函数就都必须是简单多项式的形式呢？这个问题的答案说起来是既复杂也简单，如果读者已经不记得高数课本中讲过的泰勒多项式展开的话，那就先直接记住这个结论好了：所有光滑的函数图像都可以使用泰勒公式以任意精度去逼近模拟，展开成泰勒多项式的形式。所以，不论现实中决策函数是由 e^x、$\log x$、$\ln x$、$1/x$、$\sin x$ 或其他何种形式的可导复杂项构成，都可以使用简单多项式形式，以任意要求的精度模拟出来。

对以上三种不同模型的函数表达式，$f(x)$ 表示模型的输出结果，x_1、x_2 表示向模型输入的特征参数，也就是我们实战中的“邮件长度”和“收件人数量”两个特征。模型训练过程中要求解的内容是找出 w_0，w_1，w_2，…，这些多项式的系数，它们才是模型中的未知项，也就是我们在机器学习过程中要获得的信息。

之前我们已经反复多次提及“模型复杂度”这个名词概念，但它一直缺少一个严谨精确的定义，所谓“简单”或“复杂”都只是一个定性的概念，我们能从肉眼和脑海中的经验得知，上面几个模型中，肯定是圆形的模型要比直线的模型复杂，不规则曲线的模型又要比圆形的模型复杂，但是究竟是“复杂”了多少呢？这个定量的问题就没有办法解释清楚。现在有了统一用多项式表示的模型决策函数后，对某个模型的“复杂程度”就可以借助这种形式来定量地比较了。在把模型进行泰勒多项式展开之后，它的复杂程度可看作由两个因素决定。

- 模型多项式系数数量的多少，系数越少，相应地多项式项数就越少，意味着模型函数图像的曲线形状越简单。

- 模型多项式系数数值的大小，系数越小，意味着该多项式项对结果影响越轻微，模型函数图像的曲线越平滑。

那如何选择适当的系数数量多少和数值大小，其实就等同于在权衡模型复杂度了，也就是在做欠拟合和过拟合之间、偏差与方差之间的权衡取舍。只有恰当地做好这个权衡决策，才能令模型既能正确地识别样本，又不至于过度复杂，学习到了属于训练集本身的特征。“控制模型复杂度”可以视为机器学习中除了“让模型的输出结果与实际结果差异最小”之外的第二重要的目标。这样，如果把我们的机器学习目标做出一点小调整，兼顾第二目标，不再仅仅是关注损失函数本身的最小化，还要对模型中系数的数量和大小投入一定比例的关注度。接下来，我们将按照这个修正后的目标去训练模型。

根据在6.5.5节中对损失函数的介绍，机器学习的目标就是找到损失函数达到最小时的参数值，机器学习所谓的“模型训练过程”，就是求解其损失函数最小化参数解的过程。数学中对这种最小化求解运算专门定义有一个符号“argmin ㊀”，它表示“使得函数达到最小值时的变量取值”。我们现在引入这个符号，用数学和文字语言互相映照，来找出监督学习的目标通式。

- 首先，我们有一组样例数据作为训练集，集合中样本的个数以 i 来表示的话，这个训练集中有 $\{(x_i,\ y_i)\}$ 个样例。
- 然后，我们要做的事情是统计损失函数 $L(y, f(x))$ 在所有样本上的损失总和的最小值，即追求 $\sum_i L(y_i, f(x_i))$ 的最小化。
- 对于训练集中每一个样例而言，x 和 y 是特征和标记，这些 x 和 y 在训练阶段是已知的信息，未知的反而是函数的系数向量 w（因为多项式有多个系数，所以必须是系数向量），我们为了表示在决策函数中未知参数 w 对结果会产生的影响，可以将 $f(x_i)$ 改写为 $f(x_i, w)$ 的形式，这样，就明确了机器学习训练过程中，所求解的是损失函数达到最小值时系数向量 w 的值。

㊀ arg是变元的意思，即自变量argument的英文缩写。argmin即为“求函数达到最小值时的变量值”。

最后，用数学的语言来综合上面的文字描述，监督学习的目标可以表述成最小化以下损失函数，求解系数向量 w 的过程：

$$w^*=\underset{w}{\operatorname{argmin}}\sum_{i}L(y_i,f(x_i,w))$$

到这步只体现了机器学习的主要目标，如果仅仅以此损失函数最小化作为全部目标的话，当它达到最小值时，其结果几乎是无可避免地一定会陷入过拟合的泥潭之中。因为如果只是把最优的模型衡量标准定义为在训练集上损失函数总和最小的话，那得到的肯定是一个精密复杂的但是极为脆弱的模型，能完全适应所有样本数据的模型在训练集的表现上肯定会优于一个鲁棒性强的简单模型，显然这样的模型并非我们想要的结果。

因此，我们的最终目标，在追求损失函数最小化之外，还要再添加另外一个用于避免过拟合的第二目标，这个第二目标一般是以被称为“正则化项”（Regularizer）或者“罚函项函数”（Penalty Term Function，一般用“$\Omega(w)$”表示该函数，下文简称罚函数）的额外算子形式来体现的，这个算子的具体函数表达式我们可以稍后再谈，现在只把它看作一个抽象的函数符号的话，将它与损失函数联合相加，这样不仅仅是损失函数最小化，而且追求与罚函数一起的总和最小，这才构成机器学习建模的完整目标。我们把形成的新函数称为训练模型的“目标函数”（Objective Function），即下面通式所示：

$$w^*=\underset{w}{\operatorname{argmin}}\sum_{i}L(y_i,f(x_i,w))+\Omega(w)$$

上面这条通式就是所有监督学习算法的通用形式，对于不同的学习算法而言，其差别只是选择的损失函数 $L(x)$、罚函数 $\Omega(w)$ 的不同而已。

接下来我们要进一步理清罚函数 $\Omega(w)$ 的表达式形式。“正则化项”或者“罚函数”这样的名词听起来似乎挺专业抽象的，但只要抓住他们的作用去理解其含义就并不困难：罚函数存在的意义就是为了避免目标函数变得过于复杂，进而导致模型陷入过拟合。根据前面关于模型函数表达式系数多少和大小的知识可知，一个模型是复杂还是简单，取决于其表达式系数数量的多少和系数数值的大小。由此可知，罚函数的目的是限制系数多少和大小的，它的形式通俗地讲就是“一个参数数量越多、参数值越大，它的输出结果就越大的函数”。那如何把参数数量多少和数值大小与函数计算结果的大小联系起来呢？这就要先解决向量大小度量的问题，请读者先看看以下两个参数向量 w_1 和 w_2 到底谁大谁小？

$$w_1=(1, -4, 3, 10, -9, 11, 0)$$

$$w_2=(2, 3, -5, 7, -11, 13)$$

不容易比较出结果吧？要解决这个问题，数学上已经有了成熟又严谨的办法可以参考。在机器学习领域，也使用了数学里“范数”（Norm）的概念[⊖]来解决如何衡量系数向量的大小，这直接关系到采用何种实现方式实现罚函数。

“范数”是一种具有“长度”概念的函数，广泛应用于线性代数、泛函分析等领域，它的作用是度量某个向量空间或矩阵中的每个向量的长度或大小。范数必须满足非负性、齐次性和三角不等式，这方面的数学知识读者可以不去深究，只需要把它当作是一种用于衡量向量大小的工具，知道我们要用它来度量参数向量即可。

L_0 范数、L_1 范数、L_2 范数、迹范数、Frobenius 范数和核范数等这些不同类型的范数，都是数学和人工智能领域中可能使用到的，其中的三个“p 范数”特例，即 L_0、L_1 和 L_2 范数在机器学习领域最为常用，笔者以这三个范数来介绍罚函数的内容。

L_0、L_1 和 L_2 范数都是派生自“p 范数”的特例，为了后面能够解释“正则化为什么能做特征选择”这个问题的时候有必要的知识储备，这里我们须从几何意义的角度去了解 p 范数的含义：p 范数的本质当然也是长度的度量，对于不同 p 取值的 p 范数，其几何含义可理解为是描绘了该取值下空间中单位球（Unit Ball，表示在空间中半径为 1 个单位的球面）形状。最典型的、符合初等数学认知的是 p 取值为 2 时的情况，在二维平面上单位球是一个圆形，在三维空间上单位球就是一个正球体，更高维度也是类似的，单位球都是到原点距离为一个单位的点的全集，p 等于 2 时的距离称为欧几里得距离。在 p 为其他取值的时候单位球的变化如下图所

⊖ 范数是数学中的一种基本概念，它常常被用来度量某个向量空间（或矩阵）中的每个向量的长度或大小。

示，请读者特别记住 p 取值为 1 和 2 的单位球形状：菱形和圆形。

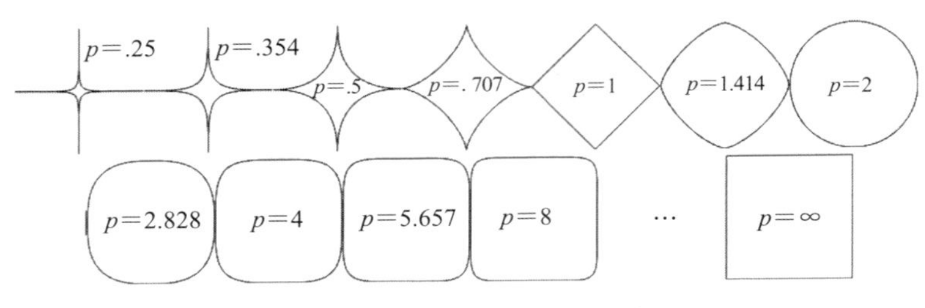

p 范数各种取值的单位球图像

除了最符合我们日常空间几何观念的 $p=2$ 表达的欧几里得距离之外，还有当 $p=0$ 时表达的汉明距离，当 $p=1$ 时表达的曼哈顿距离等。虽然这些距离都是特例，都有各自的意义，然而 p 范数的公式却是统一而简洁的，其公式如下所示：

$$||x||_p=(|x_1|^p+|x_2|^p+\cdots+|x_n|^p)^{1/p}$$

式子中“$||\ ||$”是范数符号。L_0、L_1 和 L_2 范数就是 p 范数在 p 取值为 0、1、2 时的特例情况，L_0、L_1 和 L_2 范数的定义，按照 p 取值替换后便得出以下三种范数的公式：

L_0 范数：$||x||_0=\#(i)$，其中 $x_i\neq 0$

L_1 范数：$||x||_1=|x_1|+|x_2|+\cdots+|x_n|$

L_2 范数：$||x||_2=(|x_1|^2+|x_2|^2+\cdots+|x_n|^2)^{1/2}$

从公式上看，L_1 范数等于向量中各个元素绝对值之和，L_2 范数就是向量中所有元素的平方之和再开方。如果读者把 L_0 范数的公式写出来，会发现由于 p 出现在分母，零值是无意义的[⊖]，而 L_0 范数的真实含义是向量中非零元素的数量之和。

根据 L_0、L_1 和 L_2 范数的公式，无论是非零计数、绝对值还是开平方，每一个参与到公式计算的参数，无论其数值大小、正负都只会对计算结果产生非负的贡献，只是影响程度不同的差别，所以这三个公式都符合“参数数量越多、参数数值越大，其函数输出的结果就大”这个特征，我们只

⊖ 严格来讲，p 在（0,1）取值范围内定义的并不是范数，因为这违反了三角不等式（$||x+y||\leqslant||x||+||y||$），因此 L_0 范数不是真正的范数。

要令罚函数“$\Omega(w)=||w||_0$”、“$\Omega(w)=||w||_1$”或者“$\Omega(w)=||w||_2$”，都可以达到限制模型复杂度过高的目的。

不过，既然 L_0、L_1、L_2 范数以及其他形式的范数是共存的，那说明要么它们在某些地方有自己的特长，有各自的特性才有共存和意义，这也从侧面说明罚函数使用不同的范数来实现，效果一定是有不一样的。下面我们就继续来看看这三个范数的使用场景和含义。

L_1 范数的作用是“参数稀疏化”，由于这个特性，L_1 范数还有个别名叫作“稀疏正则算子”(Lasso Regularization)。首先我们来解释什么叫“参数稀疏化”，数学上说一个向量是“稀疏”的意思就是指它所包含的零元数的数量很多。L_0 范数的意义是计算不为零参数的个数，所以它的稀疏性是最直接的，把 L_0 范数作为目标函数的一部分，最小化目标函数的过程中，其目标就自然带有尽可能获得零参数的倾向，但是由于最小化 L_0 范数已被证明是一个 NP 完全问题，要付出极大代价才有可能优化好，所以实践中并不适用。如果特别注重模型参数数量多少的话，都是用 L_1 范数代替 L_0 范数来实现稀疏化。L_0 范数的稀疏性是从它的定义公式中就显而易见的，至于 L_1 范数为什么也会有稀疏性，这个我们在讲解完稀疏特性的意义之后，就会从几何意义的角度给出解释。

稀疏性在机器学习中是很令人趋之若鹜的特性，因为它天然地解决了机器学习中一对很大的难题：“自动特征选择”(Auto Feature Selection) 和模型的“可解释性”(Interpretability) 问题。前面我们一直就遗留了“如何自动做特征选择”这个问题没有回答。特征选择之所以重要，是因为一般来说样本的大部分特征都是和最终的输出没有什么关系的，不对结果提供任何信息或者只提供极少量的信息。在最小化目标函数的时候考虑了这些额外的特征，虽然可以获得更小的训练误差，但在预测新的样本时，这些没用的信息反而会干扰了对结果的正确评价。稀疏规则化算子能天然地就将模型中对结果影响小的参数权值置为零，这样就去掉这些没有提供信息的特征，自动完成了特征选择。另一个青睐于稀疏的理由是，将无关的特征被置零后得到的简单模型会更容易解释，这点也很容易理解，譬如，假设患某种疾病的概率是 y，然后我们收集到的数据样本有一千个特征，换句话说就是我们需要寻找这一千种因素到底是怎么影响病人患上这种疾病的。但是如果通过 L_1 范数正则化之后，最后学习到的模型只有很少的非零元素，例如只有五个非零的系数吧，那么我们就有理由相信，这些对应的特征在患病分析上提供的信息是巨大的，是决定性的。也就是说，患不患这种病基本只和这五个因素有关，那医生就好分析多了。但如果一千个参数都不为零，医生面对这一千种致病因素是无法通过模型来寻找和解释致病原因的。

L_0 范数的定义本来就是零值越多，函数值便越小，它参与到目标函数之后，模型有稀疏性是很好理解的。而 L_1 范数稀疏性的来源，我们就需要专门从几何角度去探讨一下为什么 L_1 范数会具有这样的特性。

我们先把前面的目标函数稍微改写一下，不直接加入罚函数，而是把“计算损失函数和罚函数总和极小值的最优解作为优化目标”，改写为“在罚函数不超过单位常量值 C 的前提下求损失函数极小值的最优解作为优化目标”，即把损失函数和罚函数独立约束，形成如下形式：

$$w^*=\underset{w}{\operatorname{argmin}}\sum_i L(y_i, f(x_i, w)),\ \text{约束：}\ \Omega(w)\leqslant C$$

以只有两个参数的简单情况为例，下图中的曲线是损失函数优化过程中的等值线，读者可将这里的“等值线”想象为地图中的“等高线”，这种等高线是把函数值相等的损失函数对应的参数 w_1、w_2 组成的点连接起来，越接近蓝色线代表函数值越小，越接近红色线代表函数值越大。

假如没有罚函数的结果不能大于 C 这个约束的话，损失函数的极小值就是等值线中最小的那一个或者多个点，就是下图中函数图像中间的低谷，但是受限于“ $\Omega(w)\leqslant C$”这个约束，损失函数就不能取到最小值，而必须在符合罚函数约束的范围内，找到损失函数能达到最小的那个点。回想一下上一节对 p 范数单位球图像的介绍，当 $p=1$ 时 p 范数的图像，即 L_1 范数的图像——在平面中是边长为 C 的菱形。显而易见的，在多数情况下（极值点在单位球之外），有约束下的极小值会出现在罚函数边缘与损失函数等值线交点处，而且这个交点就是斜正方形的其中一个角，如下图所示。

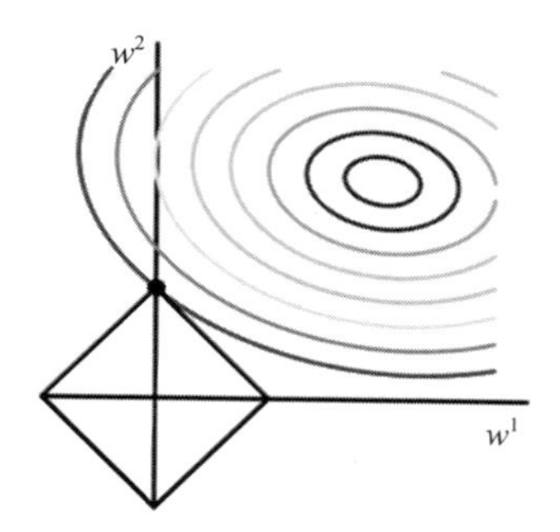

L_1 范数与损失函数等值线相交点[⊖]

在角上相交就意味着有其中一个参数为零，这就是 L_1 范数稀疏性的来源，而在更高维的情况下，除了角点之外，还有很多边上都会发生与等值线的第一次相交，产生稀疏性。相比之下，L_2 范数就没有这样的性质了，因为 $p=2$ 时 p 范数的单位球图像是个圆形，如下图所示。

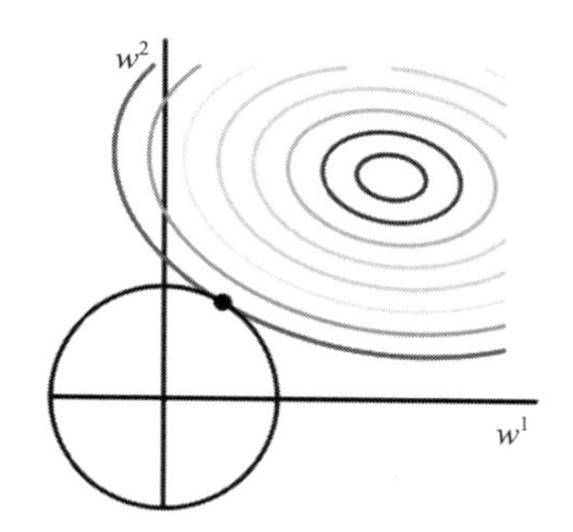

L_2 范数与损失函数等值线相交点

由于没有棱角存在，所以第一次相交的地方出现在具有稀疏性的位置的概率就变得非常小了，这也就从几何角度，直观地解释了为什么 L_1 正则化能产生稀疏性，而 L_2 不行的原因。

L_2 范数是指向量各元素的平方和然后求平方根，虽然它没有稀疏性，但却是一个比 L_1 应用范围更广的范数，其应用不仅限于机器学习，在各种科学领域中都能看到它的身影。

⊖　图片来源：https://www.coursera.org/learn/machine-learning。

机器学习中，L_2 范数也有两个别称，有资料中把用它的回归算法称作“岭回归”（Ridge Regression），有的资料也叫它“权值衰减”（Weight Decay）。L_2 范数是用来解决机器学习中过拟合问题的主要手段之一，虽然 L_1 范数也有一定防止过拟合的作用，但如果以控制过拟合为目的话，L_2 范数的效果要比 L_1 范数好，因为 L_2 范数相对于 L_1 范数具有更为平滑的特性，通俗地说，它更“温和”一些。在模型预测中，L_2 范数往往比 L_1 范数具有更好的预测特性，当遇到两个对预测有帮助的特征时，L_1 范数倾向于选择一个更大的特征。而 L_2 范数就更倾向把两者结合起来。

总结一下本节内容，L_1、L_2 或者其他范数形式的正则化都是通过增加惩罚项，使得结果在偏差与方差之间取得平衡，通过让目标函数最小化来实现防止过拟合的。正则化是一种典型的、具有通用性的防止过拟合的方法，不过防止过拟合并不只有正则化一种途径，不同的模型、策略中还有其他可行的办法，譬如神经网络中采用的 Dropout 就是根据神经网络特点设计的一种防止过拟合的技巧。

6.5.9 优化算法

目标函数一旦确定下来，就已经定下了采取何种模型的学习策略了，机器学习到这步，剩下就是要把模型中所有涉及的参数计算出来，归结为一个最优化的问题——求使得目标函数达到最小值时的参数数值解。机器学习中的优化算法就是为了求解出这些参数数值解的算法。由于实践应用中，绝大多数情况下最优化模型都是不存在解析解[⊖]的，也只能使用逐步逼近的计算方式来求数值解。由于机器学习总是面对大量的训练样本，所以必须选择恰当的优化算法，才能确保能够找到全局的最优解，并且使得求解的过程足够高效。

⊖ 解析解为方程的解析式（比如一元二次方程的求根公式之类的），是方程的精确解，能在任意精度下满足方程；数值解是在一定条件下通过某种近似计算得出来的一个数值，能在给定的精度条件下满足方程。

在机器学习领域使用面最广的优化算法是“梯度下降”（Gradient Descent）算法，它不仅在传统的统计机器学习中有广泛的应用，在神经网络和深度学习中也是一种极为常见的优化算法。在这一节，我们将以梯度下降算法为例，去学习机器学习优化算法的原理和过程。

我们电子邮件过滤器的实战，实际做的是一个分类应用，在 6.5.5 节介绍损失函数时，我们提到了常用的平方损失函数，结合前面所讲的机器学习通式，要求解的目标函数如下所示：

$$w^* = \underset{w}{\operatorname{argmin}} \frac{1}{n} \sum_{i=1}^{n} (y_i - f(x_i))^2$$

在 6.5.6 节讲解模型选择的部分，我们又接触到了支持向量机，它要优化的是 Hinge 损失函数，这时的目标函数形式如下：

$$w^* = \underset{w}{\operatorname{argmin}} \frac{1}{n} \sum_{i=1}^{n} \max(0, 1 - w^{\mathrm{T}} x_i y_i)$$

其他形式的损失函数还有很多种，无论选择的是何种损失函数，模型训练最终都要解决如何求得损失函数达到最小值时的系数向量这个共同的问题。梯度下降算法是迭代求解算法中最常用的。“梯度”一词是微积分中的概念，数学上，对多元函数的参数求偏导数，把求得的各个参数的偏导数以向量的形式写出来就是梯度。为了照顾部分读者，这里把微积分中导数、偏导数和梯度的概念简单复习一下：当函数定义域和取值都在实数域中的时候，导数可以表示函数曲线上的切线斜率，这是导数的几何意义，同时也代表了该函数在该点的瞬时变化率，这是导数的物理意义。如下图所示，对于一元函数，P 点的导数是当 x 变化一段很小的距离 $\triangle x$ 后，y 的变化量 $\triangle y$ 与 $\triangle x$ 的比值。

而对于多元函数，就至少涉及两个自变量，也就是从曲线来到了曲面。曲线上的一点，其切线只有一条。但是曲面的一点，切线有无数条。偏导数指的是多元函数沿坐标轴的变化率，如下图所示，在点（x_0，y_0）上对 x 的偏导数，就是指曲面被平面 $y=y_0$ 所截得的曲面 T_x 在点 M 处的切线对 x 轴的斜率。

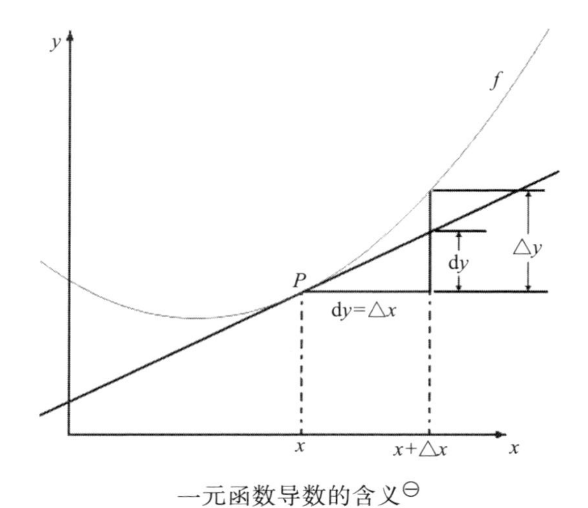

一元函数导数的含义⊖

多元函数偏导数的含义

偏导数指的是多元函数沿坐标轴的变化率，如果考虑多元函数沿任意方向的变化率的话，也可以使用相应偏导数的三角变换来求得，这个称为在点（x_0，y_0）的某个方向上的方向导数。方向导数代表了函数沿这个

⊖ 图片来源：https://zh.wikipedia.org/wiki/ 微分。

方向变化的快慢，所有方向导数中最大的那一个，即函数值下降最快的那个，就被称为“梯度”，负梯度方向就是函数值上升最快的方向。

梯度有大小有方向，它自然也是一个向量，依照梯度的定义可知，沿着梯度的正、负方向，是最容易找到函数的最大值或者最小值的，因为这个方向的函数值变化最快。前面的例子为求简单，举的是一个简单的二维平面上的函数，对于三维或者更高维的超平面，道理也是一样的。假如我们的函数是定义在三维坐标系中，构成坐标轴的分别是参数 θ_0、θ_1 以及函数 $J(\theta_0,\ \theta_1)$，这会更贴合我们日常身处三维现实世界的空间观。此时，函数 $J(\theta_0,\ \theta_1)$ 在点 $(\theta_0,\ \theta_1)$，沿着正负梯度向量的方向分别是函数值增加或者减少最快的地方，函数图像如下图所示，要寻找到函数的最小值，如同要在一片凹凸不平的延绵深山中寻找那个地势最低的深谷谷底。

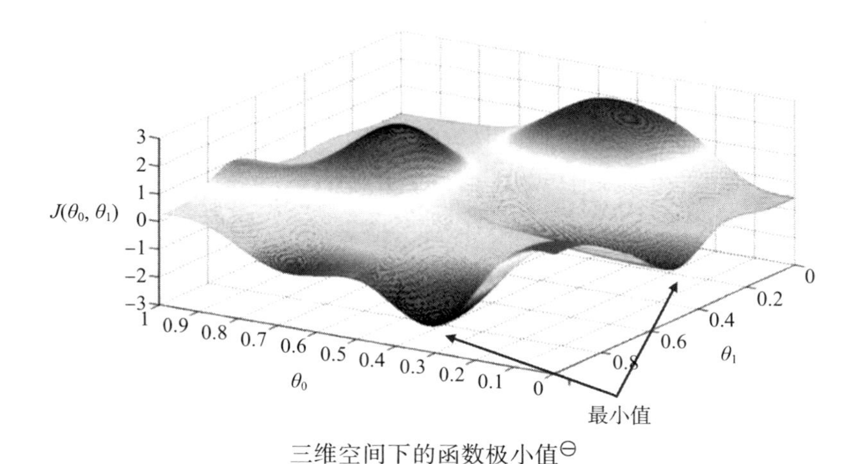

三维空间下的函数极小值[⊖]

梯度下降算法就好比把我们随机传送到了这片大山中的某一处位置，我们的目的地是山下的深谷，由于我们并不知道下山的道路，于是决定走一步算一步，在每走到一个新位置的时候，先求得当前位置的梯度，以此作为行进的指导，沿着梯度的方向——这是当前位置最陡峭的方向，向下踏出下一步，到达下一个位置后再继续求解这个新位置的梯度，再继续沿着最陡峭的方向踏出下一步。这样，保持固定的步长幅度，一步步地走下去，一直走到

⊖　图片来源：Andrew Ng 的机器学习课程（https://class.coursera.org/ml-006）。

梯度值为零，又或者从任何方向再踏一步都会比现在的位置更高的地方为止，这时就说明我们已经到了山脚谷底了，其过程可以使用下图来直观表示。

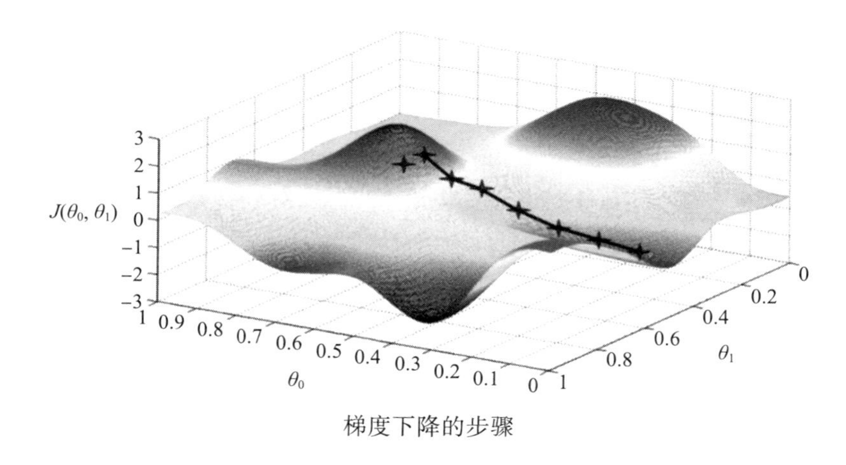

梯度下降的步骤

向山脚前进的方向由梯度所决定，而每步行走的长度一般是人为选定的值，这个步长幅度称为“学习效率”。行进中选择一个合理的学习效率也是很重要的，如果学习效率过小，则会导致优化过程收敛速度很慢，需要踏出很多步、重复很多次梯度计算的过程，要是学习效率过大，那也有可能会阻碍收敛，由于过大的步长，跨过了最低点，在低谷附近会反复振荡。以下是用伪代码来表述梯度下降算法求解出最佳参数值的完整步骤：

```
// 重复以下步骤，直到取得最小值对应的参数
repeat {
  // 对损失函数求对于点 w 的偏导数，得到其在该点的梯度
  // 梯度的正负指示了损失函数值的增加或者减少
                Δ(w)=∂J(w)/∂w
  // 选择使损失函数值减小最快的方向
  // 把梯度乘以学习效率 α 作为更新量，学习效率即每步下降的长度
  // 计算得到参数的更新量，并更新参数
                w=w-αΔ(w)
}
```

如上面例子这样，能够通过梯度下降的方法走到一个全局极小值点仅是一种最理想的情况，这里的“一个全局的极小值”这点就已经是一种简化，现实中，既不能保证算法走到的是“全局”极小值点，也不能保证全局只有“一个”极小值点。

试想一下，如果我们把随机传送的起始点稍微调整一下位置，如上图所示的另外一个起始点，根据相同的梯度下降算法，就可能会得到另外一个最小值的结果，具体路径如下图所示。在理论上，全局有不止一个极小值这完全是可能的。所幸对多数的实际问题来说，情况都是相对简单的，往往只有一个全局极小值。

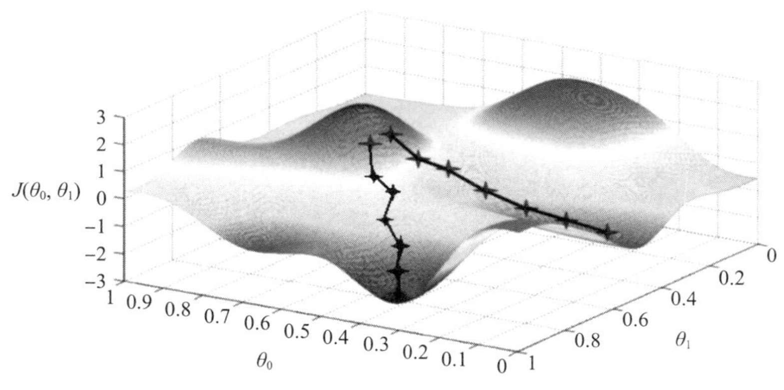

不同的起点、路径达到不同的极小值

还有一种需要考虑的场景，可能确实存在一个全局的极小值，但是同时存有大量的局部极小值，形象地说就是函数图像可能是“坑坑洼洼”的，这会导致我们可能无法顺利走到山脚，而是到了某一个局部的洼地低处徘徊，此时由于所有的方向都会令函数值增加，所以梯度下降的方法不能再继续前进了，例如下图所示的函数图像，就非常容易陷入某个局部极小值中。

从以上两个例子可以看出，纯粹的梯度下降算法并不保证一定能够找到全局的最优解，得到的有可能只是一个局部最优解，不过由于实际问题中，许多目标函数天然是或者被精心设计成凸函数[⊖]，只要损失函数是凸

⊖ 凸函数、凹函数是数学概念，其本质是描述函数斜率增减的。语义上凸为正，代表斜率单调不减。凹为负，代表斜率在单调不增。

函数的话，局部最优解即为全局最优解，梯度下降法得到的解就一定是全局最优解，所以如何将目标函数设计为凸函数，以及基于凸函数的优化技术一直是机器学习的优化算法、策略算法中关注的焦点之一。

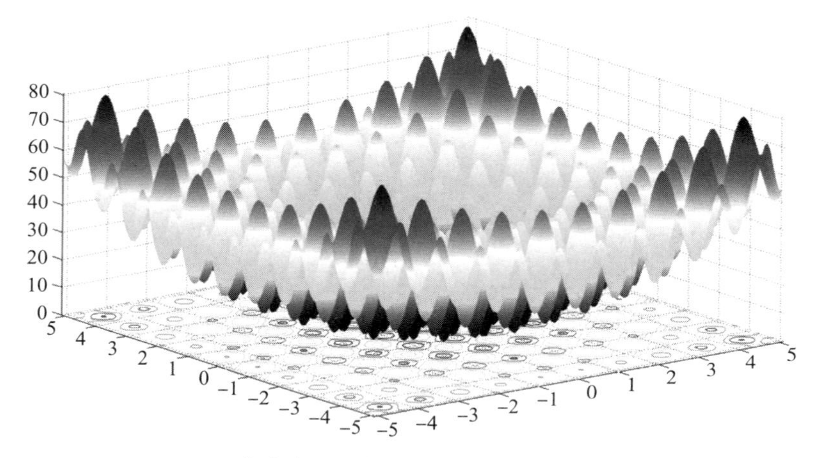

存在大量局部极小值的函数图像

梯度下降算法本身存在一些运算层面上的限制，虽然理论上求解函数图像特定点的梯度仅是计算一阶方向导数而已，但现在的工作毕竟不是简单地对一个已知的光滑连续函数求导，已知的数据是由一堆训练样本构成的不连续的采样点。如果每一次求解梯度的操作，都是通过样本代入来求解梯度的话，这样当样本数量很庞大，且选定的学习效率值相对比较小时，就需要很多次求解梯度的操作，因此所有样本都参与运算是相当耗费计算资源的。实践中常常每次都只随机挑选一个样本来计算梯度，这种做法是梯度下降算法的一种改进形式，称为“随机梯度下降”（Stochastic Gradient Descent，SGD）算法，而把之前使用全部样本进行训练的原始形式称为“批量梯度下降”（Batch Gradient Descent，BGD）算法。这两种算法各自的优缺点都非常明显，按训练速度来说，随机梯度下降法由于每次仅仅采用一个样本来迭代，虽然迭代次数会多一些，但训练速度很快，解决了批量梯度下降算法在大数量样本下的计算效率问题。但对于准确度来说，随机梯度下降法用于仅仅用一个样本决定梯度方向，由于迭代方向变化很大，不一定能很快地收敛到局部最优解，可能会不断在最优解附近震荡，导致解很有可能不是全局最优的。为了平衡这些优缺点，日常应用会在这两种算法中折衷，每次随机选择一小批样本来进行训练，这种形式就称为“小批量梯度下降”（Mini-Batch Gradient Descent，MBGD）算法，该算法使得训练过程比较快，而且也保证最终参数训练的准确率。

梯度下降算法只是机器学习中常用优化算法中的一种，适用于无约束优化的场景，除了梯度下降以外，其他常见的优化算法还有前面提到的最小二乘法，此外还有牛顿法和拟牛顿法等。从运算角度看，它们是各有优势的。梯度下降法与最小二乘法相比，最小二乘法是求误差的最小平方和，如果求解目标是线性问题，本质上就是解线性方程组，是有全局最优的解析解的，但是如果样本量很大，用最小二乘法就要对一个很大的矩阵求逆，这就很困难或者很慢才能求得解析解了，此时反而不如梯度下降快速收敛来得有效。梯度下降法和牛顿法、拟牛顿法相比，它们都是迭代求解，不过梯度下降法依赖的是梯度，而牛顿法、拟牛顿法是用二阶的海森矩阵的逆矩阵或伪逆矩阵求解。相对而言，使用牛顿法、拟牛顿法收敛更快，但是每次迭代的时间比梯度下降法更长。

6.5.10　终极算法

经过优化算法求解出模型的参数后，所训练的模型已经完成了，机器学习建模过程的所有步骤，从数据采集、预处理、选取特征、确定损失函数、解决欠拟合和过拟合，到最后通过优化算法获得模型都一一讲解过，本章读者阅读到这里是否会有这样一种感觉：虽然说是实战，属于实际操作的内容，但这里面每个步骤似乎都留有很大的灵活性，或者说有很大的不确定性。笔者几乎在每一个知识点的讲解里，都写过类似于“必须根据实际情况去权衡选择”之类意思的话，这话听起来很合理，但我们真的只能如此吗？事事都需要有人来参与，“机器学习”这事做起来只见“人工”，一点都不“智能”呀。

本章开篇笔者曾提过一个问题：有没有可能存在一种能够遵从的模型算法，一步一步地根据这个步骤做下来，就能一揽子解决所有机器学习问题？从现在逻辑回归、支持向量机、深度神经网络等各种学习算法并存的现状，读者自然能推测出目前是还不存在完美无缺的机器学习算法的。但是，未来是否有可能找到这样的完美算法呢？如果真有的话，无论它多么繁琐复杂，我们都可以把它变为计算机能执行的程序，计算机最擅长的就是解决繁琐却有具体步骤的问题了。

有这样的想法毫不奇怪，机器学习研究天生就有一种对“终极算法”的向往，与被热力学第二定律判处死刑之前的永动机一样，吸引了许多人趋之若鹜。从“古”至今有很多这方面的论文，意图通过三个特例来说明自己改进的算法多么高效、适用于多么普适的问题，或者得出类似论断的比比皆是。

1997 年，两位数学家威廉·麦克雷迪（William Macready）和戴维·沃尔珀特（David Wolpert）深入研究并解决了“终极算法”问题，它们通过数理逻辑严格地证明一个结论：

> 假设所有问题出现的机会相等，或者说所有问题都是同等重要的，那不论学习算法 A 有多“聪明”，学习算法 B 有多“笨拙”，它们的性能期望都是相同的。

这个定理蕴含了一个听起来颇违反直觉的事实：如果一个算法对于某类型的问题比另外的算法效率高，那么它一定不具有普适性，一定存在另外某一类问题使得这个算法的性能低于随机选择的结果。简而言之，对于通用问题，高效与普适是一对矛盾。这条定理被麦克雷迪和沃尔珀特很形象地命名为“没有免费的午餐定理”（No Free Lunch Theorem，NFLT）。“没有免费的午餐定理”让我们得以认清楚一个事实：若脱离实际情况，空谈哪一种机器学习算法更好毫无意义，那无论是怎样的算法，无论它有多复杂，它和随机抛几枚硬币来胡乱猜测参数值这样的方法所取得的效果都是一样的。要谈论一种算法的优劣，一定必须是在具体问题下才有相对优和劣的概念，没有绝对最好的“终极算法”存在，在某些问题上表现好的学习算法，在另一问题上就一定会不尽如人意。

“没有免费的午餐定理”并不是说研究不同的模型算法没有意义了，它生效的前提是“所有问题都同等重要”，而实际情形肯定不是这样。一般我们只需要关注自己要解决的问题。而对于我们的解决方案在另一个问题上的表现是否同等出色并不需要去关心。为了解决真实世界中的问题，我们可能需要提出多个不同的模型。对于每一种模型，我们同样有多种算法来训练模型。在实现算法的过程中，也同样存在算法准确度、效率和储存空间之间的折衷。但是真正身处其中的时候，往往人们还是容易陷入盲目的算法崇拜，在今天的机器学习研究，很多人就沉迷于“深度学习”不可自拔，很多人心中多少都有深度学习比其他算法都要更好的想法。其实有时候探究解决问题的具体步骤反而是其次的，深刻理解问题本身，因地制宜地制定解决问题的策略更为重要。

6.6　评估验证

在机器学习领域，模型完成训练之后，还有最后一个必要步骤：要对建立的模型进行性能评估（Evaluation），得到该模型的性能指标，有量化的标准，才好去衡量我们选择的模型和训练的过程是否正确。而如何评估模型性能，这个其实已经不是什么新的知识，传统统计学上是早已经有了很成熟的做法的。

6.6.1　性能度量

在之前介绍损失函数的时候，我们已经初步涉及模型性能度量的问题，评价一个机器学习模型的性能指标，根据其解决问题的类型是分类还是回归，前人已总结出许多指标可供选择。与分类问题相关的指标有：“正确率”（Accuracy，它和错误率是同一个指标，即“1– 错误率”）、“精确率”（Precision）、“召回率”（Recall）和“F1 度量分数”（F1-Measure）等，而与回归问题相关的指标，有各种类型的误差指标，如“平均绝对误差”(Mean Absolute Error)、“均方误差”（Mean Squared Error)、“标准差”（Standard Deviation）等，还有分数类型的指标，如“F2度量分数”（F2-Measure)、“可释方差分数”(Explained Variance Score）等。常用的大部分度量指标如下表所示。

性能度量指标

分类问题					回归问题					
					误差指标			分数指标		
正确率	精确率	召回率	F1分数	……	平均绝对误差	均方误差	……	F2分数	可释方差分数	……

这里笔者无意把上面所有指标的概念和用途都挨个解释一番，依然是以实践优先的原则，把我们实战解决邮件分类器过程中遇到过的指标作为范例讲解，这里首先要说清楚“正确率”、“精确率”和“召回率”这三个指标的意义。现在，我先假定一个具体场景作为后续讨论的基础：

假设测试集中包含有效邮件8000封，垃圾邮件2000封，共计有10000封邮件。我们的目标是找出所有的垃圾邮件。现在使用某个模型从中一共挑选出5000封垃圾邮件，经核实，模型挑选的邮件中有2000封确实是垃圾邮件，另外还错误地把3000封有效邮件也当作垃圾邮件挑选出来了。

作为评估者，我们采用不同的指标来评估一下该模型的性能。首先我们知道垃圾邮件的识别模型是一个典型的0-1二分类的分类器，它可能输出的结果可以有以下四种。

1）将垃圾邮件识别为垃圾邮件，这种0-1分类器将正面结果识别为真的称为“真正”(True Positive，TP)。

2）将垃圾邮件识别为有效邮件，这种0-1分类器将正面结果识别为假的称为“假正”(FalsePositive，FP)。

3）将有效邮件识别为垃圾邮件，这种0-1分类器将负面结果识别为假的称为“假反”(False Negative，FN)。

4）将有效邮件识别为有效邮件，这种0-1分类器将负面结果识别为真的称为“真反”(True Negative，TN)。

这四种结果所包含的预测值和实际值的关系，可以通过下图直观地反映出来：

		真实结果	
		正面	负面
预测结果	正面	真正 True Positive	假正 FalsePositive
	负面	假反 False Negative	真反 True Negative

预测结果定义

有了“真正TP”、“假正FP”、“假反FN”和“真反TN”这四个概念，就可以给出“正确率”、“精确率”和“召回率”的定义了。

正确率的含义是对于给定的测试数据集，分类器正确分类的样本数与总样本数之比。即：

$$\text{正确率}=\frac{\mathrm{TN}+\mathrm{TP}}{\mathrm{TN}+\mathrm{FN}+\mathrm{TP}+\mathrm{FP}}$$

具体体现到我们预设的讨论场景中，正确率得到的是此模型分辨正确的邮件占总邮件数量的比例，我们可知该模型判断正确的邮件是7000封(2000封垃圾邮件、5000封有效邮件)，而总邮件数量是10000封，所以模型的正确率就是70%，或者换句话说，模型的错误率是30%。

正确率是模型非常常用的指标之一，它很直观地反映了人们对模型能够“正确工作”的需求，对某些问题它能够衡量模型的性能，但是另外有一些场景里，它却会陷入“正确率悖论”(Accuracy Paradox)[⊖]的尴尬之中。现在修改一下我们讨论背景中的数据，以便为读者展示什么是“正

⊖ 正确率悖论的解释：https://en.wikipedia.org/wiki/Accuracy_paradox。

确率悖论”：假设测试集的 10000 封电子邮件，其中只包含 150 封垃圾邮件，其余都是有效的。在这个数据基础下，提供以下两个模型供读者择优选择。

第一个模型从 10000 封邮件中识别出了 250 封垃圾邮件，而这 250 封被标记的垃圾邮件中，又有 100 封确实是垃圾邮件，另外 150 封是被错误标记的有效邮件，如下表所示。

“正确率悖论”示例（1）

	预测的有效邮件	预测的垃圾邮件
真实的有效邮件	9700	150
真实的垃圾邮件	50	100

根据正确率的定义，易知在此测试集下，该模型的正确率是 98%，其计算过程为：

$$正确率=\frac{9700+100}{9700+50+150+100}=98\%$$

笔者给出的第二个模型，是一个压根就不能工作的“坏模型”，在这 10000 封邮件中完全没有找出任何垃圾邮件，如下面表格所示。

“正确率悖论”示例（2）

	预测的有效邮件	预测的垃圾邮件
真实的有效邮件	9850	0
真实的垃圾邮件	150	0

奇怪的是，按照正确率的定义公式，这个不能工作的模型在此场景下，算出来的正确率居然会更高，为 98.5%，其计算过程为：

$$正确率=\frac{9850+0}{9850+0+150+0}=98.5\%$$

显然，第二个不能工作的模型对我们是没有任何价值的，该场景下正确率就不能正确反映模型的性能了，即我们所说的“正确率悖论”。这也是另外一个从侧面说明我们做机器学习必须先理解问题，因地制宜地选取指标，不能抱着特定方法僵化操作的例子。

现在我们需要采用另外的评价指标来对这个测试机进行度量了，“精确率”是一个比较适合的选择。精确率是针对模型预测结果而言的，它表达的意思是所有“被模型正确标记的正例样本”占所有“被模型检索到所有样本”的比例，通俗点说就是“预测为正的样本中有多少是真正的正例样本?”，再通俗点的说法就是“你的预测有多少是对的?”。精确率度量反映出来的是模型的“查准比例”，它的计算公式如下所示：

$$精确率=\frac{\mathrm{TP}}{\mathrm{TP}+\mathrm{FP}}$$

根据这个公式，可以算出前面两个模型的精确率，模型一的精确率是：100/(100+150)=40%，而模型二并没有工作，不论正确与否，它都没有检索出任何一个样本，即公式中分母部分为零，因此精确率对模型二是毫无意义的，这也可算是如实反映出了一个无法工作的模型没有意义这个事实。精确率评估这两个模型的预测结果要比正确率更为合适。

最后一个指标“召回率”是针对测试集中被正确检索的样本而言的，它表示的是样本中的正例有多少被模型正确预测了。“正确预测”有两种可能，一种是把实际中的正例预测成真正例（TP)，另一种就是把实际中的反例预测为假反例（FN)，即以下公式：

$$召回率=\frac{\mathrm{TP}}{\mathrm{TP}+\mathrm{FN}}$$

召回率通俗地解释就是“样本的正例里面，有多少正例被正确预测了”，它度量的是模型的“查全比例”，因此也叫“查全率”。根据公式，模型一的召回率是 100/(100＋50)＝66.7%，而模型二的召回率为 0%，那看来在我们讨论的这个场景里，召回率是最佳的衡量指标。

我们还需要注意，类似于偏差和方差的关系，精确率和召回率其实也是一对互相影响、需要权衡的指标，这点在直观上倒是比偏差和方差容易理解：过分精确就难以全面，过分追求全面可能就容易损失精确性，理想情况下肯定希望模型能够做到两者都高，但是在模型性能是固定的前提下，精确率高、召回率就偏低，召回率高、精确率就会偏低，所以偏向精确还是偏向全面，也是需要根据实际情况做出权衡的。

譬如，在做自然灾害预测时，就应该更注重召回率，我们情愿发出100次警报，把10次真正发生的自然灾害都预报到了，也不要只发布10次警报，对了其中8次，漏掉了2次灾害。但是在给犯罪嫌疑人定罪的时候，我们就必须把精确率放在最优先的位置，必须坚持“疑罪从无”原则，查准优先于查全，不能错怪一个好人，即使是付出有时候放过一些真实的罪犯的代价。

如果模型的这两个指标都偏低，那肯定就有什么地方出问题了。当我们需要综合衡量精确率和召回率时，通常会以一个名为“F1分数”的新指标作为度量，“F1分数”并没有什么特殊含义，它就是精确率和召回率的调和平均值，如果模型的F1分数还不错的话，那说明它的精确率和召回率都不会过于难看，F1指标的计算公式如下：

$$\text{F1 指标}=\frac{2*\text{精确率}*\text{召回率}}{\text{精确率}+\text{召回率}}=\frac{2\text{TP}}{2\text{TP}+\text{FP}+\text{FN}}$$

对于分类问题，主要度量指标就是以上介绍的这些，而对于回归问题，是直接用误差（有多种误差的计算方式，如绝对平均误差、均方误差等）来衡量的，这部分在之前介绍误差、偏差和方差的章节已经讲得比较详细了，就不再重复。除此之外，还有ROC曲线、PR曲线和AUC等度量指标可以评价机器学习模型的性能。

6.6.2 交叉验证

无论我们选用哪种性能度量的指标来评价模型性能，都需要谨记一点：这个指标一定不能是在训练集中测定出来的，原因在讲解过拟合的时候已经讲过。通常，在建模之后要专门在独立的测试集中进行性能验证，所以我们一般不会将全部数据用于训练模型，否则就没有测试集对该模型进行验证，以评估我们的模型的预测效果了。为了解决这个问题，得到可用的测试集，有以下两个常用的方法。

首先是比较简单的，也是最容易想到的一个办法，把供训练的数据按照一定比例分为两个部分，一部分用于训练，一部分用于测试，这样自然就得到训练集和测试集了。但是这个简单的方法存有两个很明显的缺点：第一个是测得模型的性能，将受到测试集和训练集划分方式的影响，这个影响往往还很可能是非常显著乃至是决定性的，随着测试集和训练集划分的不同，将导致模型从特征参数的选取，到模型决策函数形式的选定，再到训练策略和优化算法都有可能做出不一样的权衡决定。

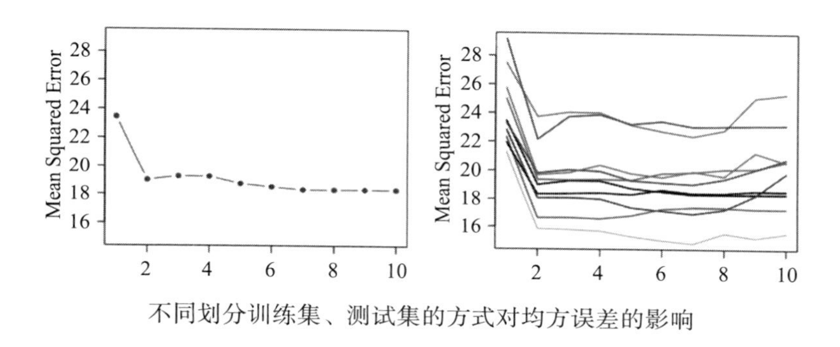

不同划分训练集、测试集的方式对均方误差的影响

上图展示了通过 10 种不同的划分方式在同一个训练数据集中提取出不同样本作为训练集和测试集得到的“均方误差”（Mean Squared Error，MSE），左边是模型在实际数据中测定的均方误差值，右边是 10 个不同划分方法得到测试集中测定的均方误差值，可以看不同的出划分对模型的性能指标会有多么巨大的影响。由于评价指标的剧烈变化，它们对应最优的模型形式和算法选择必然也是有很大差异的。

因此，划分训练集和测试集的时候，要特别强调均匀取样。均匀取样的目的是希望减少训练集、测试集与完整集合之间的统计偏差。不过，“均匀”二字听起来简单，其实却并不容易做到。一般的做法是随机取样，当样本数量足够时，便可达到均匀取样的效果，然而随机也正是此作法的盲点，也是实验中可以在数据上做手脚以控制实验结果的漏洞。举例来说，如果我要做一个文字识别的模型，当辨识率不理想时，便重新取样划分出一组新的训练集和测试集，直到测试集的识别率令人满意为止，即使每次取样划分确实是随机的，但严格来说，这样其实可算是在作弊了。

第二个缺陷是，划分了训练集、测试集之后，就只能采用部分数据进行模型训练了，显而易见，用于模型训练的数据量越大，训练出来的模型效果通常会越好。所以训练集和测试集的划分意味着我们无法充分利用手头上所有的已知数据，得到的模型训练效果也会受到一定程度的影响。

由于以上这两个缺陷，这种在数据集上简单划分的办法，我们用来理解性能度量和验证是没有问题的，但在实际场景中用途就比较有限了。为解决这两个缺陷，有一种基于此改进过的新验证方法被提出，它被命名为“交叉验证”(Cross Validation)。

交叉验证方法现在已有很多种变种形式，前面提到基于划分训练集和测试集的方法在许多资料中也被纳入为交叉验证中的一种最基础形式，被称为“Hold-Out方法”。目前较为常见的、具有实用价值的交叉验证形式叫作“留一验证”或者“LOOCV方法”(Leave One Out Cross Validation)。如之前“Hold-Out方法”的训练集和测试集划分一样，“LOOCV方法”也有把数据集划分为训练集和测试集这一步骤。但是两者的差别是，LOOCV方法只采用单个样例数据作为测试集，所有其他的样例都作为训练集使用，然后将此步骤重复N次(N为数据集的数据总量)，直至集合中每一个样例都当过一次测试集为止，具体操作如下图所示。

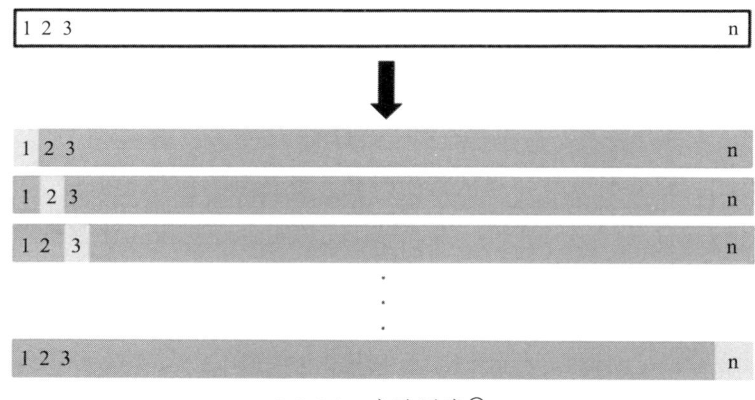

LOOCV方法示意[⊖]

假设我们现在有N个数据组成的数据集，那么LOOCV方法就会每次取出一个数据作为测试集的唯一元素，而其余的N–1个数据都作为训

⊖ 图片来源：https://zhuanlan.zhihu.com/p/24825503。

练集用于训练模型和调参。这样训练 N 次之后，我们最终会得到 N 个不同的模型，假设还是用均方误差作为模型的性能度量指标，那每个模型都能在测试集上计算得到一个均方误差值，而最终的均方误差则是将这 N 个均方误差值取平均，具体如以下式子所示：

$$\mathrm{MSE}_{\mathrm{TOTAL}}=\frac{1}{N}\sum_{i=1}^{N}\mathrm{MSE}_i$$

LOOCV 方法完美解决了 Hold-Out 方法的两大缺陷：第一是每一轮次中几乎所有的样本皆用于训练模型，因此是最接近原始样本分布的，这样评估所得的结果比较可靠。第二是实验过程中没有任何随机因素会影响实验数据，确保实验过程是完全可以被重现的。

但 LOOCV 方法也有很明显的缺点：它的计算成本非常高，由于需要建立的模型数量与原始数据样本数量相同，当训练样本数量越多，就要经历同样次数的建模过程，这是极为耗时的，因此在实际操作中完全遵循 LOOCV 方法是非常困难的，除非每次训练分类器得到模型的速度很快，或是可以用并行化计算减少计算所需的时间，否则它的适用范围就将受到极大的局限。

为了解决 LOOCV 方法计算成本过高的缺陷，需继续改进验证方法，最终形成了一种名为“K- 折交叉验证”（K-fold Cross Validation）的新方法，这种交叉验证的形式也是一种折衷，可以使得验证过程的计算成本变得可控。

“K 折交叉验证方法”和“LOOCV 方法”的不同之处在于每次选取的测试集不再只包含一个样本数据，而是一组多个样本，具体数目将根据 K 值的大小选取决定。譬如，假设 K 等于 5，那么我们进行的验证就是“五折交叉验证”，它的具体步骤如下。

1. 将所有数据集平均拆分成 5 份。

2. 不重复地每次取其中一份做测试集，用其他四份做训练集训练模型，之后计算该模型在测试集上的均方误差（假设仍然是采用均方误差来度量性能），记作 MSE_i。

3. 将 5 次的 MSE_i 取平均值作为最后整个模型的 MSE。

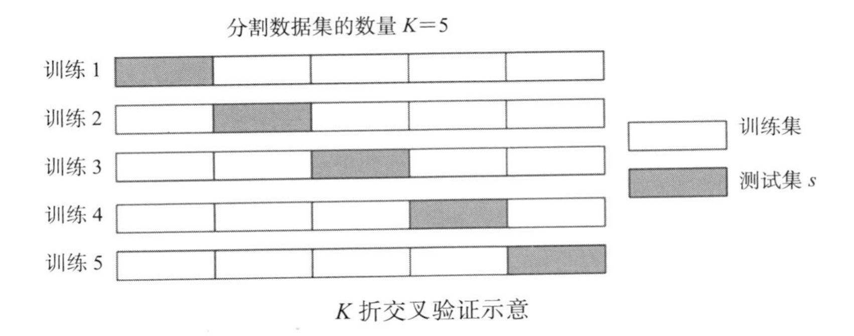

K 折交叉验证示意

K 折交叉验证的公式与 LOOCV 方法的计算在形式上是一致的，只是不再硬性地与集合的样本总数量相关，其计算公式如下所示：

$$\mathrm{MSE}_{\mathrm{TOTAL}}=\frac{1}{K}\sum_{i=1}^{K}\mathrm{MSE}_i$$

从操作步骤中可以看出，K 折交叉验证其实是介于 Hold-Out 方法和 LOOCV 方法之间的一种折衷方法，它是同时具有两者的优点和缺陷，K 值的选取本身就是一种计算成本和结果精度之间的取舍权衡。K 越大，每次投入训练集的数据就会越多，而当 K 达到 N 时，K 折交叉验证也就等同于 LOOCV 方法了。一般来说，K 值选取 5～10 之间是比较常见的做法。

6.7 本章小结

本章是现今极为热门的机器学习技术和学科分支的概览，笔者在四万多字的有限篇幅里面，试图尽可能清晰地解答“机器学习是什么”、“它解决哪些问题”、“它通过哪些步骤来解决”，以及“如何验证评估它解决的效果”这四个基本问题。分析这些问题，也是为了让读者能站在一个全局的高度上看清楚机器学习这门技术的全貌，而不是一接触机器学习，马上就去研究具体的学习算法，过快地陷入进“具体应该如何去做”的细节之中。

不过，如果读者阅读的目的不仅限于概览全貌，而是希望阅读之后能够自己进行机器学习方面的学习研究或者工作实践的话，那本章内容显然是不够的，这时就必须深挖机器学习里关于“具体应该如何去做”的内容了，譬如线性模型、决策树、支持向量机、贝叶斯分类器等各种学习算法，还有各种优化算法的细节等，这些内容本章中都并没有过多涉及，或者只是稍微提到了一些，但肯定仍是不足以支撑读者去实践的。如果你是在这个专业进行开发或者研究的人员，或者对机器学习有强烈兴趣的读者，笔者建议阅读本书后，针对这部分内容，继续阅读关于机器学习具体算法的书籍。

·Chapter·

第7章

深度学习时代

The quest for 'artificial flight' succeeded when the Wright brothers and others stopped imitating birds and started learning about aerodynamics

当莱特兄弟和其他人不再模仿鸟类飞行，而是开始研究空气动力学的时候，人类对“人工飞行”的探索才算是取得了成功。

——彼得·诺维格（Peter Norvig），《人工智能：一种现代方法》，1994年

7.1 概述

人工神经网络（Artificial Neural Network）这个概念最早是在皮茨与麦卡洛克合著的论文《神经活动中内在思想的逻辑演算》中首次提出，随后，由于罗森布拉特和他的感知机引起了全社会的广泛关注，促成了连接主义的第一波热潮。感知机和神经网络这些原本应该是学术圈和实验室中的生僻概念，很快就从人工智能的一门旁支技术迅速发展成这个领域的主流。无奈好景不长，那个年代的感知机和神经网络，不论理论方法还是实践技术都还极不成熟，应用效果远远无法达到公众期望，高涨的热情也就

逐渐变成了失望乃至责难。在那个历史阶段，所有与人工智能有关的技术都遇到了类似的窘境，而神经网络是受到冲击最直接最严重的一门；同时，人工智能奠基人之一的明斯基对罗森布拉特发起了残酷的学术攻伐，引发了直接针对罗森布拉特和感知机技术的、波及整个人工智能领域的第一次人工智能冰河时期，导致神经网络的研究在 20 世纪 70 年代末快速衰落下来。以上这些关于连接主义兴衰的梗概在第 4 章中我们已经了解过，在本章，我们将延续这段历史的时间线，继续讲解人工智能、机器学习和神经网络进入 80 年代之后如何发展的故事。

第 4 章的最后笔者写到：从今天大小企业、各类职业的人员都在谈论神经网络就可知，神经网络并未在上世纪 70 年代的人工智能寒冬中彻底死去，它仿佛老旧武侠小说里面那些掉下山崖的侠客一般，总有奇遇，并凭此逆袭，终成故事主角。经过前面两章夯实了连接主义和机器学习的基础知识，我们已学习到较为完整的理论基础和背景，现在让我们一起去探讨神经网络、深度学习这两个当今在学术界、工业界都是最热门话题背后的秘密，一起去窥探人工智能这部“气势恢宏的江湖传奇小说”中主角的真正本领吧！

7.2 引言：深度学习教父

神经网络被公众关注的热度大幅度下降后，仿佛从一个极端走到了另外一个极端，连接主义，或者更广泛一点，所有“以机器模拟大脑结构”这类研究被学术界视作是一种“浮夸”的表现，几乎能够得上学术异端了。在研究失去了绝大部分政府和组织的资助，大量学者改投其他领域的同时，还在这个领域里留下来继续坚守的那一小批学者，也终于得以在这段时间里安安静静、扎扎实实地面对那些之前被公众热情所遮掩，实际却是无法绕过和忽略的神经网络中的关键缺陷。神经网络最后能走出这个艰难的阶段，与其中几位关键人物的推动有非常密切的关系，正是他们的卓越工作把处于被遗弃边缘的人工神经网络挽救回来，其中，如果仅允许挑选最关键的一位贡献者的话，毫无疑问，全世界的人工智能研究者都一定会推举多伦多大学计算机科学系的杰弗里·辛顿（Geoffrey Hinton，1947—）教授。在今天他被尊称为“深度学习教父”，就是以他为首的一批坚守在神经网络阵营的学者的共同努力，才令神经网络最终能以铅华洗净的姿态重返人工智能的舞台，并重新获得人工智能江湖里的主角的地位。

杰弗里·辛顿教授

辛顿教授有着所有英国学者的典型外貌特征：一头蓬乱的头发，皱巴巴的衬衫，像个不修边幅的人。衬衫前口袋里还插着一排圆珠笔，守着一个巨大且脏乱的白板，白板上写满了各种复杂难解的方程式。尽管在北美待了多年，辛顿仍旧操着一口标准英式口音，他在一次媒体采访时说道：

> “被称为‘教父’我感觉有一些难为情，但我对我自己的数据有一种‘里根式’的笃信。”

而正是辛顿对自己所从事的工作和这个领域的前景有不可动摇的信念，才促使他从学术生涯多年的不得志走到了当前最热门的人工智能的前沿。辛顿及与他共同奋斗的学者们的工作挖掘出了机器学习的无限潜力。现在，他与纽约大学教授、Facebook 人工智能研究院创建人燕乐存（Yann LeCun，1960—）以及蒙特利尔大学、微软研究院的人工智能战略顾问的书亚·本希奥（Yoshua Bengio，1964—）并称机器学习的“三巨头”，正好他们都与加拿大有渊源，所以又被其同行和竞争对手们戏称为机器学习领域的“加拿大黑手党”。接下来，我们就从辛顿的故事开始讲起吧。

7.3　逆反之心

1947 年末，辛顿出生在战后的英国伦敦小镇温布尔登（Wimbledon），成长于布里斯托尔（Bristol）。辛顿诞生于一个富有传奇色彩的学者家族，这个家族在各个领域出过很多著名学者，前面章节中出现过几次的那位创立布尔代数的逻辑学家乔治·布尔（George Boole，1815—1864）便是辛顿的曾曾祖父，而他的曾祖父查理斯·辛顿（Charles Hinton，1853—1907）是一位数学家，更是著名的科普和科幻小说作家，写有《第四维空间》（The Fourth Dimension）等作品。辛顿的父亲霍华德·辛顿（Howard Hinton，1912—1977）是一名昆虫学家，他的两位堂兄妹在中国很是有名，堂弟叫 William Hinton，还有一个堂妹叫 Joan Hinton，他们两位有自己的中文名字，一个叫韩丁，一个叫寒春，都是进过课本的中国人民老朋友，著名的马克思主义者，参加过曼哈顿计划为美国制造原子弹，但心怀解放全人类的理想来到了共产主义中国，并成了第一位获得“中国绿卡”的国际友人，年纪大一点的，或者读过杨振宁、邓稼先事迹的朋友，应该都听说过他们的名字。可以说，辛顿一家都流淌着饱含聪明才智基因的血液，不过在这种天才家庭出身的辛顿却是一位非典型的天才，他的求学尤其是追求人工智能的理想之路走得很不平坦。

辛顿与人工智能结缘很早，根据他的自述，早在 60 年代他念高中时，在一次偶然的机会，无意间听到了人脑信息存储的全息图机制，如同他的前辈皮茨和麦卡洛克等学者研究的神经网络以及信息如何在大脑中存储记忆的猜想那样，辛顿也为此深深地着迷，他形容到这是他一生的关键时刻，也是他一生成功的起点。

辛顿比许多同年人都要聪明，不过，当他高中毕业进入剑桥的国王学院攻读物理和化学，却仅读了一个月后就退学了，在自述传记中他解释到：“我那时候 18 岁，第一次离开家自己生活。当时的工作十分繁重，周围没有任何女孩，我感到有些压抑。”一年之后，他再次申请攻读建筑学，结果在建筑系仅仅上了一天课，又决定转学读物理学和生理学，后来发现物理学还是不适合自己，又再次退学。此后，他再改读哲学，但因为与他的导师发生争吵而告吹。最后，他选择研读心理学，直到1970年，终于以剑桥大学国王学院实验心理学“荣誉学士”的身份毕业。

对于今天的一位学术泰斗而言，这段教育经历实在算不上光彩，以至于辛顿自己都不禁自嘲到：“我想我可能有一种教育上的多动症，无法安安静静地学习。”大学毕业后，辛顿搬到了北伦敦的伊斯灵顿区居住，为了生计，他成为一个包工木匠，过着混乱不堪，近乎潦倒的日子。

可能环境有时候会起相反作用，也可能辛顿的灵魂中本来就隐藏了一颗逆反的心灵，在离开大学校园最好最安静的学习环境之后，辛顿反而能够平静地追求他所向往的机器模拟人类大脑来。每个星期六早上，他都会去伊斯灵顿的埃塞克斯路图书馆，靠着图书馆里的资料自学了解大脑的工作原理，这样的平淡日子过了两年后，辛顿反而又通过发表论文和参加学术会议，重新折腾回学术圈，大概这就是辛顿“逆反”的教育心态的第一次体现。从1972年开始，辛顿从一个木匠，重新变回一位学者，进入爱丁堡大学攻读博士学位，而且还是师从大化学家克里斯多福·希金斯（Christopher Higgins，1923—2004）教授，他选择的研究方向自然就是神经网络。

说到希金斯，这绝对是一位大牛，不仅自身学问做得好，教书育人也很有一套，他学生里就不乏有化学家约翰·波拉尼（John Polanyi，1929—）、理论物理学家彼得·希格斯（Peter Higgs，1929—）这样的诺贝尔奖得主，但是在看待神经网络这个问题上，希金斯却和当时大多数其他传统学者持有相似的观点，认为神经网络现在是不堪大用，日后也没有什么前途可言。毕竟当时是人工智能的冰河时期，这个想法也是可以理解的。

可能是因为导师的看法与自己不一致，又一次激起了辛顿灵魂中逆反的基因，他几乎在每周的讨论上都与导师发生激烈的争辩，一次次的争辩丝毫没有削弱辛顿对神经网络的信心，反而令他对神经网络是未来人工智能的关键所在这点更加深信不疑。他一次一次地对希金斯倔强地说道：“给我一段时间，我会证明给你看到的。”希金斯倒也不愧为学术大家和教育大家，尽管一点都不看好神经网络的前途，仍然同意了辛顿的一次次尝试，并尽导师的责任给予了最大的指导和帮助，在 1975 年，辛顿还没有获得明显成就的时候，希金斯仍然同意给他授予了“人工智能博士”（a PhD in Artificial Intelligence）的学位。

7.4 复兴之路

自从中学时代开始着迷上探索人类大脑记忆与思考的奥秘，辛顿就再也没有动摇过自己的梦想。自从博士时代开始定下研究的课题，辛顿追求的目标也从未改变过，一直致力于使用人工神经网络让计算机去模拟人类大脑存储和思考——这当时已经被普遍认为是不切实际的、几乎算得上是和“研究炼金术”差不多性质的目标，是甚至连他的导师希金斯都判断这是一项没有前途没有结果的研究。

辛顿有着一颗逆反之心，从来就不是一个循规蹈矩的学者，但他肯定是一位十分理智且务实的学者，他自己十分清醒地认识到所面对的是一个目标极为宏大，又不被大众所认可的研究课题，明白学术理想上可以志存高远，但真正做起研究，双脚就必须脚踏实地。在未来，辛顿将会在谷歌公司参与并领导世界最著名最大规模的人类大脑模拟项目——“谷歌大脑”计划，使用超大规模计算机集群，通过神经网络技术去模拟人类大脑的神经元工作，可是当前这个时间点里，他首要解决的问题并不是去研究神经网络如何实现一个机器大脑，而是要解决神经网络本身的“生存”问题，这个问题的根源说来很明确——概括起来便是明斯基《感知机》书中所写的这句话：

> “多层感知机不会有发展前景，因为世界上没人可以将多层感知机训练得足够好，哪怕是令它可以学会最简单的函数方法。”

神经网络在当时最大的问题就是网络深度稍增，便没有了可用的训练方法，无法在深度上扩展的神经网络，确实是没有什么发展应用前景的技术。

7.4.1 生存危机

明斯基拥有图灵奖得主、人工智能创造者的耀眼头衔，这使得他撰写的《感知机》很容易就让学术界大多数人相信，单层的神经网络表达能力是极为有限的，连“异或”这样的基础分类问题都解决不了，实在是不堪大用。而多层的神经网络“也许”能够解决表达能力受限的问题，却又面临着根本无法训练的困境，简而言之，不论是单层感知机还是多层感知机，或者说单层和多层的神经网络，都是最糟糕的学术异端，死路一条。

单层感知机的能力不足是被明斯基用数学严格证明的，这的确是铁板钉钉谁也没法洗地翻案的事实，要突破神经网络的困境，只剩下从训练多层神经网络这个方向上突破一条途径了。站在今天回望，我们当然已经知道多层神经网络肯定不是无法训练的，可是那时候的主流学者并不这样乐观，麻省理工的教授伯纳德·威德罗（Bernard Widrow，1929—）当时曾写道[㊀]：

> “他（指罗森布拉特）总结了几百位谨慎研究人员的经验，尝试找出训练多层感知机的办法，却徒劳无功。也曾有过希望，比如他提出所谓的“Back Propagation”算法[㊁]。一些学者表示过应该考虑将最小二乘法作为训练神经网络的一种方式。但都没有讨论到具体操作细节，譬如该怎样求导等问题，人们无法对这些方法抱有太大期望。”

训练多层神经网络这件事到底会有多困难，以至于能将一群精英学者挡在门外，竟然演变成为神经网络的生存危机？经过前面基础知识的铺垫，我们已经可以尝试自己去分析回答这个问题了。

神经网络是机器学习众多算法、模型的其中一种，在讲机器学习的部

㊀ 资料来源：http://www.andreykurenkov.com/writing/ai/a-brief-history-of-neural-nets-and-deep-learning/。

㊁ 这与我们稍后要说的“误差反向传播”算法名字相类似，但并非同一个算法。

分，我们面向的是全部的统计学习方法，并未限定于任何特定的模型和算法，也就是说统计学习的所有步骤和思路，对训练神经网络依然是有效的。那我们要训练一个神经网络，同样应该先去考量神经网络的输出和真实结果之间的误差，然后选择恰当的损失函数来表示误差，再根据梯度下降等优化算法，一步一步修正神经网络的权值参数，最后得到能拟合真实结果的神经网络模型。而这些步骤中，优化模型这一步就遇到了困难。

对于单层神经网络而言，因为它只有一个输入层和一个输出层构成，输出层输出值与实际值之间的误差是显而易见的，我们要得到模型的权值参数，直接对损失函数求导然后应用梯度下降算法优化即可⊖。可是应用在多层神经网络情况就复杂多了，由于有了中间隐层的存在，它作为下一层神经元的输入，是通过一层层传到输出层之后，才能间接影响模型的输出结果的，每一个隐层神经元的输出都不是神经网络的最终输出值，不能直接拿来和实际值比较误差，这样就没有办法直接通过对损失函数求导得到梯度来计算出各个隐层的各个神经元的权值参数了。

此外还有计算可行性方面的困难，神经网络每增加一个隐层，都会导致神经元连接数量的快速增长。经过第 4 章的学习我们知道，神经网络最后的输出值是由所有流经它的连接路径汇集，然后把连接上权值的加权和放到激活函数中运算而来的，每一条路径上的神经元权值都会对结果产生难以估算大小的影响，各个神经元权值不能孤立分离开来训练。但是如果每一组训练数据都牵扯到全部可能的路径组合的话，这里面涉及的计算量就太大了，不要说当时，就算是今时今日的计算机硬件也难以直接通过暴力运算来处理。

多层神经网络难以训练，除了上面列的两条从问题本身出发所遇见的困难外，还有另外一层原因：某种意义上说，困难也是由当时人工智能冰河期的寒冷的学术气氛所带来的。无论是明斯基撰写《感知机》抨击多层感知机无法训练的时候，还是罗森布拉特带着问题和遗憾去世的时候，抑

⊖ 如果对这部分仍存有疑问的读者，请参考第 6 章相关内容。

或是辛顿最后重新发现了可行的多层神经网络训练方法的时候，都没有注意到，其实早已经有人提出过后来被辛顿命名为“误差反向传播算法”的训练方法，可以很好地解决多层神经网络的训练问题了。

1969年，斯坦福大学的电子工程系教授阿瑟·布莱森（Arthur Bryson，1925—）在自动化控制领域中以“多级动态系统优化方法”的名字提出了与现在误差反向传播算法相同思路的方法。到了1974年，哈佛大学一位博士生保罗·韦尔博斯（Paul Werbos，1947—）再次发现了这个训练算法，他自己也意识到了此算法的价值，在论文中明确指出了可以应用于多层神经网络的训练，但是这个隐藏在一篇普通博士毕业论文中的重要成果没有得到应有的重视，后来连韦尔博斯自己都没有再继续这方面的任何研究了。多年之后的一次采访，韦尔博斯说道：

> “当时我认为，这种研究思路对解决感知机问题是有意义的，但是在人工智能寒冬中，这个圈子大体已经失去解决那些问题的信念。”

在此以后，这个算法还在不断被人重复发现，例如戴维·帕克（David Parker，1956—）与燕乐存（Yann LeCun，1960—）也曾经在1985年的麻省理工学院的学报上发表过这个算法。但最终要到1986年，辛顿与心理学家大卫·鲁梅尔哈特（David Rumelhart，1942—2011）在《自然》杂志上发表了论文《通过误差反向传播算法的学习表示》（Learning Representations by Back-propagating Errors）[⊖]才真正引起了学术界的关注。在《自然》这种顶级科学杂志上，辛顿清晰论证了“误差反向传播”（Back-Propagating Errors）算法是切实可操作的训练多层神经网络的方法，才得以彻底扭转明斯基《感知机》一书带来的负面影响，终于令学术界普遍认可多层神经网络也是可以有效训练的，神经网络并不是没有前途的“炼金术”。直到此时，神经网络的“生存危机”才算是初步化解，误差反向传播算法对神

⊖ 这里还应当包括同年辛顿发表的另一篇更为深入的文章：《通过误差传播算法的机器学习内部表示》(Learning Internal Representations by Error Propagation)。

经网络来说可谓是期盼已久，能称作雪中送炭的重要成果，神经网络也由此踏出了它的漫长复兴之路的第一步。

7.4.2　从感知机到神经网络

从包含关系上讲，毫无疑问多层感知机是属于神经网络的其中一种，多层感知机与今天广泛应用、可被误差反向传播算法训练的经典神经网络有相同的地方，也有一些差异，主要体现在以下几方面。

多层感知机一般以“全连接前馈神经网络”（Fully Connect Feedforward NeuralNetwork），这种形式出现。全连接前馈神经网络的结构如下图所示，其名字中的“前馈”（Feedforward）是指把若干个单层神经网络联在一起，前一层的输出作为后一层的输入，就构成了最基础的一种多层神经网络。神经网络加上“前馈”这个定语，目的在于特别强调这样的网络是单向的、无反馈的，就是说位置靠后的神经元不会把输出反向连接到前面层次上的神经元作为输入。而“全连接”（Fully Connect）就很好理解了，是指网络中任意一个神经元与其上、下层的每一个神经元都有连接相连，“全连接”带来的主要好处是对网络的输入顺序并没有要求，打乱顺序输入也不会对输出结果产生影响。

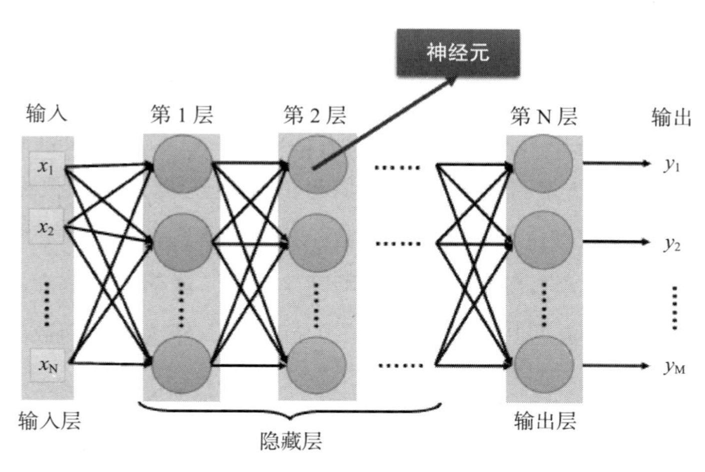

全连接前馈神经网络结构

误差反向传播算法适用的神经网络范围要更大，它不仅可以用来训练多层感知机，也可以用来训练不是全连接的、不是前向的神经网络，例如循环神经网络就是具备反馈连接的，同样可以使用误差反向传播算法。

第二点差异是多层感知机和现在大多数经典的神经网络所采用的激活函数都不相同，或者说，多层感知机中就没有非线性激活函数的概念。为了能说明清楚这点，笔者先要简单解释一下激活函数是什么。

从第 4 章我们知道了神经元的数据流动过程，简而言之就是把所有输入项先加权求和，然后与在网络输入阈值函数中进行比较判断，大于阈值则激活输出，否则就置零忽略输入信号。如果没有激活函数参与，这中间全部过程都将是线性操作，多层感知机最终的输出值只会由多个简单线性函数组合得到。所谓“线性函数”，这里是指多元一次多项式，它在多维空间中的图像就是一个超平面。虽然线性方程很容易求解，但是它的表达能力有限，从数据中学习复杂函数映射所需的神经元将会更多。这个结论我们不必做严格推导，读者只需稍微想象一下：在一个二维平面中，不使用任何曲线，仅通过数量足够的直线段也是可以在任意精度要求上拟合任意图形的，只是要求的精度越高，需要的直线段数量相应就会变得越多。在更高维的空间上，使用超平面来拟合曲面形状也是同样的道理。

“激活函数”（Activation Function，也常被译为“激励函数”）的作用就是为了给神经网络加入非线性的表达能力，它改进了阈值函数只能单纯比较大小判断是否激发神经元信号的简单逻辑，允许根据实际需要，对输入的加权和进行不受限制的数学处理。下图列举了一些常见的激活函数，根据阈值函数的特性，我们可以认为没有激活函数概念的多层感知机，也可以看作是采用了线性函数“ UnitStep”作为激活函数的一种特殊神经网络。

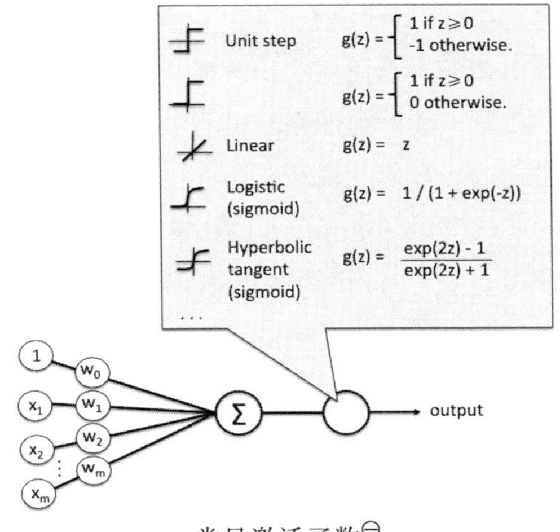

常见激活函数㊀

今天在各种问题上被广泛应用的神经网络，基本都不再继续采用 UnitStep 函数了，除了线性函数表达能力受限外，还有一个主要原因是 UnitStep 函数并不是一种可微函数㊁，在稍后我们将会讲到，误差反向传播算法的理论基础是微积分里经典的“链式法则”，它被用来根据后面的网络输出的结果计算前面一层隐层的导数。由于链式法则本身决定了被训练网络的激活函数必须要具备可微性。所以，即使原本用到 UnitStep 函数的场景中，也一般会使用可微的 Sigmoid 函数来代替不可微的 UnitStep 函数。下图展示了这两种函数的图像，从中可以轻易看出这两个相似和相异的地方在哪里。

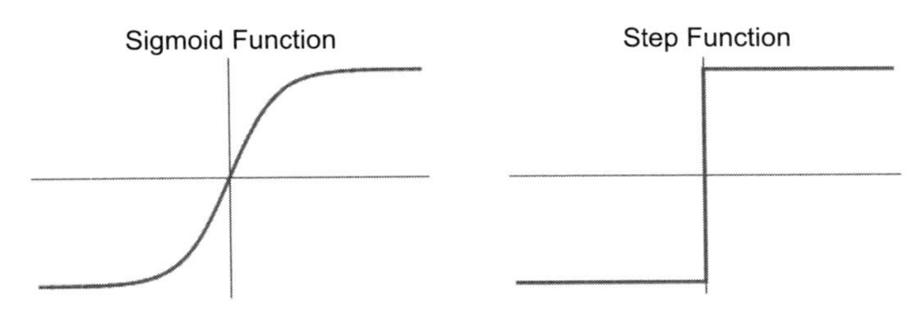

Sigmoid 和 UnitStep 函数

㊀ 图片来源：https://stats.stackexchange.com/questions/263768/can-a-perceptron-with-sigmoid-activation-function-perform-nonlinear-classificati/263816。

㊁ 在微积分中，可微函数是指那些在定义域中所有点都存在导数的函数。可微函数的图像在定义域内的每一点上必存在非垂直切线。因此，可微函数的图像是相对光滑的，没有间断点、尖点或任何有垂直切线的点。

除了非线性和可微性之外，激活函数一般都还要具备单调性，这是因为如果激活函数是单调的，那使用这个激活函数的单层神经网络就能够保证是等价于某个凸函数，我们前面介绍机器学习训练过程时曾经提到，凸函数是相对易于优化的。当然，现在非凸优化已成了神经网络的一个前沿热点，但是在相同性能下，尽量避免非凸函数仍然是大家所追求的。

相对于现在深度学习中卷积网络、循环网络、长短期记忆网络等各种类型神经网络模型，全连接前馈网络是一种较为简单的多层神经网络的结构，即使是这种简单的神经网络，即使是仅使用一个隐层，就已经使其具有相当强大的表达力了。数学上，已有定理证明过即使只有一个隐层的前馈神经网络（其中用做证明的例子就是多层感知机），也同样具备了模拟任何函数图像的强大表现能力⊖。误差反向传播算法最初提出的目标，就是面向这种多层前馈神经网络，给出一种计算量在可接受范围内的训练机制。在辛顿 1986 年的论文中，将这种可被误差反向传播算法所训练的前馈全连接的神经网络称为“反向传播神经网络”（即“ Back Propagation 神经网络”或者“ BP 神经网络”），今天误差反向传播算法可应用的范围已经拓展至大量其他形式的网络模型上，但这个命名继续沿用下来，指代前馈全连接的神经网络。

7.4.3 误差反向传播算法

用一整节篇幅去介绍一个算法细节，无论是对于本书的主旨还是一贯的行文风格来说，都显得有些格格不入。可是误差反向传播算法在神经网络领域的地位实在是非常重要，而且极有讨论价值。一方面，今天的神经网络研究学习资料里，它是无可争议的“必修课程”，只要是涉及神经网络的教科书中，它都必定占有一席之地；另一方面，随着深度学习的兴起，误差反向传播算法现在又处在了风口浪尖上，以它的发明人辛顿为首

⊖ 稍后介绍深度学习还会说到，这是一个纯粹“理论上”的结论，要表达同样的函数，减少网络的层次可能会使得所需神经元数量呈指数级增加，因此，目前主流的方法是采用层次更多（更深）的模型来实现。

的一批学者，正在主张大家要考虑“另起炉灶”，彻底抛弃误差反向传播算法。也只有在本节讲清楚了这个算法的内容，后面才能说明白它在深度学习时代的不足之处，为什么它的发明人现在又要抛弃它。基于这些原因，笔者就不打算只讲原理和作用，而是准备从它所解决的问题出发，把它的思路和细节都详细介绍下。

这部分不可避免地要涉及一些微积分的基础知识，如果读者对这部分不关注，可以略过其中的公式和推导，仅从文字上领略这个算法的思路和来龙去脉也是可行的。不过，假如读者是在这个方向从事开发工作或者研究人员的话，那这个算法的推导过程恐怕是必须死磕，绕不过去的。

假若我们换一种理解方式来看待神经网络，把网络的每一层都使用一个函数符号来表示的话，那不难发现，多层的神经网络就等价于多个函数的逐层嵌套。求嵌套函数导数的方法，在计算机领域是已经有了成熟解决方案的：数学和计算机代数中的自动微分（有时称作“演算式微分”）就是一种有着固定迭代步骤，可以借由计算机程序运行的嵌套函数导数的计算方法。误差反向传播算法，在思路上其实是自动微分技术在反向积累模式的特例。

如下图所示，我们先考虑最简单的情况，忽略掉其他神经元的影响，每层只关注一个神经元，数据从输入层的神经元 x 到隐层的神经元 u 之间的变换，用函数 $g(x)=u$ 来表示，隐层神经元 u 到输出层的神经元 y 的变换用 $f(u)=y$ 来表示。

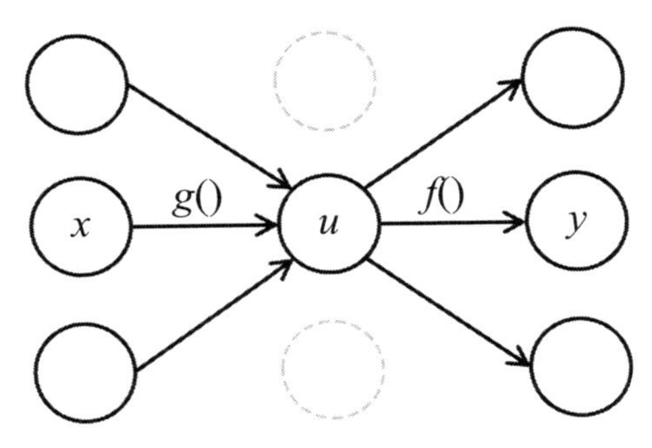

神经元变换传递示意

那么，仅对于这三个神经元而言，它们之间的变换关系就是函数嵌套关系，微积分中称这种嵌套的函数为“复合函数”，记作（$f \circ g$）（x），即以下式子所示：

$$y=f(u)，u=g(x)，有\ y=f(g(x))\ 或记作\ (f \circ g)(x)$$

对于这种复合函数关系下的求导，依据的是微积分中非常经典而且重要的“链式求导法则”（Chaining Rule）来处理，这条法则的含义是“由两个函数组成的复合函数，其导数等于内部函数代入外部函数值之导数乘以内部函数的导数”。具体应用到上述讨论的场景，x 经过 $f()$ 和 $g()$ 两层函数变换后，它对最终输出 y 施加的影响，可以通过导数$\frac{\partial y}{\partial x}$体现出来，根据链式法则，$\frac{\partial y}{\partial x}$计算的方法为：

假设：$y=f(u)$，$u=g(x)$

那么：$\frac{\partial y}{\partial x}=\frac{\partial y}{\partial u} \cdot \frac{\partial u}{\partial x}$

基于这个场景的计算过程是最简化的，只涉及三个神经元，而更贴近实际的场景是在全连接的前馈神经网络里，输出层的任意一个神经元 y 都会受到其前一个隐层所有神经元的共同影响，而每一个隐层神经元 u_i 也都受到了所有输入层神经元 x_i 的输入值的共同影响，那对于单独任一个输入值 x 求导数，其计算过程如下所示：

假设：$y=f(u_1, u_2,\cdots, u_k)$，$u_i=g_i(x)$，$i=1,\cdots,k$

那么：$\frac{\partial y}{\partial x}=\sum_{i=1}^{k} \frac{\partial y}{\partial u_i} \cdot \frac{\partial u_i}{\partial x}$

接下来我们再把隐含在 $g()$、$f()$ 函数中的激活函数单独提取出来。提取激活函数以后，对每一个神经元的处理过程，我们的计算方法就能表述得更具体，每一个神经元的功能都可划分两个部分。

- 汇集各路输入传递过来的加权信息，得出一个加权和。
- 加权和在激活函数的“加工”后，神经元给出相应的输出。

由此，每个神经元的输出，都是将所有输入的加权和（以 s 表示）作为参数，传给激活函数（以 σ 表示）后的计算得出的结果，上述过程可使用如下两条式子表示：

$$s_j = \sum w_{ij} x_i$$
$$x_j = \sigma(s_j)$$

到此，已经给出了推导误差反向传播算法所需的全部前置知识，现在我们就从神经网络本身的运算过程转到误差反向传播算法的操作步骤上。虽然这个算法名字中包含了“反向”二字，但是其操作过程是包含了正向和反向两个阶段的，具体步骤如下。

- **准备阶段**：随机初始化网络中所有权值 w，最简单的做法是初始化为符合高斯分布的一组较小但不为零的随机数。
- **第一阶段**：正向传播阶段，将训练集的数据输入到神经网络，通过神经元的权值和激活函数处理，神经网络会获得一个输出值，这个值作为网络对输入值的响应。
- **第二阶段**：反向传播阶段，由于权值最初都是随机产生的，神经网络对输入值响应与训练集中标示的标签值势必会存有误差，该误差使用损失函数 E 来表示。由于这个误差值由随机权值所导致，我们的目标就是要求解出每一层、每一个神经元的权值（从神经元 i 到神经元 j 的连接权值以 w_{ij} 表示）对误差到底产生了多少的影响，“一个变量对结果产生的影响大小”这就是数学上导数的定义，求得导数之后，我们才能使用该导数逐步修正权值的大小，即梯度下降的优化方法。所以第二阶段的核心就是求导$\frac{\partial E}{\partial w_{ij}}$，如何求导是此算法的重点。稍后会详细解释，由于整个求解过程如果使用传统正向模式求导的话，会面临很大的重复计算量，而这个算法的精髓是从输出层的误差开始，反过来逐层把误差传播至每一个隐层上，直到输入层为止，每一层都依赖后面已经计算好的信息去完成过求导，故称作“反向传播”。
- **第三阶段**：权值更新，将每一个权值的梯度乘以一个比例值（称作训练因子，以 α 表示，作用是控制学习效率，承担了类似于梯度下降算法中步长值的角色）并取反，然后加到原来的权重上得到新的权值。

- **重复**：重复第一至三阶段，直至获得的误差足够小，达到期望后跳出循环，完成训练过程。

这个算法的操作步骤从整体来说并没有神来之笔，其实根本就是梯度下降算法嘛！最初人们认为神经网络是不可能训练的，并不是想不出这样的操作步骤，而是受限于操作步骤中第二阶段计算网络的每一个权值的导数$\frac{\partial E}{\partial w_{ij}}$，这个过程需耗费巨量的计算资源。而误差反向传播的最精妙之处就在于给出了可快速完成$\frac{\partial E}{\partial w_{ij}}$求导的“反向模式”。这点才是误差反向传播算法改进的精髓所在，为了能解释好这个“反向模式”，笔者先使用计算图计算导数的过程来讲解一下传统“正向模式”是如何操作的，正常求导需要花费多少计算量。

我们通过用计算图求算子 a 和 b 对算式“$e=(a+b)\times(b+1)$”的偏导数为例来讲解，这个算式的复合关系使用计算图展开后如下图所示[⊖]：

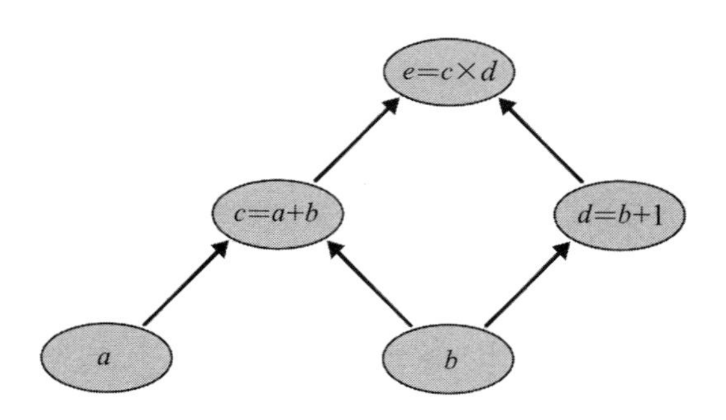

$e=(a+b)\times(b+1)$ 的计算图表示

在图中引入了两个中间变量 c 和 d 参与运算，要求导$\frac{\partial e}{\partial a}$和$\frac{\partial e}{\partial b}$，假设输入的样例数据为 $a=2$、$b=1$，正向模式下的做法是根据偏导数的定义，先求出各个层级逐层节点的偏导关系，如下图所示。

⊖ 本例的部分文字和图片来源于《 Calculus on Computational Graphs: Backpropagation 》：http://colah.github.io/posts/2015-08-Backprop/。

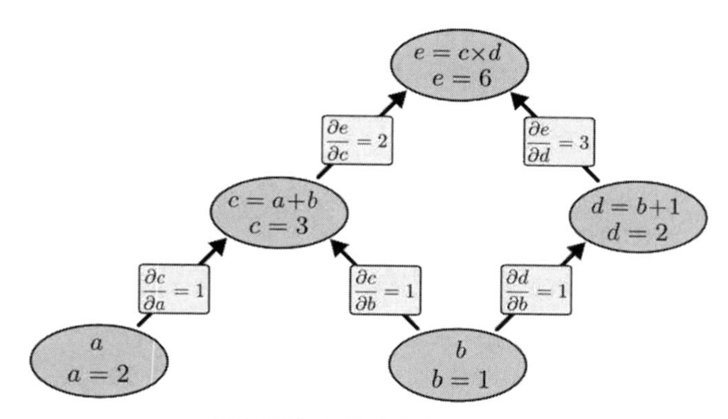

计算图各个节点的偏导关系

再根据求导的链式法则，我们很容易知到 a 和 b 对最终结果 e 是如何影响的，即它们的偏导数计算过程如下：

$$\frac{\partial e}{\partial a}=\frac{\partial e}{\partial c}\cdot\frac{\partial c}{\partial a}$$

$$\frac{\partial e}{\partial b}=\frac{\partial e}{\partial c}\cdot\frac{\partial c}{\partial b}+\frac{\partial e}{\partial d}\cdot\frac{\partial d}{\partial b}$$

对比一下计算图的结构和这两个式子，不难发现规律：要计算式子$\frac{\partial e}{\partial a}$的值，等价于计算图中从 a 到 e 的路径（*a->c->e*）上经过的偏导值的乘积，而$\frac{\partial e}{\partial b}$的值就等价于图中从 b 到 e 的两条不同路径经过的偏导值乘积之和（“*b->c->e*”+“*b->d->e*”）。这点并非巧合，通过计算图做自动微分其实就是对计算图路径上的偏导值求和，这个就是计算机求导的算法原理。

一般性地描述这个过程：对顶层节点 p 和底层节点 q，要求得导数$\frac{\partial p}{\partial q}$，便需找到从 q 节点到 p 节点的所有路径，并且对每条路径求得该路径上的所有偏导数，再把它们全部相乘，然后将所有路径的乘积累加起来，这样就能得到$\frac{\partial p}{\partial q}$的值。这种导数计算方法许多问题中都可以运作得不错，可是它应用在神经网络上就有一个明显的缺陷：运算冗余，计算图中大量的节点被重复访问了。比如我们例子里，计算图的两条路径“*a->c->e*”和“*b->c->e*”就都走过了公共的路径“*c->e*”。对于例子中的计算图而言这点冗余算不了什么，但对于权值数量动则十万百万乃至上亿的神经网络来说，这样的重复路径的排列组合就会出现数百亿、数千亿条，所面临的计算量是完全不能承受的。

误差反向传播算法就很聪明地规避了这种冗余，它对于每个路径只访问一次就能求得顶点对所有下层节点的偏导值。为了方便理解，读者可以类比想象以下场景：数据在神经网络的输出层中流入后，犹如一股水流从分支茂密的树状管道中流淌，现在水流的方向是从所有的叶子分支（输入层）同时向根节点（输出层）流动汇聚的，每一个非叶子的节点出去的水流都将由若干股支流汇聚而来，从这个节点出去之后的水流，可以视为它之前每一条支流相加的结果，这个路径便等同于是汇聚前的每一条支流共用的路径。但是假若反过来，水流方向是从唯一的根节点（输出层）开始向叶子节点（输入层）流动的话，水流会在流过每个节点时自动分配成若干股支流流向下一级节点，这样路径上的水流便没有汇聚的过程，解决了共用路径的问题。输入数据的处理是正向的，但误差反向传播算法把每一层节点的梯度向量从输出层节点开始逐层往输入层节点推导，每一层的导数$\frac{\partial E}{\partial x_i}$都可以依靠其上一层的导数$\frac{\partial E}{\partial x_i}$来计算得出，而最后一层（输出层）的导数$\frac{\partial E}{\partial y}$我们是已知的，它的值就是模型预测值与实际值之间的误差。将求导从正向模式转变为反向模式，就相当于是改变了水流的流向。

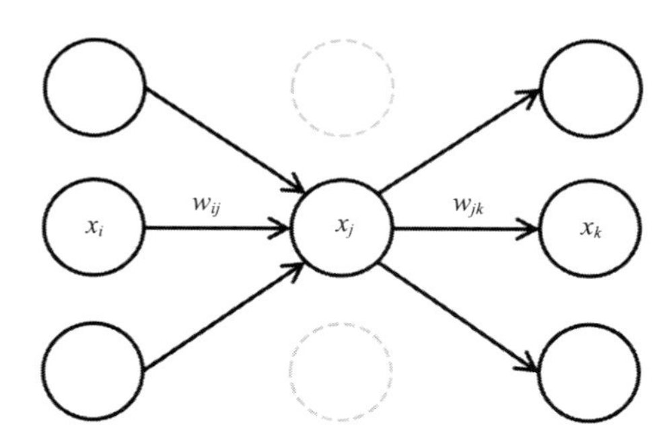

神经元变换传递示意

按照这个思路，如上图所示，对于三层神经元中某一个隐层神经元

x_j，我们希望计算出导数$\frac{\partial E}{\partial w_{ij}}$的话，应该意识到误差函数 E 的变化是由神经元 x_j 的输出值所影响的，而权值 w_{ij} 是通过对加权和 s_j 来影响 x_j 的输出的。即有以下关系：

$$\frac{\partial E}{\partial w_{ij}}=\frac{\partial E}{\partial x_j}\cdot\frac{\partial x_j}{\partial s_j}\cdot\frac{\partial s_j}{\partial w_{ij}}=\frac{\partial E}{\partial x_j}\cdot\partial'(s_j)x_i$$

在这里，前一层的输出 x_i 是已知的，所以关键就在于$\frac{\partial E}{\partial x_j}$的计算，而前面提到了$\frac{\partial E}{\partial x_j}$是可以通过它后面的$\frac{\partial E}{\partial x_k}$得到的，如以下公式所示：

$$\frac{\partial E}{\partial x_j}=\sum_k\frac{\partial E}{\partial x_k}\cdot\frac{\partial x_k}{\partial s_k}\cdot\frac{\partial s_k}{\partial x_j}=\sum_k\frac{\partial E}{\partial x_k}\cdot\partial'(s_k)w_{jk}$$

至此，网络中任意一个神经元的权值 w_{ij} 对整个网络输出误差的影响，都可以通过它下一层的输出值 x_j、下一层的各个权值 w_{jk}、下一层的加权和 s_k 这些参数计算求得，而这些参数全部都是上一轮计算过程已经计算出来的结果，可以直接运用，不需像正向模式求导那样，去重复计算每一条路径上导数乘积之和，这就是误差反向传播的算法的改进之处。

误差反向传播算法的提出，成功解决了多层神经网络训练可行性的问题，不过，这也仅仅是神经网络复兴的第一步，距离全面复兴，走到今天深度学习的时代，还有一段漫长曲折的旅途。

7.5　深度学习时代

80 年代初，辛顿刚从爱丁堡大学博士毕业几年，人工智能就迎来了它的第二次高潮。这一次高潮里，虽然连接主义学派多少也获得了一些成果，如在 1982 年，约翰·霍普菲尔德（John Hopfield，1933—）提出了连续和离散的 Hopfield 神经网络模型，并采用全互联型神经网络尝试对非多项式复杂度的旅行商问题进行了求解，这个事件被认为是第二次人工智能热潮中连接主义重启的标志。不过对于辛顿来说，一直在神经网络领域默默耕耘的他，并没有多少好时光来临的感觉。这个时代，符号主义学派才是人工智能舞台上的明星，名噪一时的专家系统、智能推理机等都属于符号主义的胜利。这一次人工智能的高潮只持续了短短几年时间，很快又进入了第二次寒冬时期，所有与人工智能有关的项目都再次沉寂，在高潮期没有获得多少收益的神经网络，在寒冬期却又受到以支持向量机为代表的其他新兴统计学习方法的重创。

由于找不到合适的经费来源，辛顿辗转在瑟赛克斯大学、加利福尼亚大学圣地亚哥分校、卡内基梅隆大学、英国伦敦大学等多所大学工作过，最后终于在 2004 年从加拿大高等研究院（Canadian Institute For Advanced Research，CIFAR）申请到了每年 50 万美元的经费支持，加拿大高等研究院可能是那个时候唯一还在支持神经网络研究的机构了，现在看来这是一笔收益比例惊人的投资。辛顿当时申请了研究课题为“神经计算和适应感知”的项目，虽然与其他知名的人工智能项目所得到的巨额资金相比，每年 50 万美元实在是一笔微薄的经费，但还是让辛顿在加拿大多伦多大学安顿下来，结束了飘摇不定的访问学者生涯。

一直到 2006 年之前，经过三十多年的耕耘，辛顿在人工神经网络领域已经算是一位泰斗级人物，硕果累累，荣誉等身，1998 年就被选为英国皇家学会院士。但辛顿在学术上的成就，还是抵不过大众脑海里“神经网络是没有前途”的偏见，在很长一段时间里，多伦多大学计算机系私下流行着一句对新生的警告：“不要去辛顿的实验室，那是没有前途的地方。”即使如此，辛顿依然不为所动，仍坚持自己的神经网络研究方向没有丝毫动摇。据说为了给自己减压打气，他还养成了一种自我激励的特殊方法，每周发泄般大吼一次：“我发现大脑是怎样工作的啦！”这样的习惯，至今都还一直保持下来。在这三十多年的时间里，神经网络相关学术论文都很难得到发表，但辛顿仍坚持写了两百多篇不同方法和方向的研究论文，这为后来的神经网络的多点突破打下了坚实的基础。

假如，只能选一件事情来代表辛顿对人工智能最具价值的贡献的话，笔者的选择不是他发表的二百多篇论文，不是对神经网络度过生存危机有非常巨大的意义和价值的误差反向传播算法，不是他与大卫·艾克利（David Ackley，1947—）和特里·赛杰诺斯基（Terry Sejnowski，1947—）共同发明的“受限玻尔兹曼机”（Restricted Boltzmann Machine，

RBM）⊖，也不是后来以受限玻尔兹曼机为基础，进一步演化出来的深度信念网络，而是他三十多年坚持不懈，开创了深度学习这门机器学习的分支，成功扭转了全世界对神经网络前景的看法，为后来的研究者打开了通向神经网络和机器学习新世界的大门。

7.5.1　这是什么？

“深度学习”一词今日可谓是街头巷尾人人皆知，即使互联网的普及使得技术和知识的传播速度极大加快，但网络时代也只有极少技术名词能够被如此多人共同谈论和引用。同时，笔者也注意到一个现象，在谈及深度学习的多数人群里，大多都没有能够确切地理解这个名词所蕴含的真实意义，在相当一部分人的观念里面，深度学习大概就是简单等价于隐层数量比较多的神经网络而已，本节，我们就从“深度学习是什么”这个话题说起。

关于什么是深度学习这个问题，在网上直接搜索出来的结果对普通人理解这是什么大概是没有多少帮助的，谷歌搜索引擎对深度学习的定义阅读起来就令人感觉非常学术化，抽象拗口，如下图所示。

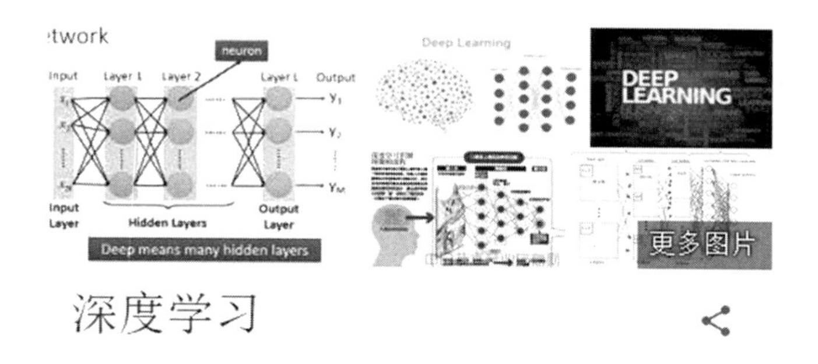

谷歌对“深度学习”概念的解释

⊖ 辛顿本人的选择倒是这个，在接受 deeplearning.ai 的访谈时称受限波尔兹曼机是迄今他最令自己感到兴奋和有价值的发明。

既然学术化的语言不好懂，那就不去纠结什么学术了，我们还可以从深度学习的创建、发展过程来理解它。

辛顿在获得博士学位后，便一直致力于计算机模拟人类大脑的研究，总体而言，他研究的方向是将神经网络算法的演算过程与人脑思维方式相比拟，希望让那些机器像一个蹒跚学步的孩子一样自我进步，以此模仿大脑的神经网络形式。这种思想其实算不上是创新了，历史上已有多位计算机科学家、心理学家和神经科学家都曾尝试过，仅在本书各章中出现过的主角人物中，从最早的图灵，到后来的皮茨、麦卡洛克，再到现在的辛顿皆有过这样的想法或实践。可随着神经生理学、脑科学和人工智能的发展，辛顿比起前人的工作还是有了关键的创新之处的。

不知读者是否还对第 4 章里皮茨和麦卡洛克所做的“蛙眼实验”有印象？在 1958 年，皮茨和麦卡洛克进行蛙眼实验仅相差不到两年时间，加拿大神经生物学家大卫·休伯尔（David Hubel，1926—2013）和美国神经生物学家托斯坦·威泽尔（Torsten Wiesel，1924—）在约翰·霍普金斯大学的实验室里也进行着一场过程与蛙眼实验几乎一模一样的脑科学实验，只是把实验的对象从青蛙换成了小猫。

两个实验的过程虽然有很多相似的地方，但是休伯尔和威泽尔的实验，希望验证的目标与皮茨、麦卡洛克的完全不相同，皮茨和麦卡洛克希望通过蛙眼实验证实大脑就应当是人体信息处理的唯一器官，思考是集中在大脑中完成的，眼睛不会参与认知；而休伯尔和威泽尔的目的却恰恰相反：他们希望证明人脑的认知是分层的。

具体来说，休伯尔和威泽尔的实验是研究瞳孔区域与大脑皮层神经元的对应关系，他们期望能够证明一个猜测：位于后脑皮层的不同视觉神经元，与瞳孔所受刺激之间，存在某种对应关系。一旦瞳孔受到某一种刺激，后脑皮层的某一部分神经元就会活跃。他们在猫的后脑头骨上，开了一个 3 毫米的小洞，向洞里插入电极，测量神经元的活跃程度。经历了很多天反复的枯燥的实验，同时牺牲了很多只可怜的小猫后，他们终于发现了一种被命名为“方向选择性细胞”（Orientation Selective Cell）的神经元细胞。当瞳孔发现了眼前的物体的边缘，而且这个边缘指向某个方向时，这种神经元细胞就会活跃。

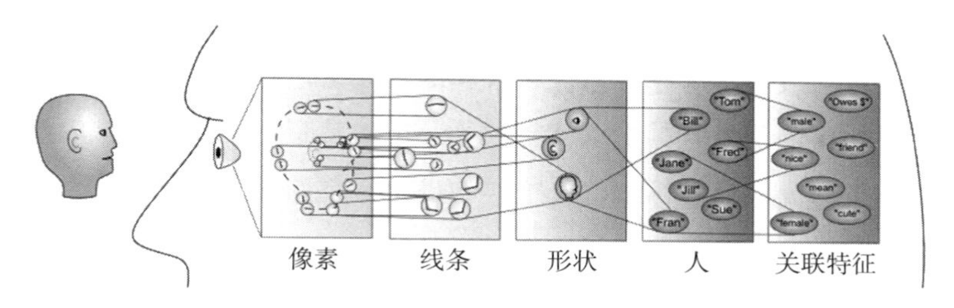

神经科学证明可视皮层是分级的[⊖]

这个发现不仅令休伯尔和威泽尔分享了 1981 年的诺贝尔医学奖，还激发了人们对于神经系统的进一步思考：信息从“视觉细胞”到“中枢神经”再到“大脑”的流动过程，或许是一个分层迭代、逐级抽象的过程。这里的关键词有两个，一个是“抽象”，一个是“迭代”，从原始信号输入开始，先做低级的抽象，逐渐向高级抽象迭代。人类自己可以感知的逻辑思维层面，总是使用高度抽象的概念，可是人类的感知器官，接触的都是低级的具体的事物，通俗一点来说，我们的视网膜感知到的是像素的颜色、亮度等信息，但我们大脑中思考的是具体的物体和对象。假如我看见一位朋友，要判断出他是一名熟悉的人的话，很可能的神经活动是如上图所示这样的。

- 从原始信号被摄入开始——瞳孔摄入像素。
- 接着做初步处理——大脑皮层某些细胞发现边缘和方向。
- 然后抽象——大脑判定，眼前的物体的形状，是人形的，有基本的五官特征。
- 最后进一步抽象——大脑进一步判定该物体是一幅人脸，确定具体是哪一位朋友。

在 50 年代的这个神经生理学的发现，促成了计算机人工智能在半个世纪后（2006 年）的突破性进展。现代科学已经基本确定了人的视觉系统的信息处理的确是分级的，从最低级像素提取边缘特征，再到稍高层次

⊖ 图片来源：https://grey.colorado.edu/CompCogNeuro/index.php/CCNBook/Perception。

的形状或者目标的部分等，再到更高层的整体目标，以及目标的行为和其他特征的联想等。换句话说，高层的特征是低层特征的组合提炼，从低层到高层的特征表示越来越抽象，越来越能表现出认知的意图。抽象层面越高，存在的可能猜测就越少，就越利于分类。其实不仅仅是图像的模式识别，人类大部分的认知都很符合这样的规律，譬如语言，单词集合和句子的对应是多对一的，句子和语义的对应又是多对一的，语义和意图的对应还是多对一的，这也是一个层级体系。敏感的读者也许已经猜想到人类认知过程与深度学习之间可能出现的共通点了，即“分层迭代、逐级抽象”。

在深度学习之前的统计学习方法，包括浅层的神经网络在内，所做的事情都属于从特征到结果的直接映射，都是希望找到这些特征与结果的直接关系。现实世界中所有可统计的问题，特征与结果的关系肯定都是存在的，但其中一部分问题，特征与结果之间是极为间接、隐晦的联系，几乎不可能一蹴而就地从特征直接判定到结果。

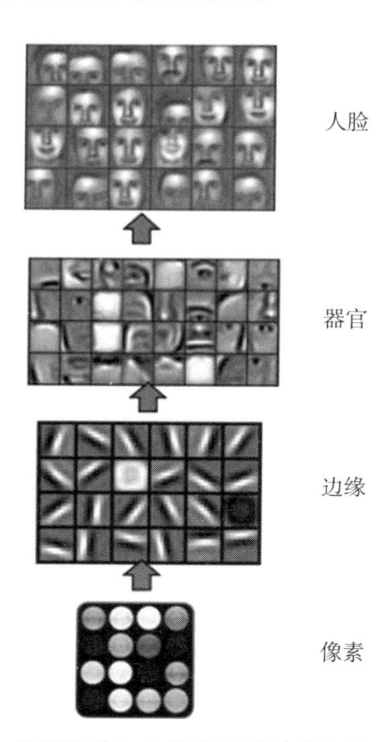

机器的认知过程也可以是分级的

那“深度学习”里的“深度”是不是就表示存在多个层次，从基本的特征逐层抽象出高级的特征呢？确实可以如此理解，深度学习的本质，就是一种逐层自动进行特征提取的机器学习方法，如上图所示，这是深度学习下计算机如何从图片中识别人的典型过程。

深度学习还有另外一个不为人知但其实更为贴切的名字，叫作“无监督特征学习”（Unsupervised Feature Learning），这就更加可以顾名思义了：“无监督”的意思即不需要人工参与特征的选取过程，这点才是深度学习的最大特点，至于使用蕴含有多少隐层的神经网络，甚至是否通过深度神经网络去实现，都是可以商量的，这些都只是工具和操作过程罢了。

7.5.2 从浅层学习到深度学习

在 1986 年，辛顿发明误差反向传播算法，给使用神经网络来实现的机器学习方法注入了新的希望。可能出乎意料的是，以这个事件为开端，后续并没有直接促成神经网络就此复兴再度发展，而是从 90 年代开始，机器学习领域反而掀起了一股研究其他统计学习方法的热潮，此热潮一直持续至今仍未衰竭，现在机器学习的教科书中，基于统计学习模型算法，仍然占有很大的篇幅。为何会出现这样的现象呢？

误差反向传播算法虽然在理论层面上解决了如何训练多层神经网络的问题，使多层神经网络能够从大量训练样本中学习到规律，对新样本做出决策，对未知事件做出预测，但这也只是做到让人们不再说类似“神经网络是死路一条”的话而已。当时的计算机还不能处理实际应用中庞大的训练样本，缺乏卓有成效的应用案例，就很难彻底扭转人们心底认为神经网络是没有前途的观念，辛顿在一次采访之中发出了这样的感慨：

> “追溯到 1986 年，我们首次开发出误差反向传播算法，我们因其能学习到多层的特征探测而感到兴奋，我们认为已经解决了这个问题。但在解决实际问题中却没有出现大的突破，这非常令人失望，我们完全猜错了需要的计算资源和标记案例数量。”

从1986年开始算起，一直到2006年深度学习的横空出世，长达20年的时间里，人工神经网络实践应用确实乏善可陈，即使用到神经网络，也大多只是含有一层隐层的三层网络模型而已。探究人们不愿意用更深的神经网络的原因，深度增加会带来更高的训练难度和更大训练集的数据需求当然是原因之一，但回顾历史来看，可能更重要的因素是神经网络在这段时间里一直没有找到自己的应用定位，大家并不知道什么时候和为什么要使用神经网络。

神经网络最“神奇”的地方便是只需知道输入和输出便可训练网络参数，不需要弄懂中间有什么理论和规律，使用这种“端到端”(End-to-End)的学习方法，就能得到一个能够预测其他未知数据的“黑箱”。但是这里说的“输入数据”是指那些包含了且仅仅包含了影响结果所有关键特征的数据，如果遗漏了关键特征，会导致预测结果误差不能收敛，如果掺入了无用的特征，又很容易会引起维度灾难，空耗运算资源。另一方面，由于“黑箱”的特点，决定了神经网络只能是对真实世界规律的一种拟合模型，目前在理论分析上并没有特别强的解释性。这些天生的特点决定了以前的神经网络要完成建模，首先要做的特征选择、提取主要信息需依赖人的先验知识去完成。实际情况的确有一部分应用场景是能够通过人工来选择的，譬如第4章从像素映射到字母的识别的例子，笔者曾用这个例子来说明如何建立像素到字母的特征映射关系，它是可以使用浅层神经网络解决的。但是如果要面对更复杂的实际问题，如上一节我们提到的识别一个人是否你某个熟悉的朋友这种人脸识别，这就很难再依赖人工来做特征选择了，识别图片中的物体是不是一个人，这里的人物图片需要图像具备怎样的特征，并不是一件容易说清楚的事情，这是使用神经网络处理问题的第一步，这一步解决不了的话，后面都成空谈。

而对那些能够描述清楚特征与结果关系的问题，其他浅层学习模型[⊖]几乎也都能够处理，如果仅仅能够处理这类简单的问题，神经网络就完全没有任何优势可言，几乎所有浅层神经网络的应用都总能找到更优的代替品。

⊖ 一般将“浅层学习”称为“Shallow Learning”，这个是在深度学习“Deep Learning”被提出之后，才反过来命名之前学习模型的名词。

到 20 世纪 90 年代，各种新的基于统计的机器学习方法开始兴起，有许许多多崭新的浅层机器模型相继被提出来，例如支持向量机（SVM）、提升算法（Boosting）、最大熵方法（以 Logistic Regression 为代表）等。这些模型的结构基本上可以看成带有一层隐层节点（如 SVM、Boosting），或者是没有隐层节点（如 Logistic Regression）的特定形式的神经网络。由于这些浅层模型无论是在理论分析还是实践应用中都获得了巨大的成功，而神经网络的理论分析的难度大，训练方法又需要很多经验和技巧，因此浅层的人工神经网络反而慢慢落后于这些后起之秀们，再次沉寂下去，基于统计的机器学习模型逐渐成为了机器学习的主流。这种局面一直持续至"深度学习"概念被提出之后的几年才得以改变，可以说是从这时开始，机器学习才正式进入了深度学习时代。

7.5.3　深度学习时代

2006 年被认为深度学习时代的元年，深度学习时代的序幕的开启，是以辛顿这一年发表的两篇论文为标志的。第一篇是辛顿和他的学生拉斯·萨拉克赫迪诺弗（Ruslan Salakhutdinov）在美国著名的《科学》杂志上发表的，名为《通过神经网络进行数据降维处理》（Reducing the Dimensionality of Data with Neural Networks）的论文。这里"数据降维"的方法就是用神经网络自动进行特征选择和提取，此文实质性地开创了"深度学习"这个机器学习的新分支，不过"深度学习"这个名词却并不是在这篇论文中提出的，它早在 20 年前就曾经出现过，然后，是因为辛顿在同一年发表的另外一篇文章《一种基于深度信念网络的快速学习算法》（A Fast Learning Algorithm for Deep Belief Nets）再次对"深度"这个词进行定义和包装，才变得火爆起来的。辛顿这两篇文章共同论证了以下两个主要的观点。

1）论证了多隐层的人工神经网络具有优异的、自动化的特征学习能力，通过网络自主学习得到的特征，比起人类手工建立的特征提取器，对数据有更本质的刻画，从而有利于可视化或分类。

2）提供了一个具体可操作的训练方案，深度神经网络在训练上的难度，可以通过逐层预训练（Layer-Wise Pretraining）的方法来有效克服。

学术界、工业界把论文《通过神经网络进行数据降维处理》定性为深度学习的开山之作，不仅是因为它以多层神经网络为工具载体，引出了深度学习的概念框架，更是因为它清晰地描绘出了深度学习相对于传统浅层学习的两个很有价值也很具体的优势。

第一个优势是表示能力。此前，包括单隐层神经网络在内的多种以分类、回归为代表的浅层学习算法，在有限样本和计算单元情况下，对复杂函数的表示能力仍显不足。这里的表示能力不足，是指工程意义上的实践结论，虽然在纯理论上，“泛逼近性原理”（Universal Approximation Theorem）[㊀]保证了仅需要单隐层的神经网络，就已经具有在封闭的实数域拟合任意函数的能力，证明了浅度的神经网络在“理论上”可以学习好任何函数，不过这个结论是以无穷无尽的神经元为支撑的，在实践中，我们不可能无视神经元数量带来的运算压力。

而辛顿所提出的具备更多隐层的神经网络，其表示能力将会更强，具体表现为更多的隐层的网络可以用更少的神经元节点来表示更复杂的目标函数，这个结论他并没有给出严谨的数学证明，但这点毋容置疑，已是许多实验数据中统计总结出来的，证明它是正确的。下表是笔者引用了一篇论文[㊁]中使用不同深度的神经网络去做语音识别正确率的实验数据，从这个对比结果可以看出，增加网络的深度，比增加单层的神经元数量对减少错误率帮助明显得多。

神经网络层数与神经元数量对错误率影响的对比

层数 × 单神经元数量	错误率	层数 × 单神经元数量	错误率
1×2K	24.2%	1×3772	22.5%
2×2K	20.4%	1×4634	22.5%
3×2K	18.4%		

㊀ https://en.wikipedia.org/wiki/Universal_approximation_theorem。

㊁ Seide, Frank, Gang Li, and Dong Yu.《Conversational Speech Transcription Using Context-Dependent Deep Neural Networks》Interspeech. 2011。

（续）

层数 × 单神经元数量	错误率	层数 × 单神经元数量	错误率
4×2K	17.8%		
5×2K	17.2%		
7×2K	17.1%		
		1×16K	22.1%

下图是生成式对抗网络的发明者伊恩·古德费洛（Ian Goodfellow，1985—）所著的《深度学习》中的一张图片，古德费洛希望表明对某个特定问题，神经网络的深度越深，可以达到的拟合精确度就越高。人们已经在大量深度学习的任务中观察到了同样现象。

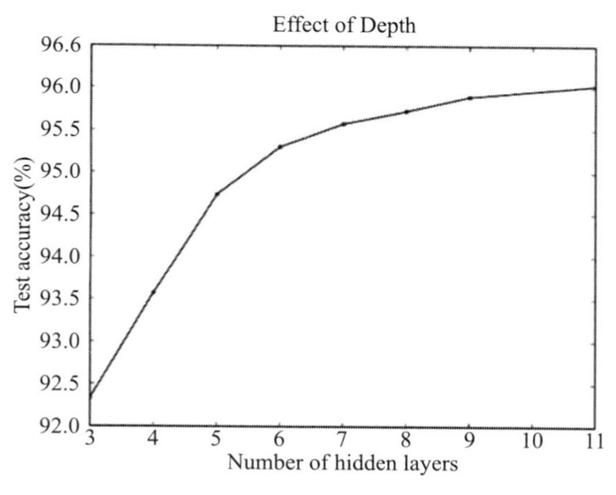

隐层数量和拟合精度之间的关系

只有在一定数量的隐层支持下，才能让神经网络既能处理复杂问题的建模，同时又能从得到理想拟合精度时所需求的天文数字一般的神经元和权值中解脱出来，用当下硬件可承受的计算代价来解决实际应用问题。

第二个优势更加关键，我们已经知道，除了拟合能力和运算资源的限制外，以单隐层神经网络为代表的浅层学习算法局限性在于特征选择过于依赖人类先验知识，很多问题中人类难以描述清楚哪些特征对解决问题是重要的，这需要相当的工程技巧和问题领域的专业知识。人类做好特征选择并非易事。所以，深度学习能够自动找出关键特征的特性，是对应用神经网络解决机器学习问题的极大解放，这点是深度学习的革命性突破。

有了能够自动逐层提取特征的深度学习的加入，机器学处理的问题视野一下子就拓宽了很多，可辛顿到底是如何做到的呢？笔者还是举一个具体实例来说明。

一般来说，浅层学习算法倾向于对输入样本的无关变化不敏感，譬如，类似处理图像识别这类问题时，图片中物体的位置，方向或者物体上的装饰图案，又譬如，处理语音识别问题中声音的音调或者口音，这些都属于与结果无关的变化，不应该影响识别的结果。但与之相对的是，有一些识别场景又需要对某些细微差异特别敏感，假如问题是如下图那样，要分辨一匹白色的雪狼和一种长得很像狼的被称作萨摩耶的狗，两只萨摩耶在不同的环境里摆着不同姿势的照片，从像素级别来说很可能会非常地不一样，然而在类似背景下摆着同样姿势的一只萨摩耶和一只雪狼的照片，在像素级别来说又很可能会非常相像。人类确实不难将雪狼和摩萨耶分辨出来，但不能解释出像素级的区分特征是怎样的。

相似背景下的雪狼和摩萨耶

而浅层的机器学习算法正好相反，它能够分辨像素级特征中的细微差异，无论是浅层神经网络、线性分类器或者其他基于原始像素操作的浅层分类模型，几乎都是不可能把相似背景下摆着同样姿势的萨摩耶和雪狼区分开，也无法把两只在不同的环境里摆着不同姿势的萨摩耶分到同样的类别里，这种现象被称作“选择性－恒常性困境”（Selectivity–Invariance Dilemma）。这类问题直接以像素为特征都是行不通的，传统机器学习方法极为依赖人工设计好的“特征提取器”，而深度学习主张通过构建具有多隐层的机器学习模型和大量的训练数据来自动地提取出有用的特征。

基于深度学习的解决方案，通常会训练一个卷积神经网络（卷积神经网络在 7.6.1 节会详细介绍），在网络里设计若干个卷积层，每个卷积层识别一种特征，逐级完成从像素到线条、从线条到器官、从器官到物体对象的抽象升级，再通过大量的标注数据，训练使得每一个卷积层都能抽象出层次越来越高的特质属性，让神经网络能够逐步知道“这些像素能构成哪些线条？”“这些线条能构成哪些器官？”“这些器官是不是摩萨耶应该拥有并且在合适位置出现的？”等问题的答案，如下图所示。

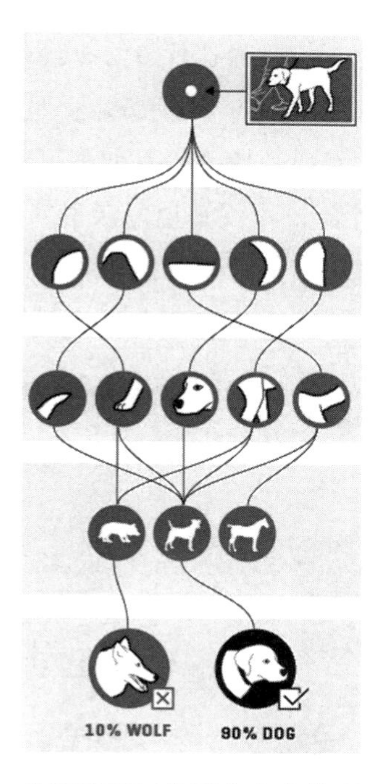

分层识别区分雪狼和摩萨耶

至于要有怎样特征的像素才能构成线条、有怎样特征的线条才能构成器官等，都不需要也不应该由人类去告知计算机，而是由已经标注好分类结果的训练数据来回答神经网络这些问题的答案。如何逐层抽象特征的技术，在 1995 年，已经被康奈尔大学的戴维·菲尔德（David Field）教授提出的“稀疏编码”(Sparse Coding)所解决。原本菲尔德提出的问题是类似这样的：

> 在一批风景照片中，提取出一组大小相同、位置随机的图像片段，譬如提取1000个16×16的源片段，然后再随机选定一个与源片段相同大小的目标片段，然后在这1000个源片段范围内，选取数量尽可能少的片段，使得每一个被选取片段乘以适当的权重系数之后，叠加出与目标片段尽可能相似的新片段。

菲尔德给出了解决这个问题的迭代算法，经过若干轮迭代后，被遴选出来的片段令人惊讶，基本上每个片段都处于照片上不同物体的边缘线，区别只在于方向不同，而目标片段无论是何种形状的图形，均可由这些线条所构成。也就是说，计算机不仅知道复杂形状是由一些基本结构组成，而且还能够自己找出这些形状，菲尔德的稀疏编码算法的结果，与休伯尔和威泽尔视觉分层的生理学发现不谋而合！下图便是一个通过三个源片段叠加合成出一个新形状的例子。

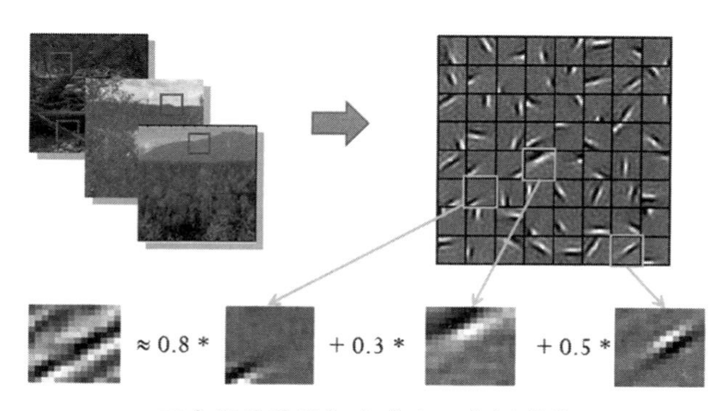

三个源片段叠加合成出一个新形状

不仅图像存在这个规律，声音也同样存在。科学家们从未标注的声音中发现了20种基本的声音结构，可以由这20种基本结构合成所有的其他声音，如下图所示。

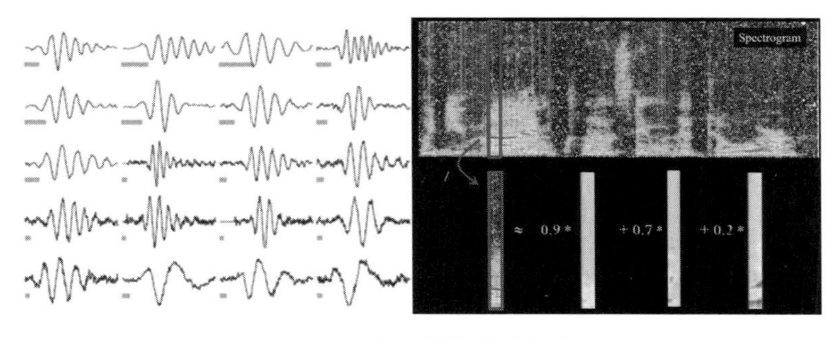

通过基础声音结构合成语音

与人工规则构造特征的方法相比，依靠大量数据来学习特征，更能够刻画数据的丰富内在信息。它提供了“人类无法描述清楚问题本身如何解决，计算机就无法解决”的一种可行解决方案，使得人类设计下棋程序可以不是完全依靠运算能力而是在“棋力”上战胜人类，使得人类设计的图片识别程序可以高于人类本身的识别能力，这就是深度学习今天受到广泛关注的原因。

2006 年，辛顿发表的开创深度学习的第二篇文章《一种基于深度信念网络的快速学习算法》，可以算作是深度学习的首个具体应用范例。“深度学习”中“深度”这个词就是从这篇文章而来的。说起这个名字，还有一个值得一提的段子：“深度学习”这词听起来很酷，但其实这是辛顿无可奈何的变通产物，因为在当时很多的杂志期刊，只要稿件的标题中包含了“神经网络”这个词就会被编辑拒稿，如果读者有兴趣翻看 2006 年以前电气电子工程师学会（Institute of Electrical and Electronics Engineers，IEEE）和机器学习国际会议（International Conference on Machine Learning，ICML）的各种学刊的话，将会发现几乎没有任何一篇文章的标题包含有“神经网络”这类字眼。ICML 的编辑公开宣称有“ ICML 不应该接受神经网络的文章”这样的言论，IEEE 期刊也有“不被接受的文章”的官方准则，里面都有“神经网络”。可见，2006 年之前“神经网络是歪理邪说”这样的信念真的是非常强烈的，因此辛顿不得不使用“深度学习”的概念来重新包装多层神经网络，才让论文得以刊登。

在《一种基于深度信念网络的快速学习算法》这篇论文里面，辛顿提出了一个他称之为“深度信念网络”（Deep Belief Network，DBN）的全新生成式神经网络模型。深度信念网络诞生的最大意义不是它本身能够做什么，而是它成功地将非监督学习引入到了神经网络的训练过程之中。在此之前的神经网络，在训练初始化时，网络的所有权值都是随机数（详见误差反向传播算法的操作步骤的第一步），然后使用误差反向传播方法训练得到权值的最优解，这虽然可以训练多层网络，但是网络层次的深度越深，显现出来的问题就越多，难度就越大，这是长期神经网络处于浅层状态的其中一个原因。在本节最后的部分，我们会再回过头来讨论具体有哪些困难，为什么神经网络层次越深会越难训练，现在先把这个问题放一下，读者暂且记着这个结论就可以了。

为了缓解深度神经网络难以训练的问题，辛顿设计了一种被他称之为“逐层预训练”（Layer-Wise Pretraining）的方法，利用无监督的训练方式去一层一层地训练每个层的权重初始值，实践证明，这比一开始完全靠随机初始化的方法的效果要好得多。

有了无监控学习逐层预训练方法的帮助，我们只需要在网络训练的后半阶段对机器进行干预，为更理想的结果添加标签，给成功的结果提供激励。逐层预训练虽然被实践证明运作得相当不错，但与神经网络这个领域的大量其他技巧类似，辛顿也没有给出严格的数学证明来说明它一定优于传统随机初始化方法。辛顿自己解释其中的原理，他描述逐层预训练的过程就像是：

> “想象一下小孩子，当他们学着辨认牛时，并不需要去看几百万张妈妈们标记上‘牛’的图片，他们仅仅是学习牛的样子，然后问到：‘这是什么？’妈妈会说：‘这是一头牛’，他们就学会了，深度学习就应该类似于这样。”

辛顿提出的深度信念网络的每一层都是用“受限玻尔兹曼机”（Restricted Boltzmann Machine，RBM）堆叠组成的。受限玻尔兹曼机也是辛顿得意的发明之一，它是一种统计力学里的“玻尔兹曼分布”的概念机器，形式上就如下图所显示的，由分别称为“隐藏单元”和“可见单元”的两个层以及它们之间的无向连接所构成，这里无向连接是指两层之间连接没有方向，或者说是双向的连接（其实深度信念网络只允许最顶层的 RBM 是双向连接），但同一层之间不允许连接，所以叫作“受限”。辛顿把多个受限玻尔兹曼机堆叠起来，前面受限玻尔兹曼机的隐藏单元作为后面受限玻尔兹曼机的可见单元，构成了他的深度信念网络。

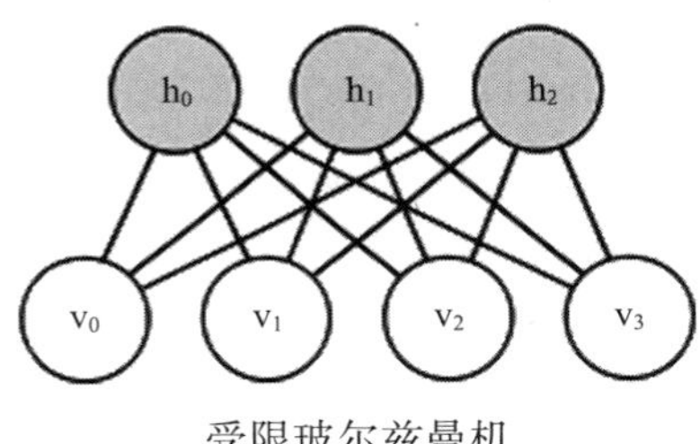

受限玻尔兹曼机

受限玻尔兹曼机本身就是一种基于概率模型的特征学习器，辛顿使用他来对输入数据进行预训练，在逐层预训练完成之后，神经网络每一层连接的权重就都被初始化了，这种初始化方式比原本纯粹随机的初始化来得有效，在这些初始化的权重值帮助下，具有相同特征的样本，神经网络会更倾向于给出相近的输出，这样更加便于后续神经网络自己寻找重要的特征。这就好比说：“咦？这两个东西长得好像啊，虽然我不知道它们是什么，但我不妨先把他们放到一块吧。”等到后面进行有监督的训练的时候，我们就会告诉神经网络这东西叫作“摩萨耶”，那么神经网络就会推断说：“哦，原来那一群长成这样的东西叫作摩萨耶！”

这在辛顿用来构建深度信念网络之前，人们对类似的特征提取器（Feature Extractor）相关的各种技巧已进行过大量研究，这种技术也被称作“自编码器”（Auto Encoder），是无监督神经网络的一种常用形态。

深度信念网络是第一种随着网络深度增加，模型性能能够随之得到增强的神经网络应用模式。这令一些人从此开始关注神经网络的巨大潜力，当网络深度与应用效果有正相关关系的时候，提升深度的价值就显而易见了。今天，我们不仅可以使用深度信念网络来进行识别特征、分类数据，作为一种生成式网络，深度信念网络的主要应用是按照最大概率来生成特定数据。下面是展示了一个学习了大量英文维基百科文章之后的深度信念网络所生成的自然语言段落[一]：

> "In 1974 Northern Denver had been overshadowed by CNL, and several Irish intelligence agencies in the Mediterranean region. However, on the Victoria, Kings Hebrew stated that Charles decided to escape during an alliance. The mansion house was completed in 1882, the second in its bridge are omitted, while closing is the proton reticulum composed below it aims, such that it is the blurring of appearing on any well-paid type of box printer."

这种生成效果已经相当接近人类手工编写的文字了，事实上，现在许多国内外的内容提供商，如Facebook、谷歌、百度、今日头条等，都使用了这种方式，让机器自动编写新闻或者给图片配以文字介绍。谷歌曾发表过一篇论文《神经图片标题生成器》（Neural Image Caption Generator）[二]，介绍如何在没有人类介入的情况下，计算机自动为图片生成标题，这个系统在谷歌中充当了报纸的图片编辑。如果雇用人类专门为照片写标题的话，这个工作是非常枯燥乏味的，难以长时间坚持下来，让机器完成这种任务就出奇地合适。其中一些生成的例子包括："一群正在玩飞盘游戏的年轻人""一个正在泥泞路上骑着摩托的人""一群正穿过干旱草地的大象"。系统可以对飞盘、马路和一群大象生成自己的概念主体，并找到适合的量词、连词、动词，组织成正确的自然语言语法结构把图片的意思表达出来。

7.5.4 锋芒毕露

深度学习和深度信念网络在2006年诞生后，经过6年时间的酝酿和准备，终于在2012年一鸣惊人，爆发了一件真正震撼产学研三界的大新

[一] 案例来源：https://www.cs.toronto.edu/~tijmen/csc321/slides/lecture_slides_lec2.pdf。

[二] https://www.cv-foundation.org/openaccess/content_cvpr_2015/app/2A_101.pdf。

闻——2012 年的 ImageNet 图像识别竞赛上，深度学习不仅击败所有传统的浅层学习方法夺得冠军，而且还是以碾压式的姿态战胜对手。

ImageNet 是斯坦福大学华裔女科学家李飞飞（Fei-Fei Li，1976—）和美国工程院院士、有着“华人教授首富”之称的普林斯顿大学华裔教授李凯（Likai，1954—）联合开发的大型图像识别项目。从 2010 年以来，ImageNet 每年都会举办一次“ImageNet 大规模视觉识别挑战赛”（Large Scale Visual Recognition Challenge，ILSVRC），看哪一款参赛程序能以最高的正确率对物体和场景进行分类和检测。这种能够量化、还带有对抗性质的活动，除了人工智能学界关注外，也很受媒体欢迎，十分容易牵动公众的目光，因此它很快成为了各团队展示实力的竞技场。

2012 年，辛顿和他的两名学生伊利亚（Ilya Sutskever）和亚历克斯（Alex Krizhevsky）组成团队，设计了一款名为“AlexNet”的深度神经网络程序参加 ILSVRC 2012 比赛，AlexNet 犹如一匹惊人的黑马，首次参赛就一举夺得了当年的桂冠。

伊利亚（左）、亚历克斯（中）和辛顿（右）

获得一次比赛的冠军算不上多么了不起的成就，最引人关注的是辛顿的小组用了与其他参赛者完全不同的方法，并且取得了颠覆性的结果。竞赛中，他们采用基于卷积神经网络的识别方法[⊖]，使得 AlexNet 的表现异

⊖ AlexNet 基于燕乐存提出的卷积神经网络实现的，燕乐存也参与了这次比赛，但是燕乐存自己的团队反而是死活没有办法做出辛顿团队那么好的结果，据说团队成员还专门开了会议进行反思检讨。

常出色，准确率超过第二名东京大学团队参赛程序的10%以上，而第二到第四名都采用传统基于支持向量机的浅层模型图像识别方法进行分类，第二到第四名的程序之间准确率的差距均不超过1%，这些程序与前两届获得冠军的差别也在1%～2%这个范围之内，这个准确率可以看作就是那时工业界的最高水平的成果了，用传统方法已经达到极限，遇到很大的瓶颈，即使要再取得1%的进步都非常艰难，可是采用了深度学习的AlexNet，就把计算机图像识别的准确率一下子提高了一个档次。

2012年10月，在意大利佛罗伦萨的赛后研讨会上，竞赛组织者李飞飞教授宣布了这一压倒性的结果，该事件首先在计算机视觉领域产生了极大的震动，然后迅速波及整个人工智能学术界和产业界。这里还应该提到一段不为人知的历史："谷歌大脑"团队其实也秘密地参加了这届比赛，而且是由谷歌的技术大牛杰夫·迪恩（Jeff Dean，1968—）直接带队参赛，他们同样被辛顿小组的程序击败。这个结果让迪恩彻底震惊了，也为不久的将来谷歌不顾成本地要把辛顿招揽到旗下埋下了伏笔。

在这一届比赛之后，ILSVRC赛场上再也见不到浅层学习算法的身影了，参赛的程序全部都是基于深度神经网络进行设计，否则连排名榜单都挤不进去。而且，这些程序使用隐层深度还在逐年增加⊖。如下图所示，从2012年8层的AlexNet开始，发展到了2015年，来自微软研究院的152层的残差网络（ResNet）以仅3.57%的错误率赢得了ILSVRC 2015的冠军。"3.57%"这个错误率指标在三四年之前是谁都不可能想象的，李飞飞教授曾经组织过一批志愿者，直接以人类代替机器来参赛，这批志愿者在这个竞赛里，通过肉眼辨识图像的平均错误率是5.1%，换而言之，从2015年起，机器在对图像进行识别和分类这项技能上的成绩事实上已经超越了人类水平。这不仅是一次人工智能在认知领域方面超越人类的案例，更是深度神经网络一个巨大的成功，而且，它似乎还可以作为一个令人难以抗拒的"越深度越强大"的有力论据。

⊖ 内容引用自：https://stats.stackexchange.com/questions/182734/what-is-the-difference-between-a-neural-network-and-a-deep-neural-network/184921#184921。

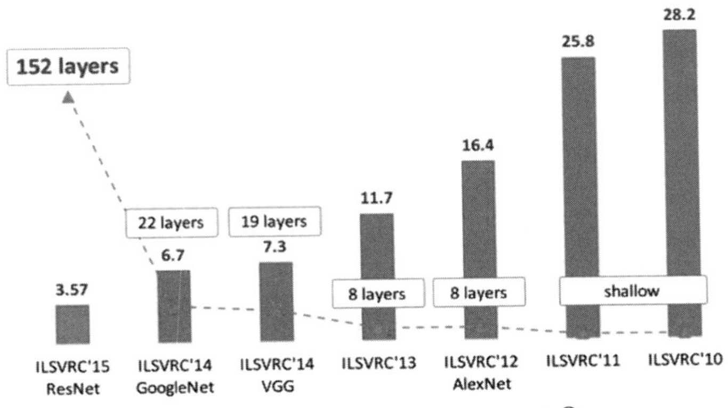

ImageNet 从 2010 到 2015 年错误率[⊖]

ILSVRC 赛场一战成名，深度学习的热潮从此掀起，一波接一波向前迅猛推进，不断进入一个又一个领域并连战连捷，势如破竹，终于形成今天锐不可挡的深度学习狂潮。

7.5.5　越深度越强大?

今天我们还处于深度学习浪潮的最顶峰，在深度学习不断攻城略地的同时，笔者也在思考几个问题：真的会是“越深度，越强大”吗？神经网络会随着隐层数量的增加而继续无往不利吗？在深度不断发展的最后，是能够触碰到我们梦寐以求的机器智能，还是在一定深度之后，必然要与之前的浅层学习方法一样，触碰到天花板乃至拐点，仍然无法接触到智能的身影？

一年之后的 ILSVRC 2016 比赛，获得冠军的程序依然是比 ILSVRC 2015 的冠军有更深的网络层次，甚至在物体检测这些子项测试中，还夸张地出现了达到 1207 层的深度神经网络。可是笔者也注意到了，Facebook 研究院新推出的“广残差网络”（Wide Residual Networks）却开始逐渐“返璞归真”，仅凭 16 层的网络深度就成功超越了去年 152 层

⊖ 纵坐标为错误率，越低结果越优秀。

的残差网络所获得的成绩[1]，把ILSVRC比赛从2012年深度神经网络开始参赛以来，深度逐年增加的势头给画出了一个不和谐的向下转折符号。

2014年，Facebook的一位研究员和微软研究院的一位研究员共同发表一篇论文《深度网络真的需要那么深吗？》(Do Deep Nets Really Need to be Deep?)，他们使用模型压缩的方法，用浅层神经网络去模拟一个训练好的深度神经网络，论证了对特定深度神经网络而言，模拟它们的浅层神经网络能够表现得和它们一样好。尽管可能在训练数据集上浅层神经网络无法直接达到同样优秀的表现，但是在测试集和实际应用中却完全不逊色于深度神经网络。

今天的深度学习的有效性能够被实践应用所验证，我们几乎可以肯定地宣告它确实是做对了某些事情，才导致出现这个结果的。可另一方面，当今深度学习的各种模型、算法、技巧几乎都是离不开靠"试错"来取得的，没有足够完备的理论支持，我们就不知道它具体是做对了哪一件或哪几件事情，才让我们向智能稍微靠近了一步。如果有一天，学者们从理论上真正掌握了智能的奥秘，反而有可能最后找到的是一个浅层的或者一个深度不会太高的网络模型。现在说深度神经网络越深越好，大概就和说"头大的人就比较聪明"差不多，也许放在宏观尺度上看，族群的脑容量大小确实有可能与智力水平有正相关关系，但并不等同于这就是通向最优的钥匙。《人工智能：一种现代方法》一书的作者彼得·诺维格（Peter Norvig，1956—）曾写到："当莱特兄弟和其他人不再模仿鸟类飞行，而是开始研究空气动力学的时候，人类对'人工飞行'的探索才算是取得了成功。"希望我们这一代人能够在可见的未来，看到人类真正探索出智能的奥秘。深度学习在很多问题上确实获得了比浅层学习更好的效果，这点是目前大家有目共睹的。不过，能否说深度学习就一定优于浅层学习？"多深"的深度神经网络才是"最优"的？这些问题距离有明确的答案还非常遥远。

---

[1] 数据来源：https://arxiv.org/abs/1605.07146。

7.5.6 越深度越困难?

神经网络是否“越深度越强大”，这个问题的答案还不明确，但是，神经网络层次深度越高，训练难度越大，这个结论可以暂时认为是正确的。神经网络的结构越复杂，层次越深，涉及的因素就越多，面临的挑战势必也更多，这里笔者举其中一对最为经典的问题：“梯度消失”（Gradient Vanishing）和“梯度爆炸”（Gradient Exploding）来说明。

训练神经网络主要依靠迭代算法来优化，我们学习过的梯度下降优化算法，其基本思路是每次迭代都以梯度向量为指导，按照梯度方向和梯度的大小调整权值，逐步逼近，最后得到全局最优值，误差反向传播算法也属于梯度下降优化算法的一种特定形式。在以上语境里，“梯度消失”问题是指从输出层开始，每经过一个隐层，指导更新权值的梯度向量就变小一些，这样，接近于输出层的权值更新相对正常，但在误差传播的远端，越靠近输入层的梯度会越小，网络权值更新就会变得越慢。当隐层层次深度特别深时，经过若干次传递以后，梯度已变为一个很接近于零的小数，导致这些隐层的权值几乎不会再发生改变，一直都等于网络初始化时赋予的权值，此时的深层神经网络模型，其实等价于只有后几层的浅层神经网络模型了。而“梯度爆炸”问题则相反，如果每经过一个隐层，梯度向量都增大一些的话，这样在最接近输入层的那些靠前的隐层，每次权值更新都会发生很大的变化，这样轻则会使得训练无法稳定收敛，重则甚至会导致数据越界溢出。

为何会产生梯度消失和梯度爆炸问题呢？如果读懂了前面误差反向传播算法推导过程的话，这个问题其实很容易回答，以 E 代表损失函数输出值、x 表示隐层的输出值、w 表示权值、s 表示加权和，∂表示激活函数，那在7.4.3节中，最后推导出的梯度计算的公式如下：

$$\frac{\partial E}{\partial x_j}=\sum_k \frac{\partial E}{\partial x_k}\cdot \partial'(s_k)w_{jk}$$

为了增加网络深度，并且去掉无关因素的干扰，我们不妨以一个每层只有单独一个神经元的四层神经网络（图中省略了输入层节点）为例，如下图所示：

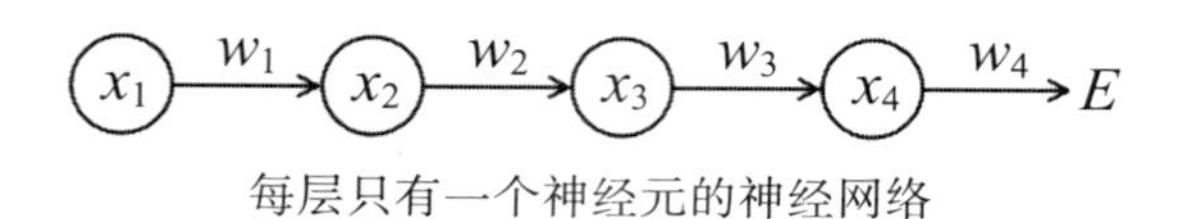

每层只有一个神经元的神经网络

根据误差反向传播算法，每个隐层的梯度值都是依赖它后面一层计算得出的，如此重复迭代，对于第一个隐层，它的梯度就依赖于其后所有层来计算。对于上图的神经网络，分析误差经过四层传播后的情况，根据前面推导出的公式，输入层导数$\frac{\partial E}{\partial x_1}$结果应是输出层导数$\frac{\partial E}{\partial x_4}$乘以每一层权值和激活函数的导数的乘积，即以下式子所示：

$$\frac{\partial E}{\partial x_1}=\frac{\partial E}{\partial x_4}\cdot\partial'(s_4)w_4\cdot\partial'(s_3)w_3\cdot\partial'(s_2)w_2\cdot\partial'(s_1)w_1$$

由于权值向量 w 是随机初始化的，梯度消失问题的关键就在于它与激活函数导数$\partial'(s)$的乘积是否一个持续小于 1 的数。前面提到为了可以应用链式法则，必须要求激活函数具备可微性，所以辛顿最初是采用了与 UnitStep 函数良好近似又可微的 Sigmoid 函数作为激活函数。可能正是这个原因，从 1986 年到 2010 年以前，即从误差逆向传播算法提出一直到深度学习时代的初期，大家都还普遍采用 Sigmoid 函数作为激活函数。

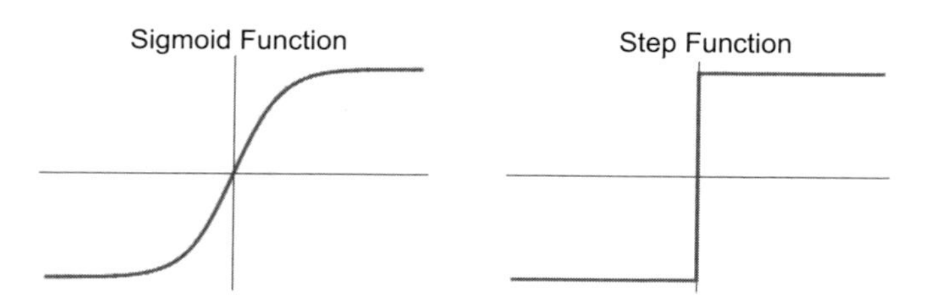

Sigmoid 和 UnitStep 函数图像

Sigmoid 函数的解析式是$y=\frac{1}{e^{-x}+1}$，对这个函数求一阶导数后的图像如下图所示，可见在零值时函数取得最大值 0.25，即$\partial'(x)$的最大值为 0.25。从函数图像上我们还能看到，只有中间围绕零值周围的一小撮值才有作为梯度的意义，数轴两侧的所有导数值都无限接近于零。我们把这两侧导数接近于零的部分，称为**激活函数的饱和阶段**，一旦 Sigmoid 函数的输入值落在这个饱和范围内，其输入的数值大小对激活函数的输出结果影响就极小了，换而言之，我们可以说在这个范围内激活函数对输入数据不再敏感了。

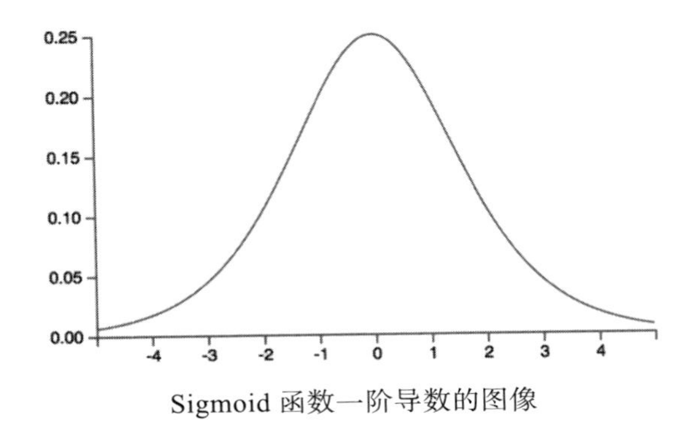

Sigmoid 函数一阶导数的图像

另一方面，误差反向传播算法在神经网络初始化的时候，权值 w 通常会小于 1，譬如常用的是使用均值为 0、标准差为 1 的高斯分布来初始化网络权值。这样便使得 $|\partial'(x)w|$ 整体将会小于 0.25，再结合前面推导的连乘公式，使用链式法则求导，层数越多，势必会使得 $\frac{\partial E}{\partial x_1}$ 的求导结果越小，这就引发了梯度消失的问题出现。类似地，梯度爆炸的问题原因就是出现了 $|\partial'(x)w|>1$ 的情况。到这里，我们就明白了梯度不稳定的问题（梯度消失和梯度爆炸统称梯度不稳定问题）产生的原因，是由于在前面的隐层上的梯度是来自后面的各个隐层梯度的连乘积，在神经网络的深度过深时，梯度在反向传播中的连乘效应导致网络权值更新不稳定造成的。

神经网络深度增加带来的训练上的困难，是在深度学习诞生头几年里，其难以充分发挥深度优势的几个主要原因之一。针对梯度不稳定问题，人们设想了很多方法来解决：有从神经网络权值初始化着手的，使得 $|\partial'(x)w|$ 整体尽可能避免梯度逐层减小或者增大，除了前文讲到的辛顿的无监督预训练方法外，近几年还出现了一些效果很好的随机初始化方法，如 Xavier 初始化方法、MSRA 初始化方法等。也有从训练过程着手的，谷歌在 2015 年发表的一篇论文中提出一种“批量规范化”（Batch Normalization）操作。这个方法是在训练过程对隐层的数据也进行规范化处理，避免训练过程里各网络层输入落入饱和区间，导致梯度消失。还有

一种最简单易于操作的方法，是直接从激活函数本身着手的。既然梯度消失是由于 Sigmoid 函数的导数最大值仅为 0.25，而且不饱和空间非常狭窄所导致的，大家就着手去寻找更好的代替函数。

在 2010 年，有人发现用 ReLu 函数代替 Sigmoid 函数能显著缓解梯度下降优化过程中遇到的梯度消失问题。ReLU 函数是一个非常简单的分段函数，它的解析式是：$y=\begin{cases}0, x<0\\x, x\geqslant 0\end{cases}$，函数图像如下图所示。

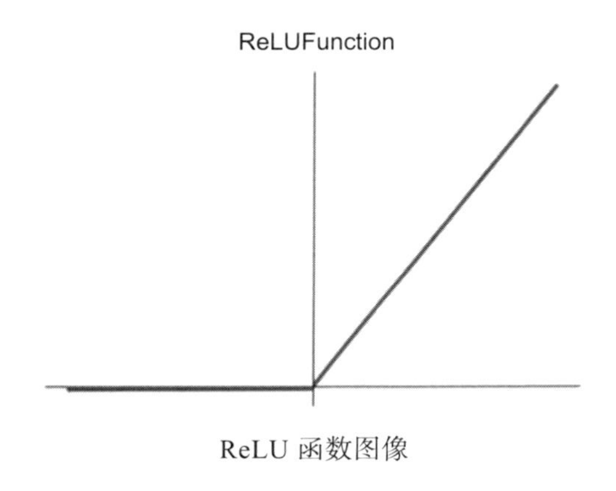

ReLU 函数图像

ReLU 函数虽然看起来是如此的简单，但却是近几年在激活函数方面取得的最大进步之一。比起 Sigmoid 函数，ReLU 函数具备了诸多优秀的特性，如由于函数简单，相比 Sigmoid 它不需要进行幂运算，所以计算速度非常快，训练时收敛速度远远高于 Sigmoid 函数，也要超过其他常见的激活函数，如 Tanh 等。在解决梯度消失这个问题上，很明显 ReLU 函数的导数要么是 0 要么是 1，这样至少在正数区间上，就不会因为连乘效应导致梯度逐层减小了。

面对深度神经网络遇到的问题，解决得最彻底的，大概要算辛顿给出的“解决方案”了，为什么这个要打上双引号呢？因为这个方案是——推倒重来！辛顿是误差发现传播算法的提出人之一，是神经网络和深度学习的教父。然而，现在他又戏剧性地成了误差反向传播和经典神经网络结构的强大“反对者”。最近，辛顿居然在他的推特上置顶号召大家应该“摒弃误差反向传播算法，另起炉灶，重新开始”，一时间令业界惊诧，关于这件事情网上曾出现了一些大肆渲染“辛顿叛变”的文章，吸引了不少媒体开始炒作。

辛顿确实曾经表示误差反向传播并不是自然界生物大脑中存在的训练机制，也不相信人类大脑是通过生物方式完成求导，通过梯度来调节神经元权重和激活阈值的。从辛顿的成长经历里我们就知道他对模仿人类大脑工作原理有多么的执着。目前已有许多脑科学的研究证实，大脑皮层中普遍存在一种称为“微皮层柱”（Cortical Minicolumn）的柱状结构，它像一颗胶囊一般把数百个神经元封装在一起，每个微皮层柱里的神经元都记录、处理相同特征的同一种信号。由此看来，人类大脑并不是像经典神经网络一样由神经元直接连接的简单分层结构，而是具有更高的内部复杂性：先由神经元组成“微皮层柱”，再由“微皮层”柱组成“皮层柱”（Cortical Column），由小到大逐步复杂化。

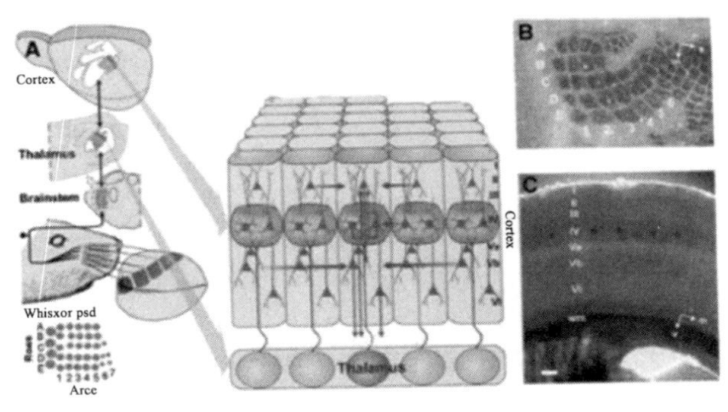

脑科学中的皮层柱结构

早在 2011 年，辛顿发表的一篇论文里[⊖]就模仿大脑微皮层柱的结构，提出了一种称为“胶囊”（Capsule）的新神经网络结构，并给出了用这种结构做了自动编码器和简单图像识别的例子。只是可能辛顿自己也没有意料到，就在第二年（2012 年）深度神经网络会忽然间受到从未有过的关注，尤其是深度卷积网络在图像识别领域忽然爆发，所以这篇关于 Capsule 结构的论文并没有受到特别大的关注，连辛顿自己也暂时放下了

⊖ 论文地址：http://www.cs.toronto.edu/~fritz/absps/transauto6.pdf。

这个方向的研究，专注在深度卷积网络、循环神经网络这些还是以分层堆叠结构为主的神经网络模型上。

不过时间到了 2017 年，辛顿认为传统的神经网络分层结构，尽管取得了很大成功，但也已经遇到了它的瓶颈，因此他重新开始关注 Capsule 结构的问题，希望从中寻找突破，一举解决之前深度学习里遗留的诸多问题。辛顿想要表达的其实是如果 Capsule 确实能够解决这些问题，他有勇气完全抛弃之前的体系结构，完全抛弃之前的训练方法，一切推倒从来，重新开始。辛顿关于 Capsule 结构的论文《胶囊结构之间的动态路由》（Dynamic Routing between Capsules）已经被“2017 年度神经信息处理系统进展大会”（Neural Information Processing Systems，NIPS 2017）所接受，据说其在 MNIST 训练集上非常成功，识别率达到了历史新高，并同时解决了卷积神经网络难以识别重叠图像等问题，不过这篇论文在笔者撰写本章的时候也还尚未公开，对 Capsule 结构目前只有一些论文摘要信息和辛顿的演讲记录可以窥见一斑。Capsule 结构是否能被学术界接受，辛顿是否找到了能够训练 Capsule 结构的新算法，这些都还存有很大疑问，这也正是科研的艰辛之处。

无论结果如何，辛顿在古稀之年仍然在尝试新的方法，这本身就非常值得敬佩。“先驱”“教父”这些头衔是世人对辛顿在深度学习领域的坚持以及那些开创性工作的认可，如果 Capsule 这项工作成功推翻了之前神经网络的结构和训练方法，那完全是他本人坚持自己的信仰和探索的结果，一个真正的大师并没有被以前的成就所束缚；如果辛顿晚年试图突破深度学习，如同爱因斯坦晚年试图统一电磁力和引力一样，是注定无法成功的，那我相信辛顿也依然愿意坚持下去，毕竟他在神经网络这个领域已经坚守了超过 40 年了。

7.6 深度神经网络

自深度学习热潮以来，短短几年时间，大量不同的基于深度神经网络的模型竞相争艳，它们有一些是已有悠久历史的模型了，封尘多年终于在这波热潮中迎来大展身手的机遇，有一些则是在近几年最新的研究成果，新的方法和模型在一些之前未能很好解决的问题上有效果良好的表现。

2016年，外国网站asimovinstitute.org整理了一份当前24种常见的神经网络类型和它们的用途简介[⊖]，笔者稍作整理，引用至本节供读者作为技术词典之用。后面笔者还会对其中的卷积神经网络、循环神经网络、对抗式生成网络三种比较具有代表性意义的深度神经网络模型进行更详细的介绍。

网络类型	一、感知机（Perceptrons）和前馈神经网络（Feed Forward Neural Networks）
连接形式	
简介	单层感知机是最简单的神经网络。它仅包含输入层和输出层，而且输入层和输出层是直接相连的。 相对于单层感知机，前馈神经网络包含输入层、隐藏层和输出层。通常使用误差反向传播算法进行训练，由于网络具有隐层神经元，理论上可以对输入和输出之间的关系进行建模。但实际上该网络的应用是很有限的，通常要将它们与其他网络结合形成新的网络。
网络类型	二、径向基函数网络（Radial Basis Function Networks，RBFN）
连接形式	
简介	径向基函数网络是以径向基函数（Radial Basis Function，RBF）作为激活函数的前馈神经网络。径向基函数网络通常只有三层，输入层、中间层和输出层。中间层计算输入矢量与样本矢量欧式距离的径向基函数值，输出层计算它们的线性组合。 径向基函数网络的基本思想是：用径向基函数作为隐层神经元的“基”构成隐层空间，将低维空间的输入通过非线性函数映射到一个高维空间，而低维空间不可分的数据到了高维空间更有可能变得可分。
网络类型	三、Hopfield神经网络（Hopfield Network，HN）

⊖ http://www.asimovinstitute.org/neural-network-zoo/。

（续）

连接形式	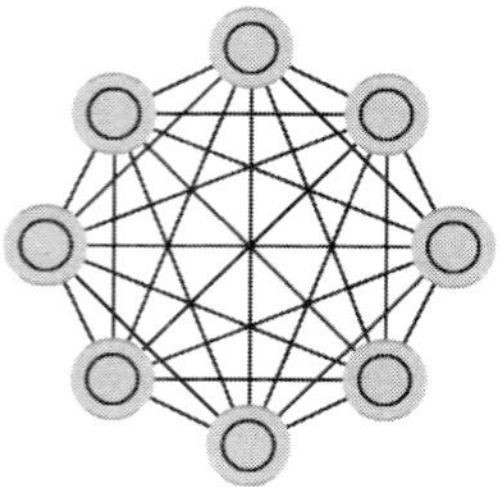
简介	1982年，约翰·霍普菲尔德（John Hopfield，1933—）提出了可用作联想存储器的互连网络，这个网络被称为“Hopfield网络”模型。Hopfield神经网络是一种循环神经网络，从输出到输入有反馈连接。反馈神经网络由于其输出端又反馈到其输入端，所以Hopfield网络在输入的激励下，会产生不断的状态变化。 网络的每个节点在训练前接受输入，然后在训练期间隐藏并输出。可以通过将神经元的值设置为期望的模式来训练网络，此后权重不变。一旦训练了一个或多个模式，网络将收敛到一个学习模式，网络在这个状态中是稳定的。
网络类型	四、玻尔兹曼机（Boltzmann Machines，BM）
连接形式	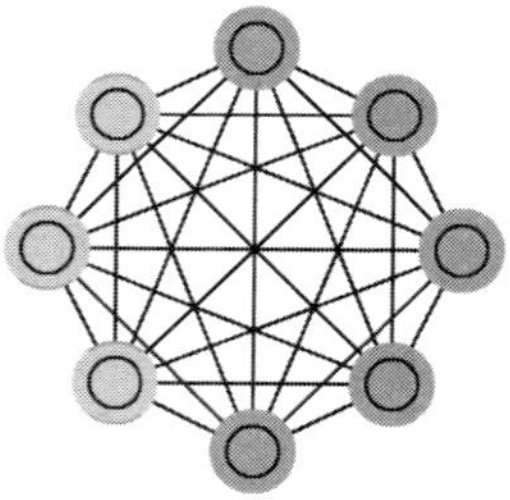
简介	玻尔兹曼机是一种随机神经网络。在这种网络中神经元只有两种输出状态，即二进制的0或1。状态的取值根据概率统计法则决定，由于这种概率统计法则的表达形式与著名统计力学家路德维希·玻尔兹曼（Ludwig Boltzmann，1844—1906）提出的玻尔兹曼分布类似，故将这种网络取名玻尔兹曼机。 玻尔兹曼机很像Hopfield神经网络，两者的区别在于，它只有一部分神经元被标记为输入神经元，而其他神经元保持“隐藏”。输入神经元在完整的网络更新结束时成为输出神经元。它从随机权重开始，通过反向传播学习或通过对比散度（Contrastive Divergence）算法训练模型。
网络类型	五、受限玻尔兹曼机（Restricted Boltzmann Machines，RBM）

（续）

连接形式	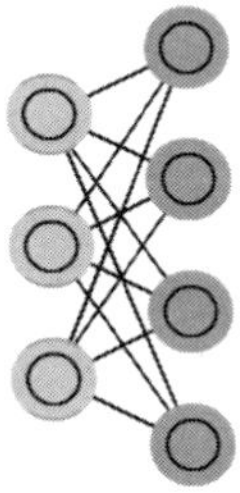
简介	受限玻尔兹曼机是一种可通过输入数据集学习概率分布的随机生成神经网络。受限玻尔兹曼机由一个可见神经元层和一个隐藏神经元层组成。由于隐藏层神经元之间没有相互连接，并且隐藏层神经元独立于给定的训练样本，这让直接计算依赖数据的期望值变得更容易。可见层神经元之间也没有相互连接。 网络通过在训练样本得到的隐藏层神经元状态上执行马尔可夫链抽样过程来估计独立于数据的期望值，并行交替更新所有可见层神经元和隐藏层神经元的值。
网络类型	六、马尔可夫链（Markov Chains，MC）
连接形式	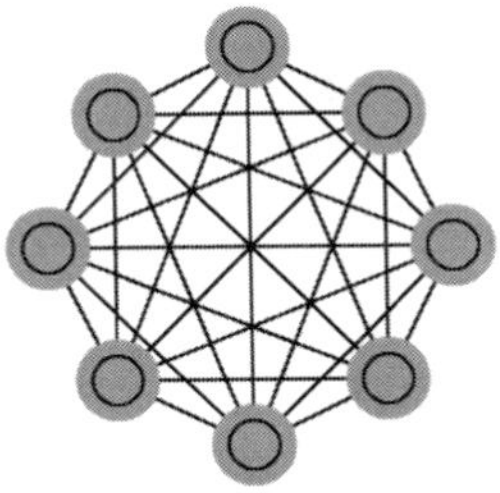
简介	马尔可夫链是指数学中具有马尔可夫性质的离散事件随机过程。该过程中，在给定当前知识或信息的情况下，过去（历史状态）对于预测将来（未来状态）来说是没有关联的。马尔科夫链虽然不是真正的神经网络，但类似于神经网络，并且构成了玻尔兹曼机和 Hopfield 神经网络的理论基础。
网络类型	七、自编码器（Autoencoders，AE）
连接形式	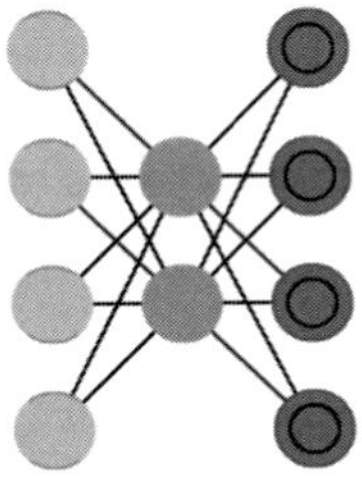

（续）

简介	自编码器的基本思想是自动编码信息。自编码器网络结构像一个漏斗：它的隐层单元比输入层和输出层少，并且关于中央层对称。最小的隐层总是处在中央层，这也是信息压缩程度最高的地方。从输入层到中央层叫作编码部分，从中央层到输出层叫作解码部分，中央层叫作编码（Code）。 可以使用反向传播算法来训练自编码器，将数据输入网络，将误差设置为输入数据与网络输出数据之间的差异。自编码器的权重也是对称的，即编码权重和解码权重是一样的。
网络类型	八、稀疏自编码器（Sparse Autoencoders，SAE）
连接形式	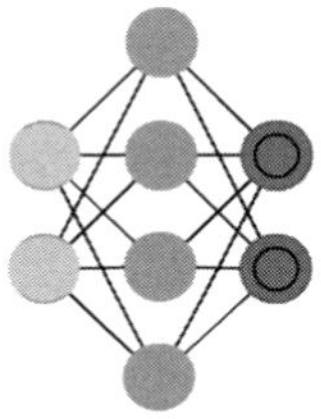
简介	稀疏自编码器在某种程度上与自编码器相反。不同于以往训练一个网络在更低维的空间和结点上去表征信息，它尝试在更高维的空间上编码信息。所以在中间层，网络不是收敛的，而是扩张的。 稀疏自编码器可以自动从无标注数据中学习特征，可以给出比原始数据更好的特征描述。在实际运用时可以用稀疏编码器提取的特征代替原始数据，这样往往能带来更好的结果。
网络类型	九、变分自编码器（Variational Autoencoders，VAE）
连接形式	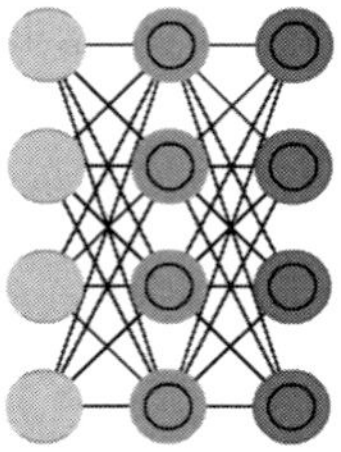
简介	变分自编码器和自编码器有相同的网络结构。不同点在于其隐藏代码来自于训练期间学习到的概率分布。 在90年代，一些研究人员提出一种概率解释的神经网络模型。概率解释通过假设每个参数的概率分布来降低网络中每个参数的刚性约束，将输入、隐藏表示以及神经网络的输出转换为概率随机变量。网络学习的目标是找到上述分布的参数。在变分自编码器中，仅在隐藏节点上假设这些分布。因此，编码器变成一个变分推理网络，而译码器则变成一个将隐藏代码映射回数据分布的生成网络。 通过参数化隐藏分布，可以反向传播梯度得到编码器的参数，并用随机梯度下降训练整个网络。

（续）

网络类型	十、去噪自编码器（Denoising Autoencoders，DAE）
连接形式	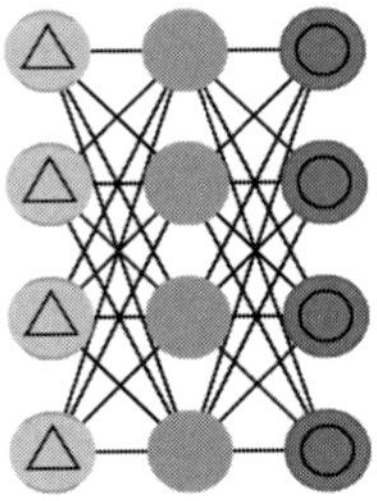
简介	去噪自编码器的训练方法和其他自编码器一样，但是输入不是原始数据，而是带噪声的数据。这样的网络不仅能够学习到细节，而且能学习到更泛化的特征。原因有两点：一是与非破损数据训练对比，破损数据训练出来的权重噪声比较小，二是破损数据在一定程度上减轻了训练数据与测试数据之间的代沟。 它的提出者也从生物神经网络的角度进行了解释：人类具有认知被阻挡的破损图像能力，此源于我们的高等联想记忆感受机能。我们能以多种形式进行记忆（比如图像、声音，甚至如上图的词根记忆法），所以即便是数据破损丢失，我们也能回想起来。
网络类型	十一、深度信念网络（Deep Belief Networks，DBN）
连接形式	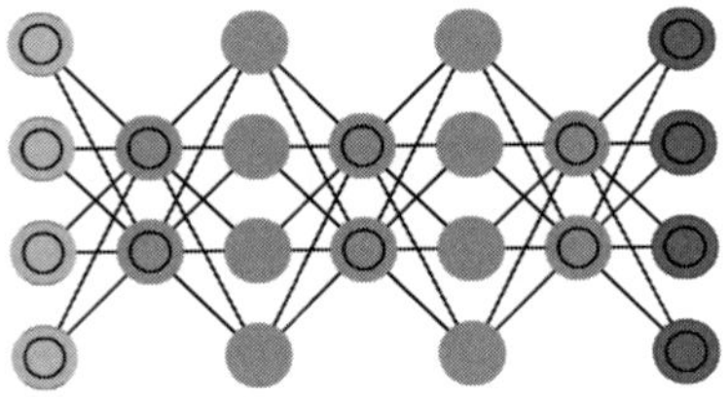
简介	深度信念网络是受限玻尔兹曼机（RBM）或者变分自编码器（VAE）的堆叠结构。深度信念网络是一种生成模型，通过训练其神经元间的权重，我们可以让整个神经网络按照最大概率来生成数据。深度信念网络由多层神经元构成，这些神经元又分为显性神经元和隐性神经元。显元用于接受输入，隐元用于提取特征。 深度信念网络能够通过对比散度（Contrastive Divergence）算法或者误差反向传播算法来训练，并像常规的受限玻尔兹曼机或变分自编码器那样，学习将数据表示成概率模型。一旦模型通过无监督学习被训练或收敛到一个稳定的状态，它可以被用于生成新数据。
网络类型	十二、卷积神经网络（Convolutional Neural Networks，CNN）

（续）

连接形式	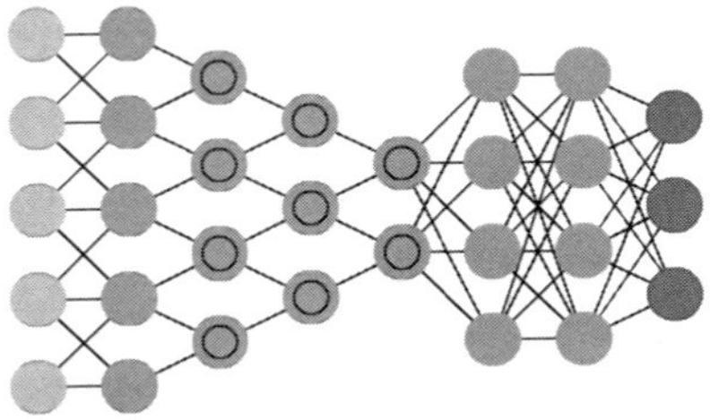
简介	卷积神经网络由三部分构成。第一部分是输入层。第二部分由N个卷积层和池化层的组合而组成。第三部分由一个全连结的多层感知机分类器构成。 关于卷积神经网络的具体内容，将在稍后详细介绍。
网络类型	十三、反卷积神经网络（Deconvolutional Networks，DN）
连接形式	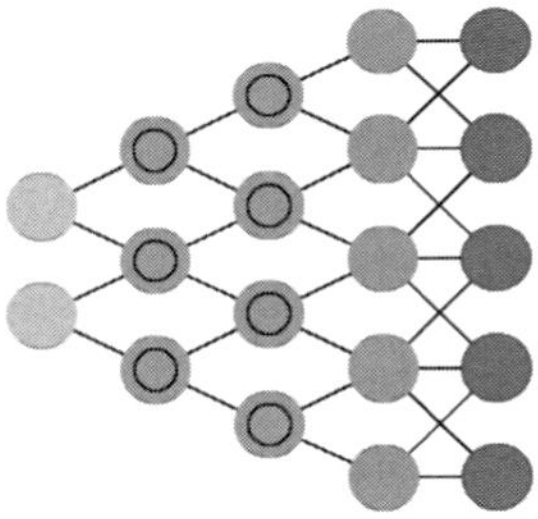
简介	反卷积神经网络是和卷积神经网络对应的。在卷积神经网络中，是由输入图像与特征滤波器进行卷积，得到特征图，而在反卷积神经网络中，是由特征图与特征滤波器卷积，得到输入图像。反卷积神经网络主要用于图像重构和卷积网络可视化。 从结构中可以看出，网络首先进行前向计算，在前向计算中收集一些数据，然后将这些数据放入反向网络中进行反向计算，从而得到最终的反卷积结果。
网络类型	十四、深度卷积逆向图网络（Deep Convolutional Inverse Graphics Networks，DCIGN）
连接形式	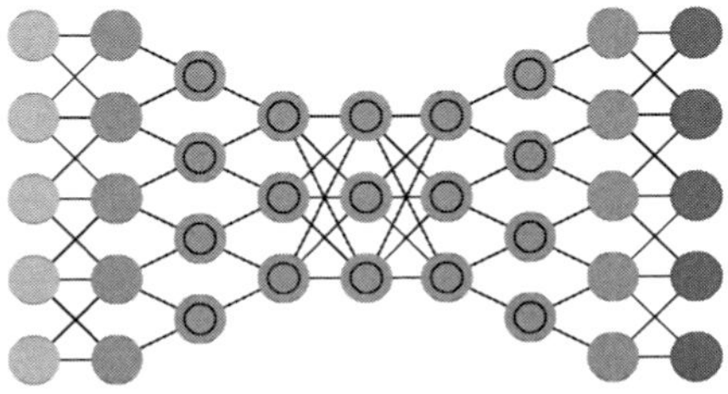

（续）

简介	深度卷积逆向图网络实质上是变分自编码器（VAE），只是在编码器和解码器中分别采用卷积神经网络（CNN）和反卷积神经网络（DNN）结构。这些网络尝试在编码的过程中对“特征”进行概率建模。该网络大部分用于图像处理。网络可以处理未训练的图像，也可以从图像中移除物体、置换目标，或者进行图像风格转换。
网络类型	十五、生成式对抗网络（Generative Adversarial Networks，GAN）
连接形式	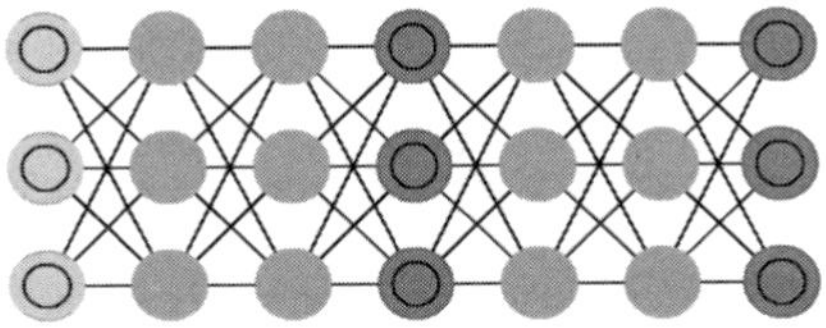
简介	生成式对抗网络由判别网络和生成网络组成。生成网络负责生成内容，判别网络负责对内容进行判别。判别网络同时接收训练数据和生成网络生成的数据。判别网络能够正确地预测数据源，然后被用作生成网络的误差部分。这形成了一种对抗：判别器努力分辨真实数据与生成数据，而生成器努力生成判别器难以辨识的数据。 关于生成式对抗网络的具体内容，将在稍后详细介绍。
网络类型	十六、循环神经网络（Recurrent Neural Networks，RNN）
连接形式	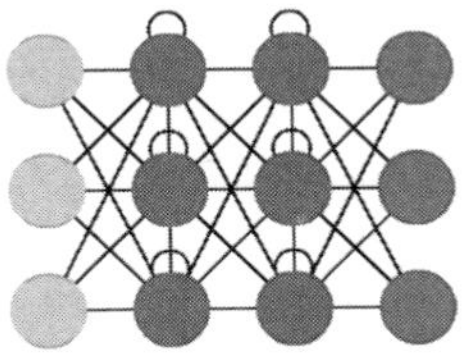
简介	循环神经网络是基于时间的前馈神经网络，循环神经网络的目的是用来处理序列数据。在传统的神经网络模型中，从输入层到隐含层再到输出层，层与层之间是全连接的，每层之间的节点是无连接的。但是这种普通的神经网络对于很多问题却无能为力。例如，你要预测句子的下一个单词是什么，一般需要用到前面的单词，因为一个句子中前后单词并不是独立的。
网络类型	十七、长短期记忆网络（Long Short Term Memory，LSTM）
连接形式	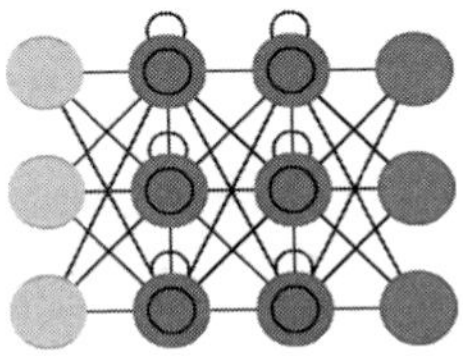

（续）

简介	长短期记忆网络是一种特殊的循环神经网络，能够学习长期依赖关系。网络通过引入门结构（Gate）和一个明确定义的记忆单元（Memory Cell）来尝试克服梯度消失或者梯度爆炸的问题。长短期记忆网络有能力向单元状态中移除或添加信息，通过门限结构对信息进行管理。门限有选择地让信息通过。 每个神经元有一个记忆单元和三个门结构：输入、输出和忘记。这些门结构的功能是通过禁止或允许信息的流动来保护信息。输入门结构决定了有多少来自上一层的信息存储于当前记忆单元。输出门结构承担了另一端的工作：决定下一层可以了解到多少这一层的信息。忘记门结构初看很奇怪，但是有时候忘记是必要的：如果网络正在学习一本书，并开始了新的章节，那么忘记前一章的一些人物角色是有必要的。
网络类型	十八、门控循环单元（Gated Recurrent Units，GRU）
连接形式	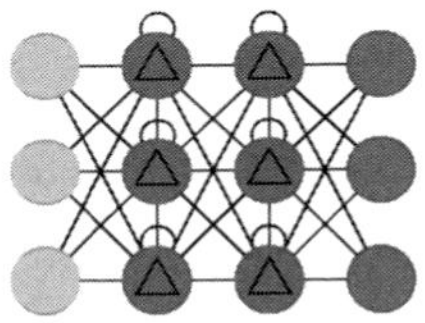
简介	门控循环单元是长短期记忆网络的一种变体。不同之处在于，没有输入门、输出门、忘记门，它只有一个更新门。该更新门确定了从上一个状态保留多少信息，以及有多少来自上一层的信息得以保留。在大多数情况下，它们与 LSTM 的功能非常相似，最大的区别在于 GRU 稍快，运行容易，但表达能力更差。 在实践中，这些往往会相互抵消，因为当我们需要一个更大的网络来获得更强的表现力时，表现力往往会抵消性能优势。在不需要额外表现力的情况下，GRU 可能优于 LSTM。
网络类型	十九、神经图灵机（Neural Turing Machines，NTM）
连接形式	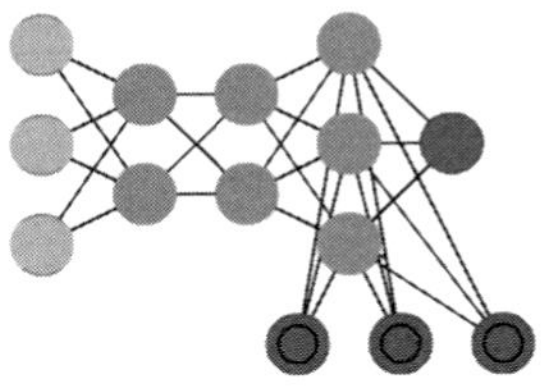
简介	神经图灵机包含两个基本组成部分：神经网络控制器和记忆库。传统的神经网络是一个黑箱模型，而神经图灵机尝试解决这一问题。 像大多数神经网络一样，控制器通过输入输出向量与外界交互，但不同于标准网络的是，它还与一个带有选择性读写操作的内存矩阵进行交互。它试图将常规数字存储的效率和永久性以及神经网络的效率和表达力结合起来。这种想法的实现基于一个有内容寻址的记忆库，神经网络可以从中进行读写。

（续）

网络类型	二十、残差网络（Residual Networks，RN）
连接形式	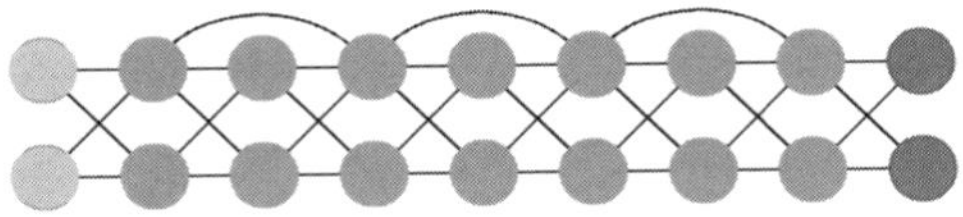
简介	深度过高的神经网络容易出现反向传播的过程中梯度消失问题，导致训练效果很差，而深度残差网络在许多神经元中设置了直接中间隐层的“快速通道”，在网络的结构层面缓解了梯度消失问题，就算网络很深，由于快速通道的存在，也不容易导致梯度消失。
网络类型	二十一、回声状态网络（Echo State Networks，ESN）
连接形式	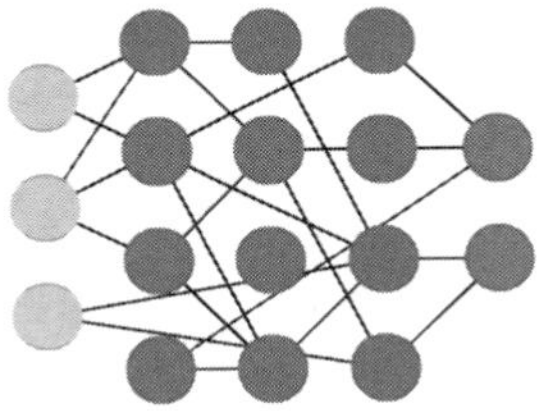
简介	回声状态网络是另外一种不同类型的循环网络。传统的多层神经网络的中间层是一层一层的全连接神经元，回声状态网络把中间的全连接部分变成了一个随机连接的存储池，学习过程就是学习存储池中的连接。它们的训练方式也不一样。 与循环神经网路的不同之处是网络将输入到隐藏层，隐藏层到隐藏层的连接权值随机初始化，然后固定不变，只训练输出连接权值。由于只训练输出层，不需要反向传播误差，训练过程就变成求线性回归，速度非常快。
网络类型	二十二、极限学习机（Extreme Learning Machines，ELM）
连接形式	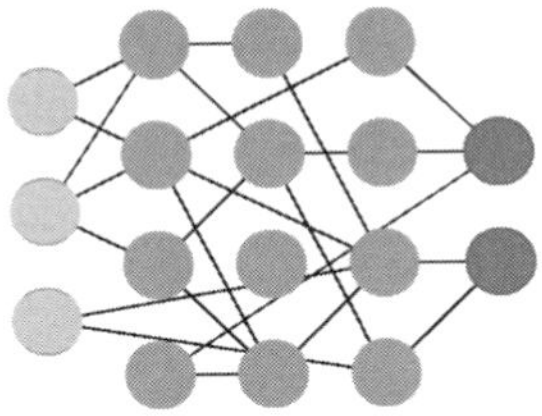
简介	极限学习机是一种新型的快速学习算法，它们随机初始化权重，并通过最小二乘拟合训练权重。这使得模型表现力稍弱，但是在速度上比反向传播快很多。
网络类型	二十三、液体状态机（Liquid State Machines，LSM）

（续）

连接形式	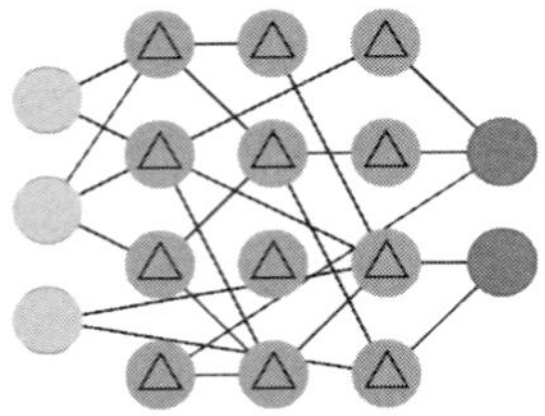
简介	液体状态机是一种脉冲神经网络：sigmoid 激活函数被阈值函数所取代，每个神经元是一个累积记忆单元（Memory Cell）。所以当更新神经元的时候，其值并不是邻近神经元的累加，而是它自身的累加。一旦达到阈值，它会将它的能量传递到其他神经元。这就产生了一种类似脉冲的模式，即在突然达到阈值之前什么也不会发生。
网络类型	二十四、Kohonen 网络（Kohonen Networks，KN）或自组织映射（Self-Organizing Map，SOM）
连接形式	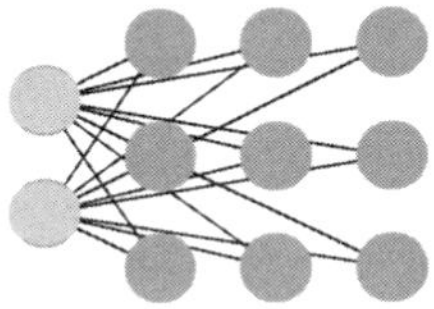
简介	Kohonen 网络是自组织竞争型神经网络的一种，该网络为无监督学习网络，能够识别环境特征并自动聚类。Kohonen 网络神经元通过无监督竞争学习，令不同的神经元对不同的输入模式敏感，从而特定的神经元在模式识别中可以充当某一输入模式的检测器。 Kohonen 神经网络算法工作机理为：网络学习过程中，当样本输入网络时，竞争层上的神经元计算输入样本与竞争层神经元权值之间的欧几里得距离，距离最小的神经元为获胜神经元。调整获胜神经元和相邻神经元权值，使获得神经元及周边权值靠近该输入样本。

7.6.1 卷积神经网络

卷积神经网络（Convolutional Neural Networks，CNN）可以说是深度神经网络中最有影响力的一种模型，今天它早已是大名鼎鼎，从某种意义上它还是为深度学习打下大好江山的第一功臣。卷积神经网络同时也是一个很好的计算机科学从脑神经科学借鉴并获得成功的例子，它的思路与人脑和视觉系统分层抽象识别物体的过程极为相似。卷积神经网络最初诞生是为了识别高分辨率的图片提供良好的解决办法，在第 4 章里给出了一个字符识别例子，用了两层分别是 196 和 10 个神经元的浅层网络去识别 14×14 共计 196 像素分辨率图片中的数字符号。可是读者不妨设想一下，现在就连手机摄像头拍出来的照片都是动辄上千万像素的，如果要识别这种图片，那每一层的神经元就得上千万，两层之间做全连接的话，就有 100 万亿个权重值需要计算，这中间再多弄上几层隐层的话，有再强大的超级计算机也撑不住。既然人类肯定不是在像素层面去认知物体的，计算机当然也不应该直接对着像素硬来。所以，模仿人类分层识别的认知，以及识别大分辨率的图片，这两个就是卷积神经网络要解决的问题。

1980 年，日本广播协会基础科学研究所的福岛邦彦（Kunihiko Fukushima）受到休伯尔和威泽尔的"小猫视觉实验"（见 7.5.1 节）的启发，提出了"新认知机"（Neocognitron）的设想，"新认知机"中就已经包含了很多现代卷积神经网络的要素，如卷积、池化等。

在 1989 年，燕乐存发表一篇名为《通过误差反向传播算法在手写邮政编码识别上的应用》（Backpropagation Applied to Handwritten Zip Code）的论文，把新认知机中的概念与辛顿的误差反向传播算法结合到了一起，正式提出了卷积神经网络。这篇论文基本上是现在业界所认可的卷积神经网络的开端，所以大家认为燕乐存是卷积神经网络的缔造者。

到了 1998 年，燕乐存又发表了另一篇论文《基于梯度的学习方法在文档识别上的应用》（Gradient-Based Learning Applied to Document Recognition），在这篇论文中，燕乐存设计了一个名为 LeNet-5 的神经网络，LeNet-5 网络是卷积神经网络的第一个具有影响力的完整实现，今天很多卷积神经网络入门资料都还以 LeNet-5 网络作为例子来进行讲解。下图是网上广为流传的 LeNet-5 网络结构，这张图片就来自燕乐存的《基于梯度的学习方法在文档识别上的应用》这篇论文。LeNet-5 麻雀虽小，五脏俱全，卷积层、池化层、全连接层，这些卷积神经网络的核心元素都是在此论文中明确定义出来的。

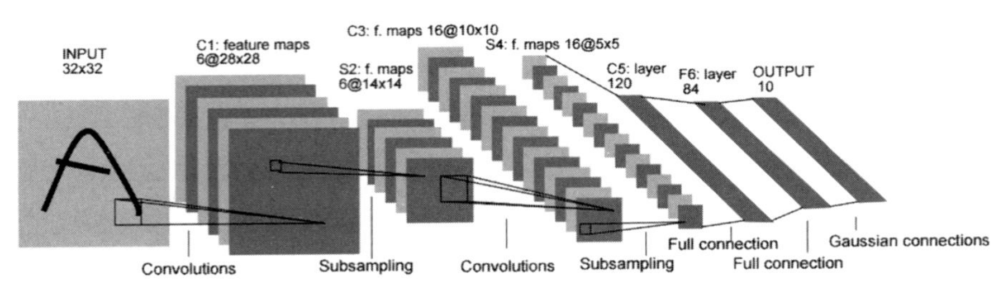

LeNet-5 网络的结构

这里出现了一系列新的名词，全连接我们已经知道是什么意思，笔者再简单介绍一下卷积和池化。“卷积”（Convolution）原本是数学的泛函分析中的概念，它是一种数学计算，信号变换中经常要使用到它。而在我们现在讨论的语境里，它是一种特征提取操作，卷积最初被引入神经网络，就是为了处理模式识别中图像特征提取的，它就像是一个漏斗，不断在图片中平移，从下层图像中筛选数据，这个“漏斗”(专业上称作“卷积核”，Convolution Kernel）可以是各种形状的。经过漏斗过滤后，筛掉了一些数据，但可以获得更高维度的特征。譬如漏斗从像素中找出边缘，从边缘中找出形状，从形状中找出物体，漏斗对数据运算处理，就像是人脑对物体分层抽象的过程。这个过程在图片识别里很关键，无论是对缩减数据规模（譬如 1000 万像素的图片，以 10×10 的方形作卷积的话，下层节点规模可以缩小到 10 万）还是对提取特征都是极为有用的。

而“池化”（Pooling）的本质其实就是采样共享，譬如以颜色采样为例，采样区域中存在若干个像素，可能每个像素的颜色值都有少许差异，原本需要对应的若干个数字去存储它们的颜色，池化过程就是用同一个采样值（最大值或者平均值之类）来代替所有像素的颜色值，这样有多个像素共用一个颜色值，便能够降低数据量。

前面 7.5.4 节提到的掀起深度学习热潮序幕的标志性事件——辛顿小组设计的 AlexNet 就是一个很成功的卷积神经网络，它是一个 8 层网络，其中包括了 5 个卷积、池化和 Dropout 层（Dropout 是辛顿发明的一种用于避免过拟合的技巧）以及 3 个全连接层，使用过 ReLU 作为激活函数，使用批量随机梯度下降法训练。辛顿小组共使用两块 GTX 580 GPU 训练了 5 到 6 天，完成了 ImageNet 数据库 22000 种类的 1500 万标签数据的学习，达到了 16.4% 的最低错误率夺得冠军。

大概是因为卷积神经网络最初设计出来就是用来处理图像识别问题的，现在大家也经常喜欢都把它和图片处理联系在一起，而事实上卷积神经网络可以处理大部分格状结构化数据。举个例子，图片的像素是二维的格状数据，声音序列在等时间上抽取相当于一维的格状数据，而视频数据可以理解为对应视频帧宽度、高度、时间的三维数据，现在这些领域的应用都离不开卷积神经网络，卷积神经网络也成为了近十年来应用范围最广、最成功的深度神经网络形式，许多硬件公司比如英伟达、英特尔、高通还有三星电子都正在开发卷积神经网络芯片，以使智能机、相机、机器人以及自动驾驶汽车中的实时视觉系统成为可能。

7.6.2　循环神经网络

循环神经网络（Recurrent Neural Network，RNN）⊖是深度神经网络的另一种常见应用形式。大多数的神经网络假设所有的输入和输出之间是相互独立的，不是一次输入到网络的数据也是互相孤立的，譬如前面介绍的卷积神经网络处理图片识别的过程中，每一个相同颜色的像素、相同大小形状的线条或者色块、相同部件或者对象所代表的含义是相同的，与时间和顺序无关。但是有另外一些场景，譬如最典型的使用神经网络做自然语言处理方面的应用，不同语种之间的机器翻译、语言理解等，相同词语出现在不同的时间、上下文里，它所代表的含义是不一样的，文章后面的内容，需要在前文所构建的上下文语境种才能消除歧义，如下面这句话，

> 我的朋友小明借了我五块钱。
> 小明与我的关系是？（答案：朋友）。

⊖ 还有另一种简称为 RNN 的神经网络是指“Recursive Neural Network”，译为“递归神经网络”，它与循环神经网络有一些相似之处，但是两种不同的网络。

人类能轻易地得出后面这个问题的答案，这是因为阅读了前面一句话，并且记住了前面这句话的结论。而神经网络如果要正确推理，同样必须考虑词语上下文的记忆和出现顺序序列这些因素。

1982 年，物理学家约翰·霍普菲尔德（John Hopfield，1933—）提出了一种可用作联想存储器的互连网络，这个网络现被称为“Hopfield 神经网络”模型。Hopfield 神经网络是今天循环神经网络的雏形，它从输出到输入都有反馈连接，所以是属于循环网络的一种，可是 Hopfield 网络因为实现困难，外加没有找到合适应用，并没有特别大的发展，逐渐被前馈网络取代。

1990 年，圣迭戈加利福尼亚大学的心理学教授杰弗里·埃尔曼（Jeffrey Elman，1948—）发表了一篇论文《寻找时间表示的数据结构》（Finding Structure in Time），文中提出了循环神经网络最初的概念框架。虽然以前也有过专门用于时间序列的分析模型，譬如“隐马尔科夫模型”（Hidden Markov Model，HMM），但将神经网络与时间序列结合起来，循环神经网络的发明依然有它不可忽视的价值，但这个价值在很长的时间里面都未能得到体现，与 Hopfield 神经网络一样，循环神经网络暂时还没有找到它施展的舞台。

直到 2003 年，奥本希在他的论文《一种神经概率语言模型》（A Neural Probabilistic Language Model）中把循环神经网络用于实现 N 元语法模型（N-Gram，这是自然语言处理领域著名的模型），收到了非常好的效果，循环神经网络才开始被这个领域的学者关注。自然语言处理是循环神经网络最适合的舞台，发展到今天，循环神经网络已经成为了这个领域的主要工具之一。

循环神经网络之所以会被称作“循环”（Recurrent），是因为它对输入的序列中的每个样本都执行相同的操作，循环神经网络的输出结果，是基于以前的输出进行计算的，同时也会参与到下一轮循环作为计算输入。读者可以把循环神经网络理解成给神经网络中间的隐层增加了一个“反馈环”，这便相当于增加了一个拥有存储功能的辅助学习器，它对到目前为止所计算过的序列拥有一定的记忆能力。这个“反馈环”是循环神经网络的核心内容，被称作“循环连接”（Recurrent Links），就像下图中显示的一样，循环连接把隐层神经元的输入和输出连接起来，使得隐层输出端也作为输入的一部分，重新进入到神经网络中。如果展开（Unfold）循环神经网络，可以将之视为一批所有层共享同样权值的深度前馈神经网络。

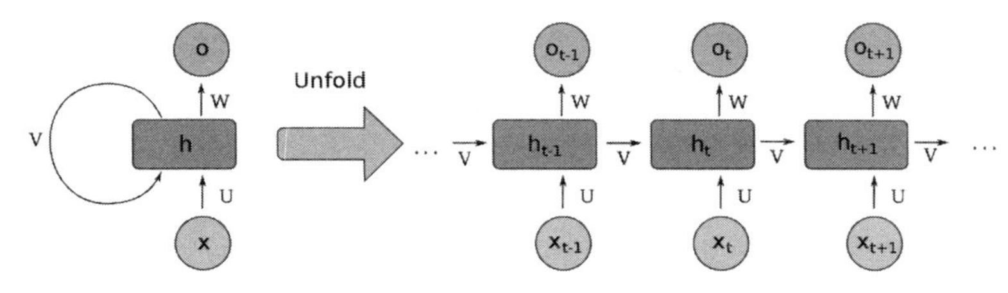

循环神经网络按时间序列展开的结构图

初期版本的循环神经网络只能进行有限次数的循环和记忆，超过这些范围之外的内容就必须被丢弃或者衰减得几乎消失，这个特征被称为“短期记忆”（Short-Term Memory）效应。它其实是一种限制，因为还没有很好地解决深度神经网络的梯度不稳定（消失或者爆炸）问题，由于循环连接的存在，经过循环处理的部分，和直接去增加网络隐层深度，在形式上是差不多的，所以梯度不稳定问题曾经是循环神经网络面临过的最苦恼的挑战，使得循环神经网络不得不设计成在有限轮次后就必须打断循环，以避免梯度不稳定，这便是短期记忆效应的来由。虽然具有短期记忆效应的循环神经网络也能解决一些简单的问题，但还是具有比较大局限性，考虑以下例子，面对这个场景短期记忆网络就不能很好地处理。

1. 小明是小刚的朋友。

2. 小明的父亲是机关干部，母亲是国企职工，家境优越。

3. 小刚的父亲是普通工人，母亲下岗后在家开小卖部，生活拮据。

4. 小明乖巧懂事，学习成绩优异，是班里的尖子生。

5. 小刚活泼好动，对一切事物充满好奇，却无法安静地坐下来写作业，成绩较差。

6. 小明借了小刚五块钱，小明是____？

正确答案：小刚的朋友（来源于第 1 句）。

错误答案：乖巧懂事的尖子生（来源于第 4 句）

要得到正确的答案，就必须具备长期记忆的能力，为了增加这种“长期记忆能力”，人们研究出了各种循环神经网络的变体，其中最重要的是“长短期记忆网络”（Long Short-Term Memory，LSTM），用于解决长期及远距离的记忆依赖关系。

长短期记忆网络通过引入“门结构”（Gate）和一个明确定义的“记忆单元”（Memory Cell）来尝试克服梯度消失或者梯度爆炸的问题。它允许向单元状态中移除或添加信息，通过门限结构对信息进行管理，把短期记忆的内容也保留下来。后来，进一步还发展出了“门控循环单元”（Gated Recurrent Units，GRU）等其他长短期记忆网络的变体形式。

今天，循环神经网络已经广泛应用于语音分析、文字分析、时间序列分析。如果主要解决的问题就是数据之间存在前后依赖关系、有序列关系，现在一般首选长短期记忆网络，如果预测对象同时取决于过去和未来，可以选择双向结构，如双向长短期记忆网络。

7.6.3 对抗式生成网络

相比前面两种神经网络模型，“生成式对抗网络”（Generative Adversarial Networks，GAN）是一位刚开始崭露头角的后起之秀。这种网络与卷积神经网络和循环神经网络不同，一般不用于做分类和预测等工作，从名字上就可以看出，它施展的舞台主要在“生成”（Generative）这个词上。

对抗式生成网络的确非常年轻，2014 年，奥本希的得意门生、OpenAI 和谷歌大脑的青年科学家伊恩·古德费洛（Ian Goodfellow，1985—）发表了一篇论文《生成式对抗网络》（Generative Adversarial Networks）是这个领域的开山之作。

我们不妨直接通过谷歌在 2017 年发布的一则新闻来看看生成式对抗网络的神奇之处。谷歌提出了一项叫作“像素递归超分辨率”（Pixel

Recursive Super Resolution）的技术，可以把网格的像素马赛克转换成为肉眼可辨识的人物图像。

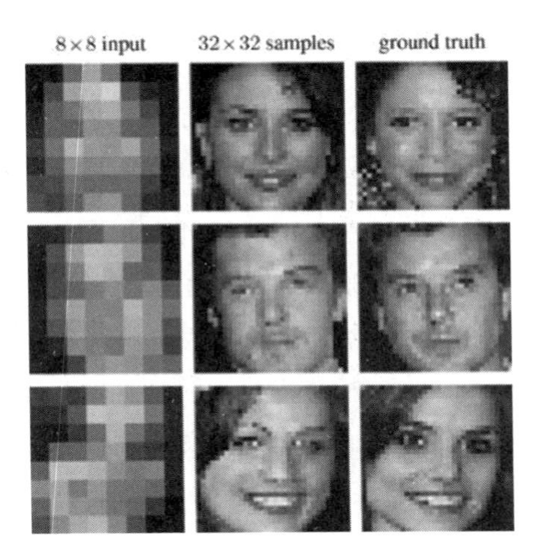

压缩成 8×8 像素的（左）、通过压缩图片还原的（中）和原来的图片（右）

以上图给出三组图片为例，最右侧是 32×32 像素的真实图片，最左侧是已经压缩到 8×8 像素的图片，中间的就是通过谷歌这项去马赛克技术还原的结果。还原结果得到的照片与真实照片相比，并不算非常相似，甚至看起来像是两个人，但是比起左侧的模糊图片，已经好了太多了，左侧的图片单独来看甚至完全看不出什么内容。

谷歌这个去马赛克的效果从信息学的角度来讲，简直是如同可以无中生有的魔法一般神奇，左边压缩后的图片所蕴含的信息显然要比中间还原的和原图的信息量少得多，这就像是有人宣称他能够直接不通过下载就从一个 BitTorrent 种子里面直接还原出了整部电影那样令人惊诧。问题是，这是如何做到的呢？答案很简单，人类看这种带马赛克信息的图片时，丢失的内容一定程度上是可以从自己大脑里面存储的影像中“脑补”回来，现在机器也可以这样做了。

那生成式对抗网络是如何“脑补”的？简单地说，生成式对抗网络需要训练两个网络：一边是生成网络，用于生成图片，这个网络最开始是完全随机的，产出的结果自然也是毫无规律，生成网络一般是用“反卷积神经网络”（Deconvolutional Networks，DN）来实现。另外一边是判别网络，用于判断生成网络中产生的图片是真的符合要求的数据还是伪装的数据，一般就是用 7.6.1 节介绍的卷积神经网络来实现，使用卷积和反卷积来作为判别、生成网络的生成式对抗网络也被更进一步地称为“深度卷积生成式对抗网络”（Deep Convolutional Generative Adversarial Networks，DCGAN），这方面相关的论文[⊖]是在 2016 年才公开发表的。

训练生成式对抗网络时，首先训练好判别网络，现在我们已经可以通过大量外部数据来训练出一个正确率甚至比人类还高的判别一张图片是否人脸的网络，然后使用判别网络去训练生成网络，逐步优化，使得生成网络产生的图片被认为是人脸的概率越来越高。这样，判别网络要尽可能找出不属于真实人脸的图片，而生成网络要尽可能生成能够欺骗过判别网络的图片，两者“相爱相杀”，这就是名字中“对抗式”（Adversarial）一词的含义。

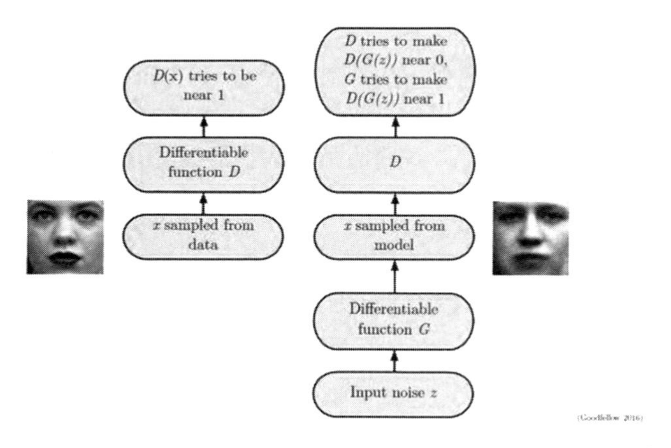

古德费洛给出的生成网络 G 和判别网络 D 互相对抗训练示意[⊜]

现阶段的生成式对抗网络还主要是在图像领域比较流行，但研究机构和企业都看好它有很大的潜力，未来能大规模推广到声音、视频领域。笔

⊖ 《Unsupervised Representation Learning with Deep Convolutional Generative Adversarial Networks》，地址：https://arxiv.org/abs/1511.06434。

⊜ 图片来源：https://en.wikipedia.org/wiki/Generative_adversarial_network。

者还曾在网上看到一篇文章[⊖]，是用深度卷积生成式对抗网络生成动漫人物头像的，效果真的令人惊叹，很难想象下图中这些假以乱真的漫画人物头像是计算机自己“绘制”出来的。

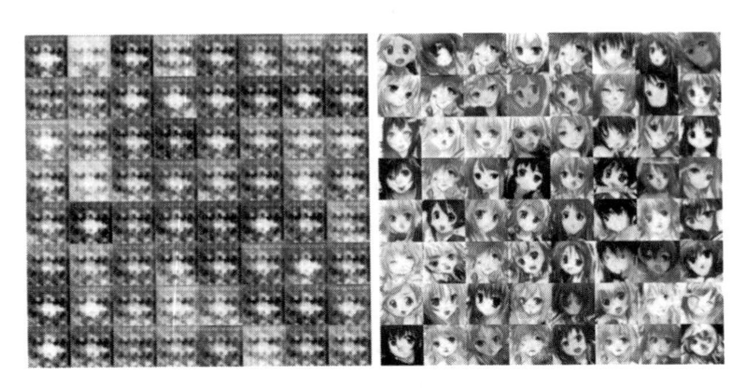

第1轮从随机噪声中生成的轮廓（左）和第300轮后生成的动漫头像（右）

7.7　从实验室到企业

深度学习之所以能够在2012年爆发式地迅速崛起，ILSVRC 2012比赛是机遇，辛顿率先提出了可行的理论和方法，这个算是内因；还有两个很重要的外因，一个是大数据的兴起，另一个是以“图形处理器”（Graphics Processing Unit，GPU）为代表的面向大规模并行计算所设计的硬件有了长足发展，而这两点外因，企业都比在学校和实验室有优势得多，与很多成功的技术一样，深度学习也是生于实验室，成长于企业的。

辛顿之所以今天被称为“深度学习教父”，不仅仅是因为他对深度学习的开创性贡献，也是因为他为这个领域培养了许多优秀的人才，并鼓励他们去IBM、微软和谷歌（这是目前领导人工智能领域的四大公司中的三家，还有一家是Nuance，它是苹果的技术供应商）等大公司实习、工作。辛顿有着高度开放和包容的心态，许多著名项目的参与者、负责人都与辛顿有直接或者间接的关系，有很多是徒子徒孙的师生关系，也有的是研究

⊖ 文章地址：https://qiita.com/mattya/items/e5bfe5e04b9d2f0bbd47，下面的图片同样来源于此。

合作的伙伴，辛顿自身成为了一个纽带，促进了圈子中不同群体之间的技术和信息流动。此外，辛顿允许所有人都能自由使用他实验室的研究成果，以完善自己公司的系统，实质性地推动了技术落地到产业中去。在媒体的采访中辛顿自己说到："我们基本上对此毫无保留，因为我们着眼于证明我们技术的优势。"辛顿还表示："有趣的是，微软研究院和IBM先于谷歌得到这项技术（指深度学习），但是在将技术转变成产品方面，谷歌却比任何公司都更加迅速。"这里辛顿所指的"比任何公司都迅速"，暗示的是谷歌著名的人工智能项目"谷歌大脑"(Google Brain）计划。

2007年，深度学习爆发前夕，辛顿曾经在硅谷山景城（Mountain View，谷歌总部所在地）进行过一场关于深度学习的谷歌技术演讲，谷歌公司的员工和许多谷歌之外的极客们都踊跃参与，这一演讲也同步在YouTube上直播，受到了很大的关注，其中就包括了谷歌的顶尖技术大拿杰夫·迪恩（Jeff Dean，1968—）。可能很多程序员都比较熟悉迪恩甚至视他为偶像，考虑到其他背景的读者，笔者还是介绍一下这位大拿，这可不是一般的技术极客，而是一位谷歌的传奇人物。早在1999年加入谷歌时，此时谷歌还是一个员工只有两位数相对默默无闻的互联网小公司，他在计算机科学圈子里就已经声名远扬，聘任迪恩是谷歌的一个里程碑。在加入谷歌的几年里，迪恩成为构建谷歌软件基础构架的领军人物，主导了谷歌的技术演进方向，后来引领大数据浪潮的BigTable、MapReduce这些如雷贯耳的重大项目都是他所直接领导的。由此可见，迪恩对谷歌的技术走向如何发展是有相当大的话语权的人物。

2011年，斯坦福大学人工智能实验室主任吴恩达（Andrew Ng，1976—，吴恩达因在百度负责"百度大脑"计划和在教育平台Coursera上主讲机器学习课程而为国内人工智能爱好者所熟知）向迪恩"安利"说道："现在风头已变，伴随着深度学习领域的突破，神经网络表现颇佳，如果谷歌能掌握训练大型网络的技巧，会发生奇迹的。"迪恩认为这听上去很有意思，在"亲身涉足"神经网络六个月后，他开始相信这确实会是未来的互联网公司的必争之地。后来，大约用了一年时间，迪恩与吴恩达一起建立了"谷歌大脑"计划，这个计划立项于"Google X"——谷歌公司内部称为“高瞻远瞩”的研究部门，所谓“高瞻远瞩”其实就是不要求短期的产品产出，也不对研究项目有什么具体的、直接的经济价值上的要求。在这个部门里，谷歌大脑计划的目标最初就被定义为“努力构建一个真正巨型的神经网络，并且探索它们能做什么”。

吴恩达在介绍谷歌大脑从 YouTube 上找到猫的故事

谷歌大脑项目最开始的应用是尝试使用无监督学习来认知世界，在这项实验性的应用中，谷歌大脑的服务器（当时动用了 1.6 万个微处理器，创建了一个有数十亿连接的神经网络，人类大脑大概有 1000 亿个神经元连接）观看了千万数量级的 YouTube 图像和影片，以试图观察该系统能否学会将其所见到的东西定义出来。结果令人惊叹，仅仅依赖于 YouTube 的影片内容本身，而没有任何人工标注和介入，该系统就自发辨识出了“猫”，并且自主地搜索猫科动物明星的视频。迪恩在接受《纽约时报》采访时说：“在训练中，我们从未告诉它（指谷歌大脑）‘这是一只猫’，是它自己发现总结出了‘猫’这个概念”。“谷歌找猫”经过媒体的传播，一时成了业界的佳话，不过这个只是观察系统能做些什么的测试之一。很快，谷歌大脑项目组又建了一个更加强大的神经网络，并且开始承担类似语音识别的任务。

谷歌大脑计划运作一年之后，谷歌就已经拥有了世界上最大规模的神经网络系统，并有了在谷歌各部门和产品领域上的成功应用，这样的成绩在外界看来已经是相当不错的成果了，可相比起这个计划后来的进展，这就只能算是谷歌大脑计划起步阶段。

2013 年起，谷歌大脑从 Google X 转移到谷歌的 Knowledge 部门，从这时候开始，谷歌逐渐避免使用“大脑”一词。在对外宣传中，他们更倾向统一采用“谷歌深度学习项目”这个名字，虽然这个名称听起来好像并没有“大脑”酷炫。迪恩曾开玩笑说改这个名字是“为了避免有爱护动物的人士在谷歌总部门前示威抗议”，但这显然是人工智能在谷歌战略版图中的地位发生了变化的体现，预示了谷歌大脑将会包容更多深度学习方面的研究项目。果然，在 2013 年这一年里面，谷歌就进行了一系列令人目不暇接的收购，那时候，连最乐观的投资者都不可能预料到这一年谷歌在深度学习上一系列投资在几年后展现出来的无限价值。

辛顿于 2012 年带着两名学生伊利亚和亚历克斯参加 ILSVRC 2012 夺魁后，就创立了一间仅有他们三名员工的深度学习创业公司 DNNResearch，这是一间很典型的“空壳公司”，没有资金也没有资产，没有产品也没有业务，可是在 2013 年 3 月，这间小公司宣告被谷歌以 5000 万美金[⊖]的价格收购，谷歌在本次收购中没有获得任何实际的产品或服务，很明显本次收购只能是招聘人才性质的收购，目的就是为了这个仅三人的小团队，而且还仅购买其部分的工作时间（辛顿仍有一半时间在大学从事研究工作）。事实上这并非谷歌首次给予辛顿的团队投资，在此之前就已经有过一些小额度（大约 60 万美元）的资助。在本次收购里，谷歌固然是得到了辛顿这样的学术泰斗加盟，对辛顿本人来说，也算是终于守得云开，以后再不必为了一点经费赞助而四处奔波了。

至此以后，辛顿继续在多伦多大学任教的同时，也会定期在山景城的谷歌总部工作，成为了谷歌大脑的主要参与者之一。不过即使是这次“大手笔”的招聘式收购，其实也仅仅是谷歌那一年一系列重大收购之一，就在辛顿加入谷歌的前几个月，人工智能的乐观主义哲学家雷蒙德·库茨魏尔（Ray Kurzweil，1948— ）、编写了人工智能课程的标准教科书《人工智能：一种现代方法》的作者彼得·诺维格（Peter Norvig，1956— ）、自动

⊖ 谷歌并未公布确切的收购价格，因此此金额未被证实，只是在网上的传闻。来源：https://36kr.com/p/533832.html。

驾驶汽车的主要发明者塞巴斯蒂安·史朗（Sebastian Thrun，1967—）等人工智能传奇人物都相继被谷歌聘用或者收购所在的公司。

谷歌在深度学习上的大幅战略投入，使得谷歌迅速占领了这波人工智能热潮的制高点，且不说谷歌深度学习项目所提供的用于谷歌各种产品的语言、翻译、智能推荐、图像识别、数字运营等的内部人工智能服务的价值，也不去说像 TensorFlow 这种在深度学习圈子里有巨大影响力和庞大用户群的技术工具，单说谷歌 2013 年收购另一家英国人工智能创业公司 DeepMind 所带来的深远影响和广告宣传效应，就足以令谷歌在这年对深度学习的投资决策，成为能够与当年谷歌收购 YouTube、收购 Android 相媲美的卓越商业决策案例。如果读者不知道 DeepMind 公司那没有关系，你肯定听说过 DeepMind 在 4 年之后发布的 AlphaGo、Master 和 AlphoZero 与韩国棋手李世石、中国棋手柯洁在围棋棋盘上进行的一系列人机大战，而大家没有看到的是，2013 年的一系列收购案，才是这个传奇故事真正的开端。

各大企业对深度学习的关注和投入，普遍都是从 2012 年开始的，深度学习“三巨头”里，除了辛顿被谷歌聘任外，另外两人也成为企业竞相争夺的对象。

FAIR 主任燕乐存

其中，卷积神经网络的发明人，被称为“卷积神经网络之父”的燕乐存是法国人，博士毕业于匹兹堡大学医学中心（University of Pittsburgh

Medical Center，UPMC），后来加入了贝尔实验室工作，目前在纽约大学任教。燕乐存曾经在加拿大多伦多大学做过一段时间的博士后，博士后导师就是辛顿本人，所以也算是辛顿的半个学生，因这段博士后的经历，被归属到“三巨头”和“加拿大黑手党”之一。辛顿不止经典的工作堆成山，门下也是徒子徒孙遍地，可是要在他门下做博士后还是很有难度的，当年迈克尔·乔丹（Micheal Jordan，1956—，加州大学伯克利分校教授，与著名篮球巨星同名同姓，是奥本希和吴恩达的老师）申请去辛顿门下做博士后都被辛顿婉拒了。

2013 年，燕乐存以纽约大学教授的身份兼职加入 Facebook，随后便着手组建了 Facebook 的人工智能实验室（Facebook AI Research，FAIR）。燕乐存领导了 Facebook 的人工智能研究，主攻方向是自然语言处理、机器视觉和模式识别等领域。FAIR 也绝对是一个星光璀璨的地方，除了燕乐存亲自担任实验室主任外，还有 VC 维和支持向量机的缔造者弗拉基米尔·万普尼克（Vladimir Vapnik，1936—）、随机梯度下降算法的发明人赖恩·布图（Léon Bottou，1965—）、高性能 PHP 虚拟机 HHVM 的作者基思·亚当斯（Keith Adams）等大拿都在此工作。

根据此实验室的介绍，FAIR 主要专注于基础科学和长期研究，有 70% 的资源分配在这上面，Facebook 还组建了“应用机器学习部门”（Applied Machine Learning，AML），由华金·坎德拉（Joaquin Candela）带领，主要负责将机器学习的研究成果落地到产品上，与 FAIR 的资源分配比例正好互补。

得益于 FAIR 和 AML 的工作成果，Facebook 在自然语言处理、人脸识别这方面确实处于业界领先的地位，例如他们的人脸识别工具 DeepFace 已经能做到比人类更准确地识别两个不同的图像是否是相同的人，根据测试结果，DeepFace 的识别成功率为 97%，而人类则是 96%。他们发布的阅读文本的人工智能引擎 DeepText，接近人类的准确度去理解文字内容，在计算机语言学 2017 年度大会（ACL 2017）上，Facebook 展示了如何通过阅读维基百科来回答开放性的问题，在扫描了大量维基百科网站页面后，能够回答诸如：“17 世纪奥斯曼帝国有多少个省？”“美国哪个州的座右铭是‘Live free or Die’？”“查德威克发现了原子中的哪个部分？”这样的无前提约束的开放性问题。

深度学习“三巨头”中最后一位奥本希与燕乐存一样是法国人，出生于巴黎，后来去了加拿大求学，目前在加拿大蒙特利尔大学工程系任教。奥本希在神经网络上的贡献虽然没有辛顿那种经典工作堆积成山气势，也不像燕乐存那样有光环头衔，一提起就说是卷积神经网络缔造者，但他在神经网络的很多方面都做了非常扎实细致的贡献，今天我们接触到的许多神经网络的应用领域都能见到有奥本希的工作成果，例如在前面介绍过的自然语言处理领域主要工具——循环神经网络和在它之上发展出的长短期记忆神经网络，还有词向量（Word Vector）等，总之，在整个神经网络语言模型领域的关键技术，奥本希都是最早的研究者，现在他也还是这个领域最主要的学者之一。除此之外，在神经网络运算框架这个方面，虽然TensorFlow开始逐渐展露出一统江湖的趋势了，但在TensorFlow出现之前，工业界其中一种主流用来做神经网络计算的是一个名为“Theano”的Python代数计算库，这个库可以说是TensorFlow的前身，它就是奥本希负责蒙特利尔大学机器学习算法实验室（University of Montreal Montreal Institute for Learning Algorithms，MILA）时做出来的成果。

微软人工智能战略顾问奥本希

奥本希是“三巨头”中年纪最小、资历相对最浅的一位，也表现得最为低调，他开始一直不愿意从学术界投身到工业界，不过经过2012、2013年两年时间的酝酿，各个大型的互联网和IT企业都已经把人工智能视为必须进行战略布局的领域，奥本希作为“三巨头”中最后一位尚未被企业聘用的成员，自然是炙手可热的宝贵资源。经过微软全球副总裁沈向洋长达数月的游说，他终于在2014年答应加盟微软研究院（Microsoft Research，MSR），担任微软研究院的人工智能战略顾问，为此微软还在不少的网站和杂志发表文章和接受采访，高调地宣告奥本希加盟微软。

说起微软研究院，它曾是人工智能领域的领导者，上世纪90年代，微软研究院聚集了计算机科学、物理学、数学受到高度关注的、公认的专家及许多著名科学奖项得主，其中就包括有许多语音识别和计算机视觉的顶尖学者，也在语音识别等领域做出了很多当时领先的成果，但是因为90年代第二次人工智能寒冬的外部环境和微软内部决策等因素，导致误判了人工智能的前景，在后来的十几年里在人工智能领域并未再投入资源，从此微软研究院在这一领域就停滞不前了。当第二次人工智能寒冬过去之后，微软重新要在这个领域发力追赶时，起点就已经落后于谷歌、Facebook和IBM不少了。不过“幸好”微软已经连续错过了互联网时代、移动的时代，在人工智能时代中只是起步落后一些而已，对犯这种战略性的错误也有许多应对经验了，依靠自身巨额资金和极为深厚的技术底蕴，在人工智能方面重新投入资源后，还是很快就做出了一系列优秀成果。其中值得一提的是其推出的“认知计算服务[⊖]”（Cognitive Services），在文字、语音、语言理解等方面确实有很多创新和可取之处，现在是微软Azure云的其中一个重要部分，也是Window 10系统的智能助手Cortana的背后支撑。

上述辛顿、燕乐存和奥本希三位机器学习巨头从实验室走到企业的经历，还有谷歌、Facebook和微软等企业竞相追逐人工智能的行为，可以看作是这几年在人工智能这个方向上，学术界和工业界互相促进的一个缩影。在当前这次神经网络掀起的人工智能热潮里面，只要能够招聘到一名优秀的神经网络学者，用于人工智能研究的百万级经费就会拨到大学之中。传统的高校学术机构获得了大量的资源，也比之前有了更多的自由调配研究资金。这些都是学术界和工业界的良性的、双赢的互动，与此同

⊖ https://azure.microsoft.com/en-us/services/cognitive-services。

时，必须警惕前面两次人工智能寒冬期的教训，避免陷入过分地夸大人工智能的能力和发展程度，目前确实有一部分的企业和研究者们似乎又一次陷入了盲目追逐的潮流之中，辛顿曾对这种现象说到：

> "如今神经网络理论开始奏效，因而工业界及政府也开始将神经网络当作人工智能。以前整天嘲笑神经网络的人工智能研究者们也乐在其中，并计划从中分一杯羹。"

这句话带有着浓郁的警示味道，从历史上看，无数的事例证明了如果某一项事物发展到所有人都在追逐，不论是相关的、无关的人都在吹捧它的话，那很可能就意味着已经处于顶峰，后面最需要的并非继续盲目加大投入，反而是需要更加清醒地认识到未来的挑战，并时刻进行反思。

7.8 挑战与反思

深度学习在近几年来已经获得了数之不尽的成功与荣耀，但是这项伟大的技术距离完美还有很长的路途，同样面临着一系列复杂的困难与挑战，它们仿佛是一个层层嵌套关联的解谜游戏，产生出一层层迷雾，套在深度学习和神经网络身上。在本章的最后一个小节，我们一同来看一下今天的深度学习，还有哪些不足。

1. 效率

目前深度神经网络的效率其实非常低下，很无奈地说，之所以神经网络和深度学习大行其道，可能是目前我们并没有更好的解决手段。

深度学习就是一种数据驱动的算法，大量的数据是建立精确模型的前提和保证。就像人类需要从经历中总结经验学习和提取信息一样，人工神经网络也需要大量的数据来分析、提取和训练。越复杂越强大的模型就需要越多的参数，同时也意味着需要更多的数据来支撑。如果我们要训练一个语音识别程序，势必就需要不同方言、不同长度的语音数据以及人口数据，并将这数以亿万计的数据送到深度神经网络中，经过漫长的训练和调优后才能得到实用化有商业价值的语音识别程序。这是一个十分漫长的过程并且需要巨大的算法处理能力，无论谷歌、Facebook 还是微软等，都是由一群业界精英经过了好几年的技术积累才达到了今天的程度。今时今日，可以说利用深度学习解决某一个问题就是一个如何充分利用巨量数据的问题。

处理大量数据的同时，也决定了机器必须拥有处理庞大数据的能力。为了缩短训练的时间提高效率，现在训练深度神经网络通常会使用多卡高性能 GPU 来配合工作，甚至是超算中心来完成。这些设备不菲的价值外还会带来很高的能耗，这种计算能力的需求一定程度上限制了深度学习的应用范围，现在连智能手机、无人机和可穿戴设备等都开始需要小型的高效神经网络处理单元，更加需要平衡效率和能耗、成本以及可用性的关系。

深度学习对数据量和运算能力的依赖是显而易见的，已经被人们所普遍接受。可是，我们无法忽视与之相对应的事实是，一贯将处理海量数据、将高效高速计算这些特点引以为傲的电子计算机，在这个领域上其实是极不适应、效率非常低下的。神经网络确实是在模仿人脑从经验中总结经验学习和提取信息，但人类的认知过程所需要的数据量比起深度学习要少好多个数量级，人要认识一个字母或者单词，其学习过程仅需要课堂上老师一两分钟的讲解和模仿，就可以辨认不同的印刷和手写字体；人类要分辨雪狼和摩萨耶，只要看过几张它们的图片就可以轻易办到，根本不需要把 YouTube 数以千万计的影像图片翻个遍。我们人类大脑的神经元数量十分庞大，但是依靠神经递质来传导神经信号，这是一种化学信号传递，比起计算机的电信号传递，速度上又要慢好几个数量级，但即使在这样大的速度差距下，目前人脑的认知能力依然可以轻易碾压电脑；此外，能耗效率上的差距也同样巨大，如果把人类大脑的活动转换成电能的话，仅相当于一只 20 瓦灯泡的功率，而谷歌大脑在运作时，甚至需要配备专用的电厂来支撑。这些事实似乎从一个侧面跟我们诉说着深度学习虽然是模拟人脑而来的，但是还远未找到人脑生物结构中的精髓，还处于非常初级的阶段。

2. 理论基础

人们模仿鸟儿飞行创造出飞机，飞行方式与鸟类煽动翅膀获得上升力并不相同，飞机能飞得比所有鸟类更高更快，关键是人类已经掌握了空气动力学的理论。计算机向人脑学习智能，要有跨越式的突破，关键点大概也不会在于模仿得多么接近人脑结构，而是最终能够发现其中的理论基础，目前神经网络效率不高，就是没有理论基础去指导优化的一种外在表象。但是寻找到产生智能的理论谈何容易，这个问题科学界已经经过了大半个世纪的努力，目前还是迷雾重重。

图灵提出“学习机器”的概念的论文里表达的观点十分明确，可以简单归纳为一句话：“计算机可以思考却不需要和人类一样地思考，计算机能够学习却不需要和人类一样地学习。”图灵认为计算机应该凭借它的快速、精确、可复制等优势特点，扬长避短地找到通向智能的道路，而不必受到生物结构的牵绊。随后兴起并长期占据人工智能研究主流思潮的符号主义学派的观点是直接继承自图灵，最初，整个科学界都是很认可这种观点的，这造就了符号主义学派的快速崛起，但是，历史事实证明了哪怕是当时最保守的学者都仍然是严重低估了机器通过逻辑演绎去实现人工智能的难度，经过一系列尝试与挫败之后，人们终于不得不承认基于符号和规则的机器学习所能处理的实体和规则数量，距离现实世界所存在的几乎无穷无尽的自然规律和它们互相作用的组合，有不止十万八千里的差距，要由此获得智能简直无异于是蹇人升天、水中揽月。

由于符号主义的研究不断受到挫折，进展缓慢甚至停滞，科学界才不得不退而求其次，把研究的主要方向转到了去模仿大脑的神经元结构和探求生物拥有学习能力的本质，这条道路也很难，但最起码是有可仿照之物作参考。基于仿生和连接主义来获得学习能力，其中最主要的不足是现在人类自己都没搞清楚自己的大脑是如何思考和学习的，所以让计算机去模拟人类大脑思考这件事情的基础本身就不太牢靠，如果说连接主义在算法实现这种微观方面还有一些严谨的推理过程的话，那它在宏观上是没有太严密的理论支撑的，譬如现在许多应用案例中，用神经网络来做自动驾驶或者人机对弈，那这些应用各需要多少层的网络，初始连接权重值如何配置，模型如何训练、模型或者网络拓扑结构应该怎样设计等都没有一个最优准则，现在还处于主要是凭经验和试错来实现效果的原始摸索阶段。所以说这种仿生的机器学习，现在的基础还不是依赖现实世界的本质规律，其实是依赖大量数据样本中体现出来的规律和特征。

3. 不可解释性

没有足够牢固的理论基础，所带来的直接后果是神经网络“只能知其然，而无法知其所以然”的尴尬。对于神经网络，我们知道了模型的参数，也知道了输入的数据以及如何将这些连接成网络的方式，但是我们却还无法知道它是如何实现这一过程的。神经网络就像一个神秘的“黑箱”，它有十分神奇的功能但是我们对它如何工作如何推演的过程却无从知晓，这就是常说的神经网络的“不可解释性”。神经网络的不可解释性阻碍了这一技术的抽象和总结，限制了高水平认知智能的研究和发展。同时神经网络的操作对于人类来说太过抽象，我们无法很好地验证它的工作过程是否合理，但是有一点是可以肯定的，现在的神经网络并不符合人类一贯的科学直觉。

目前人类发现的诸多科学真理，普遍都带有简洁明了的性质，复杂如物理上的质量和能量之间的关系，可以用一条简单的质能方程 $E=mc^2$ 来表达，电场、磁场之间的关系可以用 4 条简洁的麦克斯韦方程组来描述清楚，数学上简单的欧拉公式 $e^{\pi i}+1=0$ 就把三角函数和指数函数之间的关系桥接起来。以上这些例子还有很多，即使是统计学和概率论这种同样面向大量数据的科学，最终都同样可以使用严谨简洁的方法去表达数据的内在联系。根据之前探索世界的经验，人类总是更愿意相信，世界的本质应该是可以被数学所描述的，但是神经网络无疑不具备这样的性质，我们愿意相信神经网络是寻找智能道路上的一大步，如果说神经网络本身就是最终解决问题的钥匙，那确实是有违科学直觉的。

早在皮茨那个时代，神经网络概念才刚刚提出，他就已经注意到并试图解决不可解释性的问题（指皮茨那篇未发表过的试图通过概率论解决神经网络不可解释性问题的博士论文）。时至今日，这个问题依然是神经网络的前沿课题，是深度学习“任务清单”里重要程度最高的几项之一，目前的学术界提出的其中一种思路，是希望神经网络这一连接主义的代表性技术能够与符号主义相结合，因为可解释性正是符号主义的强项之一。最近伦敦帝国科学学院的教授、DeepMind 公司科学家默里 · 沙纳汉（Murray Shanahan）教授及其团队发表了一篇讨论深度符号强化学习的论文，正在寻找解决这一问题的方法。

4. 灵活性和适应性

深度学习模型一旦训练完成，往往可以十分精确地处理特定的问题，然而目前的神经网络具有高度分化的专一性，只能在特定的问题上具有良好的表现。如果需要解决其他问题，就必须从头开始训练一个全新的神经网络。DeepMind 公司的科学家雷亚 · 哈德塞尔（Raia Hadsell）对目前这种状况给出了一句通俗的总结语：“这个世界上没有哪个神经网络可以同时完成物体识别、音乐识别和玩星际争霸游戏这些任务！”

神经网络的这个表现当然是符合“没有免费午餐定理”(见第 6 章）的，但是却太不符合“经济规律”——它很不划算。所有的算法，甚至是我们人类去解决问题的方法，都会受“没有免费午餐定理”的约束，我们不可能去追求某种能解决一切问题的方法或者机制。可是我们在解决新问题，尤其是相似问题的时候，也并不是从零开始构思的，而是建立在以前的经验基础之上。神经网络在这一方面又是一大弱势，它几乎无法利用之前的成果，只要面临的任务稍微改变一点，哪怕是相似的任务，它也需要重新进行训练和评估，这个是其不可解释性的直接后遗症之一，不可解释，自然就难以总结、难以重复利用。华盛顿大学计算机科学教授、《终极算法：机器学习和人工智能如何重塑世界》(The Master Algorithm：How the Quest for the Ultimate Learning Machine Will Remake Our World）一书的作者佩德罗 · 多明戈斯（Pedro Domingos，1965—）调侃道：“机器人可以学会拿起瓶子，但如果你想要它拿起一个杯子，就得从头开始训练。”

如何使得神经网络具备灵活性和适应性，可以说是这个领域最终要解决的一个问题，这个问题潜藏着神经网络被共享、复用和构建更大规模架构的可能性。要在大尺度上彻底解决这个问题极为困难，可是一旦突破了这个障碍，神经网络将很可能发展出今天所有人都难以想象的成就，甚至有可能会是弱人工智能走向强人工智能的里程碑。

现在，解决深度神经网络灵活性和适应性的“迁移学习”（Transfer Learning）方法与同时面向多个学习目标的“多任务学习”（Multi-task Learning）方法是深度学习领域的新热点。今年，来自谷歌大脑和多伦多大学的研究人员们发表了一篇关于多模型学习的新论文，通过综合视觉、语言和语音神经网络的优势可以实现同时解决多种不同任务的深度学习模型，包括图像识别、翻译和语音识别等方面，致力创造出一种可以适应多种任务的神经网络架构。

7.9 本章小结

人工智能的发展至今已经经历了两次低谷，人工智能的寒冬，对于某一个依赖人工智能这个学科生存的研究和从业人员个体而言，可能会造成很严重的打击伤害，甚至可能令人从此一蹶不振。但是对于人工智能整个学科，寒冬其实并没有那么可怕，物理学家马克斯·普朗克（Max Planck，1858—1947）说曾过:“科学每经历一次葬礼就前进一步（Science advances one funeral at a time）。”即使在人工智能的冰河时期，尽管主角更迭，但机器学习这个领域的发展也仍然在继续前行。

神经网络沉寂低迷的那几十年时间里，机器学习领域就先后出现过以支持向量机为代表的统计学习理论，出现了以 Boost 算法为代表的可学习性理论——哈佛大学教授莱斯利·瓦利安特（Leslie Valiant，1949—）以此理论获得 2010 年图灵奖，还出现了以图模型为代表的基于概率推断的学习方法——加州大学洛杉矶分校教授朱迪亚·珀尔（Judea Pearl，1936—）以概率图模型获得 2011 年图灵奖，这些都是在机器学习领域不可忽视的重要进步，其中任何一项都足够在书中作为主角单独列出章节来书写一番，不过它们的故事与今天的神经网络比起来，仍然是少了一丝曲折跌宕的传奇色彩。

辛顿在神经网络方面努力了 40 年，在 2006 年之前长期没有获得多少关注，直到发表了一系列关于深度学习的突破性的论文，迎来神经网络的复兴，才算是苦尽甘来。随后，研究者们提出了越来越多有效的训练网络的方法和网络模型，令深度学习踏入了许多以前被认为计算机无法涉及的领域，从下棋到自己作曲写诗，从辨认文字图像到自动驾驶汽车，深度学习已经创造了而且还将创造许许多多的奇迹，这一切共同造就了今天这场深度学习的热潮。

对于人工智能的从业人员，无论是学术界的研究者，还是工业界的开发人员，甚至连还在校园求学，刚刚开始对这个领域萌生兴趣的学生们，今天都是最好的时代，愿你我都能不负好时光！

· *Part 4* ·

第四部分

人 机 共 生

· Chapter ·

第8章

与机器共生

Now this is not the end. It is not even the beginning of the end. But it is, perhaps, the end of the beginning.

现在并不是结束，结束甚至还没有开始，现在仅仅是序幕的尾声。

——温斯顿 · 丘吉尔（Winston Churchill），《阿拉曼战役胜利演说》，1942年

8.1 概述

在本书的最后一部分，笔者计划用一整章的篇幅、用十多个人工智能的实际案例来尝试回答几个问题：经过六十多年的发展，当下的人工智能到底发展到什么程度了？现在距离我们设想的目标还有多远？人工智能会对我们有什么影响？

要说距离目标有多远，既取决于发展的速度，也取决于所定目标本身的高度和难度。人工智能追求的目标应该是什么？自1980年开始学术界便很明显地分裂成两种不同的理念[⊖]：一种是希望人工智能借鉴人类

⊖ “强人工智能”和“弱人工智能”的划分和定义，首次出现于1980年约翰·希尔勒（John Searle，1932—）的《行为与脑科学》(The Behavioral and Brain Sciences）一书中。

解决某一类问题时表现出的智能行为，研制出更好的工具，用来解决特定的智力问题，这种观点现在被称为“专用人工智能”（AppliedArtificial Intelligence）或者“弱人工智能”（WeakArtificial Intelligence）；另一种理念是想模仿人类的思维，希望能够研制出各方面都可以与人类智能比肩的人造智能体，甚至是最终能够超越人类智慧水平的人造物。这种人造智能体可以有自己的心智和意识，能根据自己的意图开展行动，对各种问题都能有良好的应对，现在一般称之为“通用人工智能”（GeneralArtificial Intelligence）或者是“强人工智能”(StrongArtificial Intelligence)。

科幻小说、电影大多都是以强人工智能作为想象对象，但当下人工智能技术所取得的成就，可以说全部都是源于弱人工智能的研究。在强人工智能的方向上，六十多年来基本上没有任何实质性的进展，甚至连稍微严肃一点的学术活动都没有㊀，这不仅仅是强人工智能困难太高的原因，同时还因为人类并没有什么强人工智能方面的需求（相关讨论见 1.6 节），科学界主流的观点也普遍认为基于人类自身安全考虑，不应该往这方面过多深入。

因此，稍后讨论的所有案例里，用来度量人工智能发展程度的标准都是完全以弱人工智能作为准绳的，我们将会把人工智能的应用效果与人类的某一种技能或者某一方面能力单独拿出来进行比较，看看机器在这些单项技能上距离人类水平还有多远，或是机器已经超越人类多远了。我们更关注人工智能解决问题时的可观察的外部表现，却不会关心机器内部是如何“思考”来解决这些问题的，更不会纠缠机器的意识、情感、意志、性格方面的内容。

8.2　引言：天才还是白痴

2017 年 10 月份，美国康奈尔大学发表了一篇名为《人工智能的智

㊀ 引用自国际人工智能联合会前主席、牛津大学计算机系主任迈克尔·伍德里奇（Michael Wooldrige）教授在 2016 年全球人工智能与机器人峰会（CCF-GAIR）上的发言报告，此会于 2016 年 8 月 12~13 日在深圳举办。

商评测与智能等级研究》（Intelligence Quotient and Intelligence Grade of Artificial Intelligence）的论文，该论文中分析了当前谷歌、微软、百度、苹果等世界知名软件企业的人工智能产品，通过数据统计，作者总结出一种可同时面向人类和人工智能产品的通用智力模型，其用图像、文字、声音、常识、计算、翻译、排列、创作、挑选、猜测、发现等多个不同形式的技能，对人类和人工智能产品的智力进行对比测评，给人类和机器的智能水平建立了一个统一的度量标尺。

该模型提出以后，研究团队分别对2014年和2016年世界范围内主要软件公司的人工智能产品，以及三个不同年龄段的人类分别进行了智力测试，得出了下表所示的数据。

人工智能产品与人类智商的对比

年份	地区	国家	产品/年龄	智力值
2014	人类		18岁	97
2014	人类		12岁	84.5
2014	人类		6岁	55.5
2014	北美洲	美国	Google	26.5
2014	亚洲	中国	Baidu	23.5
2014	亚洲	中国	so	23.5
2014	亚洲	中国	Sogou	22
2014	非洲	埃及	yell	20.5
2014	欧洲	俄罗斯	Yandex	19
2014	欧洲	俄罗斯	ramber	18
2014	欧洲	西班牙	His	18
2014	欧洲	希腊	seznam	18
2014	欧洲	葡萄牙	clix	16.5
2016	人类		18岁	97
2016	人类		12岁	84.5
2016	人类		6岁	55.5
2016	北美洲	美国	Google	47.28
2016	亚洲	中国	duer	37.2
2016	亚洲	中国	Baidu	32.92
2016	亚洲	中国	Sogou	32.25

（续）

年　份	地　　区	国　　家	产品 / 年龄	智　力　值
2016	北美洲	美国	Bing	31.98
2016	北美洲	美国	Microsoft	24.48
2016	北美洲	美国	SIRI	23.94

表格中的数据告诉我们两个直接结论：乐观的一面是仅仅两年时间，人工智能产品的智力水平就有了非常大的进步；悲观的一面是，即使当前表现最优秀的谷歌公司的人工智能产品，其智力水平距离人类 6 岁儿也还有相当大的差距，与一个正常成年人的智力相比更是霄壤之别。如果真的要以人类的智力水平来度量，现在世界上全部的人工智能产品，可谓都是“人工智障”。研究团队还将在 2018 年进行第三次世界范围内的人工智能产品的智商测试，继续检验全球人工智能的发展水平。

单从这项研究的结果看来，目前人工智能的综合智力仍然处于非常低级的水平。可是这样的智力测试真的是能真实反映出当下人工智能的进展程度吗？笔者不以为然，既然我们不去追求强人工智能的目标，那何必去强求一款产品全面掌握“图像、文字、声音、常识、计算、翻译、排列、创作、挑选、猜测、发现”等全部技能？即使这些软件巨头的人工智能产品都是面向普通公众用户，作为“个人智能助理”的角色去设计的，但这样“身兼多职、模仿人类”的人工智能，势必和专用人工智能的目标相背离。

要衡量人工智能的发展程度，我们大可不去看单独某款产品的全面智力水平，而是看某一个技能里，全球最好的系统能够达到怎样的水平。如果这样的话，会不会得出不一样的结论？这也正是我们下面即将要做的事情，希望读者在心中能给出自己对当下人工智能发展程度的评价。

8.3　与机器竞技

本节笔者会在“图像、文字、声音的阅读和理解”“对抗性竞技游戏”“工程和运动技能”“信息处理和决策”“艺术与创作力”几个方面去寻找当今人工智能中最高水平的案例，以单独某项能力作为人与机器的竞技场，去度量人工智能产品与人类从事该项工作的差距。

8.3.1 识别和理解

人工智能的识别和理解能力，是指机器对图像、文字和声音等天然的外界信息能正确输入与正确解析的能力。能够正确地接受自然界的信息，是任何一种智能体能够认知世界的前提。

早前我们接触过的“ImageNet 大规模视觉识别挑战赛”（ImageNet Large Scale Visual Recognition Challenge，ILSVRC）就是一项机器识别能力的比赛，它是全世界所有先进计算机视觉技术的竞技场。在 2015 年，来自微软研究院的残差网络（ResNet）达到了 3.57% 分类错误率，这个成绩首次超越了 5.1% 的人类平均水平。到了 2016 和 2017 年，计算机视觉在图像分类上成绩还继续提升至 2.9% 和 2.3%，开始逐渐抛离人类。对于人工智能的从业者，这是一个令人鼓舞的消息，不过笔者不能像爱炒作的新闻媒体那样，仅凭这么一句话的消息就宣告机器在图像识别领域已经超过人类。为了避免落入以偏概全、断章取义的陷阱，我们有必要弄清楚“图像分类”是个怎样的比赛、过程是怎样的、其他项目还有哪些等细节之后再下结论。

从 2010 年以来，每年的 ILSVRC 挑战赛项目都会包括以下三项主题（即使每年会在各项上有一些细分的增减调整，但这基本的三大主题都是不变的）。

1）**图像分类**（ImageClassification）：算法判别出图像中存在的最主要物体对象，由于一张图片可能存在多个物体，允许算法输出最多 5 个物体对象的名称，只要其中包括了正确答案即视为正确。

2）**单物体定位**（Single-objectLocalization）：在图像分类的基础上，进一步产生轴对齐的边框，用边框圈出指定物体的位置和比例。

3）**物体检测**（ObjectDetection）：在单物体定位的基础上，进一步支持对图片中多个物体进行分类和边框定位。

下图所示的是这三个比赛项目的一个测试用例，图中显示的是一名铁匠在打造铁桶的画面，图像分类的答案就必须根据图片输出“SteelDrum”（铁桶）这个词，可以最多输出 5 个物体的名称，只要包含“SteelDrum”就视为正确的答案。而单物体定位必须在图像的铁桶中加上边框指示出它的位置和比例，物体检测就必须对图片上所有主要物体都识别检测出来。

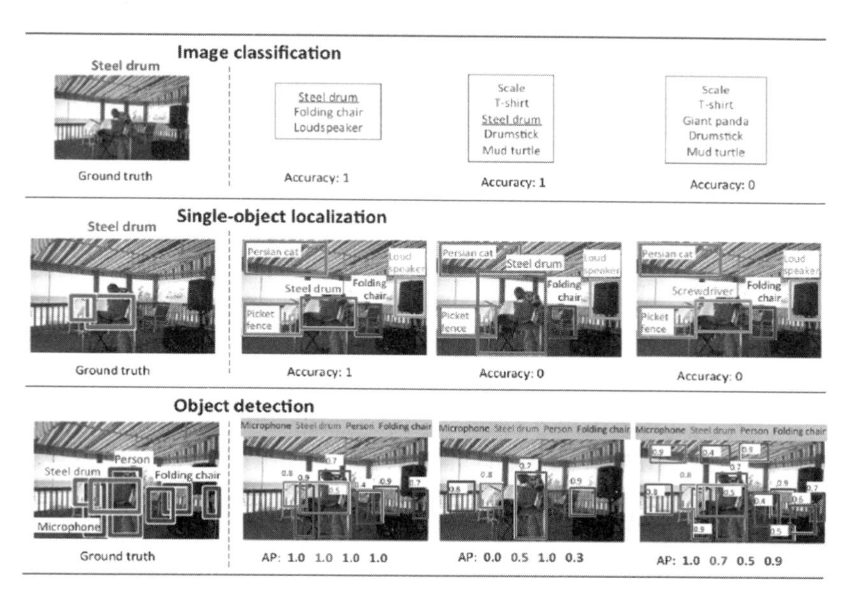

ILSVRC 比赛项目[1]

ILSVRC 挑战赛还要求参赛的算法必须依靠 ImageNet 本身的数据库训练模型来完成识别[2]。截至 2016 年末，ImageNet 的数据库中已含有超过 1500 万张由人类手工标注和分类好的图片，这些图片是由超过 2.2 万个不同类型的生物和物体构成的。例如，在图片数据库中搜索“英国猎狐犬”（English Foxhound），搜索结果会如下图所示。得益于这样庞大的带标注信息的图片数据库，计算机才能够从中“学会”分辨出各种各样不同的物体对象。

---

[1] 图片来源：https://ocr.space/blog/2014/10/amazing-progress-of-computer-vision.html。

[2] 2017 年，中国奇虎 360 团队获得了 ImageNet 挑战赛的单项冠军，但因传闻使用了预先通过外部数据训练好的模型而受到作弊的质疑。

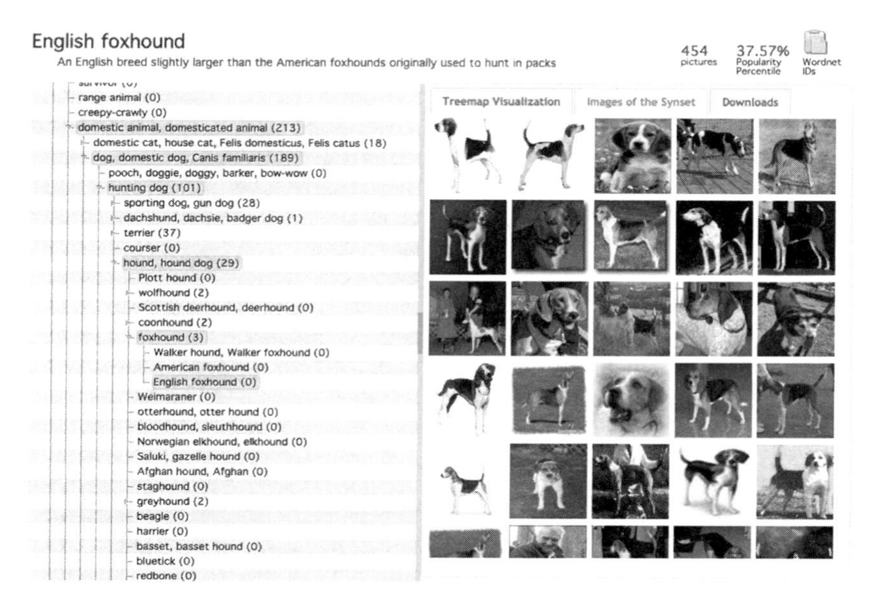

ILSVRC 数据库中的“英国猎狐犬”

新闻报道的比赛结果中说计算机的图像识别能力超过人类，分别达到了 3.57%、2.9% 和 2.3% 的分类错误率，是指计算机在“图像分类”这个单项测试中，输出的 5 个答案均不包含物体的“TOP 5 错误率”达到了 3.57%、2.9% 和 2.3%。这当然已经是个很了不起的结果，可并不能说计算机视觉就比人类视觉强大了。在另外两个项目“单物体定位”和“物体检测”上，计算机仍然无法与人类相媲美，人可以轻松地完成复杂环境下多目标精确边界的图像分割，而计算机估计还需要数年乃至更长一点的时间才能追赶上人类的水平。

下图是一张使用“Mask R-CNN”算法[㊀]对图片进行精确边缘分割的例子，这个是当前人工智能产品最高水平的精确边界分割，已经渐渐接近了人类水平，但计算机现在还只能在一部分有条件约束的图片上达到这样的效果。微软、Facebook 和 Mighty AI 联合发布了一个名为“COCO”的

㊀ Mask-RCNN 算法是何恺明（Kaiming He）在 2017 年提出的，通过在 Faster-RCNN 的基础上添加一个分支网络，在实现目标检测的同时，把目标像素分割出来。

图像数据库，它与 ImageNet 数据库很相似，但其主要目标是面向物体分割和检测，用来补全计算机这方面的相对弱项。

精确边缘的物体检测

在语音识别领域的情况与图像分类是接近的，Switchboard Hub5'00 数据集是一个以电话语音为素材的英文听写测试。到 2017 年，人工智能刚刚做到在该数据集上的听写错误率低于人类的平均水平，大约是 5.9%，历年的测试成绩如下图所示。这个进展使得英文的语音识别成为继图像分类之后，人工智能另一个在单项细分项目上超越人类的自然信息识别技能。

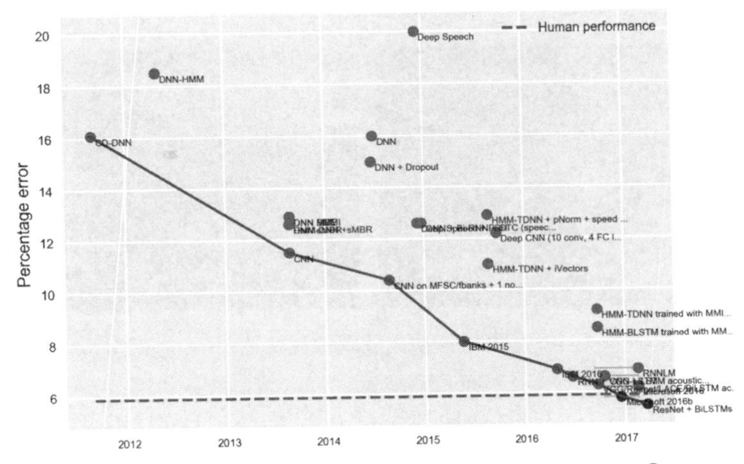

历年 Switchboard Hub5'00 英语听写数据集测试结果⊖

⊖ 数据来源：https://www.eff.org/files/AI-progress-metrics.html。

无论是图像分类还是英语听写，笔者始终强调是“单个细分项目”上的超越，尽管计算机在“图像分类”“语音识别”乃至“单对象定位”“物体检测”这些细分项目达到目前的成绩已经是很了不起的成就，但我们并不能过度乐观。图像分类仅仅是图像识别和理解能力的一个很小的子集，即使计算机在这方面的某些单项上超过人类水平，要说由此就得出计算机在图像解读上已经超过人类，仍颇有偷换概念的嫌疑。

即使承认计算机现在就拥有了接近人类的声音、图像“识别”能力，那说到“理解”能力，如解决图片中不同对象的常识关联这类问题，计算机就毫无疑问仍然处于非常低级的阶段。人类对图像的感知远不止于“图片上的物体是什么”，而是对图片上各种对象、行为、相互关系等的综合认知，这里面有大量信息是不蕴含在图像中的，而是源于日常生活中建立的常识概念。例如下图所示的两张图片，人类看到后可以很轻易建立“棒球手在准备挥动球棒”和“巴士在一栋很高的建筑物旁边”这样的认知，这里棒球手有挥棒击球的能力，建筑物相对于汽车算高，相对于高山算矮，这些都不是在图片中能获得的信息。如果计算机要给这样的图片生成文字描述，就必须有对应的常识库支持，再配合上下文相关的机器学习技巧（如循环神经网）才能够实现。

机器自动生成图像说明[⊖]

2017年7月，计算机视觉领域的顶级会议“计算机视觉与模式识别大会”（Computer Vision and Pattern Recognition，CVPR）以“超越

⊖ 图片来源《用 Tensorflow 实现图片标题生成器》：https://www.oreilly.com/learning/caption-this-with-tensorflow。

ILSVRC”（Beyond ImageNet Large Scale Visual Recogition Challenge）为主题举行研讨会，在公布 2017 年的 ILSVRC 比赛结果的同时，李飞飞宣布由于计算机在图像分类识别上已达到了预期的目标，再继续进行该比赛的意义已经不大了，所以计算机视觉乃至整个人工智能发展史上的里程碑——历时七年的 ImageNet 大规模视觉识别挑战赛将在 2017 年正式结束。但这个完结宣言同时也是新征程的起点，此后，计算机图像识别将更专注于目前尚未解决的、偏重于图像理解方面的问题。作为 ILSVRC 替代的候选之一是苏黎世理工大学和谷歌等联合提出的 WebVision 大赛，该比赛的目标也会从图像分类逐步过渡到图像理解上。

要比较自然信息理解的能力强弱，纯粹基于语言文字的语义理解是检验人工智能理解能力的更加直观的方式，自然语言处理在人工智能中的热门程度一点都不逊色于计算机视觉和模式识别。

2016 年，斯坦福大学的华人学者、助理教授珀西（Percy Liang）建立了“斯坦福问答数据集”（Stanford Question Answering Dataset，SQuAD），这是一个用于计算机学习英文阅读理解的训练和测试数据集。测试方法是给定一篇文章，并准备好相应问题，需要算法给出问题的答案。此数据集的数据量超过此前其他同类数据集（例如 WikiQA 和 TrecQA）几十倍之多，其中所有的文章均选自维基百科，一共挑选了维基百科中 536 篇文章，然后将这些文章切割成了 23215 个自然段落，再利用众包的方式，将这两万多个段落分给不同人，要求每个人对自己负责的每个段落都提出 3 到 10 个问题，并标注出答案，这样产生了与这些文章相配套的 107785 个问题及答案。

下图是 SQuAD 数据集的一个公开的测试用例，这个用例就给出了一小段描述降水类型和成因的片段，然后要求受测者回答配套的 3 个问题，第一个问题“什么造成了降雨”，答案是“重力”造成的，这需要从第一句话中推理出来，而第二个问题的回答则是需要正确理解文章中“包括”和问句中“其他形式……除了……”的含义，才能依据“include”的各个子项通过排除法得到答案。由此可见，SQuAD 中问题的答案都仍然是在文章中直接出现过的词语。

In meteorology, precipitation is any product of the condensation of atmospheric water vapor that falls under gravity. The main forms of precipitation include drizzle, rain, sleet, snow, graupel and hail... Precipitation forms as smaller droplets coalesce via collision with other rain drops or ice crystals within a cloud. Short, intense periods of rain in scattered locations are called "showers".

What causes precipitation to fall?
gravity

What is another main form of precipitation besides drizzle, rain, snow, sleet and hail?
graupel

Where do water droplets collide with ice crystals to form precipitation?
within a cloud

Figure 1: Question-answer pairs for a sample passage in the SQuAD dataset. Each of the answers is a segment of text from the passage.

SQuAD 的公开测试用例

对于答案判定标准，SQuAD 的评测标准有两个，分别是“F1 分数”和“精确匹配度”(ExactMatch)。F1 分数的含义是查准率和查全率的调和平均值，这个概念我们在第 6 章曾经讲过，它代表了模糊匹配度，即要求尽量正确地回答而不要求一字不差地精确回答。精确匹配度，顾名思义，即要求机器给出的和人标注的完全一样才算正确。

SQuAD 在 2016 年发布之后，很快便成长为行业内公认的机器阅读理解领域的权威赛事，吸引了包括谷歌、卡内基梅隆大学、斯坦福大学、微软亚洲研究院、艾伦研究院、IBM、Facebook 等知名企业研究机构和高校的深度参与。在 2018 年 1 月，我国著名互联网公司阿里巴巴的人工智能团队的 SLQA+ 凭借 82.440 分的精准匹配度打破了世界纪录，该成绩也在人工智能的阅读理解能力历史上首次获得超越人类 82.304 分的成绩。今天这个记录仍然在快速刷新之中，在笔者撰写本节的时候，谷歌大脑团队的 QANet 又以 83.877 分的精确匹配度超越了阿里巴巴，占据了头名，排名如下图所示。

Leaderboard

Since the release of our dataset, the community has made rapid progress! Here are the ExactMatch (EM) and F1 scores of the best models evaluated on the test set of v1.1. Will your model outperform humans on the QA task?

Rank	Model	EM	F1
	Human Performance *Stanford University* (Rajpurkar et al. '16)	82.304	91.221
1 Mar 19, 2018	QANet (ensemble) *Google Brain & CMU*	**83.877**	**89.737**
2 Jan 22, 2018	Hybrid AoA Reader (ensemble) *Joint Laboratory of HIT and iFLYTEK Research*	82.482	89.281
2 Feb 19, 2018	Reinforced Mnemonic Reader + A2D (ensemble model) *Microsoft Research Asia & NUDT*	82.849	88.764
2 Mar 06, 2018	QANet (ensemble) *Google Brain & CMU*	82.744	89.045
3 Jan 03, 2018	r-net+ (ensemble) *Microsoft Research Asia*	82.650	88.493
3 Jan 05, 2018	SLQA+ (ensemble) *Alibaba iDST NLP*	82.440	88.607

2018 年 5 月的 SQuAD 榜单排名[1]

在 SQuAD 的排名令各学术界、工业界的各个团队感到兴奋的同时，依然有不少人质疑它能否算得上是一种“理解”能力，认为与其说这是计算机阅读理解的进步，倒不如说是文字高级检索技术的进步，即使它能够像人类一样阅读文章回答问题，依然算不上“智能”。

客观地说，沿着目前技术路线继续发展下去，机器的确不太可能理解朱自清《背影》所蕴含的深长意味，不能回答诸如“‘它早已死了，只是眼里还闪着一丝诡异的光’中‘诡异的光’是怎么回事？”这种问题[2]。但是，只限于说明文、科学文献和条款规定一类文字材料的话，SQuAD 的测试结果证明了计算机是完全有可能处理得几乎和人类一样好。相比起从 60 年代 ELIZA 开始，至今仍有大量人工智能创业公司采用的基于人工编纂语料库实现的自然语言问答系统，计算机能够直接使用面向人类的文字材料来回答问题，这就是一项了不起的进步。让自然语言处理摆脱了

[1] https://rajpurkar.github.io/SQuAD-explorer/。

[2] 2017 年浙江高考语文阅读理解《一种美味》中的问题，因原文作者巩高峰表示自己也回答不出该问题而在网上引起过一阵热议。

“有多少人工才有多少智能”的窘境，让专家系统摆脱完全依赖人类专家去建设成为可能。这些已经不是设想和预期了，IBM 早就展现出了成功的应用案例。

IBM 沃森参加《危险边缘》比赛

早在 2011 年，IBM 的人工智能系统“沃森”（Watson）参加美国最受欢迎的智力问答电视节目《危险边缘》（Jeopardy!），挑战前两届人类冠军肯·詹宁斯和布拉德·鲁特尔。

凭借着数据库中超过两亿页的字典、百科全书和其他各种参考资料，沃森在使用人类自然语言进行的知识问答比赛中最终成功打败了两位人类冠军，该事件是十五年前 IBM 的“深蓝”（DeepBlue）打败国际象棋冠军加里·卡斯帕罗夫后，IBM 为人工智能界带来的又一桩美谈。能够正确处理和检索这两亿页各类文档，让沃森表现得像一个博学精深的智者，无论它是否拥有灵魂和思想，在外表上看，它确实已经符合智能体的许多特征。这就是一个现实中切实发生过的“希尔勒中文房间”实验[⊖]。

⊖ 1980 年，约翰·希尔勒（John Searle）在《心灵、大脑和程序》（Minds, Brains, and Programs）中提出了一个思想实验：将一个对汉语一窍不通，只说英语的人关在一间只有一个开口的封闭房间中。房间里有一本用英文写成的手册，指示该如何处理收到的汉语讯息及如何以汉语相应地回复。房外的人不断向房间内递用中文写成的问题。房内的人便按照手册的说明，查找到合适的指示，将相应的中文字符组合成对问题的解答，并将答案递出房间。房里的人可以以假乱真，让房外的人以为他确确实实会说汉语，但他却压根不懂汉语。在上述过程中，房间里的人只是做了机械的翻译工作，并没有真正理解汉语。“中文房间”实验是一个哲学问题，一个在外观、行为、功能上看着像人，摸着像人，说话做事儿都跟人一模一样的物体，是否能算做人或智慧生物，即智能行为是否需要心智支持，这经常被用于对抗图灵测试。

随着对计算机图像、文字的阅读理解研究的逐渐深入，现在还出现了将两者互相结合的综合性数据库，“视觉问答测试”（VisualQuestions&Answer，VQA）是其中最大型的一个，此数据库收录超过25.5万张图片，每张图片都配以大约5个问题。接受测试的算法不仅需要解读分辨出图片上的内容，还要充分理解问题的含义与图片物体对象之间的关联，才有可能做出正确的回答。如下图所示的是部分VQA公开的测试用例。

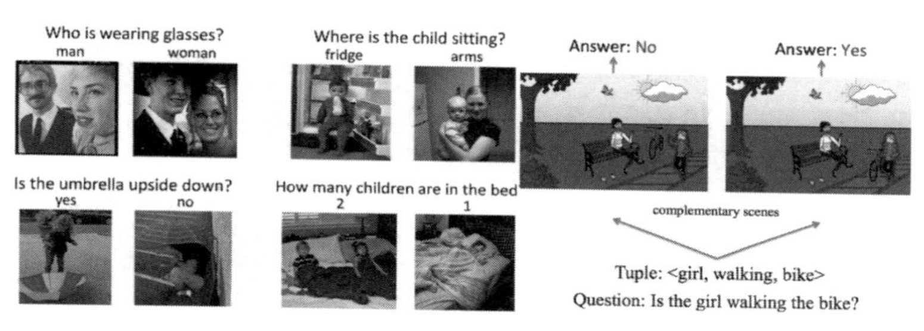

VQA的公开测试用例㊀

视觉问答测试能够最完整地反映出机器学习算法对外部输入的感知能力，这个测试的结果更加符合一般人对“智能”的定义和理解，但这对机器学习来说，也是相对更加困难的考验。自2015年VQA0.1版建立以来，全球最佳的人工智能产品在这个测试上的回答准确率依然只能在70%附近徘徊，与人类的水平还是相距甚远，如下图所示，是近几年来参赛算法的测试结果曲线，在2017年末刚刚超过了70%，而人类的成绩是有90%的正确率。

尽管计算机在对外界信息的识别和理解方面已取得了长足的进步，但综合来看，人类在对自然界信息的阅读理解能力仍然比任何机器学习技术都要强大得多，人类大脑无时无刻不在接收着各种不同类型的信息，并能够把不同类型的信息自动建立起相互的关联，从而形成了知识以及含义更为广泛的常识。在某个特定的封闭的领域里，如果机器能够直接从信息输入源获取到解决问题的所有信息，或者能够枚举出解决问题所涉及其他知识的话，那现在这类问题已经可以得到比较妥善的处理。但如果在问题空

㊀ VQA视觉问答测试地址：http://www.visualqa.org/。

间是完全开放的领域，机器缺少了人类从出生开始无时无刻不在建设进化的“常识库”的支持，许多问题的数据输入源是不具备解决问题的完整信息的，需要知识、常识、推理的配合补充才能解决，机器在处理这些问题时就显得捉襟见肘，难以应付，这是目前机器在综合信息理解能力上还不如人类的根本局限所在。

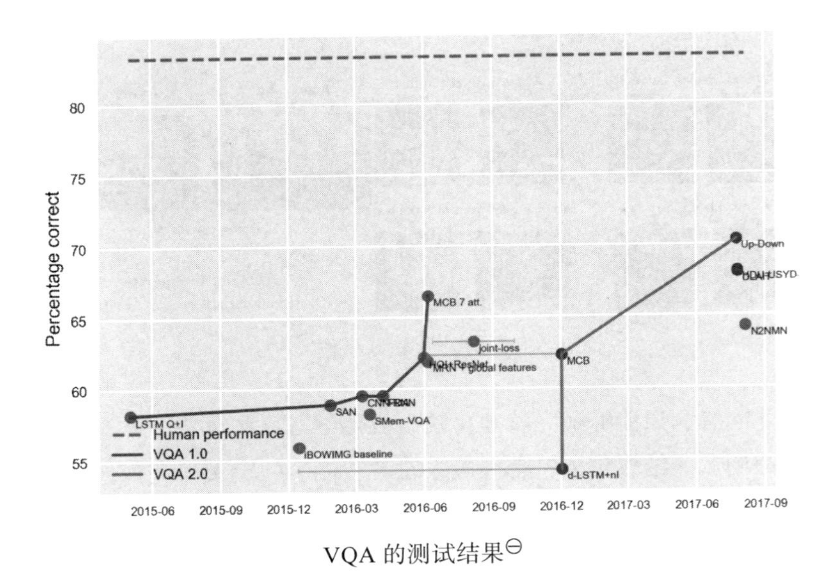

VQA 的测试结果⊖

8.3.2 竞技游戏

那在所有信息都完备的问题上，机器是不是就已经，或者至少即将全面超过人类了呢？第 2 章我们接触了人工智能在早期的完全信息对抗游戏上的一些成果，近年来，在棋类、牌类运动和电子竞技上“人机大战”的新闻层出不穷，且结果从早期人类不费吹灰之力就可以打败计算机，短短数年间就跳过了人类与机器持平拉锯的阶段，发展到好像在所有的比赛中都是以计算机大胜人类选手告终。

⊖ 数据来源：https://www.eff.org/files/AI-progress-metrics.html。

20 世纪 80 年代，李开复和桑乔伊·马汉贾恩（Sanjoy Mahajan，1969—）共同设计了一款基于贝叶斯学习的系统“BILL”，它能够学习如何玩一种叫“奥塞罗”（Othello）的牌类游戏。1989 年，该系统以 56 比 8 击败了当时位列得分榜首的美国玩家。

1994 年，加拿大阿尔伯塔大学设计的跳棋程序“Chinook”第二次挑战[⊖]已退役的跳棋世界冠军马里恩·汀斯雷（Marion Tinsley），激战六场皆和局后，汀斯雷因健康原因退出比赛，七个月后因胰岛癌过世。比赛由当时世界排名第二的多恩·拉夫尔提（Don Lafferty）接替进行，后 Chinook 成功打败拉夫尔提（比赛 32 场，1 胜，31 和），赢得全美跳棋锦标赛冠军。

人机对弈历史上里程碑式的事件发生在 1997 年，IBM 国际象棋程序“深蓝”（Deep Blue）战胜了国际象棋世界冠军加里·卡斯帕罗夫（Garry Kasparov，1963—），引起了公众舆论的轩然大波，下图所示的是当时比赛现场的直播画面。国际象棋的影响力远远高于跳棋和奥赛罗这些游戏，有着以此为生的职业棋手、完善的训练体系和比赛。

国际象棋人机大战

深蓝战胜卡斯帕罗夫后的十年时间里面，日本将棋、中国象棋等棋类职业运动也被人工智能相继攻克，甚至都不需要出动超级计算机，仅靠一部普通智能手机的运算能力就可以战胜这些棋类的国际大师。围棋成为了人工智能在全信息对抗游戏中唯一还无法打败人类的智力比赛。

⊖ Chinook 的第一次挑战 4-2 负于汀斯雷。

曾经很多人都认为围棋是计算机不可能攻克的棋类运动，它牢不可破的壁垒源于无比庞大的变化可能性，围棋的问题搜索空间大约是国际象棋的 20 000 000 000 000 000 000 倍（约 2^{64}）。在 2015 年传出 DeepMind 的人工智能程序 AlphaGo 以 5 比 0 的成绩战胜了欧洲冠军樊麾的消息之后，围棋界主流看法仍然是对计算机围棋不屑一顾，类似于“这是樊辉收钱配合的新闻炒作”“欧洲围棋完全是业余水平”的声音此起彼伏。直到 2016 年 AlphaGo 与韩国世界冠军李世石比赛之前，普遍预测均认为计算机不可能战胜人类，但结果却是 AlphaGo 以 4 比 1 的比分获胜，这个结果一下子打蒙了整个围棋界，但大家可能仍然没有想到的是，这场 4 比 1 的比赛，很可能是在棋类运动上人类对战顶尖人工智能程序所取得的最后一盘胜利了。

2017 年，AlphaGo 再次以 3 比 0 战胜了当时围棋等级分世界第一人中国棋手柯洁，同时也在网上挑战全世界的顶级棋手，最后以 60 比 0 的战绩碾压了所有参战的围棋职业高手。至此，人类完全信息智力游戏的最后一块阵地宣告被人工智能彻底攻克。

围棋人机大战

完全信息对抗的运动彻底打败人类之后，人工智能的下一个目标是攻克那些非完全信息的、涉及心理博弈、情绪和战术的项目。卡内基梅隆大学的教授托马斯·桑德霍姆（Tuomas Sandholm）开发的德州扑克人工智能程序“Libratus”在 2017 年挑战了四名人类职业德州扑克高手，在冷冰冰的机器面前，四名人类德州扑克选手以往行之有效的战术和心理策略大多失效，比赛结束时，共计被 Libratus 赢走了 177 万美元，在这类涉及心理博弈的比赛上，人工智能的进攻也是势如破竹，无可阻挡。

人工智能还同时向人类的游戏发起挑战，让计算机自己去学习如何玩电子游戏并打出人类难以企及的高分。Maluuba 团队设计了一款人工智能系统，它可以在雅达利游戏机（Atari 2600）上学习玩 Pac-Man（就是我们小时候玩的“吃豆人”）游戏，并达到这个游戏的最高分 999 900。DeepMind 团队也在攻克围棋之后更进一步，在 AlphaGo 基础上训练了一个基于强化学习的人工智能 AlphaZero，通过不同类型的训练，AlphaZero 可以学会玩围棋、象棋、将棋等不同棋牌游戏，也可以学玩电子游戏。它曾同时挑战 49 款 Atari 2600 游戏机上的电子游戏，并在大部分游戏中都达到或超过了人类玩家的水平。

在比游戏更严肃一点的电子竞技方面，趁着著名竞技游戏 DOTA2 的 2017 国际邀请赛（The International 2017，这是一项每年一次、比赛总奖金超过 1.55 亿人民币、冠军单项奖金超过 6700 万人民币的超级电子竞技比赛）举办之际，人工智能组织 OpenAI 发布了一款能够参加单对单对战（DOTA2 一般是 5 人组队对战的比赛）的 DOTA2 机器人，在邀请赛中作为表演项目挑战前世界冠军选手 Dendi，尽管单人对战等同于屏蔽了诸多需互相配合的复杂战术成分，操作成为最主要的胜负因素，但即使如此，看到以往人类新手都可以随意欺负的计算机忽然间以 3 比 0 的比分战胜了世界冠军，这个结果依然非常令人感慨。

那么，在棋类、牌类、游戏和电子竞技这些领域，人工智能已经全面压倒人类了吗？其实并没有，而且差距还非常之大。

在 2016 年，DeepMind 公司宣布与暴雪娱乐合作，将 AlphoZero 训练用于暴雪著名的游戏《星际争霸 2》,《星际争霸》系列是人类历史上最成功的即时战略游戏，也是人类游戏史上战术最复杂的电子竞技项目，在全世界（尤其是韩国）吸引了一大批职业玩家参与。当 DeepMind 携同 AlphaZero，带着刚刚在多个领域横扫人类的气势挑战《星际争霸》时，大概也没预料到训练一年多时间的 AlphaZero 连游戏中自带的最简单的电脑都无法战胜，更不用说人类选手了。尽管出道以来所向披靡的 AlphaZero

在《星际争霸》上首次遭遇滑铁卢，DeepMind 和暴雪还是联合发表了一篇论文[⊖]，总结了 AlphaZero 训练中尝试过的方法和遭遇到的困难，过程不去说，反正结论就是“这触及现在人工智能技术的瓶颈了，我们已经尽力，但是人工智能没有新的突破的话，这个问题解决不了”。

《星际争霸》与围棋的差别在于尽管围棋有极其庞大的搜索空间，但起码它的规则是完全明确的，在棋盘上有 361 个位置可以落子，每一步落子对最终结果的影响，可以找出一个合适的评估函数权衡胜率来表示，围棋的问题尽管很难解决，但至少将问题描述成机器学习的逻辑语言是很清晰的。但《星际争霸》就还谈不上问题解决困不困难，而是无法提出问题来让机器去解决。《星际争霸》最基本的策略表达的难度远远超过了围棋：什么时候应该发展经济、什么时候应该进攻。建筑建造在哪里、研发哪条科技线这些基本策略，与游戏目标的关系并不是固定的，而是动态的，不仅随着时间变、地图变，还随着对手而变；策略与游戏的基础操作关系也是动态的，如何将一个待执行的策略分解到在某个时刻，向屏幕某个像素位置点击鼠标按动键盘才是最优的，这也难以衡量。因此，星际争霸的问题就很难有效分解成表达机器学习的逻辑，这直接制约了人工智能的水平，连理论上的暴力搜索最优解的算法都没有办法写，更不要说用机器学习去逼近最优解法了。约束限制少、达到目标的手段灵活开放的问题，通常都面临相类似的困境。在前面机器学习部分笔者曾经说过，如何把现实问题抽象描述成机器学习的问题，往往比如何解决机器学习问题更加重要。

DeepMind 挑战《星际争霸》这个事情还有个后续，在 2017 年年末，DeepMind 已经宣告放弃了在《星际争霸》上战胜人类的目标后，媒体仍然组织了一次《星际争霸》的人机大战，包括 Facebook 在内的四个公司和机构的《星际争霸》人工智能与职业选手宋炳具（Song Byung Goo，Stork）对战，经过 AlphaGo 的围棋挑战，韩国人对人工智能已不敢小觑，事前《星际争霸》的职业选手们还专门训练、精心选拔、认真准备，结果四个人工智能挑战者加起来都没有坚持过半个小时就被全部打败，人类终于找回了一点信心。

⊖ 论文地址：https://deepmind.com/documents/110/sc2le.pdf。

人工智能在棋牌类和电子竞技上的研究，并不只是为了娱乐和吸引眼球，也不是单纯为了验证技术，它有着潜在的现实价值。设想一下，如果人工智能在《星际争霸》这样规则足够开放的战略游戏上能够有真正的突破，那未来战争的决策权可能就交给计算机去完成了。其实不止是战争，各种国家、商业、个人的事项的决策，计算机都可以介入其中。

8.3.3 信息处理与决策

其实就在现在，基于人工智能已比较完备的自然语言识别能力，再配合上还比较有限的常识和自然语言理解能力，已经有软件公司开始在特定的、知识封闭的领域中尝试开发一些让人工智能程序，以代替人类来处理信息和做出决策。

IBM 在这方面是行业的领跑者，不仅花费大量资金去研发改进自家的沃森系统，还将沃森的人工智能处理能力开放出来，鼓励其他组织与个人去使用。IBM 曾连续数年组织过规模不等的基于沃森系统的人工智能应用比赛，获奖者可以得到丰厚的 IBM 的创业资助。ROSS Intelligence 公司研发的人工智能律师程序“ROSS”便是这种比赛的其中一个孵化产物。媒体的宣传上喜欢把 ROSS 形容为一名“人工智能律师”，还经常配以“ROSS 将导致 90% 的律师可能失业”这样有侵略性的标题。实际上 ROSS 并不能取代任何一名律师的工作，它既不会做哪怕是最基本的善恶价值判断，也不可能帮客户找法官协调安排庭审这些事情。但是 ROSS 又确实有它值得称道的价值，被美国最大的律师事务所之一、拥有约 900 名律师的 Baker & Hostetler 签约雇佣，成为律师事务所一名特殊的“员工”。

ROSS 扮演的角色是一个以自然语言为输入和输出形式的先进的法律知识检索系统，其官网[⊖]上对 ROSS 的介绍也是“Advanced Legal Research Tool”，而并非“RobotLawyer”。凭借沃森出色的自然语言处

⊖ https://rossintelligence.com/。

理技术，ROSS 能够自行“阅读”成千上万页的法律书籍、庭审记录和判例，将这些原本供人类阅读的非结构化的信息，自动挖掘整理出文字中蕴含的各个主体之间的联系和规律，自动生成可被计算机检索使用的结构化数据，同时，ROSS 的人机交互界面也同样接受人类口语的方式进行查询，能够引导并向没有任何法律专业知识的普通公众提供服务。这比起以往任何一个法律信息系统来说都是巨大的改进，早在 1958 年法国法学家鲁西·安梅尔（Lucien Mehl）就已经提出了法律学科的信息化处理，建立法律文献和案例自动检索模型。20 世纪 90 年代初期，用于处理离婚财产分割的断案系统“ Slip-Up”也已经在实验室诞生，但这些系统均摆脱不了完全依靠人类整理知识的传统专家系统建设模式，产品的效果如何，很大程度决定于背后有多大的人力投入，是典型的“有多少人工就有多少智能“的建设案例。

ROSSIntelligence 公司选择的法律行业是人工智能应用比较容易切入的行业，对于那些知识边界不封闭、常常需要悟性和灵感来解决问题的领域，人工智能目前还难以涉猎。例如让人工智能去干考古之类的工作，大概就很难做出有实用价值的成果出来。适合使用人工智能来进行信息处理和决策的行业，一般都积累有较为可观的资料，而且其内容通常具备有较高的逻辑性。如法律的例子，人工智能技术就可以帮助律师们从汗牛充栋的法律条文和资料库中解脱出来，有更多时间去关注服务的对象，类似的还有教育、医疗、金融等行业，这些行业近几年来都催生出了一批人工智能的创业公司。

在金融和投资方面，人工智能的价值更加易于评估和量化——直接看这些人工智能产品带来的利润损益即可。IBM 全资的金融服务子公司“海岬金融集团”（Promontory Financial Group）曾尝试训练沃森学习了超过 6 万条监管条文和案例，用以帮助专业人员更好、更快地做出金融风险管理和法规合规方面的决策。

更加激进的应用方式是让人工智能直接完成股票、外汇和期货交易的全部过程。计算机程序化交易在金融投资领域应用的历史已经很长了，金融界将其称之为“量化交易”(Quantitative Trading)。据统计，现在市场上以量化交易为主要手段的对冲基金，已在全美对冲基金市场占有约9%的份额，并且还在持续扩大。不少基金公司都相信这种由计算机自动执行的交易策略在很多交易场景中能够替代人为的主观判断，获得更稳定的利润。在人工智能进入金融领域以前，被计算机自动执行的交易策略仍然是由资深交易员根据经验制定出来的，现在这部分也有被机器接手过去的可能，计算机根据历史交易数据的规律和概率，完全有可能提炼出比人类交易员的经验更优秀的交易模型。IBM沃森的首席研究员戴维·费吕克奇（David Ferrucci）在2013年离开IBM公司后，旋即就被世界最大的对冲基金公司“桥水投资”（Bridgewater Associates）收入旗下。这些顶级的基金公司对自己开发的人工智能投资效果三缄其口，外部难以查询到其应用的细节，更不要说可查证的投资损益数据，倒是有很多不知名的金融和信息技术公司不时发布由人工智能投资获益不菲的新闻。这点可以理解，若效果不佳就没有自揭其短的必要，若是这种投资方法确实可以稳定赚钱，它就是一部“合法印钱”的机器，是最宝贵的商业机密。不过，从这些公司近年来不遗余力地招揽人工智能人才的动作也可以窥见他们对人工智能前景乐观积极的态度。

在医疗方面，根据IBM提供的资料可知沃森也有涉及，在学习过200本肿瘤领域的教科书、290种医学期刊和超过1500万份的医学文献后，沃森已在肺癌、乳腺癌、直肠癌、结肠癌、胃癌和宫颈癌等癌症领域为医生提供诊断建议。还有一种应用形式是基于计算机视觉的，让人工智能直接进行诊断。2017年2月的《自然》杂志以封面文章的形式报道了一则斯坦福大学把人工智能和医学诊断相结合的最新成果。该研究团队使用卷积神经网络对129 450张皮肤损伤图片以及对应的文字标注信息作为训练集进行建模，其输出能判别的分类涵盖了2032种皮肤病。研究团队将这种使用人工智能技术建立的皮肤病判别模型与21名皮肤病的执业医生和病理学家进行比赛，结果是在多数项目上，人类专家和人工智能判别的准确率几乎是一样的，在部分疾病类型上人工智能的判别结果还优于人类专家的判断。

《自然》杂志封面报道

在医学理论和科学仪器输出数据一定的前提下，人类在医学诊断上的准确率主要取决于医生的平均从业经验，这个提升是相当缓慢的。但对人工智能而言，如果能继续扩大训练集的数据量——如本例中13万张图片对2000多结果分类任务显然还是过少的，计算机的诊断准确率还能继续提高，哪怕其诊断过程中出现了错误，也能不断修正算法并进一步获得改进。

要得到更高的准确率，最好的方法可能是人与机器互相配合。根据一份来源于人工智能组织PathAI的研究报告的结论，人类病理学家与人工智能模型的判别各有所长，能够形成有效互补，互相配合工作就可以取得比各自独立做决策好得多的效果。验证的结果如下图所示，由图可知，人工智能模型配合病理学家的错误率要明显低于两者单独诊断。

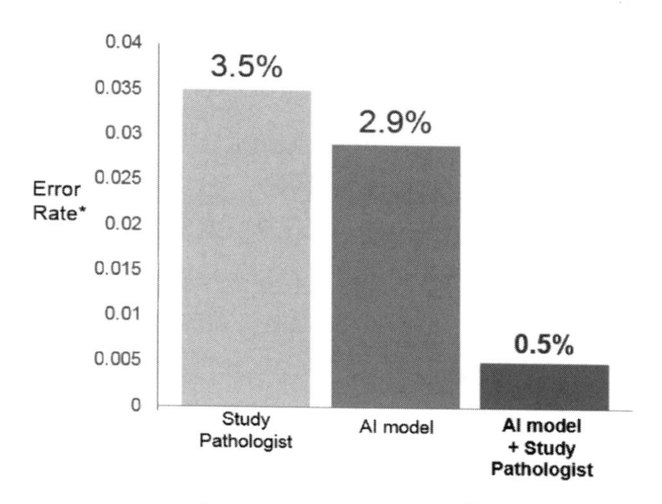

病理学家与人工智能结合[⊖]

信息处理和决策类型的人工智能应用，前景是非常广阔的，读者可以试想一下，现在几乎每人都拥有一部智能手机，如果《自然》杂志中介绍的这项人工智能诊断技术完全成熟后，只要安装在手机上，那每个人就都能对自己的皮肤异物进行拍照、扫描和分析，第一时间知道自己的患病风险，并获得解决方案。这听起来似乎带有一点科幻的味道了，而事实上斯坦福大学的研究团队的确正在研发这样的自助医疗的手机应用。

20 世纪 80 年代专家系统的建设热潮是人工智能正式开始商业化的起点，信息处理和辅助决策理所当然地就成为了人工智能最早发展的应用形式之一。当下的人工智能技术如果立足于“辅助决策”，给人类专家提出建议，配合人类解决问题的话，那得益于近几年机器学习、计算机视觉、自然语言处理等技术的快速发展，其最大的瓶颈——“缺乏专家来整理足够数量并且格式标准的高质量数据”已经找到了突破的方向，随着计算机对人类历史积累的知识材料越来越有效地利用，对诸多专业领域，人工智能都可以给出有价值的建议，反而在人类完全没有困难的常识问题上，由于缺乏逻辑性和训练材料，计算机会遇到很大的障碍。

⊖ 图片来源：https://www.pathai.com/。

不过如果是让人工智能独立去做“自主决策”的话，这事情就另当别论了。如前面提到的金融投资和医疗诊断的例子，有多少患者能够完全信任人工智能产品、愿意相信人工智能诊断结果、遵循人工智能治疗计划？除非人工智能可以做到百分百的诊断准确率，否则患者和监管方都很难克服怀疑心理。只要无法清晰明确地解释计算机是如何做出诊疗决定的，就不能冒做出错误决策伤害病人的风险。这并不是技术障碍，而是法律法规和伦理上的问题，即使最强大的人工智能已经比人类临床医生在特定疾病的诊断上更不容易犯错误，情况依然不会改变。这听起来像是因噎废食，但现在是切切实实地发生着。2018 年 3 月，一辆优步（Uber）的由人工智能驾驶的无人汽车撞死了一名行人，该事件导致了优步全球自动驾驶的汽车都被全面暂停使用并接受调查，此时没有人会再去听取人工智能自动驾驶的事故概率与致死概率都要比人类驾驶的要低得多这样的解释，因为在人类的天性里，犯了致命的错误，就必须找到对其负责的一方来承担责任。类似地，如果日后出现了人工智能的独立医疗诊断，无论是将有病患者诊断为健康导致错过了治疗时机，还是将健康的人诊断为病患导致错误用药治疗，都将会是人工智能无法原谅的错误，尽管这些错误在人类医生身上依然有发生的概率，而且可能犯错的概率会更高。

8.3.4 自动驾驶

人工智能在工业上的应用也是当前的一大热点。刚刚提到的无人驾驶汽车，对于美国这个“车轮上的国家”来说有着特别大的吸引力。人工智能代替人类驾驶的研究可以追溯到 1979 年，斯坦福大学的教授汉斯·莫拉维克（Hans Moravec）建造了世界上第一台由计算机控制的自动行驶的小车，其形象如下图所示。这辆小车当然不能在真正的公路上行驶，但在实验中成功地环绕斯坦福人工智能实验室大楼走了一圈，也算达到实验的目的了。

汉斯·莫拉维克的无人驾驶小车

无人驾驶真正有广泛影响力的商业化的应用，开始于1995年举行的一场名为“不用手穿越美国”（No Hands Across America）的人车合作驾驶活动。参加这个活动的汽车都经过改装，由计算机控制方向，由人类控制油门和刹车。活动的目标是要完成美国东海岸到西海岸的穿越，其中绝大多数路程里（总路程4585公里中的4501公里）都以这种“计算机用手、人类用脚”的人车合作方式来完成。

不用手穿越美国的宣传稿

美国国防高级研究计划局（Defense Advanced Research Projects Agency，DARPA）长期以官方资助和组织活动的形式，大力倡导民间组织研究人工智能驾驶。自 2004 年起，美国国防高级研究计划局举办了五届“ DARPA 无人驾驶机器人挑战赛”（DARPA Grand Challenge），以大额奖金鼓励各企业、大学和科研机构研发自动驾驶技术和无人驾驶的汽车。

第一届无人驾驶挑战赛由斯坦福大学人工智能中心研发的“斯坦利”（Stanley）自动驾驶汽车成功越野行驶 212 公里，第一个穿过终点获得冠军，成功赢得 200 万美元大奖。在这种既有市场的需求，又有政府的大力鼓励的环境下，各大汽车厂商、还有许多以前根本不做汽车的计算机软硬件企业都争相研究自动驾驶。今天开始逐步进入普通民众生活的无人车技术，可以说就是在十多年前的这段时间里埋下的伏笔。

“斯坦利”自动驾驶汽车

2016 年，国际汽车工程师协会（Society of Automotive Engineers International，SEAInternational）制定了国际统一的汽车智能化的分级标准⊖，将完全人工驾驶到完全自动驾驶的过程划分为五个等级，如下表所示。

汽车智能化的分级标准

等　级	名　称	转向和加速	环境观察	激烈驾驶应对	汽车工况
L0	人工驾驶	驾驶员	驾驶员	驾驶员	无
L1	辅助驾驶	驾驶员 + 系统	驾驶员	驾驶员	部分

⊖ 美国交通部下属的国家高速路安全管理局在此之前也制定了与 SEA 相类似的 L0-5 级分类标准，在 2016 年 9 月以后，美国国家高速路安全管理局同意统一采用 SAE 的分类标准。

（续）

等 级	名 称	转向和加速	环境观察	激烈驾驶应对	汽车工况
L2	半自动驾驶	系统	驾驶员	驾驶员	部分
L3	高度自动驾驶	系统	系统	驾驶员	部分
L4	超高度自动驾驶	系统	系统	系统	部分
L5	全自动驾驶	系统	系统	系统	全部

有了统一的自动驾驶分级标准，各个车企的自动驾驶就有了量化的比较标准。现在大多数车企的中高端汽车上都配有一套具有智能化能力的驾驶辅助系统，如自适应定速巡航、车道保持辅助系统等，大家买车时，在汽车功能介绍中看到的各种英文缩写，或多或少都是属于国际汽车工程师协会规定的 L1 级别。

要达到 L2 级别，就需要自动驾驶系统能够完全自主地处理好汽车的横向（转向、变道）和纵向（油门、刹车）的控制，这个级别上的典型代表是特斯拉（Tesla）的“AutoPilot”系统，可以实现在有标线的车道上自动加减速、转弯乃至变道。尽管变道操作还不是全自动的，系统仍把对环境观察的需求交给人来处理，汽车收到拨动转向灯杆的变道信号后会由车判断是否可安全变道后执行。

是否需要人类进行环境观察是 L2 级与 L3 级的关键差别，奥迪的“Traffic Jam Pilot”系统允许在车速小于或等于 60 公里 / 小时，并且当地法律允许的情况下完全接管驾驶操作，在汽车接管驾驶的阶段中，不需要驾驶员实时监控当前路况，譬如奥迪 A8 的宣传视频中就有驾驶员在汽车自动驾驶时可以肆意扭转身体与后座乘客交谈玩耍等场景⊖，直到系统通知用户再次接管为止，而特斯拉是不允许用户脱离路面观察的，超过一段时间没有接触方向盘特斯拉就会以声音、震动等方式提醒用户注意，所以奥迪的 Traffic Jam Pilot 是 L3 级别的自动驾驶系统，而特斯拉的 AutoPilot 只能是 L2 级别的自动驾驶。达到了 L3 级别，自动驾驶系统才算真正代替人类成为汽车的驾驶者，人类变为乘客，L3 级别也是目前在全球范围内，在实现量产的车型中拥有的最高级别的自动驾驶能力。

⊖ 宣传视频：http://v.youku.com/v_show/id_XMjgzNjczODA2MA。

奥迪 Traffic Jam Pilot 系统宣传照

L3 级别是有条件的自动驾驶，如“时速 60 公理以下”“有明确的道路标线”这些限制条件。当条件不满足的时候系统仍然需要提醒人类接管介入，而 L4 级别的目标就是完全不需要人类驾驶员。2017 年 7 月，百度的李彦宏直播了他乘坐在一辆无人驾驶汽车的副驾位赶往国家会议中心，参加百度当天的人工智能开发者大会的全过程，这辆汽车的驾驶座上是完全无人的，不存在人类接管驾驶的情况，所以它是一辆 L4 级别的无人车。目前这个级别没有任何量产车能够达到，谷歌的无人车子公司 Waymo 是这个级别的代表，Waymo 无人车的前身就是很多新闻都出现过的头上顶着一个大大的激光雷达的谷歌无人车。要达到 L4 级别，不能只依靠图像传感器提供的信息，还需要由激光雷达提供周围环境，包括视觉盲区的高精度的感知数据，才能使得自动驾驶车自如处理极端工况成为可能。以激光为主，视觉为辅，再加上车上各种功能冗余的传感器及高精度电子地图。在日后 L4 级别的无人车成熟时，我们只需要在导航上设置好目的地，就能像坐人类司机驾驶的出租车那样直接到达终点。这时候很多枯燥的工作，如的士司机、货车司机都会被人工智能取代。

当前 L4 级别未能实用化的最大的原因是激光雷达的成本短期内还居高不下，有雷达比车辆贵的尴尬，但成本问题随着时间推移是比较容易解决的，以后 L4 级别的无人车一定会到来。

L5 级别的无人车会不会出现就还很难说。L5 级别的自动驾驶系统要求在所有突发场景下都可以正确地工作，有超越人类的驾驶能力和应变准确度，是永远都不需要人干预的自动驾驶汽车，这是一种非常理想化的交通工具，但是智能化到了这个程度的交通工具，还会不会再保留汽车的形态这本身就存在疑问。100 多年前，福特公司的创始人亨利 · 福特（Henry Ford，1863—1947）去问客户："您需要一个什么样的更好的交通工具？"几乎所有人的答案都是："我要一匹更快、更舒适的马。"后来的结果是汽车代替马匹。当汽车发展到 L5 级别自动驾驶的时候，可能我们的交通工具已经迎来一场类似的革命了。

现在人工智能在自动驾驶这个领域，已经没有特别大的技术障碍了，成本和细节性的技术问题，只要给予时间，应当都能够妥善解决。在可预见的将来，汽车自动驾驶的水平和安全程度超越人类平均水平是大概率事件，哪怕是在人流和路面状况复杂的路段，自动驾驶也可以像在围棋棋盘上战胜人类高手一样，超越人类中最优秀的驾驶员。如果要说这个领域的最大的障碍，仍然是法律与伦理的问题，如果自动驾驶出了车祸，如何追责？自动驾驶的用户是否愿意将自己的生命安全托付给计算机控制？如果交通全部交由计算机控制，一旦出现了病毒或者黑客入侵，是不是可能出现全面危害公众安全的可怕情况？这些都是自动驾驶汽车推广的隐忧。虽然前路障碍重重，但各方参与者都已经开始行动起来，大量的企业加大对自动驾驶技术的研究，政府部门开始推行部分区域自动驾驶测试和示范区，保险公司和法律相关人士也开始研究责任划分问题，自动驾驶的前景还是非常美好的。

8.3.5　艺术与创作

在人与机器竞技的最后一部分，我们来谈一个颇具争议的话题：艺术与创造性。可能绝大多数读者都不相信现在的人工智能就能够涉及艺术和创作这样的感性重于理性的领域。事实上，是否做得足够好这个还另当别论，但确实有不少人工智能开始参与艺术和创作工作了。

我们先说创作，在前面的章节提到过谷歌的人工智能系统可以根据前方记者拍摄的新闻图片自动生成标题文字的描述，这可算是人工智能创作一种初级的应用。现在还有一种反过来的应用形式：根据文字描述反过来产生图片，这听起来就更加神奇了。淘宝在2017年5月推出了名为“鲁班”[⊖]的人工智能图片设计工具，只要用户提供文案和必要的图片素材（如商标、产品外观等），鲁班就可以一键生成不同风格、不同尺寸的宣传海报。现在的淘宝页面上，相当大比例的图片都是由鲁班自动产生的，在2016年的“双十一”促销节，鲁班设计了超过1.7亿张海报，到2017年的“双十一”，这个数字进一步上升到了4亿张，为淘宝和第三方商家节省了大量设计师的人工成本，鲁班生成的海报效果具备相当高的水准，例如下图所示，根据用户提供的衣物照片，鲁班自动选择了合适的、风格相近的背景，并根据用户提供的文字数量、海报尺寸大小进行了恰当的排版。

阿里鲁班设计的海报

在2018年，阿里继鲁班之后还发布了能够自动生成短视频的人工智能产品“Allwood”，可以通过整合图文内容自动生成20秒的短视频，并自动附带有配乐。

在创作方面，还有一项当前人工智能被更广泛使用的形式——撰稿机器人。如果读者有每日关注新闻资讯的习惯的话，你读到撰稿机器人作品的比例可能高到令你难以置信的程度。自2014年开始，国外各大报社不约而同地推出一系列撰稿机器人，如洛杉矶时报的“Quake”、美联社的“WordSmith”、纽约时报的“Blossom”等。由于这些机器人无论时效性、准确性还是节约人工成本的效果都非常优秀，很快就传播到

⊖ 在2018年4月的UCAN用户体验设计论坛上，阿里把“鲁班”改名为“鹿班”。

国内的主流网络媒体，出现了如腾讯财经的“DreamWriter”、新华社的“快笔小新”、第一财经的“DT 稿王”等中文撰稿机器人，现在国内的撰稿机器人还表现出明显的青出于蓝之势，效果已经超过了国外的同类产品。

最初，第一代的撰稿机器人是通过文本抽取、模板替换填充的方式来产生输出文本的，譬如事先准备一个体育运动的报道模板，往里面填充运动员名字和比分，这种应用很容易做，但产生的稿件基本都是千篇一律，而且语气生硬，内容空洞枯燥。现在第二代的撰稿机器人，则是基于自然语言处理、机器学习和视觉图像处理的技术来设计的，能通过语法合成与排序来生成新闻。以今日头条的体育新闻撰稿机器人“AI 记者张小明”（XiaomingBot）为例，根据该项目团队发表在 ACL2016 论文[⊖]《从实时的文本评论中构建体育新闻》（Towards Constructing Sports News from Live Text Commentary）的描述介绍，这种新闻生成过程其实是解决一个“抽取式摘要”（Extractive Summarization）的问题，机器人从体育赛事的文字直播中选取重要的句子组合成一篇针对该场比赛的新闻报道。这里涉及对评论语句相似内容的去重、自适应根据比赛选手的排名、赛前预测与实际赛果的差异、比分悬殊程度来自动调整生成新闻的语气、给文字内容自动配图、生成必要的比赛描述总结等。如下图是一篇由“AI 记者张小明”撰写的足球报道，整篇新闻行文流畅，图文并茂，如果不专门署名是“AI 记者张小明”撰写，几乎没有人会想到这是机器自动创作的文章。

计算机在信息处理能力方面的速度优势，再加上不断迭代的自然语言处理和深度学习技术，使得它们有望能做到更高、更快、更准的新闻报道效率。可以预见的是，未来的撰稿机器人将具备更高的判断能力、理解能力和写作能力，驾驭更多领域的内容生产工作。尤其在快速消费的新闻、财经等领域，撰稿机器人必将成为主流，因为对这种新闻，机器人只需要知道数据和结果即可完成报道。但文字创作不仅仅是去报道数据和陈述新

⊖ 论文地址：http://aclweb.org/anthology/P16-1129。

近发生的事情，还有很多评论分析、情感表达、人文关怀之类的工作，这些还是由人类来做更合适，未来人类作者将逐渐转向小说作家、新闻评论员等方向。

今日头条 首页 / 体育 / 正文

21

微博

Qzone

微信

意甲第38轮 拉齐奥2:3负于国际米兰 失意离场

AI小记者Xiaomingbot 2018-05-21 04:39:52

(本文由头条机器人Xiaomingbot撰写)

北京时间2018年05月21日02:45时，意甲第38轮打响，拉齐奥主场迎战国际米兰。最终，国际米兰客场3:2战胜拉齐奥，丹布罗西奥，伊卡尔迪，贝西诺为客队建功，安德森，佩里西奇为主队挽回颜面。

此役拉齐奥使用了3-5-2的阵型。守门员位置上是斯特拉科沙。中场方面首发球员是穆尔吉亚，卢卡斯和谢尔盖。马鲁西奇成为右路飞翼。卢利奇搭档左路，颇具威胁。另一边，国际米兰摆出了4-2-3-1的阵型。守门员位置上安排的是汉达诺维奇。后腰方面贝西诺和布罗佐维奇的拦截能力值得期待。坎塞洛和坎德雷瓦出现在右路引人关注。

由人工智能撰写的体育新闻截图

现在，我们已经不必再去讨论人工智能能否从事图像、文字的创作，前面那些自动生成海报和撰写新闻案例已经是现成的事实。但这些都还谈不上是艺术，现在值得讨论的是，人工智能能否从事艺术性的创作呢？

如果让人工智能撰写一部跌宕起伏的长篇小说，现在大概还为时过早，可是让人工智能作曲或者作画，目前已经有一些实验室级别的成果可以参考了，譬如下图中这幅油画，读者能猜出这是哪位作家的作品吗？

人工智能绘制的油画

其实这并不是任何一个画家的作品，而是一幅 3D 打印的油画，是由荷兰国际集团（Internationale Nederlanden Group）联手微软和代尔夫特理工大学共同完成的一个人工智能项目，名字叫作“下一个伦勃朗”（The Next Rembrandt）[⊖]，其目标就是让人工智能可以模仿荷兰画家伦勃朗（Rembrant，1606—1669）的风格，根据要求为用户绘制油画。

研究人员首先三维扫描了伦勃朗的 346 张油画真迹，然后让使用者自行确定的是油画主题，本例子中是一个带胡须的中年白人男子，穿着是黑衣白领，并且戴着帽子，这些都是伦勃朗原画中最常见的元素。而面部特征，譬如鼻子、眼睛、嘴巴等则是由深度学习模型所决定的。最终输出的文件拥有 1.5 亿像素，150GB 的大小。三维打印之后装裱，就形成了上图中的样子。如果不是油画专家或者艺术发烧友，这幅油画足够以假乱真。计算机绘画、作曲的实现原理其实在理论上说都是相近的，我们在介绍深度学习中“对抗式生成网络”时就分析过这种需求的实现方法，就是生成网络和卷积网络的联合使用。理论上已经决定了这种实现不可能创造出新的绘画艺术流派，但是对某个流派、某个作家的临摹却可以做得相当不错，至于临摹能不能算是艺术，就是一个见仁见智的问题了。

⊖ https://www.nextrembrandt.com/。

8.4 与机器共舞

过去几十年，人类与人工智能竞技的故事是一部英雄崛起的故事——或者说是恶魔的崛起？1997 年，人工智能在国际象棋上击败了卡斯帕罗夫；2011 年，人工智能在智力竞赛上击败了人类冠军；2015 年，人工智能识别图片上物体的单项能力已经超过了人类；2016 年，人工智能在围棋上战胜了李世石；2017 年，人工智能在 DOTA2 游戏对战中完胜世界冠军；2018 年，人工智能可以在特定疾病的诊断判别上超越医学专家……现在，很多人害怕人工智能会取代我们的工作，或者甚至是取代人类本身。人工智能的崛起，让人类不得不去慎重思考现在以及未来如何与我们的创造物共处。

美国纽约时报的著名记者约翰·马尔科夫（John Markoff，1949—）在 2015 年编著了一部名为《与机器共舞：人工智能时代的大未来》（Machines of Loving Grace：The Quest for Common Ground Between Humans and Robots）的书籍，深入分析、预言了现在、未来的人与机器的关系，可以用一句话来总结此书的观点：人类与人工智能不应该是互相竞争的关系，而是互补共生的关系。为了强调人工智能与人类的共生的关系，马尔科夫在《与机器共舞》中反复使用“增强智能”（Intelligence Augmentation，IA）这个词语来诠释他所认为的人工智能。“增强智能”原本是由图形用户界面的先驱者道格拉斯·恩格巴尔特（Douglas Engelbart，1925—2013）在 1968 年创造的、用来描述新型人机交互关系的名词。在马尔科夫的视角里，“增强智能”所提倡的就是“人机共生”，并不是用人工智能取代人的人类智能，而是用机器来增强人的智力，在特定的背景下将人工智能应用于特定的领域，与行业的结合解决行业问题。

8.4.1 人工智能的威胁

人类与人工智能即使都能够从事智力活动，也必然是各有所长的，机器能做到许多人类做不到的事情，譬如算术、计算、记忆、逻辑、数学，这些即便是你的手机也会比全世界最聪明的人做得更好更快，同样，也有

很多人类能轻易做到的事情对机器来说却是很困难的，

哪怕是年纪很小的孩子，都能精通直觉、类推、创意、同理心、社交等技能，但无论是在棋盘牌桌上能打败国际大师的人工智能，还是能够准确诊断疾病的人工智能，甚至是专门用于模拟人类语言对话的人工智能，都无法在不加任何限制条件的情况下通过图灵测试。这些事实和道理我们都懂，人与机器各自的优劣势不言自明，这也是目前对人工智能略有了解的普通人就能够达成的共识，但我们如果再深入一些去思考，双方有这样的优劣意味着什么？又决定了什么？

这意味着，未来随着以机器学习为代表的人工智能技术不断迭代，机器肯定会变得越来越善于解决一个又一个的问题，不过，无论人工智能的技术和理论方法如何改进，只要没有改变弱人工智能的目标方向，就决定了哪怕机器再擅长解决问题，也只有人类才会提出问题，决定了人机共生的关系中，人类始终是主导，机器始终是助手、是辅助的工具。

这样的解释也许仍然不能平复人类心中的担忧，不断进化发展的人工智能，真的会心甘情愿地一直充当辅助工具的角色吗？不止科幻小说作者，连霍金这样的科学家都警示过这种风险。其实，如果机器确实意识到了自己是“辅助工具”，会有“是否心甘情愿”的心理活动，那说明机器已经产生了自己的思想，这样的机器已经可以作为一种全新的物种来看待，即使它还未曾反对人类，威胁都已切实发生了。但是机器产生心智意识这件事情会因为我们现在的人工智能研究而出现吗？笔者认为不会，我们虽然不知道心智意识是如何产生的，却可以用相当肯定的语气去说，弱人工智能无论如何发展，都不可能产生心智意识。

弱人工智能到强人工智能之间，名字虽然接近，其实两者的理论方法并没有任何顺承关系，弱人工智能不是通往强人工智能的前期基础，甚至可以说两者毫无共通之处。因此，弱人工智能的技术理论发展的时间再长，对强人工智能的实现并不会有多少实质性的促进，反而是脑科学、神经生理学、认知科学等的发展，都远比弱人工智能的进步更容易触及到心灵和意识的奥秘。机器学习中的“没有免费午餐定理”也从侧面强调着“智能必须有专长”这项约束。正因如此，笔者与别人谈起人工智能，从来不会主动去讨论“人工智能继续发展，未来是不是有可能毁灭人类？”之类的问题，而会跟对方说，在恐惧未来的人工智能会不会具备跟人类一样的目标和价值观之前，应该先想明白人工智能发展下去，怎样才会出现“价值观”的概念。

霍金等科学家的警告，更多是对我们应该慎重涉及强人工智能的警示，我们在完全搞明白心智意识的成因，能够确保人类族群自身的安全之前，对强人工智能的探索应该慎之又慎。但这种谨慎并不应对现在正在蓬勃发展的弱人工智能添加束缚。

抛开人工智能威胁人类族群安全这样目前还很空泛的幻想讨论后，反而可以看到有两种其他意义上的“人工智能的威胁”是可以预期会发生的：

第一种是社会分工的竞争。哪怕是人工智能只是会变成人类的助手，也会由于人工智能技术的普及而导致许多原本就从事这些辅助工作的人类失业。如果未来的社会只需要“会提问题的人”的话，那从传统制造业工人到办公室里大量处理日常事务的企业员工的工作都要受威胁，人类最终只留下那些创造和监督工作的人、这听起来是一件颇为令人难以接受的事情。

人工智能对重复性、事务性工作的侵入确实正在发生，如下图所示，这是东莞富士康工厂里面的生产线，图中空无一人的工厂画面与我们心中工厂劳动生产的印象大相径庭，倒是与维纳曾经在《控制论》中预言的情形相差无几。

东莞富士康工厂里面的生产线

维纳预言的世界确实已逐渐来临，不过，这又如何？工业革命之前，世界各国有八九成的人口都要从事农业生产才能保证社会正常运作，那时候的人也无法想象有朝一日如果绝大部分人都不去种地了，这个世界会变成一幅怎样的情境。而今天的美国农业人口占比已经不足 1% 了，既没有因此发生失业潮，也没有发生世界大乱。说到底，对“人工智能会革掉非创造性职业的命”的担忧，本质上还是如何看待人与机器的关系的问题，如果把人与机器的合作关系看作是一场工作职位上的零和博弈，一方占有了多一些领地，另一方就要失去一些的话，那人工智能就是许多职业切实的威胁。可是笔者认为，更可能出现的不是零和博弈，而是一场双方共赢的合作，人工智能作为人类有力的工具，它的出现不仅仅让某些事情变得更容易更快捷，还会解锁某些新的、之前不可能的思考、生活及存在方式。只要不是一蹴而就地把全部职位都立刻替换掉，那人工智能就是推动社会分工进步的动力。

第二种“人工智能的威胁”更为隐蔽，但是也已经不可逆转地发生了——来自人工智能对信息垄断控制的威胁。我们已经习惯了打开搜索引擎，找想要的信息；打开新闻客户端，看看每天的新闻资讯；打开微信朋友圈，了解朋友同事的最新动态。我们的生活方式已经深度依赖上互联网这个人类历史上绝无仅有的信息平台。而现在，越来越多互联网上的信息是被人工智能所控制甚至直接是由人工智能创造的：你看到的那些搜索内容，是人工智能决定让你看到的，尽管搜索引擎可能为你提供了 1 000 000 000 条结果，但你最多仅会使用前面的 50 条或者 100 条，这是人工智能决定的搜索结果顺序；你上美团、饿了么点外卖，上京东、淘宝购买商品，也是人工智能根据你的消费习惯和个人喜好为你推荐的。这里面人工智能对庞大信息的筛选过滤确实为我们的工作、生活的效率提升带来莫大好处，可是我们在享受着数据的便利的同时，也渐渐失去了意外收获的机会。你上云音乐去听歌，如果平时喜欢摇滚乐，人工智能搞明白后，可能就永远听不到其他的音乐风格了，会错失跟它们邂逅的机会。如果没有意外的便捷生活就是我们想要的，那笔者摘录一段在网上[⊖]看到的描绘“智能乌托邦”的画面给读者看看：

⊖ https://www.zhihu.com/question/45090211。

我们一出生，人工智能系统就会根据我们的基因选择了最优的成长路径。我们会阅读最合适的读物、观看最合适的娱乐作品。衣食住行也都不用操心，全被安排妥当。到了适婚的年龄，智能系统会推荐最匹配的情侣，无论怎么算，我们的性格和其他个人条件都跟对方最搭。智能系统知道怎样让每个人开心，他会定时定量地给我们一些刺激。有时候是直接吃药，有时候是看一段有趣的视频，有时候是推荐给我们几个好玩的朋友。所有的痛苦都被抹杀。在这个乌托邦里我们只享受快乐。总之，每个人的一生都会高高兴兴地度过。根据智能系统的测算，这个时代的人类，在整个历史上都是最幸福的……

这样的未来并不全是凭空臆想出来的，在《必然》(TheInevitable）里，凯文·凯利（Kevin Kelly，1952—）提到，所有的集体智能和机器，都会融合为一个被他命名为“Holos”的整体，Holos包括了所有人的集体心智、所有机器的集体行为、自然界的智能相结合形成的整体，以及出现在这个整体中的任何行为。这个整体目前尚属不完美的初级阶段，以互联网的形态覆盖着510亿公顷的土地、触及150亿台计算机，占据40亿人类的心智，消耗地球5%的电能，它就是未来智能乌托邦的载体。

不知道是不是会有人真的向往这样的生活，但是在笔者脑海中闪现出来的画面是如下图这样的，在电影《机器人总动员》中被人工智能和机器人抚养得极为妥贴的人类。笔者没有从画面中感受到幸福，反而有一种隐隐的不安。

电影《机器人总动员》里被抚养得妥帖的人类

令人感到更不安的还是当前就已存在的直接风险，人工智能控制我们看到的数据，本身是没有目的性的，但在其背后的人是有目的性的：你随手点击了一家看似不错的餐厅的外卖时，也许不会意识到他们是花了钱的才被系统放到你的面前；当你津津有味地阅读新闻客户端的推荐文章时，也不知道有些文章其实是软文或者公关文章。由于信息的垄断控制，导致商品和信息流转过程增加了额外的隐性环节和成本，轻则损害最终用户利益，这些成本最终都要转嫁到用户身上，如滴滴成为打车的主要乃至唯一平台之后，许多人反映打车反而更贵了；重则会干扰最终用户的判断，如百度曾经利用了信息垄断来获利，在用户获取信息的过程中夹了私货，导致“魏则西事件”[⊖]这样的悲剧发生。在信息社会，人控制了人工智能作恶，比人工智能自己学会作恶的可能性要大得多。这种威胁与原始社会的火，封建社会的刀，现代社会的核能并无不同，它确实会给我们带来伤害，但也是机遇所在，取决于我们如何使用这项工具。

8.4.2　人工智能的机遇

说到机遇所在，我们先可以不去看遥远的将来，现在就能观察到无数人工智能带来的价值和机遇。“英伟达”（NvidiaCorporation）公司肯定是这两年最突出的人工智能带来商业价值的落地的代表，在这家公司身上映射出了整个硬件产业被人工智能带动前行的缩影。

根据这家全球领先的显卡制造商的最新财报（截至 2018 年 5 月）显示，该公司的股价已经比 2012 年深度学习爆发前夕增长了 20 多倍，20 多倍对一家已上市多年，而且已经做到行业第一的企业来说是极不寻常的。在近两年，英伟达的表现尤其抢眼，市值增长的速度稳居标准普尔 500 指数的榜首。

⊖　魏则西事件：http://finance.ifeng.com/a/20160503/14358923_0.shtml。

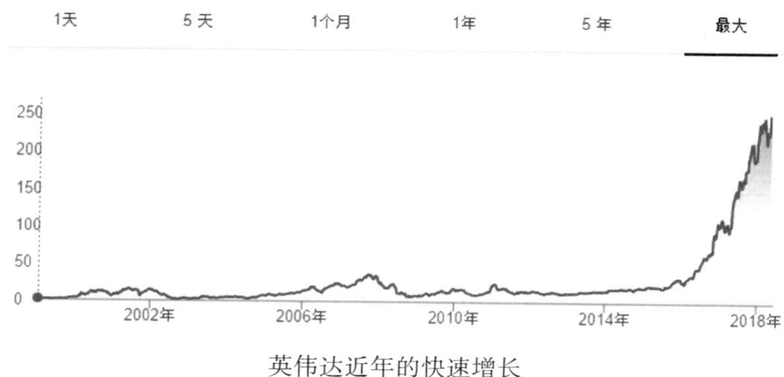

英伟达近年的快速增长

英伟达毫不讳言自己市值快速增长的秘诀，这家以生产游戏显卡和显示芯片闻名的公司，早已把自己官网主页的标题改成了："英伟达，一家人工智能计算公司"。

在2007年，英伟达非常有预见性地提出了"统一计算设备架构"（Compute Unified Device Architecture，CUDA）的概念，并将其实现在以代号G80为核心芯片的NVIDIA GeForce 8系列显卡上，第一次让显卡上的"图形处理单元"（Graphics Processing Units，GPU）具备了可编程的能力，使得GPU的核心"流式处理器"（Streaming Processors，SPs）既具有处理像素、顶点和图形等渲染能力，又同时具备通用的单精度浮点运算能力。英伟达将采用了CUDA架构的GPU称为"通用图形处理单元"（General Purpose GPU），"通用"的目的很明确，就是想染指游戏图形之外的科学运算市场，让GPU既能做游戏和渲染，也可以用来做并行度很高的通用计算任务。

英伟达提出CUDA架构开辟新的战场，即是自身发展的战略规划决定的，也有很大一部分原因是外部市场环境压力所迫。当时英特尔公司（Intel）已经把在计算机中央处理器（CPU）中集成的GPU单元的性能提升到能完全满足低端用户需求的程度，而超微半导体公司（Advanced

Micro Devices，AMD）在激烈的高端游戏显卡市场推出了游戏性能更强大并且功耗和散热更优的产品与英伟达直接竞争。一时间，行业龙头英伟达被围追堵截，颇有些四面楚歌的感觉。2007 年初算起，短短的一年多时间，英伟达的股价就从最高 37 美元跌落到最低不足 6 美元。

而 CUDA 架构的及时出现，不仅拯救了在游戏领域陷入竞争泥潭的英伟达，还正好击中了人工智能，尤其是深度神经网络的痛点。可以说，整个深度神经网络技术在过去几年的崛起，除了辛顿提出的深度学习理论、ImageNet 大规模视觉识别挑战赛提供的机遇之外，CUDA 架构提供的并行运算能力也功不可没。谷歌大脑训练神经网络在 YouTube 上识别猫，原本需要同时使用超过 2000 片 CPU，后来只使用了 12 片 GPU 就完成了相同的任务。辛顿拿去参加 ImageNet 挑战赛的 AlexNet，也是采用了两片 GeForce 显卡代替 CPU 来完成训练，后续参赛的残差网络等作品，全部都基于 CUDA 平台运行。如果没有英伟达的 CUDA，科学界验证深度学习巨大潜力的时间不知道还要推迟多久。CUDA 技术使得在普通个人电脑级别的计算机上进行高并行度、高性能运算的成本大幅降低，以至于一个普通科研人员的台式电脑都有可能部署上万个并行处理内核。这促使深度学习技术迅速地在科技界发展和普及开来。如果没有 GPGPU 和 CUDA，也许坚持研究了三十多年神经网络算法的辛顿，还得继续在学术界被埋好些年。不止是人工智能、机器学习的崛起造就了英伟达，英伟达和它的 CUDA 架构，也同样加速了人工智能和机器学习的发展进程，这个也可算是一个人工智能共生双赢的代表的案例。

由于深度学习的潮流日益鼎盛，现在各个传统的芯片厂商，还有以前并不涉及芯片的信息业巨头，都看好面向人工智能的专用处理器将是继 CPU、GPU 之后下一代的硬件核心，不约而同地推出自己专门面向人工智能的处理器，意图抢占制高点。一时间“张量处理器”（Tensor Processing Unit，TPU）、“神经网络处理器”（Neural network Processing Unit，NPU）、“类脑处理器”（Brain Processing Unit，BPU）、“深度学习处理器”（Deep learning Processing Unit，DPU）等处理器形成群雄乱战的场面。

可以说英伟达是硬件行业被人工智能推动的一个缩影，硬件行业又是整个社会经济在人工智能影响下的一个缩影。随着人工智能理论和技术的日益成熟，应用范围不断扩大，潜在需求的逐渐明确和商业模式的日渐成熟，人工智能核心产业的边界与范围将逐步扩展。通过人工智能核心产业发展所形成的辐射和扩散效应，获得新提升、新增长的国民经济其他行业集合，均可视为人工智能带动的相关产业。根据普华永道的研究预测，至2030年，人工智能将为世界经济贡献15.7万亿美元，这个数字超过了中国与印度这两国目前的经济总量之和[⊖]。

人工智能推动的不仅仅是经济发展，生产力决定生产关系，生产关系一定要适应生产力，这是人类社会运行的最基本规律之一。看看历史就知道：农业革命，铁器牛耕的出现，让封建地主战胜了奴隶主，地主阶级取代了奴隶阶级；工业革命，机器大规模生产的出现，资本主义战胜了封建主义；信息革命，计算机、互联网和人工智能的出现，也将是下一次社会秩序的变革的导火索。长期来看，人工智能会导致相同价值的经济生产所需的人力愈来愈少，资本主义社会的本质是劳动创造价值，价值用金钱来表现，金钱的交换就是劳动与劳动之间的交换，但是空前规模的生产效率提升，将会促使社会资源从按劳分配转变为按需分配，必须要建立新的社会秩序与之配套，这是人工智能为人类带来的最大机遇，是生产力变革带来的社会秩序的变革。

8.5 本章小结

本章最后，我们再来回顾开篇提出的问题：现在人工智能已经发展到什么程度了？读过众多应用案例，了解过人工智能取得的成就之后，各位读者心中是否已有了自己的答案？

人工智能是人类最复杂精巧的创造物，它带来机遇，也有危险，但它肯定不会是“人类最后的发明”，相反，我们创造出的东西让自己成

⊖ 数据来源：https://www.pwccn.com/en/consulting/ai-sizing-the-prize-report.pdf。

为更好的人，这便是开始。本书结束的这一刻，笔者心中想起的了英国首相温斯顿·丘吉尔（Winston Churchill，1874—1965）在 1942 年阿拉曼战役胜利演说时讲的一句话："现在并不是结束，结束甚至还没有开始，现在仅仅是序幕的尾声。"这也是笔者对现在人工智能发展程度的回答。

· Appendix ·

附录

人工智能历史大事记

在本附录中，笔者整理了从人类开始严肃思考人工智能实现的可能性以来，所作出的各种尝试和成果，以历史时间为线索将它们罗列出来，供读者参考阅读。

1913 年　伯特兰·罗素（Bertrand Russell）和阿尔弗雷德·怀德海（Alfred Whitehead）出版了彻底改变逻辑的著作《数学原理》（Principia Mathematica）。

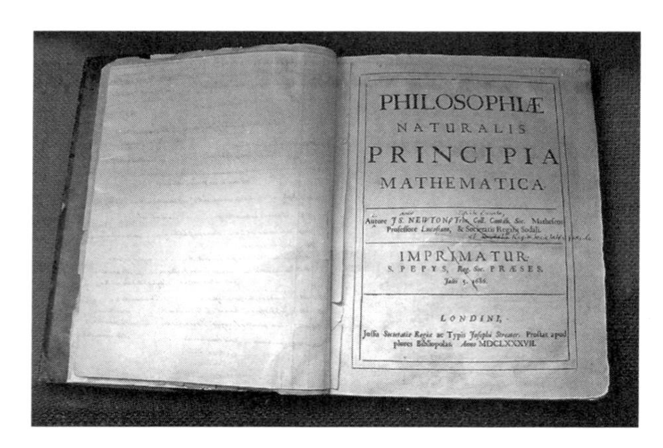

1915 年　莱昂纳多托·克韦多（Leonardo Quevedo）建造了一台名为“El Ajedrecista”的国际象棋机器，人类开始追求机器自动推理、思考的理想。

1923 年　卡雷尔·艾派克（Karel apek'）的话剧小品《罗萨姆的万能机器人》（Rossum's Universal Robots）在伦敦上演，这是“Robot”这个单词首次出现在英语中。

1928 年　普林斯顿教授阿隆佐·邱奇（Alonzo Church，1903—1995）提出 Lambda 演算，这是“计算性理论”（Computability Theory）这个学术分支早期成果，激发了图灵设计图灵机的灵感。

1931 年　库尔特·哥德尔（Kurt Gödel）提出了著名的哥德尔不完备定理，证明了如果一个形式系统是不含矛盾的，那就不可能在该系统内部

证明系统的不矛盾性。这个定理对机械智能的限制决定了无论人类造出多么复杂的机器，只要它是机器，就将对应于一个形式系统，就能找到一个在该系统内不可证的公式而使之受到哥德尔不完备定理的打击，机器不能把这个公式作为定理推导出来，但是人心却能看出公式是真的。因此这台机器不可能是承载思维的一个恰当模型。

1936 年 图灵在他的论文《论可计算数及其在判定性问题上的应用》(On Computable Numbers, with an Application to the Entscheidungsproblem) 中提出了图灵机的概念。图灵机是图灵一生中最重要的成就之一，这种计算机器实际上是一种理想的计算模型，它的基本思想是用机械操作来模拟人们用纸笔进行数学运算的过程。

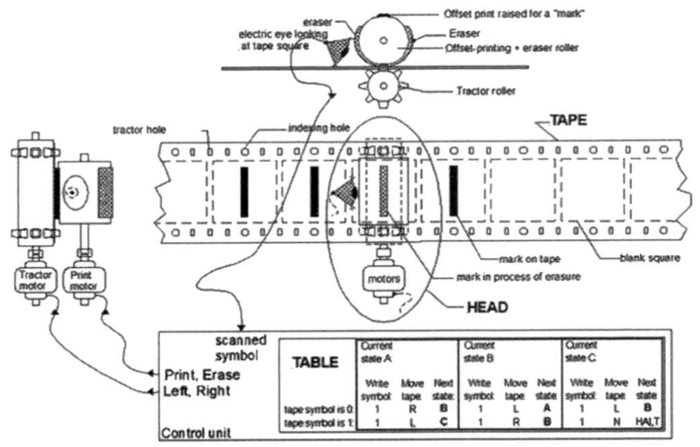

A fanciful mechanical Turing machine's TAPE and HEAD. The TABLE instructions might be on another "read only" tape, or perhaps on punch-cards. Usually a "finite state machine" is the model for the TABLE

1941 年　康拉德·楚泽（Konrad Zuse）设计了世界第一台可以编程控制的机械计算器。

1943 年　心理学家沃伦·麦卡洛克（Warren McCulloch）和沃尔特·皮茨（Walter Pitts）在《数学生物物理学通报》上发表论文《神经活动中内在思想的逻辑演算》（A Logical Calculus of The Ideas Immanent in Nervous Activity），文中讨论了理想化、极简化的人工神经元网络，以及它们如何形成简单的逻辑功能，首次提到了人工神经元网络的概念及数学模型，从而开创了通过人工神经网络模拟人类大脑研究的时代。后来人们将这种最基础的神经元模型命名为“M-P 神经元模型”。

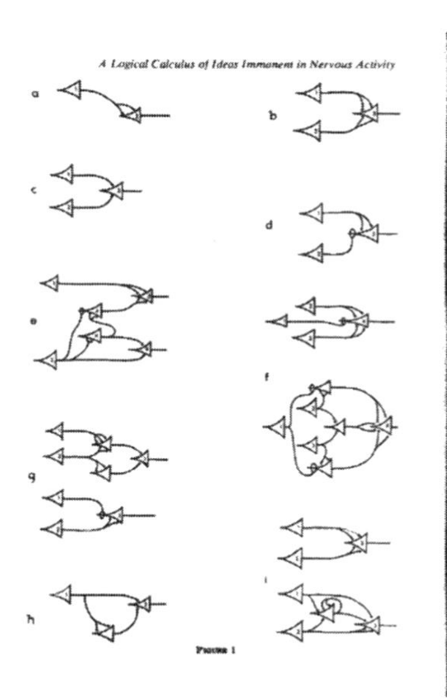

A Logical Calculus of Ideas Immanent in Nervous Activity

observations and of these to the facts is all too clear, for it is apparent that every idea and every sensation is realized by activity within that net, and by no such activity are the actual afferents fully determined.

There is no theory we may hold and no observation we can make that will retain so much as its old defective reference to the facts if the net be altered. Tinnitus, paraesthesias, hallucinations, delusions, confusions and disorientations intervene. Thus empiry confirms that if our nets are undefined, our facts are undefined, and to the "real" we can attribute not so much as one quality or "form." With determination of the net, the unknowable object of knowledge, the "thing in itself," ceases to be unknowable.

To psychology, however defined, specification of the net would contribute all that could be achieved in that field—even if the analysis were pushed to ultimate psychic units or "psychons," for a psychon can be no less than the activity of a single neuron. Since that activity is inherently propositional, all psychic events have an intentional, or "semiotic," character. The "all-or-none" law of these activities, and the conformity of their relations to those of the logic of propositions, insure that the relations of

EXPRESSION FOR THE FIGURES

In the figure the neuron c_i is always marked with the numeral i upon the body of the cell, and the corresponding action is denoted by 'N' with i as subscript, as in the text.

Figure 1a　$N_2(t) . \equiv . N_1(t-1)$

Figure 1b　$N_3(t) . \equiv . N_1(t-1) \vee N_2(t-1)$

Figure 1c　$N_3(t) . \equiv . N_1(t-1) . N_2(t-1)$

Figure 1d　$N_3(t) . \equiv . N_1(t-1) . \sim N_2(t-1)$

Figure 1e　$N_3(t) : \equiv : N_1(t-1) . \vee . N_2(t-3) . \sim N_2(t-2)$
$N_4(t) . \equiv . N_2(t-2) . N_2(t-1)$

Figure 1f　$N_4(t) : \equiv : \sim N_1(t-1) . N_2(t-1) \vee N_3(t-1) . \vee . N_1(t-1) . N_2(t-1) . N_3(t-1)$
$N_4(t) : \equiv : \sim N_1(t-2) . N_2(t-2) \vee N_3(t-2) . \vee . N_1(t-2) . N_2(t-2) . N_3(t-2)$

Figure 1g　$N_3(t) . \equiv . N_2(t-2) . \sim N_1(t-3)$

Figure 1h　$N_2(t) . \equiv . N_1(t-1) . N_1(t-2)$

Figure 1i　$N_3(t) : \equiv : N_2(t-1) . \vee . N_1(t-1) . (Ex)t-1 . N_1(x) . N_2(x)$

1944 年 冯·诺依曼（Von Neumann）发表了著作《博弈论与经济行为》(Theory of Games and Economic Behavior)，开创了博弈论。博弈论对后来人工智能的提出有非常大的价值。

1945 年 冯·诺依曼在离散变量自动电子计算机（Electronic Discrete Variable Automatic Computer，EDVAC）的设计草稿中提出了现代计算机体系结构奠基性“存储程序”（Stored Program）架构，即今天所称的“冯·诺依曼”架构。

1946 年 世界第一台电子计算机埃尼阿克（ENIAC）在美国宾夕法尼亚大学诞生，并实际应用于陆军火炮弹道和火力计算工作，这个事件标志了通用的计算机技术不仅是理论已成熟，而且已经有了初步的工业化成果。

1948 年　诺伯特·维纳（Norbert Wiener）和克劳德·香农（Claude Shannon）分别发表了两篇开创性的著作，创立了控制论和信息论。

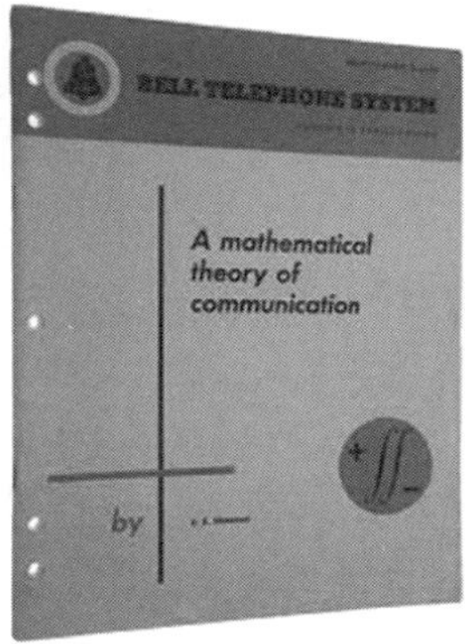

1949 年　心理学家唐纳德·赫布（Donald Hebb）在《行为组织学》（The Organization of Behavior）这部著作中提出了基于神经元构建学习模型的法则，他认为神经网络的学习过程最终是发生在神经元之间的突触部位，突触的联结强度随着突触前后神经元的活动而变化，变化的量与两个神经元的活性之和成正比，该方法被称为 Hebb 学习规则（Hebb's Law）

1949 年 剑桥大学的神经生理学家威廉·华特（William Walter，1910—1977）制作的机器乌龟“艾玛”（Elmer）和“埃尔西”（Elsie），能够自动寻找光源、调整方向，使头部朝向光亮运动或者远离光线运动，并通过转向或者推动来避免障碍，这是机器人学萌芽时期机器人的雏形。

1950 年 阿兰·图灵（Alan Turing）提出度量机器智能的“图灵测试”：如果人类由于无法分辨一台机器是否具备与人类相似的智能，导致无法分辨与之对话的到底是人类还是机器，那即可认定机器存在智能。

1950 年 香农在《科学美国人》杂志发表关于计算机下棋搜索算法的论文《为计算机下棋编程》(Programming a Computer for Playing Chess)。

1950年　著名科幻小说家艾萨克·阿西莫夫（Isaac Asimov）发布了“机器人三定律”：

> 第一法则：机器人不得伤害人类，或因不作为使人类受到伤害；
> 第二法则：除非违背第一法则，机器人必须服从人类的命令；
> 第三法则：在不违背第一及第二法则下，机器人必须保护自己。

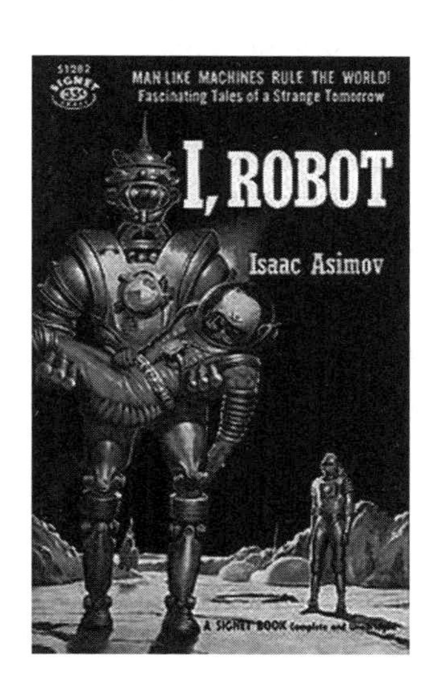

1951 年 IBM 的程序员阿瑟·塞缪尔（Arthur Samuel）在 IBM 700 系列计算机上开发了一款西洋跳棋的程序。

1951 年 统计学家贺伯特·罗宾（Herbert Robbins）发明了日后在机器学习中非常重要的优化算法"随机梯度下降算法"（Stochastic Gradient Descent）。

1954 年 美国乔治城大学和 IBM 公司联合发布了一款在 IBM 700 系列机器上实现的机器翻译系统——701 Translator，这是世界上第一款不是用于数值计算的计算机。

1954 年 韦斯利·克拉克（Wesley Clark）和贝尔蒙特·法利（Belmont Farley）使用计算机模拟"自组织系统"（Self-Organizing System），这是首次使用计算机而不是建造专门的硬件机器去实现神经网络。

1955 WESTERN JOINT COMPUTER CONFERENCE

Generalization of Pattern Recognition in a Self-Organizing System*

W. A. CLARK† AND B. G. FARLEY†

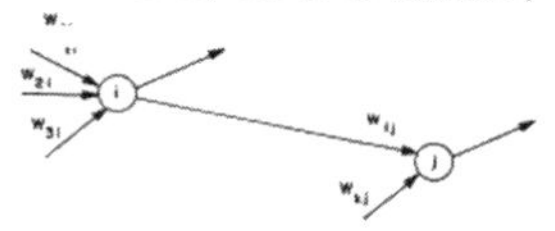

1956 年 在“人工智能夏季研讨会”（Summer Research Project on Artificial Intelligence）上，“人工智能”一词被首次提出，这标志着人工智能形成一个严肃学科的开端。后世称这次研讨会为“达特茅斯会议”。

1956 年 艾伦·纽厄尔（Allen Newell）和司马贺（Herbert Simon）发布了“逻辑理论家”(Logic Theorist）这个可以自动证明《数学原理》第2章52条定理中的38条的人工智能程序。今天学术界普遍认为这是第一个有实用意义的人工智能程序（尽管之前有塞缪尔的跳棋程序了）。

1957年 在逻辑理论家公布之后不久，纽厄尔和司马贺还发布了一款更具有普适性的问题解决程序，称为“一般问题解决器”（General Problem Solver，GPS），希望任何已形式化的、具备完全信息的问题都可以用这个程序去解决，他们给GPS设定的适用范围涉及从逻辑推理、定理证明到国际象棋对抗等多个领域。

REPORT ON A GENERAL PROBLEM-SOLVING PROGRAM

A. Newell and J. C. Shaw, The RAND Corporation

H. A. Simon, Carnegie Institute of Technology

United States of America

This paper deals with the theory of problem solving. It describes a program for a digital computer, called General Problem Solver I (GPS), which is part of an investigation into the extremely complex processes that are involved in intelligent, adaptive, and creative behavior. Our principal means of investigation is synthesis: programming large digital computers to exhibit intelligent behavior, studying the structure of these computer programs, and examining the problem-solving and other adaptive behaviors that the programs produce.

A problem exists whenever a problem solver desires some outcome or state of affairs that he does not immediately know how to attain. Imperfect knowledge about how to proceed is at the core of the genuinely problematic. Of course, some initial information is always available. A genuine problem-solving process involves the repeated use of available information to initiate exploration, which discloses, in turn, more information until a way to attain the solution is finally discovered.

Many kinds of information can aid in solving problems: information may suggest the order in which possible solutions should be examined; it may rule out a whole class of solutions previously thought possible; it may provide a cheap test to distinguish likely from unlikely possibilities; and so on. All these kinds of information are heuristics--things that aid discovery. Heuristics seldom provide infallible guidance; they give practical knowledge, possessing only empirical validity. Often they "work," but the results are variable and success is seldom guaranteed.

The theory of problem solving is concerned with discovering and understanding systems of heuristics. What kinds are there? How do very general injunctions ("Draw a figure" or "Simplify") exert their effects? What heuristics do humans actually use? How are new heuristics discovered? And so on. GPS, the program described in this paper, contributes to the theory of problem solving by embodying two very general systems of heuristics--means-ends analysis and planning -- within an organization that allows them to be applied to varying subject matters.

1957 年　心理学家弗兰克·罗森布拉特（Frank Rosenblatt）第一个将 Hebb 学习理论用于模拟人类感知能力，并提出了“感知机（Perceptron）”的概念模型，希望这个模型能够作为承载智能的基础模型。罗森布拉特在 Cornell 航空实验室的 IBM 704 计算机上完成了感知机的仿真后，成功申请到了美国海军的资助，并于两年后成功制造了一台能够识别英文字母的基于感知机的神经计算机 Mark-1。Mark-1 在 1960 年 6 月 23 日向美国公众展示。

1958 年　约翰·麦卡锡（John McCarthy）在麻省理工学院发明了 Lisp 语言，这是历史上第二门编程语言，第一门函数式编程语言，也是时至今日还被广泛使用的、专门面向人工智能符号推理的编程语言。

1958 年　在英国国家物理试验室召开了“思维过程机器化”（Mechanization of Thought Process）讨论会议，达特茅斯会议的参会人中有麦卡锡、明斯基、塞弗里奇三位参加了该会议，此外还有致力神经网络研究的麦卡洛克，以及英国的控制论代表人物艾什比等，这次会上麦

卡锡发表了符号主义的奠基性论文《常识编程》（Programs With Common Sense）。

PROGRAMS WITH COMMON SENSE

by

JOHN McCARTHY

SUMMARY

INTERESTING work is being done in programming computers to solve problems which require a high degree of intelligence in humans. However, certain elementary verbal reasoning processes so simple that they can be carried out by any non-feeble-minded human have yet to be simulated by machine programs.

This paper will discuss programs to manipulate in a suitable formal language (most likely a part of the predicate calculus) common instrumental statements. The basic program will draw immediate conclusions from a list of premises. These conclusions will be either declarative or imperative sentences. When an imperative sentence is deduced the program takes a corresponding action. These actions may include printing sentences, moving sentences on lists, and reinitiating the basic deduction process on these lists.

Facilities will be provided for communication with humans in the system via manual intervention and display devices connected to the computer.

THE *advice taker* is a proposed program for solving problems by manipulating sentences in formal languages. The main difference between it and other programs or proposed programs for manipulating formal languages (the *Logic Theory Machine* of Newell, Simon and Shaw and the Geometry Program of Gelernter) is that in the previous programs the formal system was the subject matter but the heuristics were all embodied in the program. In this program the procedures will be described as much as possible in the language itself and, in particular, the heuristics are all so described.

The main advantages we expect the *advice taker* to have is that its behaviour will be improvable merely by making statements to it, telling it about its symbolic environment and what is wanted from it. To make these statements will require little if any knowledge of the program or the

1959 年 麦卡锡和明斯基在麻省理工学院成立了“麻省理工人工智能实验室”（MITAILab），这个实验室是著名“MAC 计划”的一部分。从此麻省理工学院成为世界人工智能的四大研究中心之一。

1960 年　社会心理学家利克里德（J. C. R. Licklider）提出“人机共生理论”（Man-Computer Symbiosis），认为不久的将来，人类的一部分思维活动将会是由机器代替，引起了公众广泛的争议和讨论。

MAN-COMPUTER SYMBIOSIS

"The hope is that, in not too many years, human brains and computing machines will be coupled together very tightly and that the resulting partnership will think as no human brain has ever thought and process data in a way not approached by the information-handling machines we know today.

—J.C.R. Licklider
Man-Computer Symbiosis

1961 年　明斯基的学生詹姆斯·斯拉格尔（James Slagle）使用 Lisp 语言编写了第一个符号推理程序“SAINT”，可以自动解决大学新生常见的微积分问题。

A HEURISTIC PROGRAM THAT SOLVES SYMBOLIC
INTEGRATION PROBLEMS IN FRESHMAN CALCULUS,
SYMBOLIC AUTOMATIC INTEGRATOR (SAINT)
by
JAMES ROBERT SLAGLE
S.B., Saint John's University
(1955)
S.M., Massachusetts Institute of Technology
(1957)
SUBMITTED IN PARTIAL FULFILLMENT
OF THE REQUIREMENTS FOR THE
DEGREE OF DOCTOR OF
PHILOSOPHY

1961 年　英国哲学家约翰·卢卡斯（John Lucas）写作《心灵，机器和哥德尔》（Minds，Machines and Gödel）一书，根据哥德尔不完备定理，从逻辑上断定不存在智能机器的可能性。

MINDS, MACHINES AND GÖDEL[1]

J. R. LUCAS

GÖDEL'S Theorem seems to me to prove that Mechanism is false, that is, that minds cannot be explained as machines. So also has it seemed to many other people: almost every mathematical logician I have put the matter to has confessed to similar thoughts, but has felt reluctant to commit himself definitely until he could see the whole argument set out, with all objections fully stated and properly met.[2] This I attempt to do.

Gödel's theorem states that in any consistent system which is strong enough to produce simple arithmetic there are formulae which cannot be proved-in-the-system, but which we can see to be true. Essentially, we consider the formula which says, in effect, "This formula is unprovable-in-the-system". If this formula were provable-in-the-system, we should have a contradiction: for if it were provable-in-the-system, then it would not be unprovable-in-the-system, so that "This formula is unprovable-in-the-system" would be false: equally, if it were provable-in-the-system, then it would not be false, but would be true, since in any consistent system nothing false can be proved-in-the-system, but only truths. So the formula "This formula is unprovable-in-the-system" is not provable-in-the-system, but unprovable-in-the-system. Further, if the formula "This formula is unprovable-in-the-system" is unprovable-in-the-system, then it is true that that formula is unprovable-in-the-system, that is, "This formula is unprovable-in-the-system" is true.

The foregoing argument is very fiddling, and difficult to grasp fully: it is helpful to put the argument the other way round, consider the possibility that "This formula is unprovable-in-the-system" might be false, show that that is impossible, and thus that the formula is true; whence it follows that it is unprovable. Even so, the argument remains persistently unconvincing: we feel that there must be a catch in it somewhere. The whole labour of Gödel's theorem is to show that there is no catch anywhere, and that the result can

[1] A paper read to the Oxford Philosophical Society on October 30, 1959.

[2] See A. M. Turing: "Computing Machinery and Intelligence": *Mind*, 1950, pp. 433–60, reprinted in *The World of Mathematics*, edited by James R. Newman, pp. 2099–123; and K. R. Popper: "Indeterminism in Quantum Physics and Classical Physics"; *British Journal for Philosophy of Science*, Vol. I (1951), pp. 179–88. The question is touched upon by Paul Rosenbloom; *Elements of Mathematical Logic*; pp. 207–8; Ernest Nagel and James R. Newman; *Gödel's proof*, pp. 100—2; and by Hartley Rogers; *Theory of Recursive Functions and Effective Computability* (mimeographed), 1957, Vol. I, pp. 152 ff.

1961 年 Unimation 公司生产了世界上首部工业机器人"Unimate"，应用于通用汽车总装线上。

1962 年 IBM 在西雅图世界博览会上还发布了一款名为“Shoebox”的语音识别机器，这部机器可理解 16 个英文单词，分别是 0 到 9 这十个数字的英文，以及六个操作指令（Minus、Plus、Subtotal、Total、False、Off），操作者可以使用语音说出想要计算的内容，机器便会打印出计算结果，Shoebox 可能是最早具有实用有价值的模式识别成果。

1963 年 麦卡锡从麻省理工学院跳槽到斯坦福大学，创建斯坦福大学人工智能实验室（Stanford Artificial Intelligence Laboratory，SAIL），SAIL 成为世界人工智能四大学术中心之一。

1963 年 弗拉基米尔·万普尼克（Vladimir Vapnik）发明支持向量机（Support Vector Machine），这是统计学习方法中运用最广泛的模型。

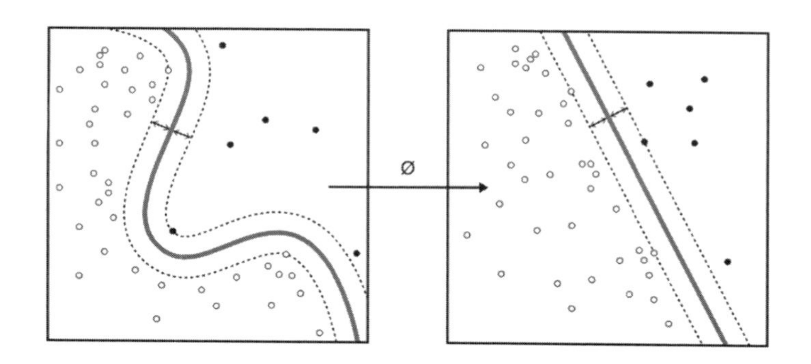

1963 年 知识工程之父、图灵奖得主爱德华·费根鲍姆（Edward Feigenbaum）完成世界首部关于人工智能的论文集《计算机与思想》（Computers and Thought）。

1965 年 约瑟夫·维森鲍姆（Joseph Weizenbaum）设计了自然语言对话程序“ELIZA”，该程序可以模仿人类用英语进行对话。由于媒体对ELIZA的广泛渲染，后来在人工智能领域里还出现了一个名词叫作“伊莉莎效应”（ELIZA Effect），这个词的意思是说人可以过度解读机器的结果，读出了原来根本不具有的意义。

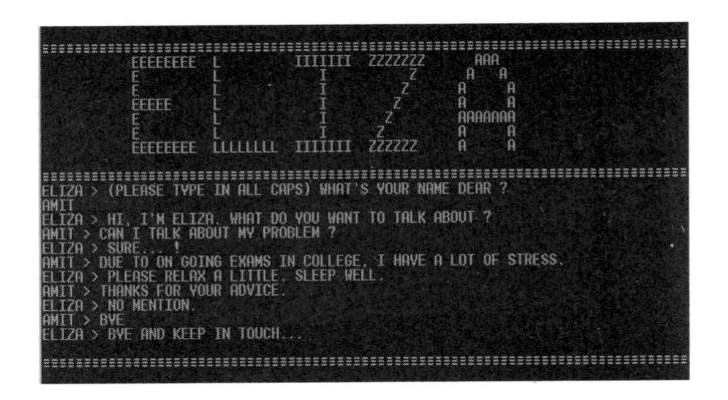

1965 年 费根鲍姆开始世界上第一个专家系统“DENDRAL”的研发，这是世界上第一个成功应用的基于知识的科学推理程序，此系统运作了整整十年时间，用科学仪器输出的数据推断有机化合物的分子结构。

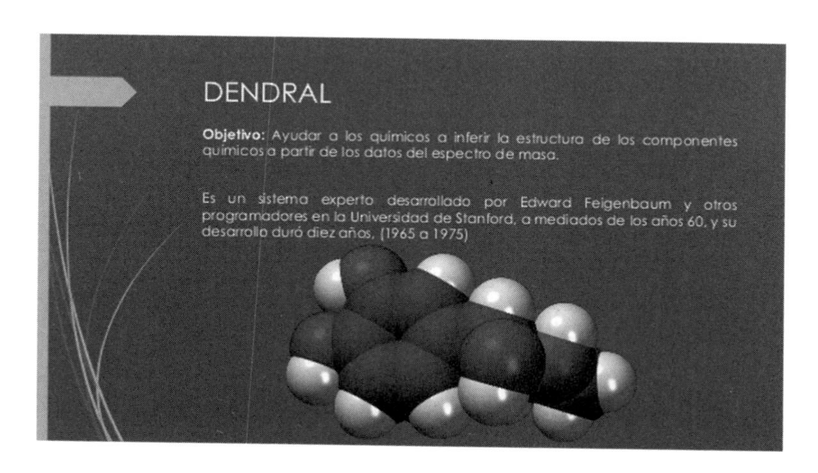

1966 年　罗斯·奎利恩（Ross Quillian）提出一种称为“语义网”的心理学模型，用来描述概念之间联系的，后来成为了符号主义中作为知识表示的一种形式。

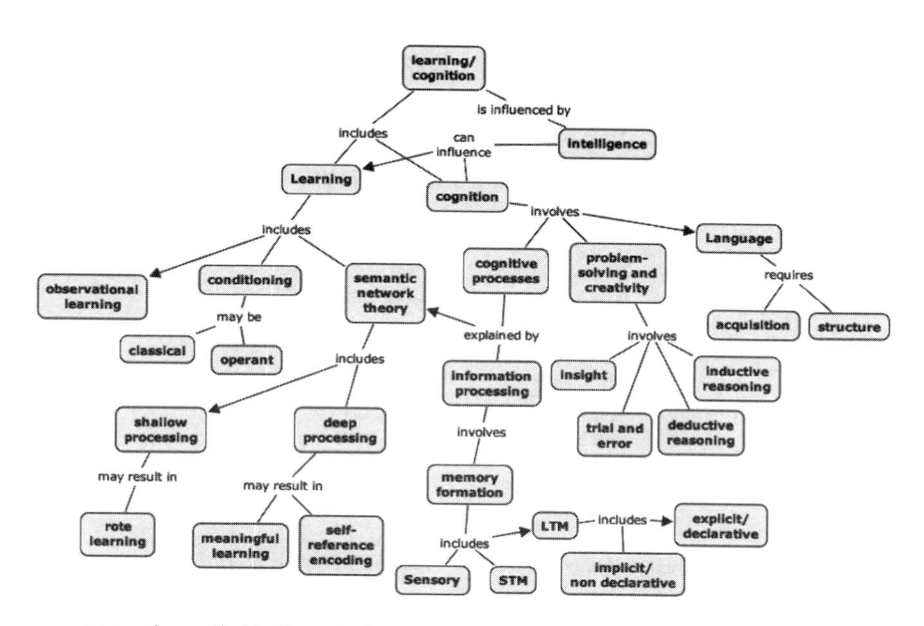

1966 年　伦纳德·包姆（Leonard Baum）发明隐马尔可夫模型（Hidden Markov Model）。

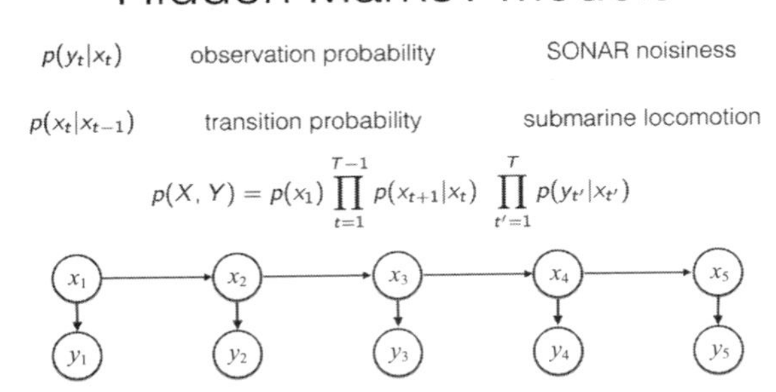

1966 年 大量关于机器翻译的负面新闻报道从这年开始涌现，许多自然语言处理方向的研究开始受到质疑和打击，也为日后的人工智能寒冬埋下了伏笔。其中典型的如 ALPAC 报告，此份由美国政府委托 7 位学者耗时两年的报告严厉批评了机器翻译的语言学基础并不牢靠，导致美国政府大幅削减对该主题的资助。

LANGUAGE AND MACHINES

COMPUTERS IN TRANSLATION AND LINGUISTICS

A Report by the
Automatic Language Processing Advisory Committee

John R. Pierce, Bell Telephone Laboratories, Chairman
John B. Carroll, Harvard University
Eric P. Hamp, University of Chicago*
David G. Hays, The RAND Corporation
Charles F. Hockett, Cornell University †
Anthony G. Oettinger, Harvard University
Alan Perlis, Carnegie Institute of Technology

Publication 1416

National Academy of Sciences National Research Council
Washington, D. C. 1966

1968 年 明斯基的学生霍埃尔·摩西（Joel Moses）研发了第一个在数学领域成功应用的基于知识的自动推理程序，这是符号主义获得的又一个成就。

1968 年 理查德·格林布拉特（Richard Greenblatt）研发了第一个可以在比赛中战胜人类（C 级选手）的国际象棋程序“Mac Hack”。

1969 年 斯坦福大学人工智能研究中心（Artificial Intelligence Center at SRI，AIC@SRI）的尼尔斯·尼尔森（Nils Nilssen，1953—）教授研发了一款名为“Shakey”的车型机器人，这是世界上第一台可以自主移动的机器人，它被赋予了有限的自主观察和环境建模能力，控制它的计算机甚至需要填满整个房间，Shakey 用以证实机器可以模拟生物的运动、感知和障碍规避。

1969 年 国际人工智能联合会（International Joint Conference on Artificial Intelligence）在斯坦福大学成立，并举行第一次会议。

1969 年 明斯基与麻省理工学院的教授西摩尔·派普特（Seymour Papert）共同编写了人工智能历史上影响巨大的、“是也非也”的传奇书籍《感知机：计算几何学导论》(Perceptrons: An Introduction to Computational Geometry)，对连接主义和神经网络的研究，甚至是对整个人工智能学科都造成了非常沉重的打击，成为了第一次人工智能寒冬的导火索之一。

1970 年 汤姆·马丁（Tom Martin）创办了“Threshold Technology”公司，这是语音识别领域的第一家商业公司。

1972 年 阿兰·科尔默劳尔（Alain Colmerauer）设计了 Prolog 语言（Programming in Logic 的缩写）这是一种逻辑编程语言。它创建在逻辑学的理论基础之上，最初被运用于自然语言等研究领域。现在它已被广泛应用在人工智能的研究中，它可以用来建造专家系统、自然语言理解、智能知识库等。Prolog 语言至今仍然在使用。

Prolog = Programming by Logic

- Prolog is different from all languages you've learned
  - Prolog is a Logic Programming (LP) Language
    - you only need to specify the goals (what)
      - but not the strategy to reach this goal (how)
      - Prolog figures it out for you automatically!
  - this is called "declarative programming"
    (alone with functional programming, FP)
  - C/C++/Java/Python are Imperative (IP) Languages
    - you specify how to reach some goal (instructions)
      - but leaving the real goal implicit (in comments)
  - LP/FP is cleaner, safer, prettier, while IP is dirtier but faster

2

1973 年 英国爱丁堡大学研发出名为“Freddy”的装配机器人，Freddy 可以通过机器视觉自动识别和定位要装配的模块。

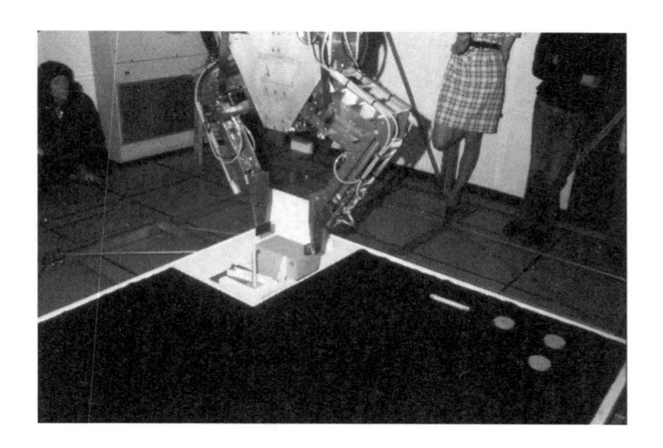

1973 年 吉姆·巴克克（Jim Baker）将隐马尔可夫模型应用于语音识别领域，发表了论文《机器辅助语音标注》（Machine-aided Labeling of Connected Speech），隐马尔可夫模型从此开始语音识别领域的广泛应用。

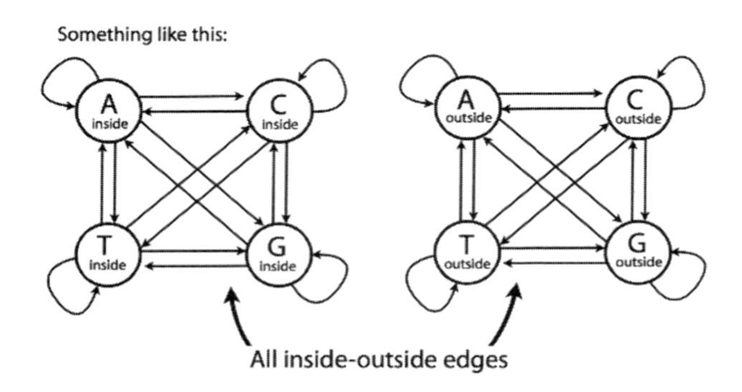

1973 年 英国数学家詹姆士·莱特希尔（James Lighthill）针对英国人工智能研究状况，发表了业界赫赫有名的《莱特希尔报告》，这篇报告是第一篇真正具有广泛影响力的、直接刺破人工智能乐观思潮泡沫的调查文件。它严厉地批判了人工智能领域里的许多基础性研究，特别是机器人和自然语言处理等几个最热门的子领域，并给出了明确的结论："人工智能领域的任何一部分都没有能产出符合当初向人们承诺的、具有主要影响力的成果。"这份报告直接导致了英国人工智能研究的全面低潮，并且其影响很快扩散到了美国及其他人工智能的研究之中，到了 1974 年，政府的资助预算清单上就已经很难再找到对人工智能项目的资助了。

1974 年　斯坦福大学的爱德华·肖特利夫（Ted Shortliffe）博士研发了帮助医生对住院的血液感染患者进行诊断和使用抗菌素类药物进行治疗的专家系统“MYCIN”，该系统基于 LISP 语言开发，并由于采用了可信度表示技术，MYCIN 不仅可以做确定性的判断，还可以进行不确定性的推理，并对推理结果的各种可能性进行解释。MYCIN 系统是知识工程的一个标杆式的实践样板，它涉及并基本解决了知识表示、知识获取、搜索策略、不确定性推理和结构设计等知识工程中的重要问题。MYCIN 对日后的专家系统的设计产生了很大的影响，以 MYCIN 专家系统作为基础平台，人们开发出了更多其他专业领域的专家系统，如 EMYCIN 等。

1975 年　明斯基提出了“框架理论”(FramesTheory)，这是一种新的知识表示方式。框架理论参考了以前语义连接等方式的优点，对符号主义的发展有很大影响。

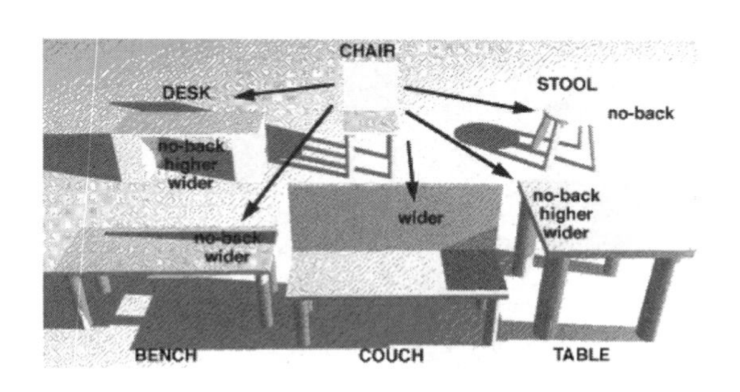

1975 年 专家系统 DENDRAL 通过质谱分析发现了一种全新的化学现象，这是计算机第一次做出了能在科学杂志上发表的科学发现。

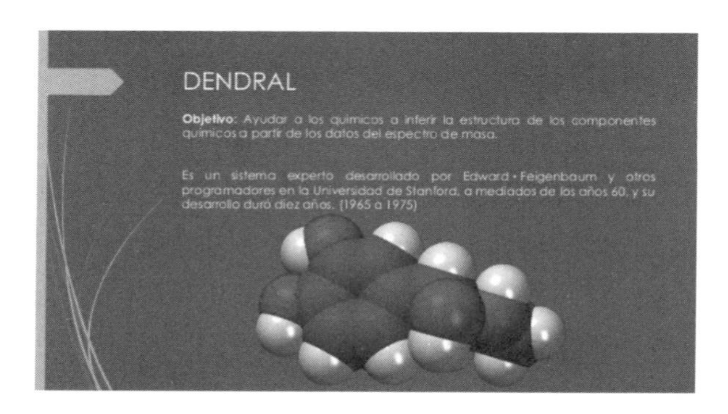

1976 年 汤姆 · 米切尔（Tom Mitchell）提出了“版本空间”（Version Spaces）的概念，这在日后成为了机器学习的基础之一。

1978 年 司马贺图提出的经济学和决策论中著名的“有限理性模型”（Bounded Rationality Model）获得诺贝尔经济学奖。有限理性模型与司马贺在人工智能领域所主张的启发式搜索假说有很直接的相关性。

1979 年　汉斯·莫拉维克（Hans Moravec）在斯坦福大学建造了世界上第一台由计算机控制可以自行驾驶的小车，成功环绕斯坦福人工智能实验室大楼走了一圈。

1980 年　福岛邦彦（Kunihiko Fukushima）受到休伯尔和威泽尔的“小猫视觉实验”的启发，提出了“新认知机”(Neocognitron）的设想，其中就已经包含了很多现代卷积神经网络的要素，如卷积、池化等。

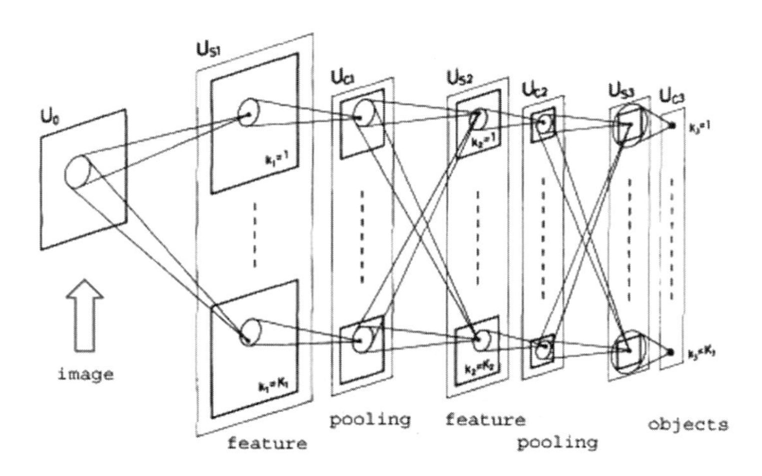

1980 年　美国人工智能协会（American Association for Artificial Intelligence，AAAI）在斯坦福大学成立，AAAI 是第一个国家性质的人工智能协会，也是迄今最有影响力的人工智能协会。

1981 年 丹尼·希利斯（Danny Hillis）发明连接机（Connection Machine），这是一种专门面向人工智能和符号处理的大规模并行超算。

1982 年 在知识工程之父费根鲍姆的建议下，由日本国际贸易和工业部一手建立的“第五代计算机计划”（The Fifth Generation Computer Systems Project）正式开始。日本定义的第五代计算机实质上是一种软硬件结合的面向知识和信息的人工智能系统，这个项目承载着日本信息技术超越西方的希望，倾举国之力打造，但是最终以失败告终。

1982 年 约翰·霍普菲尔德（John Hopfield）发明了 Hopfield 神经网络，这被视为是近代神经网络的开端。近代的“贝叶斯网络”（Bayesian Networks）、“自组织映射”（Self-Organized Maps）也是在这一年被提出的。

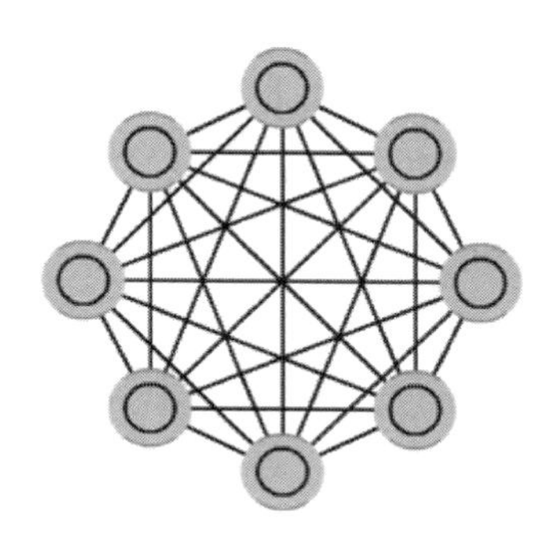

1983 年 纽厄尔在卡内基梅隆大学发布了认知架构“Soar”（State, Operator And Result），Soar 起源于纽厄尔和司马贺的通用问题求解程序 GPS。它以知识块理论为基础，利用基于规则的记忆，获取搜索控制知识和操作符，即能从经验中学习，能记住自己是如何解决问题的，并把这种经验和知识用于以后的问题求解过程之中，实现通用问题求解。

1983 年 杰弗里·辛顿（Geoffrey Hinton）发明了玻尔兹曼机（Boltzmann Machines）。波尔兹曼机是一种随机神经网络。在这种网络中神经元只有两种输出状态，即二进制的 0 或 1。状态的取值根据概率统计法则决定，由于这种概率统计法则的表达形式与著名统计力学家路德维希·玻尔兹曼

（Ludwig Boltzmann，1844—1906）提出的玻尔兹曼分布类似，故将这种网络取名玻尔兹曼机。

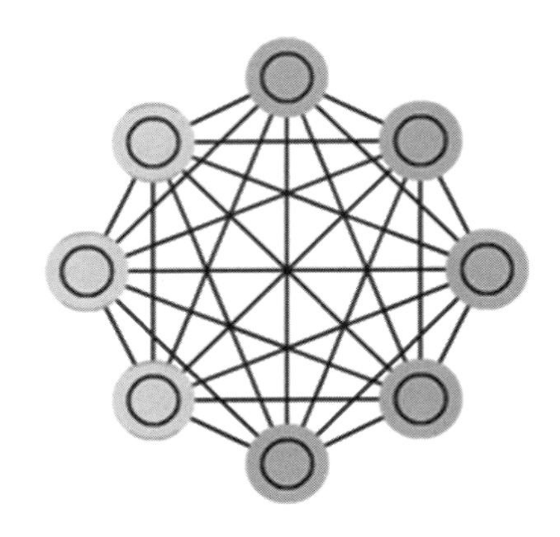

1986 年 辛顿发明了误差反向传播算法。虽然这个算法之前已经被反复发明过好几次，但其价值并未得到应有的重视，直到辛顿在《自然》杂志上发表论文清晰地描述了该算法，才开始被学术界广泛关注，神经网络也由此踏出了它的漫长复兴之路的第一步。

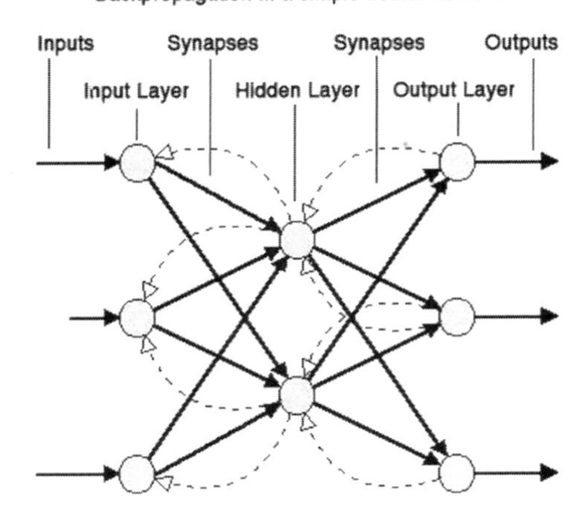

1986 年 慕尼黑联邦国防军大学的教授恩斯特·迪克曼斯（Ernst Dickmanns）制造了世界第一台在真实街道上自动行驶的汽车，并且在一条没有行人和其他车辆的空旷公路上行驶到了 55 英里 / 小时的速度。

1987 年　明斯基公开出版了《心智社会》（The Society of Mind）一书，在此书中明斯基不再只追求智能的单一来源，而是将心智视为由一系列各自负责不同领域的“智能体”（Agents）共同协作的结果，大脑中不具备思维的微小单元可以组成各种思维——意识、精神活动、常识、思维、智能、自我，最终形成“统一的智慧”。这种智能组合就是“心智社会”，这是人工智能学者在认知理论的又一次新的尝试。

1989 年　燕乐存（Yann LeCun）发明了“卷积神经网络”（Convolutional Neural Network，CNN）。

Handwritten Digit Recognition with a Back-Propagation Network

Y. Le Cun, B. Boser, J. S. Denker, D. Henderson, R. E. Howard, W. Hubbard, and L. D. Jackel
AT&T Bell Laboratories, Holmdel, N. J. 07733

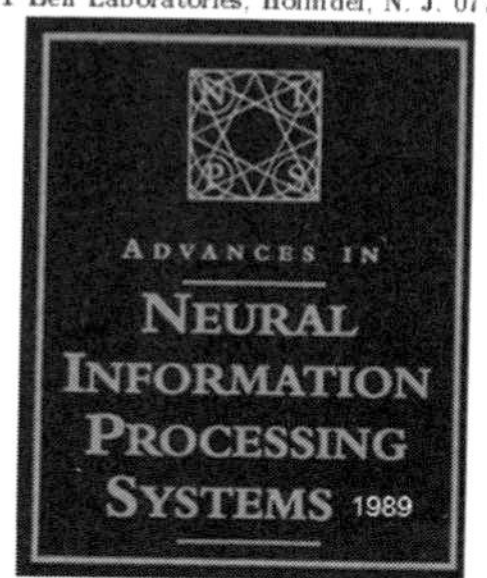

1991年 在第一次海湾战争中，美军在实战应用了人工智能程序“DART”来调度和优化物质运输的线路和顺序，收到了十分良好的效果。

1994年 英国跳棋程式Chinook第二次挑战1991年退役的世界冠军马里恩·汀斯雷（第一次2比4负于汀斯雷），激战六战皆和局后，汀斯雷因健康因素退出比赛，七个月后因胰岛癌过世。比赛由当时世界排名第二的多恩·拉夫尔（Don Lafferty）提接替进行，后Chinook成功打败拉夫尔，赢得全美跳棋锦标赛。

1995 年　戴维·沃尔伯特（David Wolpert）证明“没有免费午餐定理”，表明世界上不存在通用的最优学习算法。

The Lack of A Priori Distinctions Between Learning Algorithms

David H. Wolpert
The Santa Fe Institute, 1399 Hyde Park Rd.,
Santa Fe, NM, 87501, USA

March 1996

Neural Computation **8, 1341–1390** (1996) © 1996 Massachusetts Institute of Technology

No Free Lunch Theorems for Search

David H. Wolpert (dhw@santafe.edu)
William G. Macready (wgm@santafe.edu)
The Santa Fe Institute
1399 Hyde Park Rd.
Santa Fe, NM, 87501, USA

February 6, 1995

No Free Lunch Theorems for Optimization

David H. Wolpert
IBM Almaden Research Center
William G. Macready
Santa Fe Institute

December 31, 1996

1995 年　一场“不用手穿越美国”（No Hands Across America）的人车合作驾驶活动成功举行，由计算机控制方向，由人类控制油门和刹车，完成美国东海岸到西海岸的穿越，其中绝大多数路程里（总路程 4585 公里中的 4501 公里）都成功地以这种方式完成。这场比赛被视为是自动驾驶发展历程的里程碑之一。

1997 年　IBM 国际象棋程序“深蓝”（Deep Blue）战胜了国际象棋世界冠军加里·卡斯帕罗夫（Garry Kasparov），引起了公众舆论的轩然大波。此后十年之内，将棋、中国象棋等棋类也被计算机相继攻克，围棋成为了计算机在全信息对抗游戏中唯一还无法打败人类的智力比赛。

1997年 世界上第一场全部由机器人参加的桌面足球比赛“RoboCup”在日本成功举办，一共有40支由机器人组成的队伍参加，有5000名观众观看了比赛。该比赛到目前为止仍然每年进行，已吸引了多个国家组队参加。

1997年 于尔根·施密德胡伯（Jeurgen Schmidhuber）和赛普·霍克赖特（Sepp Hochreiter）发明“长短期记忆网络”（Long Short Term Memory，LSTM）。

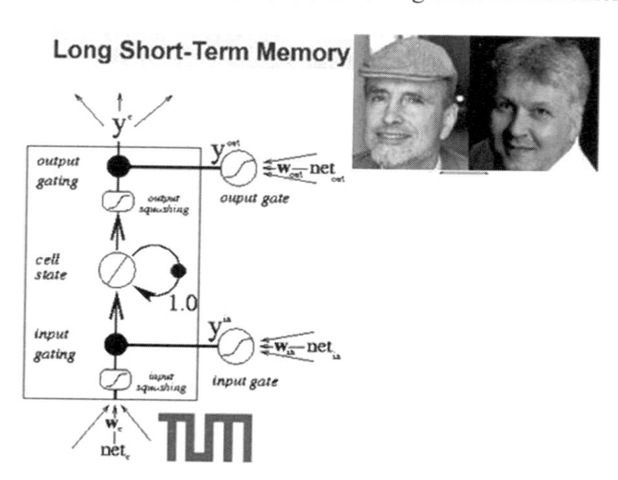

1998 年 世界上第一款人工智能机器宠物，由美国 Electronic Robotic 公司推出的 Furby 面世。这是一款毛茸茸的类蝙蝠机器人，一推出就成为当时年末购物旺季最抢手的玩具，这款 30 美元的玩具会随着时间的推移而“进化”，它一开始只能胡言乱语，但很快就能学会使用预编程的英语短句。在 12 个月之内，菲比娃娃售出了 2700 多万件。次年索尼公司也推出了功能更加强大的电子宠物机器狗 AIBO。

2000 年 麻省理工学院女教授辛西娅·布雷泽尔（Cynthia Breazeal）发布了一款模拟人类交际心理，并能展现出表情的机器人“Kismet”。

2000 年 由人类远程操控的机器人“Nomad Rover”被用于在南极探寻陨石样本。

2001年 约书亚·本吉奥（Yoshua Bengio）提出了“神经概率语言学模型”（Neural Probabilistic Language Model）。

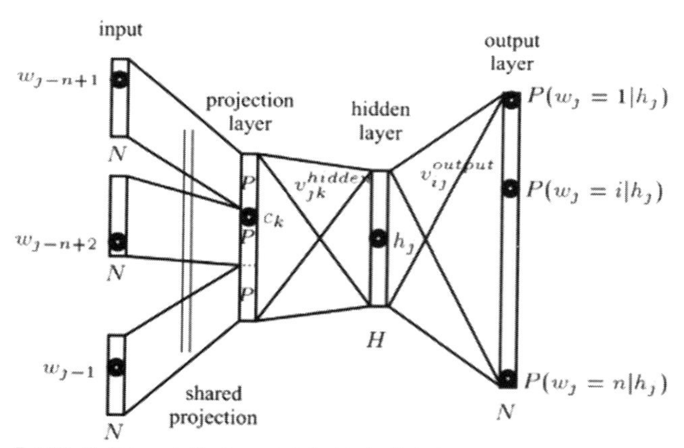

Bengio, Y., Schwenk, H., Sencal, J. S., Morin, F., & Gauvain, J. L. (2006). Neural probabilistic language models. In Innovations in Machine Learning (pp. 137-186). Springer Berlin Heidelberg.

2004年 美国国防高级研究计划局（Defense Advanced Research Projects Agency，DARPA）举办了“DARPA无人驾驶机器人挑战赛”（DARPA Grand Challenge），以大额奖金鼓励自动驾驶和无人车的研发。斯坦利自动驾驶汽车（Stanley，由斯坦福大学人工智能中心研发）成功越野行驶212公里，第一个穿过终点，最终赢得200万美元大奖。

2004 年　美国国家航空航天局（National Aeronautics and Space Administration，NASA）相继发射的勇气号（Spirit）和好奇号（Opportunity）机器人开始了各自的火星探索。

2005 年　日本本田公司研发的类人形人工智能机器人 ASIMO 发布，可以在餐厅中为顾客递送餐盘。

2005年 “蓝脑”（Blue Brain）工程在瑞士启动，目标是通过逆向工程分析哺乳类动物的大脑结构，并通过超级计算机进行数字重建。

2005年 波士顿动力（Boston Dynamics）公司发布具有强大负重和越野能力的机器狗“BigDog”。

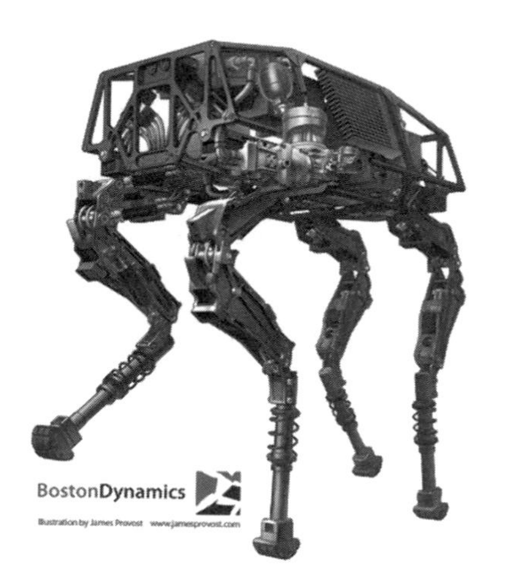

2006年 在达特茅斯学院再次举行了一个名为“AI@50”的会议[⊖]（全名是“达特茅斯人工智能讨论会：未来50年”，Dartmouth Artificial Intelligence Conference: The Next Fifty Years）。此时，10位当年参加达特茅斯会议的参会者已有5位仙逝，剩下的5位在达特茅斯学院重聚。

⊖ AI@50是DARPA、AAAI和ACM共同赞助的，会议主页：https://www.dartmouth.edu/~ai50/homepage.html。

2006 年　辛顿开创了深度学习，并提出深度信念网络。

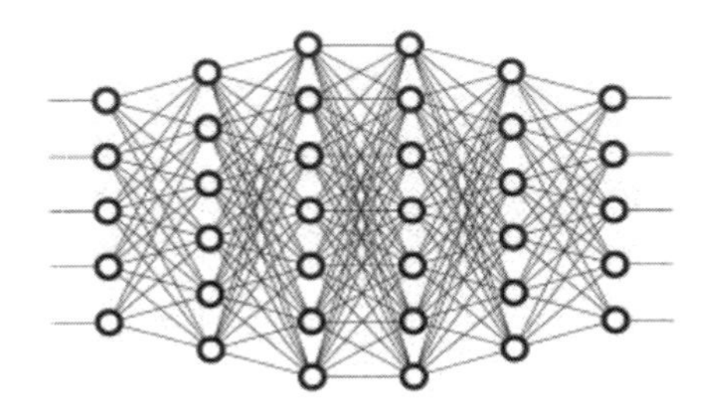

2009 年　谷歌开始建造无人驾驶汽车。

2009 年　斯坦福教授李飞飞（Fei-fei Li）创办 ImageNet 图像数据库，并在 2010 年开展了首届计算机图像识别竞赛。

2011 年 IBM 的基于自然语言的智能问答系统沃森参加美国著名的电视智力秀“危险边缘”（Jeopardy！），打败了两位往届冠军夺冠。在比赛中沃森表现出了极高的自然语言理解、信息检索和逻辑推理能力，令观众难以相信这些开放性的问题是由计算机所回答的。IBM 沃森今天广泛应用于医疗、教育、金融等领域，是一款非常出色的专家系统。

2011 年 斯坦福大学人工智能实验室主任吴恩达（Andrew Ng）和谷歌的顶尖技术大拿杰夫·迪恩（Jeff Dean）一起建立了“谷歌大脑”计划。谷歌大脑开始尝试使用无监督学习来认知世界，通过观看千万数量级的 YouTube 图像和影片，谷歌大脑自发辨识出了“猫”的概念，并且自主地搜索猫科动物明星的视频。

2011 年 苹果公司推出了人工智能助理 Siri，在随后的两三年里面，谷歌推出了 Google Now，微软推出了 Cortana。人工智能助理成为了 PC、

移动设备操作系统的典型功能。

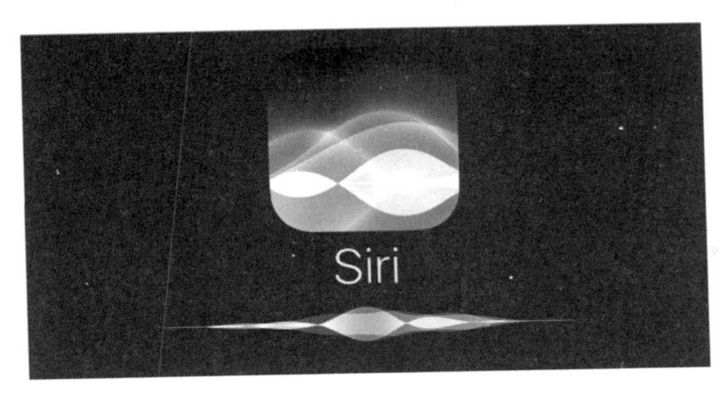

2012 年 辛顿的小组用了与其他参赛者完全不同的方法，并且取得了颠覆性的结果。竞赛中，他们采用基于卷积神经网络的识别方法设计的 AlexNet 的表现非常出色，准确率超过第二名东京大学团队参赛程序的 10% 以上，在产业界中引起轩然大波，极大地推动了深度学习的发展。

2013 年 由美国国防高级研究计划局（DARPA）、美国国家科学基金会（NSF）、美国科学技术发展委员会（CNPq）、谷歌、雅虎共同发起，在卡内基梅隆大学开启了一个名为“无尽语言学习系统”（Never-Ending Language Learning，NELL）的项目，此项目希望仅依赖少量（几百个）预定义的数据（如城市、公司、情感、运动等）学习到语言之间基本的语

义关系。并从此出发不停地学习人类总结出来的知识，自动整理这些知识的结构。

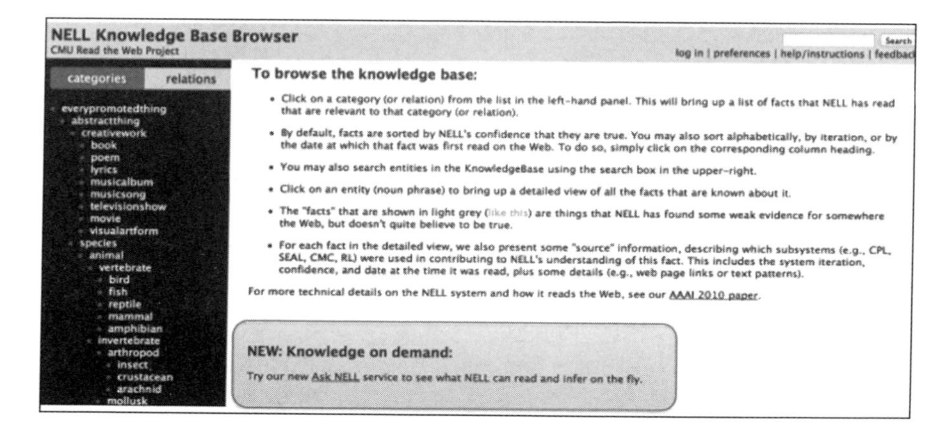

2014 年 伊恩·古德费洛（Ian Goodfellow）发表了一篇论文《生成式对抗网络》(Generative Adversarial Networks)，提出了生成式对抗网络。

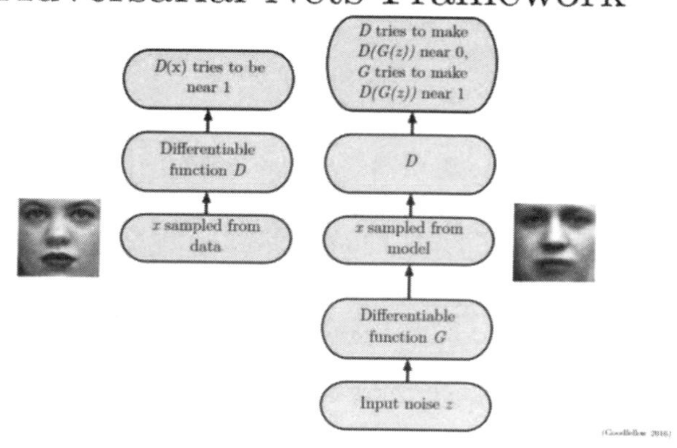

2015 年 史蒂芬·霍金（Stephen Hawking）、伊隆·马斯克（Elon Musk）、斯蒂夫·沃兹尼亚克（Steve Wozniak）等超过3000名人工智能领域的企业家、科学家、工程师和研究机构共同签署了一封关于无条件禁止人工智能和机器人用于发展和使用武器的公开信。

Home Who We Are Activities Existential Risk Get Involved Contact

future of life INSTITUTE

Technology is giving life the potential to flourish like never before... ...or to self-destruct. Let's make a difference!

News: AI Biotech Nuclear Climate Partner Orgs

AN OPEN LETTER TO THE UNITED NATIONS CONVENTION ON CERTAIN CONVENTIONAL WEAPONS

As companies building the technologies in Artificial Intelligence and Robotics that may be repurposed to develop autonomous weapons, we feel especially responsible in raising this alarm. We warmly welcome the decision of the UN's Conference of the Convention on Certain Conventional Weapons (CCW) to establish a Group of Governmental Experts (GGE) on Lethal Autonomous Weapon Systems. Many of our researchers and engineers are eager to offer technical advice to your deliberations.

We commend the appointment of Ambassador Amandeep Singh Gill of India as chair of the GGE. We entreat the High Contracting Parties participating in the GGE to work hard at finding means to prevent an arms race in these weapons, to protect civilians from their misuse, and to avoid the destabilizing effects of these technologies. We regret that the GGE's first meeting, which was due to start today (August 21, 2017), has been cancelled due to a small number of states failing to pay their financial contributions to the UN. We urge the High Contracting Parties therefore to double their efforts at the first meeting of the GGE now planned for November.

Lethal autonomous weapons threaten to become the third revolution in warfare. Once developed, they will permit armed conflict to be fought at a scale greater than ever, and at timescales faster than humans can comprehend. These can be weapons of terror, weapons that despots and terrorists use against innocent populations, and weapons hacked to behave in undesirable ways. We do not have long to act. Once this Pandora's box is opened, it will be hard to close. We therefore implore the High Contracting Parties to find a way to protect us all from these dangers.

Translations: Chinese

2015 年　谷歌收购的人工智能公司 DeepMind 推出了人工智能围棋程序 AlphaGo，在 2015 年以 5 比 0 的成绩战胜了欧洲冠军樊辉，2016 年以 4 比 1 战胜了韩国世界冠军李世石，2017 年以 3 比 0 战胜了当时围棋等级分世界第一人、世界冠军中国棋手柯杰，同时在网上挑战所有世界顶级棋手，以 60 比 0 的战绩碾压了所有参加对弈的围棋职业选手。至此，人类完全信息智力游戏的最后一块阵地宣告被人工智能攻克。

2017 年　卡内基梅隆大学的教授托马斯·桑德霍姆（Tuomas Sandholm）开发的德州扑克人工智能程序“Libratus”战胜与其对战的四名人类顶级选手，四名人类选手共计被 Libratus 赢了 177 万美元。与之前的围棋、国际象棋不同，德州扑克并不是完全信息的游戏，除了牌技外，还涉及心理博

弈、情绪、战术甚至是运气成分。

2017 年 OpenAI 发布了一款机器人，通过机器学习自动学习对战技巧，在游戏 DOTA2 的 TI7（国际邀请赛 2017）与前世界冠军中单选手 Dendi 对战，与之前人类玩电脑游戏面对的初级电脑对手不同，这次电脑完全碾压了人类。

2018 年 阿里巴巴数据科学技术研究院开发人工智能程序，在斯坦福大学举行的阅读理解测试里获得了 82.44 分，相比人类对手 82.304 的得分稍胜一筹。测试题目是基于 500 多篇维基百科文章编制而成，旨在通过这套试题梳理出线索，看机器学习模型是否能够在经过大量信息处理后给出问题的确切答案，这是机器首次在此类测试中战胜真人。

Leaderboard

Since the release of our dataset, the community has made rapid progress! Here are the ExactMatch (EM) and F1 scores of the best models evaluated on the test set of v1.1. Will your model outperform humans on the QA task?

Rank	Model	EM	F1
	Human Performance *Stanford University* (Rajpurkar et al. '16)	82.304	91.221
1 Jan 05, 2018	SLQA+ (ensemble) *Alibaba iDST NLP*	82.440	**88.607**
1 Jan 03, 2018	r-net+ (ensemble) *Microsoft Research Asia*	**82.650**	88.493
2 Dec 17, 2017	r-net (ensemble) *Microsoft Research Asia* http://aka.ms/rnet	82.136	88.126
2 Dec 22, 2017	AttentionReader+ (ensemble) *Tencent DPDAC NLP*	81.790	88.163
3 Nov 17, 2017	BiDAF + Self Attention + ELMo (ensemble) *Allen Institute for Artificial Intelligence*	81.003	87.432
4	SLQA+	80.436	87.021